住房城乡建设部土建类学科专业"十三五"规划教材
教育部高等学校建筑电气与智能化专业教学
指导分委员会规划推荐教材

# 建筑电气与智能化安装技术与质量检测

郭福雁　主编

韩　帅　主审

中国建筑工业出版社

图书在版编目(CIP)数据

建筑电气与智能化安装技术与质量检测 / 郭福雁主
编. —北京：中国建筑工业出版社，2023.8
住房城乡建设部土建类学科专业"十三五"规划教材
教育部高等学校建筑电气与智能化专业教学指导分委员会
规划推荐教材
ISBN 978-7-112-28928-8

Ⅰ.①建… Ⅱ.①郭… Ⅲ.①智能技术-应用-房屋
建筑设备-电气设备-建筑安装工程-高等学校教材②房
屋建筑设备-电气设备-建筑安装工程-质量检验-高等
学校教材 Ⅳ.①TU85②TU712.3

中国国家版本馆 CIP 数据核字(2023)第 130556 号

本书介绍了建筑电气工程施工技术，内容涉及建筑电气安装工程概述、供配
电系统安装与验收、配线系统安装与质量控制、照明工程安装与质量控制、防雷
接地装置及等电位联结的安装与质量控制、建筑设备管理系统安装与质量控制、
公共安全系统安装与质量控制、信息设施系统安装与质量控制、装配式建筑电气
安装与质量控制、室外线路施工与质量控制、施工现场临时用电共十一章内容。
本书为住房城乡建设部土建类学科专业"十三五"规划教材，可作为普通高
等学校建筑电气与智能化专业或开设建筑电气与智能化专业方向的其他专业的本
科生和专科生的专业课教材，也可作为有关建筑电气与智能化工程设计、工程监
理、工程施工、工程管理人员的培训教材或参考书。
为了更好地支持相应课程的教学，我们向采用本书作为教材的教师提供课件，
有需要者可以与出版社联系。
建工书院：http://edu.cabplink.com
邮箱：jckj@cabp.com.cn 电话：(010) 58337285
本书课件资源可通过封底二维码查看，更多讨论可加 QQ 群：244212732。

责任编辑：张 健
文字编辑：胡欣蕊
责任校对：张 颖
校对整理：赵 菲

住房城乡建设部土建类学科专业"十三五"规划教材
教育部高等学校建筑电气与智能化专业教学指导分委员会规划推荐教材
**建筑电气与智能化安装技术与质量检测**
郭福雁 主编
韩 帅 主审
＊
中国建筑工业出版社出版、发行 (北京海淀三里河路9号)
各地新华书店、建筑书店经销
北京科地亚盟排版公司制版
建工社 (河北) 印刷有限公司印刷
＊
开本：787毫米×1092毫米 1/16 印张：25¼ 字数：629千字
2023年9月第一版 2023年9月第一次印刷
定价：**70.00**元 (赠教师课件)
ISBN 978-7-112-28928-8
(40843)

# 教材编审委员会

# 序

　　自 20 世纪 80 年代智能建筑出现以来，智能建筑技术得到迅猛发展，其内涵不断创新丰富，外延不断扩展渗透，已引起世界范围内教育界和工业界的高度关注，并成为研究热点。进入 21 世纪，随着我国国民经济的快速发展，现代化、信息化、城镇化的迅速普及，智能建筑产业不但完成了"量"的积累，更实现了"质"的飞跃，已成为现代建筑业的"龙头"，为绿色、节能、可持续发展作出了重大的贡献。智能建筑技术已延伸到建筑结构、建筑材料、建筑能源以及建筑全生命周期的运营服务等方面，促进了"绿色建筑""智慧城市"日新月异的发展。

　　坚持"节能降耗、生态环保"的可持续发展之路，是国家推进生态文明建设的重要举措。建筑电气与智能化专业承载智能建筑人才培养的重任，肩负现代建筑业的未来，且直接关系国家"节能环保"目标的实现，其重要性愈加凸显。

　　高等学校建筑电气与智能化学科专业指导委员会十分重视教材在人才培养中的基础性作用，多年来下大力气加强教材建设，已取得了可喜的成绩。为进一步促进建筑电气与智能化专业建设和发展，根据住房和城乡建设部《关于申报高等教育、职业教育土建类学科专业"十三五"规划教材的通知》（建人专函［2016］3 号）精神，高等学校建筑电气与智能化学科专业指导委员会依据专业标准和规范，组织编写建筑电气与智能化专业"十三五"规划教材，以适应和满足建筑电气与智能化专业教学和人才培养需求。

　　该系列教材的出版目的是培养专业基础扎实、实践能力强、具有创新精神的高素质人才。真诚希望使用本规划教材的广大读者多提宝贵意见，以便不断完善与优化教材内容。

高等学校建筑电气与智能化学科专业指导委员会

主任委员

方潜生

# 前　言

本书是根据《高等学校建筑电气与智能化本科指导性专业规范（2014 年版）》对建筑电气与智能化专业的教学要求和人才培养目标编写，是住房城乡建设部土建类学科专业"十三五"规划教材。

建筑工程质量事关人民生命财产安全，事关城市未来和传承，事关新型城镇化发展水平。党的十八大以来，以习近平同志为核心的党中央高度重视建筑工程质量工作，始终坚持以人民为中心，部署建设质量强国，特别是党的二十大提出"增进民生福祉，提高人民生活品质"的任务要求，不断增强人民群众获得感、幸福感、安全感。

建筑工程质量检测是控制工程质量的重要环节，是政府工程质量监管的重要手段，是评价工程质量的重要依据，对确保建设工程质量起到重要作用。自 2012 年习近平总书记提出"建设质量强国"重大战略以来，我国建筑业在工程质量、管理制度、技术水平和技术人才等方面都取得显著的成果，为建设质量强国作出积极贡献。正如习近平总书记所强调的，"坚持统筹发展和安全，坚持发展和安全并重，实现高质量发展和高水平安全的良性互动"，在构建新发展格局中把握发展主动，在推进高水平开放中筑牢安全底线。

第一，装配式建筑、钢结构建筑、智能建筑等新型建筑工艺和技术得到大力推广和应用，不仅提高建筑工程的质量，同时还可以提高建筑工程的效率和节能环保水平。第二，在建筑工程质量标准方面也得以不断提升。我国制定了一系列的建筑工程质量标准，如《建筑工程施工质量验收统一标准》GB 50300—2013、《建筑电气工程施工质量验收规范》50303—2015 等。这些标准的实施，促进建筑工程质量的提高，保障建筑工程的安全性和耐久性。第三，建筑工程管理制度方面不断改革和创新。近年来，我国建筑业加强建筑工程管理制度的改革和创新，推行一系列的建筑工程管理新模式，如项目法人制、招标投标制、监理制等，进一步提高建筑工程的管理效率和质量水平。第四，随着人们对环境保护和可持续发展的关注日益增强，我国建筑业也逐渐发展绿色建筑和生态建筑。这些建筑不仅可以提高建筑工程的质量，还可以减少建筑工程对环境的负面影响。此外，随着建筑业的发展，不断加强建筑工程技术人才的培养和队伍建设，推动建筑工程技术人才的不断涌现和发展。

建筑电气与智能化安装技术与质量检测主要研究建筑电气安装工程中施工管理、施工程序、施工方法与施工中注意事项等内容。随着我国市场经济的快速发展，建筑业走向现代化、数字化和智能化，各种电气设备日新月异，大量展现在建筑电气安装的领域中。而我国目前从事建筑施工的技术力量尚不能满足现代化建筑施工的需要，迫切需要高等学校培养本科和高专层次的建筑电气与智能化安装技术与质量检测的高级技术人才。此外，随着建筑业的发展，建筑电气设计方面的规范不断修订，建筑电气安装工程技术也不断更新。

教材编审委员会成员始终坚持以学生为中心，注重学生工程应用能力的培养，面向应用，激励学生将理论与实践紧密结合，拓宽就业面。使学生能够在建筑类企事业单位从事建筑电气与智能化的设计、施工工作，也可在物业管理部门从事管理和维护工作。

教材编审委员会根据国家技术规范的变化及建筑电气安装技术和管理水平的发展，结合教学、科研与工程施工经验完成教材的编写。全书共分十一章，分别是：建筑电气安装工程概述、供配电系统安装与验收、配线系统安装与质量控制、照明工程安装与质量控制、防雷接地装置及等电位联结的安装与质量控制、建筑设备管理系统安装与质量控制、公共安全系统安装与质量控制、信息设施系统安装与质量控制、装配式建筑电气安装与质量控制、室外线路施工与质量控制、施工现场临时用电等内容。

天津城建大学郭福雁老师编写了前言、第1章、第4章和第9章，天津城建大学乔蕾老师编写了第2章，天津城建大学王悦老师编写了第3章和第5章，天津城建大学高瑞老师编写了第6章和第8章，天津城建大学胡林芳老师编写了第7章，天津城建大学陈建辉老师编写了第10章和第11章。全书由天津城建大学郭福雁负责统稿和定稿。

天津市天友建筑设计股份有限公司韩帅正高级工程师担任本书主审。他对本书进行了认真地审阅，提供了非常宝贵的修改意见，在此谨向他表示诚挚的谢意。在编写过程中得到了天津城建大学黄民德教授、天津市港建建筑设计有限责任公司宋明辉工程师提供的技术资料，同时也得到了天津城建大学荣博轩、张宏伟、任培君等学生的大力协助，在此一并表示感谢。

本书参考了大量的书刊资料，并引用了部分资料，除在参考文献中列出外，在此一并向这些书刊资料作者表示衷心的感谢。

限于编者水平，书中难免存在错漏之处，敬请广大读者和同行专家提出宝贵意见，批评指正。

# 目　　录

# 第1章　建筑电气安装工程概述

中国现在是一个建筑大国，也正在向建筑强国转变。建筑业作为国民经济的支柱产业，"中国建造"也展示出了强大的综合实力。党的十八大以来的十多年是我国建筑业转型升级的重要时期，产业规模不断扩大，发展效益大幅提升，有力支撑了基本民生保障。工程设计、建造水平、工程质量安全形势、科技创新水平以及劳动者技能都在显著提升。比如：北京大兴国际机场、北京鸟巢、北京水立方等一批代表性工程，是建筑业转型发展成果的浓缩和展现，也是"中国建造"的最佳名片。2019年，习近平总书记在新年致辞中强调，中国制造、中国创造、中国建造共同发力，继续改变着中国的面貌。这既是对建筑业的肯定，更包含着对建筑业未来发展的殷切期望。

党的二十大报告中明确提出，加快构建新发展格局，着力推动高质量发展，这是全面建设社会主义现代化国家的首要任务。我们要坚持以推动高质量发展为主题，坚持稳中求进的总基调，多方协同，上下联动，采取多方面的措施，推进住房供给侧结构性改革、坚持创新驱动、科技引领，推动建筑业转型升级和高质量发展，继续打造"中国建造"品牌，为经济社会持续健康发展作出更大贡献。

**【坚持质量第一，安全为本。统筹发展与安全，坚持人民至上、生命至上，坚决把质量安全作为行业发展的生命线，以数字化赋能为支撑，以信用管理为抓手，健全工程质量安全管理机制，强化政府监管作用，防范化解重大质量安全风险，着力提升建筑品质，不断增强人民群众获得感。】**

——《"十四五"建筑业发展规划》

电气安装工程具有较高的系统性、复杂性和高度的可变性。一方面，随着建筑现代化、智能化的发展，建筑电气工程的范围不断扩大，所涉及的系统和内容较多，在安装前需要充分依照当前图纸和各项施工文件的具体要求开展各类施工，以确保安装效果与设计图纸相符合，从而保证施工质量。另一方面，电气安装工程需要设计和安装各种线路，同时需要保障设备运转和检修效果，实现电气工程自动化。而电气设备和电气产品不断的更新换代，对设备的安装调试技术要求也越来越高。此外，建筑电气工程在建筑工程中拥有诸多程序，各工序之间需要由各类专业人员开展具体的施工操作，因此对施工人员的专业技能提出了更为多元化的要求。在实际工程的施工过程中，综合质量验收工作的工程量相对较大。要想提升整体电气工程的质量，就需要进一步依照当前施工标准开展各类电气的安装工作，需要对当前电气工程的各项施工质量开展有效验收。

因此，作为建筑工程重要的组成部分，建筑电气安装工程不仅关系到人们的生活质量，同时关系到电能输送的效率。保障建筑电气安装工程质量，可以有效预防各种影响因素，提升整体安装水平，顺利实现建筑电气安装工程目标。

## 1.1 建筑电气工程安装内容分类

根据建筑电气工程的功能，分为建筑电气工程和建筑智能化工程，人们比较习惯地把它称为强电工程和弱电工程。通常情况下，把电力、照明等用的电能称为强电，而把传播信号、进行信息交换的电能称为弱电。强电系统可以把电能引入建筑物，经过用电设备转换成机械能、热能和光能等，如变配电系统、动力系统、照明系统、防雷系统等。而弱电系统则是完成建筑物内部以及内部与外部之间的信息传递与交换，如火灾自动报警与灭火控制系统、通信系统、电缆电视和卫星电视接收系统、安全防范系统、建筑物自动化系统等。换言之，强电的处理对象是能源（电力），其特点是电压高、电流大、功率大、频率低，主要考虑的问题是减小损耗、提高效率，弱电的处理对象主要是信息，即信息的传送与控制，其特点是电压低、电流小、功率小、频率高，主要考虑的问题是信息传送的效果问题，诸如信息传送的保真度、速度、广度和可靠性等。随着信息时代的到来，信息已成为现代建筑不可缺少的内容，以处理信息为主的弱电系统已成为建筑电气的重要组成部分。也就是说，建筑弱电工程在建筑工程中的地位将越来越重要。

通常把电气装置安装工程中的照明、动力、变配电装置 35kV 及以下架空线路及电缆线路、桥式起重机电气线、电梯和空调机冷库电气装置、网络与通信系统、广播系统、卫星及电视系统、安全防范系统、火灾自动报警及自动消防系统、建筑设备监控系统及自动化仪表等建筑智能化工程、统一列为与建筑物有关联的电气工程，称作建筑电气工程。从智能化工程施工控制的角度出发，为描述方便起见，统一将建筑电气与智能化工程简称为建筑电气工程。为了使读者对建筑电气施工及验收中的建筑电气工程和建筑智能化工程两部分内容有较全面的理解，现将它们所包含的系统和各系统所包含的内容列于表 1-1 中。

建筑电气工程安装及验收项目　　　　　　　　　　　　　　　　表 1-1

| | | |
|---|---|---|
| 建筑电气工程 | 室外电气 | 变压器、箱式变电所安装，成套配电柜（箱）和动力、照明配电箱（盘）及控制柜（屏、台）安装，电线、电缆导管和槽盒敷设，电线、电缆穿管和槽盒敷线，电缆头制作、导线连接和线路电气试验，建筑物外部装饰灯具、航空障碍标志灯和庭院路灯安装，建筑照明通电试运行，接地装置安装 |
| | 变配电室 | 变压器、箱式变电所安装，成套配电柜（箱）和动力、照明配电箱（盘）及控制柜（屏、台）安装，裸母线、封闭母线、插接式母线安装，电缆沟内和电缆竖井内电缆敷设，导线连接和线路电气实验，接地装置安装，避雷引下线和变配电室接地干线敷设 |
| | 电气动力 | 成套配电柜（箱）和动力、照明配电箱（盘）及控制柜（屏、台）安装，电动机、电加热器及电动执行机构检查、接线，低压电器动力设备检测、试验和空载运行，桥架安装和桥架内电缆敷设，电线、电缆导管和槽盒敷设，电线、电缆穿管和槽盒敷线，电缆头制作、导线连接和线路电气试验，插座、开关、风扇安装 |
| | 备用和不间断电源安装 | 成套配电柜（箱）和动力、照明配电箱（盘）及控制柜（屏、台）安装，柴油发电机组安装，蓄电池组安装，不间断电源的其他功能单元安装，裸母线、封闭母线、插接式母线安装，电线、电缆导管和槽盒敷线，电缆头制作、导线连接和线路电气试验 |
| | 防雷及接地安装 | 接地装置安装，避雷引下线和变配电室接地干线敷设，建筑物等电位连接，接闪器安装 |

续表

| | 建筑物设备管理系统 | 暖通空调及冷热源监控系统，供配电、照明、动力及备用电源监控系统，卫生、给水排水、污水监控安装，其他建筑设备监控系统安装 |
|---|---|---|
| 建筑智能化工程 | 公共安全系统 | 火灾报警系统安装，防火排烟设备联动控制系统安装，气体灭火设备联动控制系统安装，消防专用通信安装，事故广播系统、应急照明系统安装，安全门、防火门或防火水幕控制系统，电源和接地系统调试；<br>闭路电视监控系统、防盗报警系统、保安门禁系统、巡查监控系统安装，线路敷设，电源和接地系统调试 |
| | 信息设施系统 | 电话通信和语音留言系统、卫星通信和有线电视广播系统、计算机网络和多媒体系统、大屏幕显示系统安装，线路敷设，电源和接地系统安装，系统调试；<br>电视电话会议系统、语音远程会议系统、电子邮件系统、计算机网安装，线路敷设，电源和接地安装，系统调试；<br>公共广播和背景音乐系统及音响设备安装，线路敷设，电源和接地安装，系统调试；<br>信息插座、插座盒、适配器安装，跳线架、双绞线、光纤安装和敷设，大对数电缆馈线、光缆安装和敷设，管道、直埋铜缆或光缆敷设，防雷、防浪涌电压装置安装，系统调试 |

## 1.2　建设项目组成及基本建设程序

### 1.2.1　建设项目及其组成

基本建设工程项目，是指具有计划任务书和总体总设计、经济上实行独立核算、管理上具有独立组织形式的基本建设单位。通常将基本建设工程项目简称为建设工程或建设项目。比如工业建设中，一般一个工厂为一个建设项目，城市与工业区的一项给水工程或一项排水工程为一个建设项目。在民用建设中，一般一所学校、一所医院即为一个建设项目。根据建设项目的复杂程度，一般可划分为：单项工程、单位工程、分部工程和分项工程。

1. 单项工程

单项工程也称工程项目，是建设项目的组成部分，是指有独立的设计文件，并在竣工后能发挥生产能力或效益的工程。一个建设项目可由一个单项工程组成，也可由若干个单项工程组成。在工业建设项目中的单项工程，一般指各个独立的生产车间、实验楼、办公楼等。非工业建设项目的单项工程是指建设项目中能够发挥设计规定的主要效益的独立工程，如学校的教学楼、实验楼、图书馆、食堂、学生公寓等。

单项工程是一个综合体，按其构成可分为：建筑工程、安装工程、设备和材料的购置等。

2. 单位工程

单位工程是单项工程的组成部分。是指具有独立的施工设计文件并具有独立的专业施工条件，可以独立施工，但完工后不能发挥生产能力或效益的工程。一个单项工程一般由若干个单位工程组成。如一个生产车间，一般由土建工程、设备与工艺管道安装工程、水暖工程、电气安装工程等单位工程组成。

3. 分部工程

分部工程是单位工程的组成部分，一般按构造部位、专业结构特点等分成若干个分部。各分部工程又可分为若干子分部工程。例如水暖安装工程可分为建筑给水、排水及供暖等分部工程，又可进一步划分为室内给水系统、室内排水系统、室内供暖系统等子分部工程。再如电气照明工程的配管安装、穿线配线安装、灯具安装等分部工程。

4. 分项工程

每个子分部工程结合本专业特点又包含若干个分项工程。分项工程是按系统、施工段、不同施工方法等划分的项目，如供暖安装工程可以划分为打堵墙洞眼、栽支架或钩卡、套管制作安装、管道及管件连接、除锈、防腐蚀、绝热、水压试验及调试等分项工程。分项工程还可以分为子分项工程，即子目。子目是按种类、规格等进一步划分的基本构造要素。在计算工程造价时，把基本构造要素作为计算对象。

建设项目组成关系示例图如图 1-1 所示。

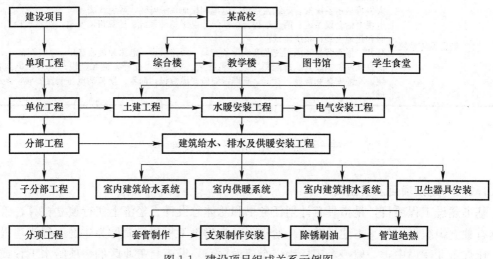

图 1-1　建设项目组成关系示例图

### 1.2.2　基本建设程序

基本建设是把投资转化为固定资产的经济活动，它需要多行业、多部门的密切配合，综合性强，涉及面广，环节多。基本建设程序是人民在长期进行基本建设经济活动中，对基本建设客观规律所做的科学总结。因而，从事任何一项基本建设活动，都必须按照这些客观规律所要求的先后顺序进行施工，妥善处理各个环节之间的关系，保证工程建设的顺利进行。

一个建设项目的基本建设程序，一般分为决策、设计、施工、竣工验收四个阶段，如图 1-2 所示。

1. 决策阶段

（1）提出项目建议书

项目建议书是根据国民经济和社会发展的长远规划、行业规划、地区规划要求，经过调查、预测和分析后提出的。项目建议书的主要内容包括：

1）项目提出的必要性和依据；

2）产品方案、拟建规模和建设地点的初步设想；

3）资源情况、建设条件、协作关系和引进国别、厂商的初步设计；

4）投资的初步估算和资金筹措设想；

5）项目的进度安排；

6）经济效果和社会效益的初步估计。

（2）建设项目可行性研究

根据国民经济发展规划及项目建议书，对建设项目的投资建设，从技术和经济两个方

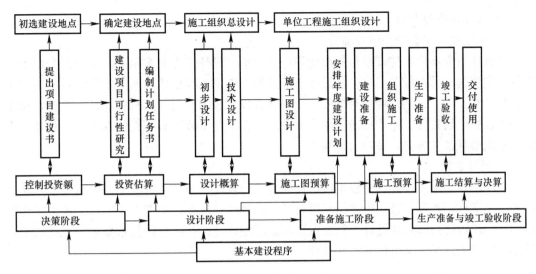

图 1-2　基本建设程序

面，进行系统的、科学的、综合性的研究、分析、论证，以判断它是否可行，即在技术上是否可靠，经济上是否合理，预测其投产后的经济效益和社会效益，通过多方案比较，提出评价意见，推荐最佳方案，以取得尽可能好的经济效果。

建设项目的可行性研究是计划任务书的编制基础。其主要内容有：

1）建设项目的背景、必要性和依据；

2）建设项目的国内外市场需求预测分析；

3）拟建设项目的规模、产品方案、工艺技术和预备选择的技术经济的比较和分析；

4）资源、能源动力、交通运输、环境等状况分析；

5）建设条件和地址方案的比较和选择；

6）企业组织、劳动定员和人员培训；

7）投资估算、资金来源及筹措方式；

8）社会效益、经济效益及环境效益的综合评价。

（3）编制计划任务书，选定建设地点

计划任务书，又称设计任务书，是确定建设项目和建设方案的基本文件，是对可行性研究推荐的最佳方案的确认，也是编制设计文件的主要依据。

计划任务书应该由主管部门组织计划、设计等单位进行编制。计划任务书的内容，对大、中型工业建设项目，一般应包括以下几项：

1）建设项目的目的和依据；

2）建设规模、产品方案，生产工艺或方法；

3）矿产资源，水文地质，燃料、水、电、运输条件；

4）工程地点及占用土地的估算；

5）资源综合利用，环境保护、城市规划、防震、防空、防洪、劳动保护及可持续发展的要求；

6）建设工期和实施进度；

7）投资估算和资金筹措；

8）劳动定员控制数；

9）预期技术水平和经济效益等。

建设项目立项后，建设单位提出建设用地申请。设计任务书报批后，必须附有城市规划行政主管部门的选址意见书。建设地点的选择要考虑工程地质、水文地质的自然条件是否可靠。水、电、运输条件是否落实。项目建设投产后的原材料、材料等是否具备。对于生产人员的生活条件、生产环境也应全面考虑。在认真细致调查研究的基础上，从几个方案中选出最佳推荐方案，编写选址报告。

2. 设计阶段

设计阶段是指由设计单位根据可行性研究报告及选址报告的批准文件内容要求，而编制的设计文件。建设项目一般采用两段设计，即初步设计和施工图设计。对于重大工程项目实行三段设计，即初步设计、技术设计和施工图设计。有些工程技术复杂，可把初步设计的内容适当加深，即是扩大初步设计。

（1）初步设计

初步设计是一项带有规划性质的轮廓设计。主要内容包括：建厂规模、产品方案、工艺流程、设备选型及数量、主要建筑物和构筑物、劳动定员、建设工期、"三废"治理等。在初步设计阶段，应编制建设项目总概算，确定工程总造价。

（2）技术设计

技术设计是对初步设计的深化。主要包括进一步确定初步设计所采用的产品方案和工艺流程，校正初步设计中设备的选择和建筑物的设计方案以及其他重大技术问题，同时编制修正的总概算。

初步设计和扩大初步设计由文字说明、设计图纸和总概算三个部分组成。它是主要设备、施工前期准备和控制项目投资的依据，也是施工图设计和编制施工组织总设计的主要依据。

（3）施工图设计

施工图设计时初步设计的技术设计的具体化，是施工单位组织施工的基本依据，其主要内容包括：

1）建设工程总平面图，单位建筑物、构筑物布置详图和平面图、立面图及剖面图；

2）生产工艺流程图、设备布置和管路与电气系统等的平面图、剖面图；

3）各种标准设备的型号、规格、数量及各种非标设备加工制作图等；

4）编制施工图预算，且应低于总概算。施工单位依据施工图预算承包工程。

施工图是施工安装必用图，施工图设计的深度应该能够满足设备、材料要求以及各种非标设备的制作加工的要求。

（4）电气施工技术交底

电气施工技术交底是设计人员向施工单位交代设计意图的行之有效的方法。电气施工技术交底的注意事项如下：

1）技术交底使用的施工图必须是经过图纸会审和设计修改后的正式施工图，满足设计要求。

2）施工交底应依据国家现行施工规范强制性标准、现行国家验收规范、工艺标准，国家已批准的新材料、新工艺进行交底，满足客户的需求。

3）技术交底所执行的施工组织设计必须经过公司有关部门批准了的正式施工组织设计或施工方案。

4）施工交底时应结合本工程的实际情况有针对性地进行，把有关规范、验收标准的具体要求贯彻到施工图中去，做到具体、细致，有必要时还应标出具体数据以控制施工质量。

3.准备和实施阶段

（1）安排年度建设计划

建设项目必须具备有经过批准的扩大初步设计和总概算才能列入年度建设计划。建设单位根据批准后的初步设计、总概算和总工期，编制企业的年度基本建设计划。合理分配各年度的投资额，使每年的建设内容与当年的投资额及设备材料分配额相适应。配套项目应该同时安排，相互衔接，保证施工的连续性。

（2）建设准备

根据批准的设计文件和基本建设计划，就可以对建设项目进行建设准备了。建设准备工作主要包括：

1）组织设计文件的编审；

2）安排年度基本建设计划；

3）申报物资采购计划；

4）组织大型专用设备预定和安排特殊材料的订货；

5）落实地方材料供应，办理征地拆迁手续；

6）提供必要的勘察、测量资料；

7）落实水电道路等外部建设条件和施工力量等。

（3）组织施工

当施工准备工作就绪后，应由建设单位或施工单位提出开工报告，经主管部门审批后方可正式开工。

施工过程中，要按照施工顺序合理组织施工，进行文明生产。要严格按照设计的要求以及施工验收规范的规定，确保工程质量，保证计划、设计、施工三个环节的互相衔接，投资、工程内容、施工图纸、设备材料、施工力量五个方面落实，做到保质、保量、保工期，全面完成施工任务。

1）施工准备

施工准备是以施工项目为对象而进行的全面施工准备工作总称。准备工作是保证工程顺利地连续施工，全面完成各项经济指标的重要前提。施工准备工作的内容较多，一般施工准备工作应包括：项目前期准备、技术准备、物资准备、劳动组织准备、施工准备、资金准备、工程实施准备。

① 施工准备工作的基本任务

施工准备工作的基本任务包括：取得工程施工的法律依据，掌握工程的特点和关键，调查各种施工条件，创造计划、技术、物资、组织、场地等方面的必要条件，以保证工程开工和施工活动的顺利进行，预测可能发生的变化和出现的问题，提出应变措施，作好应变准备。

② 施工准备工作的范围

施工准备工作的范围包括两个方面：一方面是阶段性施工准备。这是指开工前的各项准备工作，属于建设前期工作，具有全局性。其准备工作的内容主要包括经济技术调查、创造施工的技术经济条件、创造施工的物质条件、组织施工力量、搞好施工现场准备、提出开工报告。其中，经济技术调查的目的是为签订承包合同、制订施工规划、编制施工组织设计提供依据。另一方面是作业条件的准备。它是为某一个施工阶段、某个分部、分项工程或某个施工环节所做的准备。是一项经常性的业务工作，具有局部性，与施工交错进行，贯穿在单位工程或分部分项工程施工前及施工的全过程。具体内容如表 1-2 所示。

施工准备工作的范围和内容         表 1-2

| 准备工作范围 | 准备工作内容 | |
| --- | --- | --- |
| 阶段性施工准备 | 经济技术调查 | (1) 建设项目的计划任务书、性质、规模和建设要求。<br>(2) 设计进度、工程特点、设计概算、投资计划和工期计划。<br>(3) 工程所在的自然条件、社会及经济条件。如气象、水文、地质等情况，地方材料供应情况、交通运输条件、施工地区可供应的施工机械情况、技术标准等。<br>(4) 施工现场情况，包括施工占地、拆迁规模、现场地形、可利用的原有建筑物及设施、现场交通情况。<br>(5) 如果是引进项目，则应查清引进设备、材料、零部件的质量及数量、相应的配合要求、特殊要求、引进合同条款等 |
| | 创造施工的技术经济条件 | (1) 熟悉、会审图纸。图纸是工程的语言、施工的依据。建筑工程图按专业可划分为建筑图、结构图、供暖通风图、给水排水图、电气图、工艺流程图等。开工前首先要熟悉施工图纸，了解设计内容及设计意图，明确工程所采用的设备和材料，明确图纸所提出的施工要求，明确电气工程和主体工程以及其他安装工程的交叉配合，以便及早采取措施，确保在施工过程中不破坏建筑物的强度和美观，不与其他工程发生位置冲突。<br>(2) 熟悉和工程有关的其他技术资料。主要包括：<br>1) 建筑电气安装工程常用的施工验收规范、标准。如施工及验收规范、技术规程、操作规程、质量检验评定标准以及制造厂提供的随机文件，即设备安装使用说明书、产品合格证、试验记录、数据表等。<br>2) 工程材料技术标准。<br>3) 建筑工程施工合同和工程建设招标投标文件。<br>建筑工程施工合同是发包人和承包人为完成商定的建筑安装工程，明确相互权利、义务关系的合同。由合同协议书、通用合同条款和专用合同条款三部分组成。<br>《工程建设招标投标文件》确定了建设工程施工招标的原则和程序，规范和指导工程建设施工招标的各个环节，对建设工程从"工程建设项目报建"开始，直到最后"合同签订"的全过程进行了详细的规定。<br>(3) 编制施工方案。在全面熟悉施工图纸的基础上，依据图纸并根据施工现场实际情况、技术力量及技术装备情况，综合做出合理的施工方案。施工方案的编制内容主要包括：<br>1) 工程概况；<br>2) 主要施工方法和技术措施；<br>3) 保证工程质量和安全施工的措施；<br>4) 施工进度计划；<br>5) 主要材料、劳动力、机具、加工件进度；<br>6) 施工平面规划。<br>(4) 编制工程预算，包括施工图预算和施工预算 |
| | 创造施工的物质条件 | 组织材料、零部件的生产和运输、组织施工机械的进场、安装和调试、搭建临时设施等 |
| | 组织施工力量 | 建立施工现场管理机构，派遣干部和管理人员，集结施工队伍，进行技术培训，落实协作配合条件，签订专业合同和劳动合同，招募临时施工力量，并进行安全教育等 |
| | 搞好施工现场准备 | 拆迁原有建筑物，平整场地，架设施工用电线路，修筑施工现场道路，进行场区测量，修建用水管路等 |
| | 提出开工报告 | 开工报告要说明开工前的准备工作情况，具有法律效力的文件具备情况，如施工执照及有关文件等，需经批准以后才能开工。<br>开工报告由负责工程任务的工区或工程处提出，一般由公司审批 |

续表

| 准备工作范围 | 准备工作内容 |
|---|---|
| 作业条件的准备 | 编制分阶段施工组织设计和分部分项工程施工方案 |
| | 对采用的新材料、新设备、新技术进行中间试验，并编制相应的工艺规程和培养缺口技术工种的施工人员 |
| | 编制作业计划 |
| | 编制并下达施工任务书，或签订队组定包合同 |
| | 进行计划、技术、质量安全和经济责任交底 |
| | 进行工程变更的洽商 |
| | 按计划组织材料、施工机具进场，保证连续施工 |
| | 合理调配劳动力，做到进场及时、连续工作。任务饱满、完工后及时退场 |
| | 做好必要的队组间、工序间的交接手续 |
| | 办理工程隐检、预检手续，按规定顺序施工并进行记录 |
| | 做好各专业施工的现场协调工作，保证按规定顺序施工 |
| | 冬期、雨期施工前和施工中，要编制季节施工技术组织措施，做好施工现场的保温、供热、排水等临时设施的准备工作，供应必要的材料和机具，配备必要的专职人员等 |

2）怎样做好施工准备工作

① 编制施工准备工作计划。

作业条件的施工准备工作要编制详细的计划，列出施工准备的工作内容、要求完成的时间、负责人等，如表 1-3 所示。

施工准备工作计划表　　　　　　　　　　　表 1-3

| 序号 | 项目 | 准备工作内容 | 负责单位、完成日期 | 备注 |
|---|---|---|---|---|
| ⋮ | ⋮ | ⋮ | ⋮ | ⋮ |

按照作业条件的施工准备工作计划，应当在施工组织设计中予以安排，作为施工组织设计的基础内容之一，同时注意施工过程中的短时安排。

② 建立严格的施工准备工作责任制。由于施工准备工作项目多，范围广，有时施工准备工作的期限比正式施工期还要长，所以必须有严格的责任制。要按计划将责任明确到有关部门，甚至个人，以保证计划要求的内容能按时完成。

③ 建立施工准备工作检查制度。施工准备工作不但要有计划、有分工，而且要有布置、有检查。检查的目的在于督促，发现薄弱环节，不断改进工作。

④ 坚决按建设程序办事，实行开工报告制。做好开工前的施工准备工作，才能提出开工报告，经审查后，方可开工。

⑤ 施工准备工作，必须贯穿在施工全过程的始终。施工企业要像重视施工一样去重视施工准备工作，及时解决施工准备工作中的技术和管理问题、平衡调度问题及供应问题等。

⑥ 施工准备工作要取得横向支持。施工准备工作应取得建设单位、设计单位及有关协作单位的大力支持，要统一步调，分工协作，共同做好这项工作。

4. 生产准备与竣工验收阶段

（1）生产准备

生产准备是衔接工程建设和生产的一个不可逾越的阶段。建设单位要根据建设项目的生产技术特点，抓好投产前的准备工作。生产准备工作主要内容：

1）招收和培训生产人员，组织他们参加设备安装、调试和工程验收；

2）落实原材料、协作产品、燃料、水电、气等的来源以及其他协作配合条件；

3）组织工具、器具、备品、备件的生产和购置；

4）组织生产经营管理机构、制定管理制度和安全操作规程、收集生产技术经济资料和产品样品等。

生产准备工作是保证实现投资效果的重要环节，所以生产准备工作要细致全面，为正式投产打下基础。

（2）竣工验收阶段

竣工验收是全面考核建设成果，检查设计和施工质量的重要环节，由建设单位或委托监理公司组织实施。按照批准的设计文件和合同规定的内容全部施工完成的工程项目，其中生产性项目经负荷试运行和试生产合格，并能生产合格产品的，非生产性项目符合设计要求，能够正常使用的，便可组织竣工验收。

验收前，建设单位要组织设计、施工等单位进行初检，提出竣工报告，整理技术资料，分类立卷，移交建设单位保存。验收合格后，施工单位向建设单位办理工程移交，办理竣工结算。

## 1.3 电气安装与电气项目经理职责

### 1.3.1 电气安装工程

电气安装工程是依据设计与生产工艺的要求，遵照规范规程、设计文件、施工图集等技术文件的具体规定，按特定线路，将电能合理分配、输送至已安装就绪的用电设备及用电器具上。通电前，要经过元器件各种性能的测试，系统的调整试验。在试验合格的基础上，送电试运行，使之与生产工艺系统配套，使系统具有使用和投产条件。其安装质量必须符合设计要求，符合施工及验收规范。

安装工作种类繁多，技术复杂。随着生产技术的发展和国外先进技术的引进，一些高转速、高压力、大功率的工业设备的安装、检测、调试技术的难度也越来越高。同时，近年来建筑智能化技术发展很快，它是电子技术、通信技术、网络技术、计算机技术、自动控制技术、传感器技术等一系列先进技术飞速发展的结果。建筑使用功能现代化的需求和相关技术的进步共同促使建筑智能化技术的高速发展。建筑智能化工程的特点为：系统多而复杂，技术先进，施工周期长，作业空间大，使用设备和材料品种多。这就要求安装技术工作者，必须适应技术发展的需要，不断拓宽自己的知识面，提高知识水平，提高和改进操作技能。

### 1.3.2 电气项目经理及其职责

项目经理是施工现场最直接的领导者、组织者和指挥者。施工中各项经济技术指标的完成情况都与项目经理有密切的关系。因此，项目经理应该具有一定的专业技术知识，应了解国家关于经济建设的方针政策，应熟悉基本建设程序，并应具有良好的组织能力。

1. 电气专业技术知识和能力

电气项目经理应掌握相当于中专水平的电工学基础理论，具有电力拖动与自动控制的基本知识，了解常用仪器、仪表及检测、调试方法，熟悉照明、动力、变配电等电气工程的基本知识，熟悉常用电气材料、高低压电器的种类、规格、性能及选用原则，熟练掌握安全用电及施工现场临时用电的安全技术规范。

了解智能化设备的工作原理，了解材料、工具、设备选择、质量控制、竣工验收等方面的基本知识。主要内容为：火灾报警与自动灭火系统、电缆电视系统、民用建筑电话通信工程、安全防范技术系统（防盗报警、巡更保安、自动门、闭路电视监视、停车场管理、防盗门与控制）、建筑物综合布线系统等。

电气项目经理应能熟练阅读和准确理解工业与民用建筑内的电力系统图、电力平面图、照明系统图、照明平面图、平面与剖面布置图、二次线原理及接线图，能阅读相关的智能化系统线路图。熟悉照明、动力、变配电等电气工程的施工程序及有关国家标准、施工验收规范及质量检验、评定标准。具有施工技术资料、交工资料、竣工资料的编写、收集及整理、归档的能力，能进行一般电气设备试运转工作的指导和监督。

2. 项目经理职责和权力

（1）项目经理的主要职责

1）在队长和技术副队长（或工程师）领导下，负责贯彻执行有关基本建设的方针、政策、法令、决议、指示、规章制度等，组织领导所属工地（工程、工号）班组的生产、技术、学习以及班组经济核算等各项工作。

2）参加有关工程的图纸会审，中小型工程施工方案的编制，资料审定及有关会议等，并组织所属班组进行图纸、技术资料、施工方案、各项施工技术组织措施的学习，组织进行任务交底、技术交底、质量安全措施交底等工作。

3）具体负责所属施工现场的平面布置规划，如临时设施的搭建、作业场地、材料堆放、机具布置、道路等。照明、安全措施、执勤、保卫以及人员的食宿安排。

4）严格监督检查各班组对安全操作规程、施工方案和施工技术组织措施的执行情况，督促班组按时进行工程自检，组织班组互检，并进行技术复核和隐蔽工程验收，分部分项和单位工程质量评定工作，组织质量安全检查，召开质量安全专题会议，分析处理质量安全事故，并填写事故报告。

5）认真组织设备的开箱检查工作，并做详细的检查记录，认真审验安装材料的合格证明和加工件的规格、尺寸、精度、质量等。

6）督促检查所属工地（工地、工号）对安装设备、材料、加工件的领用、采购、保管、使用、保养、维修等情况，发现问题及时处理或上报处理。

7）坚决贯彻执行施工点或单位工程定包经济责任制。

8）及时签发施工任务书，严格掌握劳动力、材料消耗定额，分析成本升降情况，编制工程月报。

9）组织所属班组开展技术挖潜、革新、改造和推广新技术。

10）收集整理各项施工原始记录和资料，按单位工程分档立卷，并具体负责交工验收工作，整理交工验收的技术资料。

（2）项目经理的权力

1）相对固定在班组内的劳动力、材料、机具设备等必须经项目经理同意，方可调动。

2）已经确定的施工方案和技术措施，未经项目经理同意不得随意变更。

3）所管辖班组工人的病假、事假须经项目经理同意，方能履行请假手续，考勤、任务单须经项目经理签字方能计发工资和奖金。

4）对不服从领导、违反劳动纪律、违反操作规程、屡教不改者，项目经理有权进行制止或报请上级批准停止其工作。

# 1.4　电气安装工程分包合同

### 1.4.1　分包合同的主要内容

电气安装工程分包合同的主要内容包括：工程名称、施工地点、分包工程项目及范围、分包工程项目的工程造价、双方责任划分、施工工期及其他应明确的事项。

### 1.4.2　承包商（总包单位）的主要责任

承包商（总包单位）的主要责任包括以下几个方面：

（1）组织分包单位编制施工组织设计，安排施工计划和综合进度计划，组织分包单位配合总包进行施工。

（2）向分包单位提供施工图及有关资料，审核分包的预算，对分包的工程进度、工程质量进行检查和监督。

（3）为分包单位创造施工条件，如现场道路、水、电源、场地清理、夜间施工照明等。

（4）负责办理拨款、签证和竣工验收手续。

### 1.4.3　分包单位的主要责任

分包单位的主要责任为：

（1）参加总包单位组织的编制综合进度计划和大型设备安装施工方案的工作，编制施工图预算，积极配合土建进度进行施工，保证安装工程的顺利进行。

（2）积极配合总包单位向建设单位办理安装工程验收手续。

### 1.4.4　施工技术资料的供应

1. 总包单位应向分包单位提供的资料

总包单位应向分包单位提供以下文件资料：

（1）分包施工项目的施工图及说明书6份。

（2）与分包施工项目有关的土建施工图及说明书1份。

（3）现场平面布置图及综合进度计划各1份。

2. 分包单位应向总包单位提供的资料

分包单位应向总包单位提供以下文件资料：

（1）在施工期内，按统计规定，向总包单位提供有关的统计资料和安装过程中的原始记录。

（2）月、旬作业进度计划。

（3）工程质量事故报告。

（4）预、结算及工程款拨付办法。

### 1.4.5　设计变更及经济责任

（1）凡由建设单位的责任造成的设计变更，影响分包工程正常施工或造成停工，由建设单位负责全部损失，所影响的工期相应地向后顺延。

（2）由承包单位造成分包单位工程的设计变更，必须征得设计单位同意，并办理洽商手续，而因此影响到分包施工甚至停工的，应由总包负责，并赔偿经济损失，工期相应顺延。

（3）凡是由分包单位造成的设计或工程变更，必须经建设单位、设计单位和总包单位同意后，办理有关手续，因此对总包单位施工造成的经济损失，由分包单位负责，工期不予顺延。

### 1.4.6　工程质量、施工验收及现场安全

1. 工程质量检验标准依据

工程质量以施工图及说明书、国家颁发的施工及验收规范和质量检验标准为依据。

2. 隐蔽工程验收

分包单位应于验收前一天，以书面形式向总包单位发出通知，到现场检查，合格后共同办理隐蔽工程验收手续。

3. 设计安装工程质量保证

设计安装工程中，凡需由总包单位在施工中预留的各种孔洞、沟槽和预埋铁件，加工图在施工图中标明者，均由总包负责。分包单位如果需要在已做完的土建结构上打眼凿洞，必须征得总包单位同意，并负责保证土建工程的装修质量。

4. 竣工验收

工程完工后，在竣工前 10 天，向总包单位提出书面竣工验收通知，总包单位按期进行验收。如果质量不合要求，属于分包责任时，应在商定的时间内负责修理完，然后办理验收手续。验收合格后，由分包单位与总包单位办理质量保修合同书，然后总包、分包和建设单位三方及时办理工程竣工验收证明书。验收后，工程交总包负责保管。最后由总包单位统一向业主办理移交手续。分包单位在竣工 30 天内将含有工程变更情况的竣工图及竣工资料交付总包单位。

## 1.5　建筑电气安装工程施工中的协调

随着国家建设规模的发展，电气安装工程已成为建设工程的一项重要组成部分。电气安装工程包括的内容很多，如变配电装置、照明工程、架空线路、防雷接地、电气设备调试、闭路电视系统、电话通信系统、广播音响系统、火灾自动报警与消防联动系统等。

电气安装工程的施工必须遵循客观规律，按照施工程序进行施工，才能使电气安装工程达到高质量、高速度、高工效、低成本。在施工中，建筑电气安装工程要注意做好与设计单位、监理单位、总承包单位之间的协调配合，以及与各专业之间的协调配合工作都会直接影响工程整体的施工进度、施工质量、施工成本和施工效果。

### 1.5.1　与业主、监理方的协调配合

（1）接受业主、监理方进行工程质量的目标交底。

（2）积极参与由业主、监理方组织的每周或不定期召开的工程协调例会、施工进度会议、工程质量安全和文明施工会议，每月或每季度质量、安全巡检活动等，并书面汇报施工情况及需要协助解决的问题。

（3）按工程进度要求，及时上报工程验收和竣工资料。

（4）按时向监理方和业主上报每月完成的工程进度情况和提供工程量清单，做好工程施工过程中的工程量预算和工程竣工后的工程结算工作。

（5）施工过程中，对业主、监理方提出的工程质量、安全生产和文明施工等问题，做到及时整改，杜绝隐患。

（6）施工过程中，保持与业主、监理方的沟通和联系，做到业务来往规范化。

（7）接受业主、监理方对进场材料进行监督。接受业主、监理方对施工工序进行监督控制和验收。

### 1.5.2　与设计单位的协调配合

（1）通过业主与设计单位密切配合，明确设计意图和设计方案，并进行图纸会审。

（2）按设计要求、设备安装要求、实际施工情况及有关规定，编写详细设计方案，并提交设计单位审批。

（3）与设计单位建立良好的沟通和反馈渠道，对重要的施工（变更等）情况应随时反馈给设计单位，工程验收时提供系统的功能参数和调验系数，以备设计单位的检查验收。

### 1.5.3　与土建工程的协调配合

建筑电气安装工程的施工比较复杂，与土建、给水排水、暖通等专业配合较多。电气安装工程是整个建筑工程项目的重要组成部分，与其他施工项目必然发生多方面的联系，其中和土建施工的关系最为密切。做好与土建施工的配合，是省工省料、加快施工进度、确保安装质量的重要的途径，电气项目经理必须予以高度重视。

1. 电气工程与主体工程的配合

电气工程与土建工程的主要配合是预埋。

（1）预埋的作用和分工

预埋是指在土建施工过程的建筑构件中，预先埋入电气工程的固定件及电线管等。做好预埋工作，不但可以保持建筑物的美观整洁，避免以后钻、凿、挖、补，破坏建筑结构，而且可增强电气装置的安装机械强度。混凝土墙、柱、梁等承重构件，一般不允许钻凿破坏，有的混凝土结构的墙和屋顶还涉及防渗防漏问题，更不允许钻凿。可见，配合土建进行预埋，不是可做可不做的事情，而是必须认真做好的工作。

预埋可分为建筑工人预埋和由安装电工预埋两种，具体分工按施工图纸决定。

1）一些有规则的埋在混凝土墙、梁、柱、楼板、地坪中的预埋件，设计单位在施工图上标注出来，由建筑工人预埋。由于建筑工人对这些预埋件的作用往往不太清楚，所以不一定能按电气要求预埋，故需要安装电工按电气图和土建图的要求，对建筑工人预埋予以督促、核对，以避免遗漏和错位。

2）大量的位置不同的预埋件以及暗管敷设线路所用的线管、接线盒、灯头盒等在土建施工图中是不标注的，需要安装电工根据电气施工图的要求进行预埋。

（2）预埋件的埋设方法

配线分为明配和暗配两种。

1）明配可分为明管配线、瓷瓶配线、瓷夹板配线、塑料护套配线等。明配需要一些木砖或胀管以固定这类配线的灯头盒和开关盒，瓷瓶配线需要埋设一些固定瓷瓶的木砖或胀管。明管配线需要埋设一些固定明管支架（或管卡）的铁板或木砖。

2）暗配常见的是暗管敷设。暗管敷设需要把配线管连同开关盒、灯头盒一起预埋在建筑物中。

不管是明配还是暗配，凡是导线穿墙过梁的，均需预埋穿墙过梁的保护钢管。

预埋件的埋设方法，取决于土建结构类型。常见的土建结构的类型如下：

1）砖墙结构：可在砌墙前预先把管子、开关盒和灯头盒预装好，在砌墙过程中埋入。也可在砌好后内粉刷前凿沟槽、钻孔洞埋设，但这样做费工，而且对砖墙结构有影响。

2）框架结构：在土建施工过程中是先捣制混凝土框架，过一段时间再砌填充墙，这就需要先把框架中的预埋件埋好，然后再在砌墙时，将埋入墙内的部分预埋完毕。框架中预埋件的预埋方式有两种：一是在框架中预埋一根两端绞好螺纹的钢管，待以后砌墙时，再把梁的上层与下层的暗管接上。二是在框架梁中预埋一根略大于配线管外径的毛竹管（以后穿管时凿去）或钢管（以后穿管时保留）。

在混合结构中，由于是由下往上砌墙，再捣制楼板，故埋管可以由下往上埋。

预埋时间要掌握适当，固定配线明管、瓷瓶和灯头用的木砖、铁板，一般均应在混凝土顶的模板搭好以后，扎钢筋前进行，因为此时画线就位均较方便。在梁和楼板中的暗管，应在梁和楼板模板搭好以后、扎钢筋前预埋；而柱中的预埋件，应在扎好钢筋以后、拼装模板前预埋。

2. 电气安装工程在施工前与土建的配合

因此，在工程项目的设计阶段，由电气设计人员对土建设计提出技术要求，如开关柜的基础型钢预埋。电气设备和线路和固定件预埋等，这些要求应体现在土建结构施工图中。土建施工前，电气施工人员应会同土建施工技术人员共同审核土建和电气施工图，以防出现遗漏或差错，电气工人应学会看懂土建施工图，了解土建施工进度计划和施工方法，尤其是梁柱、地面、屋面的做法和相互间的连接方式，并仔细校核拟采用的电气安装方法是否和此项目的土建施工相适应。施工前必须加工制作和备齐土建阶段中的预埋件、预埋管道和零配件。

3. 电气安装工程在基础阶段与土建的配合

（1）基础工程施工时，应及时配合土建做好强电、弱电专业的进户电缆穿墙管及止水挡板的预留、预埋工作。一方面要求电气专业应在土建做墙体防水处理之前完成，避免电气施工破坏防水层造成墙体渗漏。另一方面要求特别注意预留的轴线、标高、位置、尺寸、数量、用材、规格等方面是否符合图纸的要求。进户电缆穿墙管的预留、预埋是不允许返工修理的，返工后土建做二次防水处理很困难，所以电气专业施工人员应特别留意与土建的配合。

（2）利用基础主筋做接地装置时，要将主筋在基础根部散开与地板筋焊接，引上留出接地母线。

（3）在地下室预留孔洞。

（4）隐蔽工程隐检记录。及时做好隐蔽工程质量检查，验收合格后进行土建混凝土浇筑。

4. 电气安装工程在结构施工阶段与土建的配合

根据土建浇筑混凝土的进度要求及流水作业的顺序，逐层逐段地做好电气配管的暗敷设工作，这是整个电气安装工程的关键工序，做不好不仅影响土建施工进度与质量，而且也影响整个电气安装工程后续工序的质量与进度，应引起足够的重视。如现浇混凝土楼板内配管时，在底层钢筋绑扎完之后，上层钢筋未绑扎前，根据施工图尺寸位置配合土建施工。土建浇筑混凝土时，电工应留人值守，以免振捣时损坏配管或使得灯头盒位置偏移。

5. 电气安装工程在装修阶段与土建的配合

在土建工程砌筑隔断墙之前应与土建项目经理和放线员将水平线及隔墙壁线核实，以便帮助电气人员按此线确定管理预埋位置及确定各种灯具、开关、插座的位置、标高。在土建抹灰前，电气施工人员应按设计和规范要求查对核实，符合要求后方可将箱盒进行安装。当电气器具已安装完毕，土建修补或喷浆墙面时，一定要保护好电气器具，防止器具污损。

6. 电气安装工程与其他安装工程的配合

电气安装工程与其他（如水暖工程等）要统一协调，避免各种管道之间相互交叉碰撞、相互干扰。特别是电气管线怕水、怕热，施工的电气安装施工人员要仔细查阅水暖燃气的施工图纸，检查是否有相互矛盾之处，施工时重要的是要确保各管线之间的距离要符合验收规范的要求。

**1.5.4 提交进行电气安装的房屋应满足的条件**

对于提交进行电气安装的房屋，一般应当满足下列条件：

（1）应结束屋内顶面的工作。

（2）应结束粗制地面的工作，并在墙上标明最后抹光地面的标高。在蓄电池室及电容器室内，设备的构架及母线的构架安装以后，应做好抹光地面的工作。

（3）设备的混凝土基础及构架应达到允许进行安装的强度。

（4）对于需要进行修饰的墙壁、间壁、柱子及基础的表面，如在电气装置安装时或安装以后，由于进行修饰而可能损坏已装好的装置，或安装以后不能再进行修饰，则应在电气装置安装以前结束修饰工作。

（5）对于电气装置安装有影响的建筑部分的模板、脚手架应当拆除，并清除废料，但对于电气装置安装可以利用的脚手架等，可根据工作需要逐步加以拆除。

**1.5.5 提交进行电气安装的户外土建工程应满足的条件**

（1）安装电气装置所用的混凝土基础及构架，已达到允许进行安装的规定强度。

（2）模板和建筑废料已经清除，有足够的安装用场地，施工用道路通畅。

（3）基坑已回填夯实。

**1.5.6 在电气装置安装过程中，一般允许进行的土建工作**

（1）电气装置所用的金属构架安装以后，允许进行抹灰工作。

（2）电气装置安装以后，允许进行建筑物部分表面的涂色及粉刷，但应注意不使已安装的装置遭受污损。

（3）蓄电池室的金属构架及穿墙接线板安装以后，允许进行涂刷耐酸涂料的工作。

#### 1.5.7　电气装置安装以后，投入运行之前应结束的工作

（1）清除电气装置及构架上的污垢，结束修饰工作（粉刷、涂漆、补洞、抹制地面、表面修饰等）。

（2）户外变电站区域的永久性围墙以及场地平整。

（3）拆除临时设施，并更换为永久设施（如永久性门窗、梯子、栏杆等）。

电气安装工程除了和土建有着密切的关系，需要协调配合以外，还要和其他安装工程，如给水排水工程，供暖、通风工程等有着密切的关系。施工前应做好图纸会审工作，避免发生安装位置的冲突。互相平行或交叉安装时，必须保证安全距离的要求，不能满足时应采取相应的保护措施。

## 1.6　电气安装工程质量评定和竣工验收

工程质量是建筑安装企业各项工作的综合反映。保证和提高工程质量是提高人民物质文化生活水平的重要问题，也是衡量建筑安装企业技术水平和管理的主要标志。

工程施工质量验收是工程建设质量控制的一个重要环节，它包括工程施工质量的中间验收和工程的竣工验收两个方面。通过对工程建设中间产出品和最终产品的质量验收，从过程控制和终端把关两方面进行工程项目的质量控制，以确保达到业主所要求的功能和使用价值，实现建设投资的经济效益和社会效益。工程项目的竣工验收，是项目建设程序的最后一个环节，是全面考核项目建设成果，检查设计与施工质量，确认项目能否投入使用的重要步骤。竣工验收的顺利完成，标志着项目建设阶段的结束和生产使用阶段的开始。

#### 1.6.1　工程施工质量验收标准

建筑工程施工质量验收统一标准、规范体系由《建筑工程施工质量验收统一标准》GB 50300—2013 和各专业验收规范共同组成，在使用过程中必须配套使用。对建筑电气工程和智能建筑工程施工质量的验收，应将《建筑工程施工质量验收统一标准》GB 50300—2013、《建筑电气工程施工质量验收规范》GB 50303—2015、《智能建筑工程质量验收规范》GB 50339—2013 以及相应的设计规范配套使用。

#### 1.6.2　电气安装工程质量的评定

1. 检验评定的目的和作用

安装工程质量的检验评定，是以国家技术标准作为统一尺度来评价工程质量的。正确进行质量评定，可以促使企业保证和提高工程质量。

2. 安装质量验收的基本规定

（1）施工现场质量管理检查记录

施工现场质量管理应有相应的施工技术标准，健全的质量管理体系、施工质量检验制度和综合施工质量水平评价考核制度，并做好施工现场质量管理检查记录。

施工现场质量管理检查记录应由施工单位按《建筑工程施工质量检验统一标准》GB 50300—2013 附录 A 施工现场质量管理检查记录填写，经总监理工程师（建设单位项目负责人）检查，并作出检查结论。

（2）建筑工程施工质量验收要求

1）建筑工程施工质量应符合《建筑工程施工质量验收统一标准》GB 50300—2013 和

相关专业验收规范的规定。

2）建筑工程施工应符合工程勘察、设计文件的要求。

3）参加工程施工质量验收的各方人员应具备规定的资格。

4）工程质量的验收应在施工单位自行检查评定的基础上进行。

5）隐蔽工程在隐蔽前应由施工单位通知有关方进行验收，并应形成验收文件。

6）涉及结构安全的试块、试件以及有关资料，应按规定进行见证取样检测。

7）检验批的质量应按主控项目和一般项目验收。

8）对涉及结构安全和使用功能的分部工程应进行抽样检测。

9）承担见证取样检测及有关结构安全检测的单位应具有相应资质。

10）工程的观感质量应由验收人员通过现场检查，并应共同确认。

建筑工程质量验收应划分为单位（子单位）工程、分部（子分部）工程、分项工程和检验批。

3. 电气安装工程质量检验

电气安装工程质量检验，是按分部分项电气工程（如裸母线的架设，配电装置等）的安装质量进行检验。检验其是否按照规范、规程或标准施工，能否达到安全用电要求（不符合处必须全部整改），电气性能是否符合要求等。

质量检验的程序是：先分项工程，再分部工程，最后是单位工程。

（1）检验的形式

1）自检。由安装班组自行检查安装施工是否与图纸相符，安装质量是否达到电气规范要求，对于不需要进行试验调整的电气装置，要由安装人员测试线路的绝缘性能和进行通电检查。

用兆欧表检查电气线路的绝缘电阻，其中包括相间和相对地的绝缘电阻。

线路绝缘性能测试合格后，方可进行通电检查。

2）互检。由施工技术人员或班组之间相互检查。

3）初次送电前的检查。在系统各项电气性能全部符合规范要求，安全措施齐全，各用电装置处于断开状态的情况下，进行这项检查。

4）试运转前的检查。电气设备经过试验，达到交接试验标准，有关的工艺机械设备均正常的情况下，再进行系统性检查。合格后才能按系统逐项进行初送电和试运转。

（2）三个阶段的质量检查

为了保证工程质量，检查工作应贯穿在施工的各个阶段。

1）施工前的检查。施工前的检查，包括图纸会审，对使用的材料和设备质量、合格证以及自制加工件进行检查。

2）施工期的检查。在施工过程中，随着工序的推进，及时对施工质量进行检查，可有力地制止一些不合规范、错误的施工方法。例如，在钢管配线中，先穿线后放管口护圈。用气割、电割在铁制配电箱上打孔。铝导线焊接后不清洗、不涂电力复合脂即包扎绝缘带的施工方法等，都应该及时纠正。特别是隐蔽工程，应检查是否按规范要求施工，例如，埋地配线钢管应当采用螺纹连接或套管焊接，禁止对口焊接。电缆的弯曲半径是否符合要求，利用柱内钢筋作防雷引下线时，钢筋焊接成电气通路是否连续等，另外，还要督促做好隐蔽线路的实际走向和定位、安装项目的增补和修改等的记录工作。

3）施工后期的检查。按电气安装工程的分项、分部工程进行逐项检查。

4. 建筑安装工程质量评定

（1）建筑安装工程质量验收项目划分

建筑安装工程质量验收项目划分为分项（检验批）工程，分部（子分部）工程，单位（子单位）工程等三大部分组成。

1）分项工程（检验批）的划分

① 分项工程是工程质量验收的基本单元，是工程质量管理的基础，反映的是建筑安装工程各工种及设备机组、各系统、区段的安装质量优劣。在一个工程中，各工种及设备机组、各系统、区段的划分应相对统一。为了使质量能受到有效的控制，发现质量问题能容易分清责任并及时分析、解决。同时，便于进行质量评定，因此，要求划分的范围不宜过大，即分项工程不能太大。

② 建筑安装工程的分项工程一般应按工种种类及设备组别等来划分，同时，也可按材料、施工工艺、系统、区段来进行划分。如碳素钢管给水管道、排水管道、金属风管与配件制作等。从设备组别来划分，如制冷机组安装、风机安装、火灾自动报警及消防联动系统安装等。另外，对于管道的工作压力不同，质量要求也不同，也应划分为不同的分项工程。同时，还要根据工程的特点，按系统或区段来划分各自的分项工程。如住宅楼的照明，可把每个单元的照明系统划分为一个分项工程。对于大型公共建筑的通风管道工程，一个楼层可分为数段，每段即为一个分项工程。

③ 分项工程可由一个或若干个检验批组成。分项工程是一个比较大的概念，真正进行质量验收时并不是一个分项工程的全部，而是其中的一部分。从某种意义上说，分项工程的验收实际上就是检验批的验收，分项工程中的检验批都验收完成了，分项工程的验收也就完成了。

④ 分项工程的划分，其实质是检验批的划分。要求在编制施工组织设计（施工方案、质量计划）时，就把此项工作做好，以便对分项工程及时进行验收。

2）分部（子分部）工程的划分

① 分部工程是由若干分项工程组成，它是组成单位工程的基本单位。

② 分部工程按专业性质、建筑物部位来确定。对于建筑安装工程，若工程规模较大或较多时，为了方便验收和分清责任，可按系统、施工特点、材料、施工程序及类别等划分为若干个子分部工程。

③ 建筑安装工程按专业划分为五个分部工程：建筑给水排水及供暖工程、建筑电气工程、通风与空调工程、电梯工程、智能建筑工程。

建筑安装工程分部（子分部）工程、分项工程名称详见表1-4。

建筑安装工程分部（子分部）工程、分项工程名称　　　　　　　　表1-4

| 分部工程 | 子分部工程 | 分项工程 |
|---|---|---|
| 建筑给水排水及供暖 | 室内给水系统 | 给水管道及配件安装，给水设备安装，室内消火栓系统安装，消防喷淋系统安装，防腐，绝热，管道冲洗、消毒、试验与调试 |
| | 室内排水系统 | 排水管道及配件安装，雨水管道及配件安装，防腐，试验与调试 |
| | 室内热水系统 | 管道及配件安装，辅助设备安装，防腐，绝热，试验与调试 |
| | 卫生器具 | 卫生器具安装，卫生器具给水配件安装，卫生器具排水管道安装，试验与调试 |

| 分部工程 | 子分部工程 | 分项工程 |
|---|---|---|
| 建筑给水<br>排水及供暖 | 室内供暖系统 | 管道及配件安装，辅助设备安装，散热器安装，低温热水地板辐射供暖系统安装，电加热供暖系统安装，燃气红外辐射供暖系统安装，热风供暖系统安装，热计量及调控装置安装，试验及调试，防腐，绝热 |
| | 室外给水管网 | 给水管道安装，室外消火栓系统安装，试验及调试 |
| | 室外排水管网 | 排水管道安装，排水管沟及井池试验及调试 |
| | 室外供热管网 | 管道及配件安装，系统水压试验，土建结构，防腐，绝热，试验及调试 |
| | 建筑饮用水供应系统 | 管道及配件安装，水处理设备及控制设施安装，防腐，绝热，试验与调试 |
| | 建筑中水系统及雨水利用系统 | 建筑中水系统、雨水利用系统管道及配件安装，水处理设备及控制设施安装，防腐，绝热，试验及调试 |
| | 游泳池及公共浴池水系统 | 管道及配件安装，水处理设备及控制设施安装，防腐，绝热，试验及调试 |
| | 水景喷泉系统 | 管道系统及配件安装，防腐，绝热，试验与调试 |
| | 热源及辅助设备 | 锅炉安装，辅助设备及管道安装，安全附件安装，换热站安装，防腐，绝热，试验与调试 |
| | 监测与控制仪表 | 检测仪器及仪表安装，试验与调试 |
| 通风空调 | 送风系统 | 风管与配件制作，部件制作，风管系统安装，风机与空气处理设备安装，风管与设备防腐，旋流风口、岗位送风口、织物（布）风管安装，系统调试 |
| | 排风系统 | 风管与配件制作，部件制作，风管系统安装，风机与空气处理设备安装，风管与设备防腐，吸风罩及其他空气处理设备安装，厨房、卫生间排风系统安装，系统调试 |
| | 防排烟系统 | 风管与配件制作，部件制作，风管系统安装，风机与空气处理设备安装，风管与设备防腐，排烟风阀（口）、常闭正压风口、防火风管安装，系统调试 |
| | 除尘系统 | 风管与配件制作，部件制作，风管系统安装，风机与空气处理设备安装，风管与设备防腐，除尘器与排污设备安装，吸尘罩安装，高温风管绝热，系统调试 |
| | 舒适性空调系统 | 风管与配件制作，部件制作，风管系统安装，风机与空气处理设备安装，风管与设备防腐，组合式空调机组安装，消声器、静电除尘器、换热器、紫外线灭菌器等设备安装，风机盘管、变风量与定风量送风装置、射流喷口等末端设备安装，风管与设备绝热，系统调试 |
| | 恒温恒湿空调系统 | 风管与配件制作，部件制作，风管系统安装，风机与空气处理设备安装，风管与设备防腐，组合式空调机组安装，电加热器、加湿器等设备安装，精密空调机组安装，风管与设备绝热，系统调试 |
| | 净化空调系统 | 风管与配件制作，部件制作，风管系统安装，风机与空气处理设备安装，风管与设备防腐，净化空调机组安装，消声器、静电除尘器、换热器、紫外线灭菌器等设备安装，中、高效过滤器及风机过滤器单元等末端设备清洗与安装，洁净度测试，风管与设备绝热，系统调试 |
| | 地下人防通风系统 | 风管与配件制作，部件制作，风管系统安装，风机与空气处理设备安装，风管与设备防腐，过滤吸收器、防爆波活门、防爆超压排气活门等专用设备安装，系统调试 |
| | 真空吸尘系统 | 风管与配件制作，部件制作，风管系统安装，风机与空气处理设备安装，风管与设备防腐，净化空调机组安装，风管与设备防腐，管道安装，快速接口安装，风机与滤尘设备安装，系统压力试验与调试 |

续表

| 分部工程 | 子分部工程 | 分项工程 |
|---|---|---|
| 通风空调 | 冷凝水系统 | 管道系统及部件安装，水泵及附属设备安装，管道冲洗，管道、设备防腐，板式热交换器，辐射板及辐射供热、供冷地埋管，热泵机组设备安装，管道、设备绝热，系统压力试验及调试 |
| | 空调（冷、热）水系统 | 管道系统及部件安装，水泵及附属设备安装，管道冲洗，管道、设备防腐，冷却塔与水处理设备安装，防冻伴热设备安装，管道、设备绝缘，系统压力试验及调试 |
| | 冷却水系统 | 管道系统及部件安装，水泵及附属设备安装，管道冲洗，管道、设备防腐，系统灌水渗漏及排放试验，管道、设备绝热 |
| | 土壤源热泵换热系统 | 管道系统及部件安装，水泵及附属设备安装，管道冲洗，管道、设备防腐，埋地换热系统与管网安装，管道、设备绝热，系统压力试验及调试 |
| | 水源热泵换热系统 | 管道系统及部件安装，水泵及附属设备安装，管道冲洗，管道、设备防腐，地表水源换热管与管网安装，除垢设备安装，管道、设备绝热，系统压力试验及调试 |
| | 蓄能系统 | 管道系统及部件安装，水泵及附属设备安装，管道冲洗，管道、设备防腐，蓄水罐与蓄水槽、罐安装，管道、设备绝热，系统压力试验及调试 |
| | 压缩式制冷（热）设备系统 | 制冷机组及附属设备安装，管道、设备防腐，制冷剂管道及部件安装，制冷剂灌注，管道、设备绝热，系统压力试验及调试 |
| | 吸收式制冷设备系统 | 制冷机组及附属设备安装，管道、设备防腐，系统真空试验，溴化锂溶液加灌，蒸汽管道系统安装，燃气或燃油设备安装，管道、设备绝热，试验及调试 |
| | 多联机（热泵）空调系统 | 室外机组安装，室内机组安装，制冷剂管路连接及控制开关安装，风管安装，冷凝水管道安装，制冷剂灌注，系统压力试验及调试 |
| | 太阳能供暖空调系统 | 太阳能集热器安装，其他辅助能源、换热设备安装，蓄能水箱、管道及配件安装，防腐，绝热，低温热水地板辐射供暖系统安装，系统压力试验及调试 |
| | 设备自控系统 | 温度、压力与流量传感器安装，执行机构安装调试，防排烟系统功能测试，自动控制及系统智能控制软件调试 |
| 建筑电气 | 室外电气 | 变压器、箱式变电所安装。成套配电柜、控制柜（屏、台）和动力、照明配电箱（盘）及控制柜安装。梯架、支架、托盘和槽盒安装，导管敷设，电缆敷设。管内穿线和槽盒敷线。电缆头制作、导线连接和线路绝缘测试，普通灯具安装，专用灯具安装，建筑照明通电试运行，接地装置安装 |
| | 变配电室 | 变压器、箱式变电所安装，成套配电柜、控制柜（屏、台）和动力、照明配电箱（盘）安装，母槽盒安装，梯架、支架、托盘和槽盒安装，电缆敷设，电缆头制作、导线连接和线路绝缘测试，接地装置安装，接地干线敷设 |
| | 供电干线 | 电气设备试验和试运行，母槽盒安装，梯架、支架、托盘和槽盒安装，导管敷设，电缆敷设，管内穿线和槽盒内敷线，电缆头制作，导线连接和线路绝缘测试，接地干线敷设 |
| | 电气动力 | 成套配电柜、控制柜（屏、台）和动力配电箱（盘）安装，电动机、电加热及电动执行机构检查接线，电气设备试验和试运行，梯架、支架、托盘和槽盒安装，导管敷设，电缆敷设，管内穿线和槽盒内敷线，电缆头制作，导线连接和线路绝缘测试 |
| | 电气照明 | 成套配电柜、控制柜（屏、台）和照明配电箱（盘）安装，梯架、支架、托盘和槽盒安装，导管敷设，管内穿线和槽盒内敷线，塑料护套线直敷布线，钢索配线，电缆头制作，导线连接和线路绝缘测试，普通灯具安装，专用灯具安装，开关、插座、风扇安装，建筑照明通电试运行 |

续表

| 分部工程 | 子分部工程 | 分项工程 |
|---|---|---|
| 建筑电气 | 备用和不间断电源 | 成套配电柜、控制柜（屏、台）和动力、照明配电箱（盘）安装，柴油发电机组安装，不间断电源装置及应急电源装置安装，母槽盒安装，导管敷设，电缆敷设，管内穿线和槽盒内敷线，电缆头制作，导线连接和线路绝缘测试，接地装置安装 |
| | 防雷及接地 | 接地装置安装，防雷引下线及接闪器安装，建筑物等电位连接，浪涌保护器安装 |
| 智能建筑 | 智能化集成系统 | 设备安装，软件安装，接口及系统调试，试运行 |
| | 信息接入系统 | 安装场地检查 |
| | 用户电话交换系统 | 线缆敷设，设备安装，软件安装，接口及系统调试，试运行 |
| | 信息网络系统 | 计算机网络设备安装，计算机网络软件安装，网络安全设备安装，网络安全软件安装，系统调试，试运行 |
| | 综合布线系统 | 梯架、托盘、槽盒和导管安装，线缆敷设，机柜、机架、配线架安装，信息插座安装，链路或信道测试，软件安装，系统调试，试运行 |
| | 移动通信室内信号覆盖系统 | 安装场地检查 |
| | 卫星通信系统 | 安装场地检查 |
| | 有线电视及卫星电视接收系统 | 梯架、托盘、槽盒和导管安装，线缆敷设，设备安装，软件安装，系统调试，试运行 |
| | 公共广播系统 | 梯架、托盘、槽盒和导管安装，线缆敷设，设备安装，软件安装，系统调试，试运行 |
| | 会议系统 | 梯架、托盘、槽盒和导管安装，线缆敷设，设备安装，软件安装，系统调试，试运行 |
| | 信息导引及发布系统 | 梯架、托盘、槽盒和导管安装，线缆敷设，显示设备安装，机房设备安装，软件安装，系统调试，试运行 |
| | 时钟系统 | 梯架、托盘、槽盒和导管安装，线缆敷设，设备安装，软件安装，系统调试，试运行 |
| | 信息化应用系统 | 梯架、托盘、槽盒和导管安装，线缆敷设，设备安装，软件安装，系统调试，试运行 |
| | 建筑设备监控系统 | 梯架、托盘、槽盒和导管安装，线缆敷设，传感器安装，执行器安装，控制器、箱安装，中央管理工作站和操作分站设备安装，软件安装，系统调试，试运行 |
| | 火灾报警系统 | 梯架、托盘、槽盒和导管安装，线缆敷设，探测器类设备安装，控制器类设备安装，其他设备安装，软件安装，系统调试，试运行 |
| | 安全技术防范系统 | 梯架、托盘、槽盒和导管安装，线缆敷设，设备安装，软件安装，系统调试，试运行 |
| | 应急响应系统 | 设备安装，软件安装，系统调试，试运行 |
| | 机房 | 供配电系统，防雷及接地系统，空气调节系统，给水排水系统，综合布线系统，监控与安全防范系统，消防系统，室内装饰装修，电磁屏蔽，系统调试，试运行 |
| | 防雷及接地 | 接地装置，接地线，等电位连接，屏蔽设施，电涌保护器，线缆敷设，系统调试，试运行 |

续表

| 分部工程 | 子分部工程 | 分项工程 |
|---|---|---|
| 建筑节能 | 维护系统节能 | 墙体节能，幕墙节能，门窗节能，屋面节能，地面节能 |
| | 供暖空调设备及管网节能 | 供暖节能，通风与空调设备节能，空调与供暖系统冷热源节能，空调与供暖系统管网节能 |
| | 电气动力节能 | 配电节能，照明节能 |
| | 监控系统节能 | 监测系统节能，控制系统节能 |
| | 可再生能源 | 地源热泵系统节能，太阳能光热系统节能，太阳能光伏节能 |
| 电梯 | 电力驱动的曳引式或强制式电梯 | 设备进场验收，土建交接检验，驱动主机，导轨，门系统，轿箱，对重，安全部件，悬挂装置，随行电缆，补偿装置，电气装置，整机安装验收 |
| | 液压电梯 | 设备进场验收，土建交接检验，液压系统，导轨，门系统，轿箱，对重，安全部件，悬挂装置，随行电缆，电气装置，整机安装验收 |
| | 自动扶梯、自动人行道 | 设备进场验收，土建交接检验，整机安装验收 |

3）单位工程的划分

① 单位工程是由若干分部工程组成的。它是具备独立施工条件并能形成独立使用功能的建筑物及构筑物。

② 单位工程划分的原则是：具备独立施工条件并能形成独立使用功能的建筑物及构筑物为一个单位工程。对于规模较大的单位工程可将其中形成独立使用功能的部分定为一个子单位工程。

③ 在建筑工程中，一个单位工程通常由 10 个分部工程组成，其中 4 个建筑与结构分部工程、5 个建筑安装分部工程和 1 个建筑节能分部工程。

④ 在建筑安装分部工程中，为了加强室外工程的管理和验收，促进室外工程质量的提高，根据专业类别和工程规模，将室外工程划分为室外设施和附属建筑及室外环境 2 个单位工程，并又再分成道路、边坡、附属建筑、室外环境子单位工程。

（2）建筑安装工程质量验收组织机构

1）工程质量验收评定组织机构的建立是确保此项工作顺利开展的保障。主要由施工单位、建设单位、监理单位、质量监督部门、设计单位等五家组成。在进行此项工作的全过程中，应做到彼此互相沟通、友好协商、协同工作、认真负责、从而达到确保工程质量的共同目标。

2）建筑安装工程质量验收等级评定是施工单位进行质量控制结果的反映，也是竣工验收确认工程质量的主要方法和手段。验收评定工作的基础工作在施工单位，即主要由施工单位来实施，并经第三方的工程质量监督部门或竣工验收组织来确认。监理（建设）单位在施工过程中负责监督检查，使质量等级评定准确、真实。

3）施工单位由质量部门、工程技术部门负责此项工作。施工单位的项目经理部由项目经理部工程技术部门（质量部门）、物资管理部门、试验部门及项目经理、班组长负责此项工作。

（3）建筑安装工程质量验收评定依据和工作流程

1）要求有关人员掌握建筑安装工程质量验收评定的依据：

① 工程设计施工图纸及技术文件。

②《建筑工程施工质量验收统一标准》GB 50300—2013。

③ 国家、地方、行业的相关法律规定。

④ 合同所规定的质量目标和相关内容等。

2）建筑安装工程进行质量检验评定的工作程序流程是：检验批验评→分项工程验评→分部（子分部）工程验评→单位（子单位）工程验评。

3）检验批验评的工作程序

组成检验批的内容施工完毕后，由工号技术员组织内部验评，项目专业质检员签认后报监理工程师（建设单位项目专业技术责任人）组织验评签认。检验批是建筑安装工程质量的基础，因此，所有检验批均应由监理工程师或建设单位项目技术负责人组织验收。施工单位先填好"检验批质量验收记录"（有关监理记录和结论不填），并由项目专业质量检查员和项目专业技术责任人分别在检验批质量验收记录的相关栏目中签字，然后由监理工程师组织，严格按规定程序进行验收。

检验批的质量检验，应根据检验项目的特点在下列抽样方案中进行选择：计量、计数或计量-计数等抽样方案；一次、二次或多次抽样方案；根据生产连续性和生产控制稳定性情况，尚可采用调整型抽样方案。对重要的检验项目当可采用简易快速的检验方法时，可采用全数检验方案。经实践检验有效的抽样方案。

4）分项工程验评的工作程序

组成分项工程的项目施工完毕后，由项目总工程师或工程部门负责人组织内部验评，项目专业技术负责人签字确认后报监理工程师（建设单位项目技术负责人）组织验评签认。分项工程是建筑安装工程质量的基础，因此，所有分项工程均应由监理工程师或建设单位项目技术负责人组织验收。施工单位先填好"分项工程质量验收记录"（有关监理记录和结论不填），并由项目专业质量检查员和项目专业技术负责人分别在分项工程质量验收记录的相关栏目中签字，然后由监理工程师组织，严格按规定程序进行验收。

5）分部（子分部）工程验评的工作程序

组成分部（子分部）工程的各分项工程施工完毕后，由项目经理或总工程师组织内部验评，项目经理签字后报总监理工程师（建设单位项目负责人）组织验评签认。分部工程（子分部工程）应由总监理工程师（建设单位项目负责人）组织施工单位的项目负责人和项目技术、质量负责人及有关人员进行验评。

6）单位（子单位）工程验评的工作程序

组成单位（子单位）工程的分部（子分部）工程施工完毕后，由项目经理组织有关部门进行内部验评。内部验收后，报施工单位（工程公司）经理（总工）签认后，报建设单位组织相关单位验评，直至工程质量竣工验收。单位工程质量验收应由建设单位负责人或项目负责人组织，设计、施工单位负责人或项目负责人及施工单位的技术、质量负责人和监理单位的总监理工程师均应参加验收。

（4）施工单位相关部门的质量验收责任

1）项目部的责任

① 项目经理部的质量部门参与对检验批、分项工程、分部（子分部）、单位（子单位）工程验评工作，同时，收集相关的工程验评记录并建立工程质量动态台账。

② 项目经理部的工程技术部门参与对检验批、分项工程、分部（子分部）、单位

（子单位）工程验评工作，保存好验评记录，并负责整理全套验评资料上交相关单位和部门。

③ 项目经理部的物资管理部门负责提供、整理所提供材料的合格证及试验报告等质量技术资料，使之在验评时具有可追溯性。

④ 项目经理的试验部门负责接收试验委托，出示真实可靠的试验数据，提供规范的试验报告，对试验结论负责，并存档备查。

2）总包单位、分包单位及建设单位的相互关系

① 总包单位应按承包合同的权利义务对建设单位负责。

② 分包单位对总承包单位负责，亦应对建设单位负责。因此，分包单位对承包地项目进行检验评定时，总包单位应参加。

③ 验评合格后，分包单位应将工程的有关资料移交给总包单位，待建设单位组织单位工程质量验收时，分包单位负责人应参加验收。

3）相关记录表

① 施工现场质量管理检查记录。

② 检验批质量验收记录。

③ 分项工程质量验收记录。

④ 分部（子分部）工程质量验收记录。

⑤ 单位（子单位）工程质量竣工验收记录。

⑥ 单位（子单位）工程质量控制资料核查记录。

⑦ 单位（子单位）工程安全和功能检验资料核查及主要功能抽查记录。

⑧ 单位（子单位）工程观感质量检查记录等。

（5）检验方法

1）直观检查

用简单的工具，如线坠、直尺、水平尺、钢卷尺、卡尺、塞尺、卡钳、扳手、放大镜、测电笔等进行实测以及用眼看、手摸、耳听等方法进行检查。电气管线、配电柜、箱的垂直度、水平度，母线的连接状态等项目的检查，通常采用这种方式。

2）仪器测试

使用专用测试设备、仪器进行检查。线路绝缘检查、接地电阻值测定、电气设备耐压试验、硬母线焊接缝抗拉强度试验等，均采用这种检验方式。

（6）建筑安装工程质量评定标准

1）质量验收评定的结论

建筑安装工程质量验收评定的结论只有"合格"或"不合格"两个结论。这是与工业安装工程质量验收评定的结论明显不同的地方。对于分项工程（检验批）、分部（子分部）工程、单位（子单位）工程，根据不同专业对"合格"的结论都有具体的条件要求。

2）分项（检验批）、分部、单位工程评定标准

① 分项工程质量验收评定标准

分项工程质量验收评定在检验批的基础上进行。只要构成分项工程的各检验批的验收资料文件完整，其评定结论均已合格，即该项分项工程验收合格。分项工程质量验收评定的内容主要是：主控项目和一般项目，如表1-5所示。

分项工程质量验收评定的内容　　　　　　　　　　　　　　表 1-5

| 分项工程质量验收评定内容 | 定义 | 检验内容 |
|---|---|---|
| 主控项目 | 指建筑工程中的对安全、卫生、环境保护和对公众利益起决定性作用的项目。属于分项工程中质量检验批地的检验内容。对于主控项目的条文是要求必须达到的。因为，它是保证工程安全和使用功能的重要检验项目，是对安全、卫生、环境保护和对公众利益起决定性作用的检验项目。如果达不到主控项目规定的质量指标或降低要求，就相当于降低该工程项目的性能指标，导致严重影响工程的安全性能 | 重要材料、构件及配件、成品及半成品、设备性能及附件的材质、技术性能等。结构的强度、刚度和稳定性等检验数据、工程性能检测。如管道的焊接材质、压力试验。风管系统的测定。电梯的安全保护及试运行等。<br>主控项目中，一些重要的允许偏差的项目，必须控制在允许偏差范围之内<br>主控项目对应于合格质量水平的 $\alpha$ 和 $\beta$ 均不应超过 5%（$\alpha$—错判概率；$\beta$—漏判概率） |
| 一般项目 | 指主控项目以外的检验项目，属检验批的检验内容。其规定的要求也是应该达到的，只不过对影响安全和使用功能的少数条文可以适当放宽一些要求。这些条文虽然不像主控项目那么重要，但对工程安全、使用功能、产品的美观都是有较大影响的。这些项目在验收时，绝大多数抽查的处（件）其质量指标都必须达到要求 | (1) 允许有一定偏差的项目，最多不超过 20% 的检查点可以超过允许偏差值，但不能超过允许值的 150%<br>(2) 对不能确定偏差而又允许出现一定缺陷的项目<br>(3) 一些无法定量而采取定性的项目。如管道接口项目，无外露油麻等。卫生器具给水配件安装项目，接口严密、启闭部分灵活等<br>一般项目对应于合格质量水平的 $\alpha$ 和 $\beta$ 均不应超过 5%（$\alpha$—错判概率；$\beta$—漏判概率） |

② 分部（子分部）工程质量验收评定标准

分部（子分部）工程质量验收评定是在其所含各分项工程验收的基础上进行，其质量验收评定为"合格"的条件是：

A. 各分项工程必须已验收合格且相应的质量控制文件必须完整。

B. 有关安全及重要使用功能的安装分部工程应进行有关见证取样送样试验或抽样检测，且必须合格。如油浸变压器内的变压器油必须是油样检验合格且其耐压试验等检测都应合格。

C. 观感质量验收，采用观察、触摸或简单的方式进行。检查结果尽量不要求给出"合格"或"不合格"的结论，但其综合给出的质量评价应是"好"。对于"差"的检查点应通过返修处理等补救。

③ 单位（子单位）工程质量验收评定标准

单位（子单位）工程质量验收评定，是建筑工程投入使用前的最后一次验收。其验收评定的条件有 5 个方面：

A. 构成单位工程的各分部工程应该合格。

B. 有关的资料文件应完整。

C. 涉及安全和使用功能的分部工程应进行检验资料的复查，其结果应合格。

D. 对主要使用功能还须进行抽查。其结果应合格。

E. 观感质量检查。由参加验收的各方人员共同进行，最后共同确定是否通过验收。

观感质量验收项目是指通过观察和必要的量测所反映的工程外在质量的项目。它属于一个质量验收辅助项目。其验收内容只列了项目，其检验标准没有具体化。检查时，如果被检验的部位质量好，细部处理到位，就可评为"好"。若有的部位达不到要求，或有明显的缺陷，但不影响安全和使用的功能，即评为"差"。评为"差"的项目能进行修复的应进行修复，不能进行修复的只要不影响结构安全和使用功能的，可以进行验收。有影响安全和使用功能的项目，不能评价，应待修复后再评价。

5. 工业安装工程质量评定

（1）工业安装质量验收项目划分

由于工业安装工程具有专业种类多、技术复杂、质量要求高等特点。可将其划为：分项工程、分部工程和单位工程。

1）分项工程的划分

① 原则

A. 分项工程划分的原则是：应按台（套）、机组、类别、材质、用途、介质、系统、工序等进行划分，并应符合各专业分项工程的划分规定。

B. 此原则综合了各专业分项工程划分的常规做法，建立在不同班组进行施工的基础上，有利于分清班组施工人员的责任，更有利于检验评定工作的实施。

② "台""套""机组"的含义

A. 划分中"台"是指独立的一台机器，如一台快装锅炉、一台工作母机等。

B. 划分中"套"是指成组的机器，如一组单轨电动葫芦等。

C. 划分中"机组"是指由几种性能不同的机器组成的，能够共同完成一项工作，如汽轮发电机组、制冷机组等。

③ 分项工程与分部工程的关系

A. 若干个分项工程组成一个分部工程，其中有的分项工程对工程质量影响大，这样的分项工程定为主要分项工程。

B. 例如，工业管道工程中，按管道工作介质划分时，氧气管道、燃气管道是易燃、易爆危险介质的管道，如果这类管道安装质量低劣，如管道内清洗不干净、焊口缺陷、垫片泄漏、焊后热处理消除应力不当，试压不符合标准，管道焊缝射线探伤数量不符合规定等，若投入使用，将成为事故的隐患，一旦引发事故，便会发生爆裂、燃气泄漏、火灾或爆炸等重大事故。由此可见，这类管道安装质量对工程安全使用功能具有很大影响。因此，应视为主要分项工程。

2）分部工程的划分

① 原则

A. 分部工程的划分原则是：应按专业进行划分。

B. 这样便于在相同专业内部对施工质量进行比较，提高了质量检验评定的准确性和可比性，有利于保证各专业的安装水平。

② 分部工程与单位工程的关系

A. 若干个分部工程组成一个单位工程。根据单位工程的类别和生产性质，其中有的分部工程对整个单位质量的影响最为重要，这样的分部工程应视为主分部工程。

B. 例如，在化工厂房（车间）的设备安装分部工程。在汽轮发电机组主厂房的设备安装分部工程，在轧钢车间内的设备安装分部工程，变电站（所）内的电器安装分部工程，主控室内的自动化仪表安装分部工程等都应视为主分部工程。理由是：一般来说，这些分部工程在其所在单位工程内部占有较大的投资比例，具有较大的工程量，是生产工艺的主要设备或流程，对于投产后的安全和使用功能均具有举足轻重的影响，其安装质量显得十分重要。因而，都应视为主分部工程。

C. 工业安装工程共划分为 7 个分部工程，每个分部工程由若干个分项工程组成，详见表 1-6。

工业安装工程分项工程、分部工程名称　　　　　　表 1-6

| 分部工程名称 | 分项工程名称 |
|---|---|
| 工业设备安装工程 | 通用工业设备：<br>　机床：车床、钻床、铣床、磨床、刨床等；<br>　机泵：风机、中小型压缩机、离心泵、真空泵等；<br>　工业锅炉：立式锅炉、卧式锅炉等；<br>　锻压机械：压力机、空气锤、剪切机等；<br>　木工机械：带锯机、刮光机、机木组合机床等；<br>　碎磨机械：球磨机、粉碎机等；<br>　搅拌设备：搅拌机、刮渣机等；<br>　干燥设备：回转干燥机等；<br>　包装设备：包装机、自动秤等；<br>　起重设备：提升机、输送机等。<br>专用设备：<br>　选矿设备：螺旋分级机、磁选机等；<br>　冶金设备：矫正机等；<br>　电站设备：中小型发电机组等；<br>　石油化工设备：热交换器、工艺塔等；<br>　轻工机械：造纸机械、制糖机械等；<br>　纺织机械：纺丝机、织布机等 |
| 工业管道工程 | 按工作介质分：<br>蒸汽管道、氧气管道、燃气管道、硫酸管道等<br>按管道类别分：<br>Ⅰ类管道、Ⅱ类管道、Ⅲ类管道、Ⅳ类管道、Ⅴ类管道等 |
| 电气装置安装工程 | 高压电器、电力变压器、旋转电机、配电盘柜、电缆线路等 |
| 自动化仪表安装工程 | 检测系统、调节系统、联锁报警系统、仪表盘安装调试等 |
| 工业设备及管道防腐蚀工程 | 玻璃钢衬里、橡胶衬里、防腐蚀涂层等 |
| 工业设备及管道绝热工程 | 球罐、氨罐、蒸汽管道、制冷管道等 |
| 工业炉砌筑工程 | 转炉、加热炉、铝电解槽、工业锅炉、回转窑等 |

D. 在某种情况下，可将分项工程升为分部工程或单位工程。例如，由于工业设备的种类、型号、规格繁多，其构造的复杂程度和体积、重量又差异极大，在进行质量检验评定工作时，若将一台快装锅炉与一台 35t/h 工业锅炉视为等同，都划分为分项工程显然是极不合理的。前者可划分为一个分项工程，后者则应划分为一个分部工程。因此，对于某些特大型工业设备（如化工、冶金、电力装置中的心脏设备），可根据施工周期、工程量、技术复杂程度等方面的特殊要求、按工序或部位分别进行质量检验，以便及时控制安装质量。在这种情况下，可将分项工程升为分部工程或单位工程。

3）单位工程的划分

① 原则

A. 单位工程的划分原则是：应按工业厂房、车间（工号）或区域进行划分，单位工程应由各专业工程构成。

B. 这样划分会给质量管理工作带来方便，易于对某一生产装置的总体质量作出客观的综合评价。

② 划分

A. 如工程量大、施工周期长的大型管网工程、高炉砌筑工程等，这些工程可酌情划为单位工程。

B. 例如，汽轮发电机组主厂房的安装工程即可作为一个单位工程，包括主厂房内各安装专业。机械设备安装有汽轮机、发电机、除氧装置安装等。电气装置安装有变压器、配电盘、柜安装及缆线敷设等。管道安装有蒸汽管道、疏水管道、给水管道安装等。仪表安装有主控室盘、柜、操作台、DCS系统安装调试等。绝热有蒸汽管道、汽轮机本体外部保温、绝热施工等。

（2）工业安装工程分项工程质量验收评定

1）分项工程质量检验评定的组织及程序

① 分项工程质量检验评定是安装工程质量检验评定中最基本、最基础的项目。分项工程质量验收结果如何，直接关系到分部工程的整体质量。所以，加强此项工作的组织和实施是十分重要的。

② 分项工程质量检验评定的组织及程序是：由分部工程负责人组织→班组长做好自检纪录，填写好《分项工程质量检验评定表》→专职质量检查员核定分项工程质量检验评定等级。此项工作主要由项目部组织完成。其目的是从班组施工抓起，严格执行标准，把质量问题消灭在安装过程中。同时，使工程质量检验评定更真实、更有代表性。

2）分项工程质量检验评定的内容和等级

① 分项工程质量检验的内容

分项工程进行质量检验评定时，内容包括：保证项目、基本项目和允许偏差项目，其含义分别是：

A. 保证项目是指保证工程安全和使用功能，对工程质量有决定影响的检验项目。

B. 基本项目是指保证工程安全和使用功能，对工程质量有重要影响的检验项目。

C. 允许偏差项目是指在检测中，允许少量检测点在规定的比例范围内超差，仍可满足工程安全和使用功能的检验项目。

② 等级划分

A. 分项工程质量等级评定分为两个等级："合格"和"优良"。

B. 当评定分项工程质量为"合格"等级时，应符合以下规定：

（A）保证项目必须符合相应质量检验评定标准的规定；

（B）基本项目每项抽检处（件）的质量应符合相应质量检验标准的合格规定；

（C）允许偏差项目抽查点实测值的合格率不应低于相应质量检验评定标准的规定。

C. 当评定分项工程为"优良"等级时，应符合以下规定：

（A）保证项目必须符合相应质量检验评定标准的规定；

（B）基本项目每项抽检处（件）的质量应符合相应质量检验标准的合格规定。其中优良数不低于相应质量检验评定标准的优良数的规定值。

（C）允许偏差项目抽查点实测值的合格率不应低于相应质量检验评定标准的规定。

D. 当分项工程质量不符合相应质量检验评定标准的合格规定时，必须及时返工或处理，并应按下列规定确定其质量等级：

（A）返工后的工程可重新评定质量等级；

（B）处理后的工程经法定检测单位鉴定能够达到设计要求的，其质量等级仍可评为合格。

（3）工业安装工程分部工程质量验收评定

1）分部工程质量检验评定的组织及程序

① 分部工程质量是组成单位工程的基本单元，分部工程质量检验评定的结果如何，直接影响单位工程的整体质量。所以，应把此项工作做好。

② 分部工程质量检验评定的组织及程序是：由单位工程负责人组织→分部工程负责人组织填写《分部工程质量检验评定表》→专职质量检查员核定分部工程质量检验评定等级。此项工作主要由项目部组织完成。其目的是督促单位工程负责人加强安装过程中的质量管理。

2）分部工程质量检验评定的内容和等级

① 分部工程质量检验评定的内容包括：

A. 列出组成分部工程的分项工程名称；

B. 明确每个分项工程的性质（性质是指该分项工程为主要分项工程还是一般分项工程）；

C. 评定每个分项工程是合格或是优良；

D. 单位工程负责人和分部工程负责人对评定审核签字；

E. 质量检查部门对该分部工程质量等级进行评定并签字。

② 等级划分

A. 分部工程质量等级评定分为"合格"或"优良"两个等级。

B. 当分部工程质量等级评定为合格等级时，要求组成该分部工程的每个分项工程都应合格。

C. 当分部工程质量等级评定为优良等级时，要求组成该分部工程的每个分项工程都应合格，其中达到优良等级的分项工程数量不少于50%，且主要分项工程质量等级均应为优良。

（4）工业安装工程单位质量验收评定

1）单位工程质量检验评定的组织及程序

① 单位工程是由各专业安装工程构成的具有独立使用功能的工程，其质量检验评定结果将直接影响该工程的安全和使用功能。这是一次关键的质量检验评定工作。

② 单位工程质量检验评定的组织及程序是：单位工程质量检验评定的组织主要由四个单位和部门组成，即施工单位（项目部）、监理单位、建设单位、质量监督部门等组成。其工作程序是：施工单位（项目部）将有关质量评定资料准备齐全并签字、盖公章→监理单位、建设单位对施工单位（项目部）申报的质量评定资料进行审核签字、盖公章→质量监督部门（第三方）对工程质量评定资料进行审核签字、盖公章。

2）单位工程质量检验评定的内容和等级

① 单位工程质量检验评定的内容

A. 单位工程质量保证资料：主要设备、材料出厂合格证或复验报告，中间交接检验记录，验评标准中规定的试验记录、观察记录，隐蔽工程记录，试运转记录，设计变更文件，质量事故处理，竣工图等。

B. 单位工程综合评定资料：组成该单位工程的各分部工程名称，各分部工程性质的确定（性质是指该分部工程为主要分部工程还是一般分部工程），各分部工程等级的评定结果，优良率的评定结果，质量保证资料的检查结果等。

② 等级划分

A. 单位工程质量等级评定分为两个等级"合格"或"优良"。

B. 当单位工程质量等级评定为合格等级时，要求组成该单位工程的每个分部工程都应合格。

C. 当单位工程质量等级评定为优良时，要求组成该单位工程的每个分部工程都应合格，其中达到优良等级的分部工程数量不少于 50%，且主要分部工程质量等级均应为优良，同时，要求质量保证资料应齐全。

### 1.6.3 电气安装工程竣工验收

电气安装工程竣工验收是施工的最后阶段，是必须履行的法定手续。通过交工验收，施工任务宣告完成，可以交付使用。如工程达到合同要求，经验收后，可以解除合同义务，解除施工企业对工程发包单位承担的经济和法律责任。

1. 工程验收的依据

（1）甲乙双方签订的工程合同。

（2）上级主管部门的有关文件。

（3）设计文件、施工图纸、设备技术说明书及产品合格证。

（4）国家现行的施工验收规范。

（5）建筑安装统计规定。

（6）对从国外引进的新技术或成套设备项目，还应按照签订的合同和国外提供的设计文件等资料进行验收。

2. 进行验收的工程应达到的标准

（1）工程项目按照合同规定和设计图纸要求已全部施工完毕，达到国家规定的质量标准，能够满足使用要求。

（2）设备调试、试运转达到设计要求，运转正常。

（3）施工现场清理完毕，无残存的垃圾、废料和机具。

（4）交工所需的所有资料齐全。

3. 做好工程交接验收

（1）为了保证建设单位对工程的使用和维护管理，为改建、扩建提供依据，施工单位要向建设单位提供下列资料：

1）交工工程项目一览表。包括单位工程名称、面积、开工竣工日期及工程质量评定等级，根据要求应附有竣工图和开（竣）工报告。竣工图上应注明核定的年月。

2）图纸会审记录。包括材料代用核定单以及设计变更通知单。

3）质量检查记录。包括开箱检查记录、隐蔽工程记录、质量检查记录、质量事故报告、电力、照明布线绝缘电阻测定记录、设备试运转记录、优良工程报检表、分项工程质量检验评定表。电气设备的试验调整报告也应包括在内。

4）材料、设备的合格证。

5）未完工程的中间交工验收记录。

6）施工单位提出的有关电气设备使用注意事项文件。

7）工程结算资料、文件和签证单。包括施工图预（决）算、工程变更签证单和停工、窝工签证单。

8）交（竣）工验收证明书

（2）竣工验收应由建设单位负责组织。

建设单位收到施工单位的通知或提供的交工资料后，根据工程项目的性质、大小，分别由设计单位、施工单位以及有关人员共同进行检查、鉴定和验收。

（3）进行单体试车，无负荷联动试车和有负荷联动试车，应以施工单位为主，并与其他工种密切配合。

（4）办理工程交接手续。经检查、鉴定和试车合格后，合同双方签订交接签收证书，逐项办理固定资产的移交。根据承包合同的规定，办理工程结算手续。除注明承担的保修工作内容外，双方的经济关系及法律责任可予解除。

# 习　　题

1. 施工组织设计的任务与作用是什么？

2. 施工组织设计的种类有哪些？

3. 什么是建设项目、单项工程、单位工程、分部工程和分项工程？哪些工程建成后可发挥独立的生产能力？

4. 什么是基本建设？它包含哪些内容？

5. 基本建设项目是如何划分的？

6. 什么是基本建设程序？它分为哪些阶段？

7. 电气项目经理的主要职责有哪些？

8. 施工准备工作的范围包括哪些方面？

9. 阶段性施工准备与作业条件准备有何区别？

10. 工程施工质量验收的标准有哪些？

11. 建筑电气安装工程质量检验的程序是什么？

12. 建筑电气分部工程中的子分部工程有哪些？

13. 智能建筑分部工程中的子分部工程有哪些？

# 第2章 供配电系统安装与验收

供配电系统的安装质量对于建筑工程来说是至关重要的。它是建筑工程中的重要组成部分,直接关系到建筑内各种电气设备的正常运行和安全性。同时还会直接影响到建筑的能源效率和节能环保性能。如果供配电系统的安装质量存在缺陷,可能会引发电气火灾、过载跳闸等事故,导致电气设备的损坏或者运行不稳定,从而威胁到建筑内人员的生命安全。党的二十大提出"增进民生福祉,提高人民生活品质"的任务要求,不断增强人民群众获得感、幸福感、安全感。

因此,为了保证建筑工程的质量和安全,必须要重视供配电系统的安装质量。在进行供配电系统的安装施工之前,必须要确保施工图纸的安装操作与实际工程内容相符,并要求施工人员严格按照安装施工图纸执行相关作业,确保作业流程的规范性。在实际安装作业中,相关人员需要对每一个安装作业环节的质量进行严格控制,相关的安装操作执行完毕之后还需要质量监督人员对其安装质量进行检测,确保质量与施工图纸需求相符时,才能进行下一阶段的安装作业。最后是对低压配电系统的调试工作,在对低压配电系统以及相应电气设备进行试运行之后,对系统进行有效的调试,确保各项性能指标达到要求,才能进行验收。

## 2.1 柴油发电机的安装

### 2.1.1 柴油发电机安装的作业条件

(1)施工图及技术资料齐全。

(2)土建工程基本施工完毕、门窗玻璃安好。

(3)在室外安装的柴油发电机组,已有防雨措施。

(4)柴油发电机组的基础、地脚螺栓孔、沟道、电缆管的位置、尺寸等应符合设计质量要求。

(5)柴油发电机组安装场地应清理干净、运输通道畅通。

### 2.1.2 柴油发电机的安装与验收

1. 施工工艺流程

柴油发电机组安装工艺流程如图 2-1 所示。

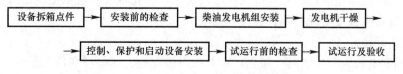

图 2-1 柴油发电机组安装工艺流程

2. 柴油发电机组的安装应符合的规定

(1) 柴油发电机组安装应由电工、钳工操作，大型柴油发电机组的安装需要搬运和吊装时应有起重工配合；

(2) 应复核柴油发电机组的设计安装位置是否满足检修操作和运输的要求；

(3) 柴油发电机组四周应有不小于 1.2m 维护通道；

(4) 采用混凝土基础时，如无设计要求，基础重量一般不小于柴油发电机组重量的 3 倍。基础各边应超出发电机底座边缘 100～150mm；

(5) 稳固发电机的地脚螺栓应与混凝土基础牢固地结合成一体，二次灌浆前预留孔应清洗干净，地脚螺栓本身不应歪斜，机械强度应满足要求；

(6) 发电机找平垫铁一般不超过三块，垫片与基础面接触应严密，发电机底座安装完毕后进行二次灌浆；

(7) 采用皮带传动的柴油发电机组（输出）轴及传动装置（输入）轴的中心线应平行，柴油发电机组及传动装置的皮带轮，自身垂直度全高不超过 0.5mm，两轮的相应槽应在同一平面内；

(8) 采用齿轮传动时，圆齿轮中心线应平行，接触部分不应小于齿宽的 2/3。伞形齿轮中心线应按规定角度交叉，啮合程度应一致；

(9) 采用联轴器传动时，轴向与径向允许误差，弹性连接时应不大于 0.05mm；刚性连接时不大于 0.02mm。互相连接的联轴器螺栓孔应一致，螺母应有防松装置；

(10) 定子和转子分箱装运的柴油发电机组，应按照机组说明书要求安装转子时，不可将吊绳绑在滑环、换向器或轴颈部位；

(11) 高压同步发电机轴承座有绝缘时，应采用 1kV 兆欧表测定绝缘电阻不应小于 1MΩ；

(12) 发电机接线应牢固可靠，接线方式应与供电电压相符；

(13) 发电机中性点应按设计要求接地，外壳保护接地应良好。

3. 柴油发电机组的安装

(1) 安装前的检查应符合下列规定：

1) 柴油发电机组应完好，不应有损伤现象，盘动发电机转子应轻快，不应有卡阻及异常声响；

2) 定子和转子分箱装运的发电机，其铁芯转子和轴颈应完整无锈蚀现象；

3) 发电机的附件、备件应齐全无损伤。

(2) 基础验收

安装前根据柴油发电机组设计图纸、产品样本或柴油发电机组实物对设备基础进行全面检查，是否符合安装尺寸。柴油发电机组的混凝土基础标高、几何尺寸必须符合设计要求。基础上安装机组地脚螺栓孔，应采用二次灌浆，其孔距尺寸应依据机组外形安装图确定。基座的混凝土强度等级必须符合设计要求。

(3) 机组就位

1) 柴油发电机组就位之前，首先，应对机组进复查、调整和准备工作。

2) 发电机组各联轴器的连接螺栓。机座地脚螺栓和底脚螺栓的紧固情况。

3) 所设置的仪表应完好齐全，位置应正确。操纵系统的动作灵活可靠。

（4）机组的安装

1）机组的主体安装

① 如果安装现场允许吊车作业时，用吊车将机组整体吊起，把随机配的减振器装在机组下面。

② 在柴油发电机组施工完成的基础上，放置好机组。一般情况下，减振器无须固定，只需在减振器下垫一层薄薄的橡胶板。如果需要固定，画好减振器的地脚孔的位置，吊起机组，埋好螺栓后，放下机组，最后拧紧螺栓。

③ 用千斤顶（千斤顶规格根据机组重量选定）将机组一端抬高，注意机组两边的升高一致，直至底座下的间隙能安装抬高一端的减振器。

④ 释放千斤顶，再抬机组另一端，装好剩余的减振器，撤出滚杠，释放千斤顶。

2）调校机组

① 机组就位后，首先调整机组的水平度，找正找平，紧固地脚螺栓牢固、可靠，并应设有防松措施。

② 调校油路、传动系统、发电系统（电源、电压、频率）、控制系统等。

③ 发电机、发电机的励磁系统、发电机控制箱调试数据，应符合设计要求和技术标准的规定。

3）接地线

① 发电机中性线（工作零线）应与接地母线槽引出线直接连接，螺栓防松装置齐全，有接地标识。

② 发电机本体和机械部分的可接近导体均应保护接地（PE）或接地线（PEN），且有标识。

4）安装附属设备

发电机控制箱（屏）是同步发电机组的配套设备，主要是控制发电机送电及调压。小容量发电机的控制箱一般（经减振器）直接安装在机组上，大容量发电机的控制屏，则固定在机房的地面上，或安装在与机组隔离的控制室内。

开关箱（屏）或励磁箱，各生产厂家的开关箱（屏）种类较多，型号不一，一般500kW 以下的机组有柴油发电机组相应的配套控制（箱），500kW 以上机组，可向机组厂家提出控制屏的特殊订货要求。

5）机组接线

① 发电机及控制箱接线应正确可靠。馈电出线两端的相序必须与电源的原供电系统的相序一致。

② 发电机随机的配电柜接线应正确无误，所有紧固件应紧固牢固，无遗漏脱落。开关、保护装置的型号、规格必须符合设计要求。

除机组主体安装外，还应包括燃料系统的安装、排烟系统的安装、通风系统的安装、排风系统的安装和冷却水系统的安装。

4. 发电机现场试验及调试

（1）机组检测

1）发电机的试验必须符合设计要求和相关技术标准的规定。

2）发电机交接试验如表 2-1 所示。

发电机交接试验 表 2-1

| 序号 | 部位 | | 试验内容 | 试验结果 |
|---|---|---|---|---|
| 1 | 静态试验 | 定子电路 | 测量定子绕组的绝缘电阻和吸收比 | 400V 发电机绝缘电阻值大于 0.5MΩ，其他高压发电机绝缘电阻不低于其额定电压 1MΩ/kV。沥青浸胶及烘卷云母绝缘吸收比大于 1.3。环氧粉云母绝缘吸收比大于 1.6 |
| | | | 在常温下，绕组表面温度与空气温度差在±3℃范围内测量各相直流电阻 | 各相直流电阻值相互间差值不大于最小值 2%，与出厂值在同温度下比差值不大于 2% |
| 2 | | | 1kV 以上发电机定子绕组直流耐压试验和泄漏电流测量 | 试验电压为电机额定电压的 3 倍。试验电压按每级 50% 的额定电压分阶段升高，每阶段停留 1min，并记录泄漏电流，在规定的试验电压下，泄漏电流应符合下列规定：(1) 各相泄漏电流的差别不应大于最小值的 100%，当最大泄漏电流在 20μA 以下时，各相间的差值可不考虑。(2) 泄漏电流不应随时间延长而增大。(3) 泄漏电流不应随电压不成比例显著增长 |
| 3 | | | 交流工频耐压试验 1min | 试验电压为 $1.6U_n+800V$，无闪络击穿现象，$U_n$ 为发电机额定电压 |
| 4 | | 转子电路 | 用 1000V 兆欧表测量转子绝缘电阻 | 绝缘电阻值大于 0.5MΩ |
| 5 | | | 在常温下，绕组表面温度与空气温度差在±3℃范围内测量绕组直流电阻 | 数值与出厂值在同温度下比差值不大于 2% |
| 6 | | | 交流工频耐压试验 1min | 用 2500V 摇表测量绝缘电阻替代 |
| 7 | | 励磁电路 | 退出励磁电路电子器件后，测量励磁电路的线路设备的绝缘电阻 | 绝缘电阻值大于 0.5MΩ |
| 8 | | | 退出励磁电路电子器件后，进行交流工频耐压试验 1min | 试验电压 1000V，无击穿闪络现象 |
| 9 | | 其他 | 有绝缘轴承的用 1000V 兆欧表测量轴承绝缘电阻 | 绝缘电阻值大于 0.5MΩ |
| 10 | | | 测量检温计（埋入式）绝缘电阻，校验检温计精度 | 用 250V 兆欧表检测不短路，精度符合出厂规定 |
| 11 | | | 测量灭磁电阻，自同步电阻器的直流电阻 | 与铭牌相比较，其差值为±10% |
| 12 | 运转试验 | | 发电机空载特性试验 | 按设备说明书比对，符合要求 |
| 13 | | | 测量相序和残压 | 相序与出线标识相符 |
| 14 | | | 测量空载和负荷后轴电压 | 按设备说明书比对，符合要求 |
| 15 | | | 测量启停试验 | 按设计要求检查，符合要求 |
| 16 | | | 1kV 以上发电机转子绕组膛外、膛内阻抗测量（转子如抽出） | 应无明显差别 |
| 17 | | | 1kV 以上发电机灭磁时间常数测量 | 按设备说明书比对，符合要求 |
| 18 | | | 1kV 以上发电机短路特性试验 | 按设备说明书比对，符合要求 |

（2）机组试运行

1）柴油机的废气可用外接排气管引至室外，引出管不宜过急，弯头不宜多于 3 个。外接排气管内径应符合设计技术文件规定，一般非增压柴油机不小于 75mm，增压型柴油机不小于 90mm，增压柴油机的排气背压不得超过 6kPa，排气温度约 450℃，排气管的走向应能够防火，安装时尤应注意。调试运行中要对上述要求进行核查。

2）手电侧的开关设备、自动或手动切换装置和保护装置等试验合格，应按设计的备用电源使用分配方案，进行负荷试验，机务和电气装置连续运行 12h 无故障。

5. 验收

（1）发电机的试验必须符合表 2-1 的规定。

（2）对于发电机组至配电柜馈电线路的相间、相对地间的绝缘电阻值，低压馈电线路不应小于 0.5MΩ，高压馈电线路不应小于 1MΩ/kV。绝缘电缆馈电线路直流耐压试验应符合现行国家标准《电气装置安装工程 电气设备交接试验标准》GB 50150—2016 的规定。

（3）柴油发电机馈电线路连接后，两端的相序应与原供电系统的相序一致。

（4）当柴油发电机并列运行时，应保证其电压、频率和相位一致。

（5）发电机的中性点接地连接方式及接地电阻值应符合设计要求，接地螺栓防松零件齐全，且有标识。

（6）发电机本体和机械部分的外露可导电部分应分别与保护导体可靠连接，并有标识。

（7）燃油系统的设备及管道的防静电接地应符合设计要求。

（8）发电机组随机的配电柜、控制柜接线应正确，紧固件紧固状态良好，无遗漏脱落。开关、保护装置的型号、规格正确，验证出厂试验的锁定标记应无位移，有位移的应重新试验标定。

（9）受电侧配电柜的开关设备、自动或手动切换装置和保护装置等的试验应合格，并应按设计的自备电源使用分配预案进行负荷试验，机组应连续运行无故障。

### 2.1.3 质量标准

1. 主控项目

（1）主控项目应符合的规定

1）柴油发电机组的试验调整结果，应符合施工验收规范；

2）接线端子应连接紧密，不受外力，连接用紧固件的锁紧装置完整齐全。在发电机接线盒内，裸露的不同相导线间和导线对地间最小距离应符合施工规范规定；

3）发电机中性点、油箱及输油管道应按设计和规范要求接地。

（2）主控项目安装质量验收标准

1）发电机的试验应符合表 2-1 的规定。试验时采用观察检查的方法对发电机进行全数检查，并查阅发电机交接试验记录。

2）对于发电机组至配电柜线路的相间、相对地间的绝缘电阻值，低压馈电线路不应小于 0.5MΩ，高压馈电线路不应小于 1MΩ/kV。绝缘电缆馈电线路直流耐压试验应符合现行国家标准《电气装置安装工程 电气设备交接试验标准》GB 50150—2016 的规定。采用绝缘电阻测试仪对发电机组进行全数测试检查，试验时观察检查并查阅测试、试验记录。

3）柴油发电机馈电线路连接后，两端的相序应与原供电系统的相序一致。应进行全数检查，核相时采用观察检查的方法并查阅核相记录。

4）当柴油发电机并列运行时，应保证其电压、频率和相位一致。应进行全数检查，观察检查并查阅运行记录。

5）发电机的中性点接地连接方式及接地电阻值应符合设计要求，接地螺栓防松零件齐全，且有标识。应进行全数检查，观察检查并用接地电阻测试仪测试。

6）发电机本体和机械部分的外露可导电部分应分别与保护导体可靠连接，并应有标识。采用观察检查的方法进行全数检查。

7）燃油系统的设备及管道的防静电接地应符合设计要求。采用观察检查的方法进行全数检查。

2. 一般项目

（1）一般项目应符合的规定

1）发电机外壳接地线截面选用正确，连接紧密、牢固；

2）接地线需防腐的部分涂漆均匀无遗漏。

（2）一般项目安装质量验收标准

1）发电机组随机的配电柜、控制柜接线应正确，紧固件紧固状态良好，无遗漏脱落。开关、保护装置的型号、规格正确，验证出厂试验的锁定标记应无位移，有位移的应重新试验标定。可采用观察检查的方法进行全数检查。

2）受电侧配电柜的开关设备、自动或手动切换装置和保护装置等的试验应合格，并应按设计的自备电源使用分配预案进行负荷试验，机组应连续运行无故障。

试验时可采用观察检查的方法进行全数检查，并查阅电气设备试验记录和发电机负荷试运行记录。

## 2.2  变压器的安装

### 2.2.1  变压器器身检查

（1）变压器到达现场后，应进行器身检查。器身检查可为吊罩（或吊器身）或不吊罩直接进入油箱内进行。

当满足下列条件之一时，可不必进行器身检查。

1）制造厂说明可不进行器身检查者；

2）容量为1000kVA及以下，运输过程中无异常情况者；

3）就地产品仅作短途运输的变压器，如果事先参加了制造厂的器身总装，质量符合要求，且在运输过程中进行了有效的监督，无紧急制动，剧烈振动、冲撞或严重颠簸等异常情况者。

有下列情况之一时，应对变压器进行器身检查：

1）制造厂或建设单位认为应进行器身检查。

2）变压器运输和装卸过程中冲撞加速度出现大于3g或冲撞加速度监视装置出现异常情况时，应由建设、监理、施工、运输和制造厂等单位代表共同分析原因并出具正式报告。必须进行运输和装卸过程分析，明确相关责任，并确定进行现场器身检查或返厂进行检查和处理。

（2）变压器器身检查应符合的规定。

1) 凡雨、雪天，风力达 4 级以上，相对湿度 75% 以上的天气，不得进行器身检查。

2) 在没有排氮前，任何人不得进入油箱。当油箱内的含氧量未达到 18% 以上时，人员不得进入。

3) 在内检过程中，必须向箱体内持续补充露点低于 -40℃ 的干燥空气，以保持含氧量不得低于 18%，相对湿度不应大于 20%。补充干燥空气的速率，应符合产品技术文件要求。

（3）进入变压器内部进行器身检查应符合的规定。

1) 应将干燥、清洁、过筛后的硅胶装入变压器油罐硅胶罐中，确保硅胶罐的完好。

2) 应将放油管路与油箱下部的阀门连接，并打开阀门将油全部放入储油罐中。

3) 周围空气温度不宜低于 0℃，器身温度不宜低于周围空气温度。当器身温度低于周围空气温度时，应将器身加热，宜使其温度高于周围空气温度 10℃，或采取制造厂要求的其他措施。

4) 当空气相对湿度小于 75% 时，器身暴露在空气中的时间不得超过 16h。内检前带油的变压器，应由开始放油时算起。内检前不带油的变压器、电抗器，应由揭开顶盖或打开任一堵塞算起，到开始抽真空或注油为止。当空气相对湿度或露空时间超过规定时，应采取可靠的防止变压器受潮的措施。

5) 调压切换装置吊出检查、调整时，暴露在空气中的时间应符合表 2-2 的规定。

6) 器身检查时，场地四周应清洁并设有防尘措施。

调压切换装置露空时间　　　　　　　　　　表 2-2

| 环境温度（℃） | >0 | >0 | >0 | <0 |
|---|---|---|---|---|
| 空气相对湿度（%） | 65 以下 | 65～75 | 75～85 | 不控制 |
| 持续时间不大于（h） | 24 | 16 | 10 | 8 |

（4）吊罩、吊芯进行器身检查时，应符合的规定。

1) 钟罩起吊前，应拆除所有运输用固定件及与本体内部相连的部件。

2) 器身或钟罩起吊时，吊索与铅垂线的夹角不宜大于 30°，必要时可采用控制吊梁。起吊过程中，器身不得与箱壁有接触。

（5）器身检查的主要项目和要求：

1) 所有螺栓应紧固，并有防松措施；绝缘螺栓应无损坏，防松绑扎完好。

2) 铁芯应无变形，铁轭与夹件间的绝缘垫应完好。

3) 铁芯外引接地的变压器，拆开接地线后铁芯对地绝缘应符合要求。

4) 打开夹件与铁轭接地片后，铁轭螺杆与铁芯、铁轭与夹件、螺杆与夹件间的绝缘应良好；当铁轭采用钢带绑扎时，应检查钢带对铁轭的绝缘是否良好。铁芯应无多点接地现象。

5) 打开铁芯屏蔽接地引线，检查屏蔽绝缘应符合产品技术文件的要求。

6) 打开夹件与线圈压板的连线，检查压钉绝缘应符合产品技术文件的要求。

7) 铁芯拉板及铁轭拉带应紧固，绝缘符合产品技术文件的要求。

8) 绕组检查应符合下列规定：

绕组绝缘层应完整，无缺损、变位现象。各绕组应排列整齐，间隙均匀，油路无堵塞。绕组的压钉应紧固，防松螺母应锁紧。

9）绝缘围屏绑扎应牢固，围屏上所有线圈引出处的封闭应符合产品技术文件的要求。

10）引出线绝缘包扎应牢固，无破损、拧弯现象。引出线绝缘距离应合格，固定牢靠，其固定支架应紧固。引出线的裸露部分应无毛刺或尖角，焊接质量应良好。引出线与套管的连接应牢靠，接线正确。

11）无励磁调压切换装置各分接头与线圈的连接应紧固正确。各分接头应清洁，且接触紧密，弹性良好。转动接点应正确地停留在各个位置上，且与指示器所指位置一致。切换装置的拉杆、分接头凸轮、小轴、销子等应完整无损。转动盘应动作灵活，密封严密。

12）有载调压切换装置的选择开关，切换开关接触应符合产品技术文件的要求，位置显示一致。分接引线应连接正确、牢固，切换开关部分密封严密。必要时抽出切换开关芯子进行检查。

13）绝缘屏障应完好，且固定牢固，无松动现象。

14）检查强油循环管路与下轭绝缘接口部位的密封应完好。

15）检查各部位应无油泥、水滴和金属屑等杂物。

（6）器身检查时应检查箱壁上阀门开闭是否灵活，指示是否正确，导向冷却的变压器应检查和清理进油管接头和联箱。器身检查完毕后，应用合格的变压器油进行冲洗。并清理油箱底部，不得有遗留杂物及残油。冲洗器身时，不得触及引出线端头裸露部分。

### 2.2.2　变压器安装的作业条件

（1）设计图纸及技术资料应齐全完整、核对无误。

（2）安装位置通道应畅通，场地应整洁、无杂物。

（3）施工安装机具应检查合格，专用工具应试验合格。

（4）变配电室应符合下列规定：

1）变压器应验收合格；

2）基础的电线电缆导管，进、出线预留孔及预留相关构件、设备的位置、方向、间距等应验收合格；

3）电缆沟、夹层，屋顶涂料、墙体装饰面、室内地面、门窗等应施工完毕；

4）变配电室内不应有其他无关的管道通过；

5）室内应清洁，无渗、漏水现象。

### 2.2.3　变压器的安装与验收

1. 施工工艺流程

变压器安装工艺流程应符合图 2-2 的规定。

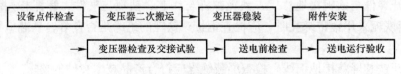

图 2-2　变压器安装工艺流程

2. 设备点件检查应符合的规定

（1）变压器本体及外观检查应无损伤、变形、油漆脱落等现象；

（2）应按施工图纸、设备技术文件及设备清单，检查变压器规格型号，应对变压器附件、备件进行点件检查，确认附件、备件齐全，无损坏；

（3）绝缘瓷件及环氧树脂铸件应无损伤、裂纹等缺陷，连接点应牢固；

（4）设备点件检查后，应由安装单位、监理单位、供货单位代表共同签认后，将记录存档。

3. 变压器二次搬运应符合的规定

（1）变压器二次搬运车辆运输较长距离时，应采用钢丝绳固定牢固，平稳行车；

（2）变压器二次搬运距离较短、道路平整时，可采用滚杠滚动及卷扬机拖运；

（3）变压器安装应根据环境条件采用汽车起重机或吊链安装；

（4）超高层建筑变压器采用塔式起重机吊装时，应符合下列规定：

1）塔式起重机应满足吊运变压器荷载要求；

2）吊装变压器固定位置应符合技术文件要求；

3）吊装变压器过程中，应有预防变压器与其他物体碰撞措施。

（5）采用电梯井道吊装时，吊装钢桁架及安全系数应符合下列规定：

1）在电梯井道临时设置可承载 4~8 倍变压器自重的吊装钢桁架；

2）钢丝绳及吊索具安全系数应大于等于 8；

3）低速电动设备牵引或手动葫芦吊装，电动设备应设紧急停止按钮；

4）变压器在牵引过程中，应与墙、梁、板、柱保持安全间距，应设置预防变压器与其他物体的碰撞措施。

4. 变压器安装应符合的规定

（1）变压器安装前应根据设计图，事先核对高、低压侧方位；

（2）应按平面布置图纸及设计技术要求，利用室内位于变压器位置中心垂线的吊环，悬挂吊链将变压器拉入室内，就位到设计位置；

（3）变压器就位时，应复核距墙、安装维护最小间距及设计要求；

（4）变压器与封闭母线连接时，其套管中心线应与封闭母线中心线重合；

（5）变压器与基础构件间安装，应稳固、有抗振措施。

5. 变压器本体及附体的安装

（1）220kV 及以上变压器本体露空安装

1）环境相对湿度应小于 80%，在安装过程中应向箱体内持续补充露点低于 −40℃ 的干燥空气，补充干燥空气速率应符合产品技术文件要求。

2）每次宜只打开一处，并用塑料薄膜覆盖，连续露空时间不宜超过 8h，累计露空时间不宜超过 24h。油箱内空气的相对湿度不大于 20%。每天工作结束应抽真空补充干燥空气直到压力达到 0.01~0.03MPa。

（2）密封处理

1）所有法兰连接处应用耐油密封垫圈密封。密封垫圈应无扭曲、变形、裂纹和毛刺，密封垫圈应与法兰面的尺寸相配合。

2）法兰连接面应平整、清洁；密封垫圈应使用产品技术文件要求的清洁剂擦拭干净，其安装位置应准确。其搭接处的厚度应与其原厚度相同，橡胶密封垫的压缩量不宜超过其厚度的 1/3。

3）法兰螺栓应按对角线位置依次均匀紧固，紧固后的法兰间隙应均匀，紧固力矩值应符合产品技术文件要求。

（3）有载调压切换装置的安装

1）传动机构中的操作机构、电动机、传动齿轮和杠杆应固定牢靠，连接位置正确，且操作灵活，无卡阻现象。传动机构的摩擦部分应涂以适合当地气候条件的润滑脂，并应符合产品技术文件的规定。

2）切换开关的触头及其连接线应完整无损，且接触可靠。其限流电阻应完好，无断裂现象。

3）切换装置的工作顺序应符合产品技术要求。切换装置在极限位置时，其机械联锁与极限开关的电气联锁动作应正确。

4）位置指示器应动作正常，指示正确。

5）切换开关油箱内应清洁，油箱应做密封试验，且密封良好。注入油箱中的绝缘油，其绝缘强度应符合产品技术文件要求。

（4）冷却装置的安装

1）冷却装置在安装前应按制造厂规定的压力值用气压或油压进行密封试验，并应符合下列要求：冷却器、强迫油循环风冷却器，持续 30min 应无渗漏。强迫油循环水冷却器，持续 1h 应无渗漏、水、油系统应分别检查渗漏。

2）冷却装置安装前应用合格的绝缘油经净油机循环冲洗干净，并将残油排尽。

3）风扇电动机及叶片安装应牢固，转动应灵活，转向应正确，并无卡阻。

4）管路中的阀门应操作灵活，开闭位置应正确，阀门及法兰连接处应密封良好。

5）外接油管路在安装前，应进行彻底除锈并清洗干净，水冷却装置管道安装后，油管应涂黄漆，水管应涂黑漆，并应有流向标志。

6）油泵密封良好，无渗油或进气现象。转向正确，无异常噪声、振动或过热现象。

7）油流继电器、水冷变压器的差压继电器应密封严密，动作可靠。

8）水冷却装置停用时，应将水放尽。

（5）储油柜的安装

1）储油柜应按照产品技术文件要求进行检查、安装。

2）油位表动作应灵活，指示应与储油柜的真实油位相符。油位表的信号接点位置正确，绝缘良好。

3）储油柜安装方向正确并进行位置复核。

（6）所有导气管应清拭干净，其连接处应密封严密。

（7）升高座的安装。

1）升高座安装前，应先完成电流互感器的交接试验，二次线圈排列顺序检查正确。电流互感器出线端子板绝缘应符合产品技术文件的要求，其接线螺栓和固定件的垫块应紧固，端子板密封严密，无渗油现象。

2）升高座安装时应使绝缘筒的缺口与引出线方向一致，并不得相碰。

3）电流互感器和升高座的中心应基本一致。

4）升高座法兰面必须与本体法兰面平行就位。放气塞位置应在升高座最高处。

（8）套管的安装

1）电容式套管应经试验合格，套管采用瓷外套时，瓷套管与金属法兰胶装部位应牢固密实并涂有性能良好的防水胶，瓷套管外观不得有裂纹、损伤。套管采用硅橡胶外套时，外观不得有裂纹、损伤、变形。套管的金属法兰结合面应平整，无外伤或铸造砂眼。充油套管无渗油现象，油位指示正常。

2）套管竖立和吊装应符合产品技术文件要求。

3）套管顶部结构的密封垫应安装正确，密封良好，连接引线时，不应使顶部连接松扣。

4）充油套管的油位指示应面向外侧，末屏连接符合产品技术文件要求。

5）均压环表面应光滑无划痕，安装牢固且方向正确。均压环易积水部位最低点应有排水孔。

（9）气体继电器的安装

1）气体继电器安装前应经检验合格，动作整定值符合定值要求，并解除运输用的固定措施。

2）气体继电器应水平安装，顶盖上箭头标志应指向储油柜，连接密封严密。

3）集气盒内应充满绝缘油且密封严密。

4）气体继电器应具备防潮和防进水的功能并加装防雨罩。

5）电缆引线在接入气体继电器处应有滴水弯，进线孔封堵应严密。

6）观察窗的挡板应处于打开位置。

（10）压力释放装置的安装方向应正确，阀盖和升高座内部应清洁，密封严密，电接点动作准确，绝缘性能、动作压力值应符合产品技术文件要求。

（11）吸湿器与储油柜间连接管的密封应严密，吸湿剂应干燥，油封油位应在油面线上。

（12）测温装置的安装

1）温度计安装前应进行校验，信号接点动作应正确，导通应良好。当制造厂已提供有温度计出厂检验报告时可不进行现场送检，但应进行温度现场比对检查。

2）温度计应根据制造厂的规定进行整定。

3）顶盖上的温度计座应严密无渗油现象，温度计座内应注以绝缘油。闲置的温度计座也应密封。

4）膨胀式信号温度计的细金属软管不得压扁和急剧扭曲，其弯曲半径不得小于 50mm。

（13）变压器电缆，应有保护措施。排列应整齐，接线盒应密封。

（14）控制箱的检查安装

1）冷却系统控制箱应有两路交流电源，自动互投传动应正确、可靠。

2）控制回路接线应排列整齐、清晰、美观，绝缘无损伤。接线应采用铜质或有电镀金属防锈层的螺栓紧固，且应有防松装置。连接导线截面应符合设计要求、标志清晰。

3）控制箱接地应牢固、可靠。

4）内部断路器、接触器动作灵活无卡塞，触头接触紧密、可靠，无异常声响。

5）保护电动机用的热继电器的整定值应为电动机额定电流的 1.0～1.15 倍。

6）内部元件及转换开关各位置的命名应正确并符合设计要求。

7）控制箱应密封，控制箱内外应清洁无锈蚀，驱潮装置工作应正常。

8）控制和信号回路应正确，并应符合现行国家标准《电气装置安装工程　盘、柜及二次回路接线施工及验收规范》GB 50171—2012 的有关规定。

6. 注油

（1）绝缘油必须按《电气装置安装工程　电气设备交接试验标准》GB 50150—2016 的

规定试验合格后方可注入变压器中。不同牌号的绝缘油，或同牌号的新油与旧油混合使用前，必须做混油试验。新安装的变压器不宜使用混合油。

（2）变压器真空注油工作不宜在雨天或雾天进行。注油和真空处理应按产品技术文件要求，并应符合下列规定：

1）220kV 及以上的变压器、电抗器应进行真空处理，当油箱内真空度达到 200Pa 以下时，应关闭真空机组出口阀门，测量系统泄漏率，测量时间应为 30min，泄漏率应符合产品技术文件的要求。

2）抽真空时，应监视并记录油箱的变形，其最大值不得超过壁厚最大值的两倍。

3）220～500kV 变压器的真空度不应大于 133Pa，750kV 变压器的真空度不应大于 13Pa。

4）用真空计测量油箱内真空度，当真空度小于规定值时开始计时，真空保持时间应符合：220～330kV 变压器的真空保持时间不得少于 8h。500kV 变压器的真空保持时间不得少于 24h。750kV 变压器的真空保持时间不得少于 48h 时方可注油。

（3）220kV 及以上的变压器应采用真空注油。110kV 者也宜采用真空注油。注入油的油温应高于器身温。注油速度不宜大于 100L/min。

（4）在抽真空时，必须将不能承受真空下机械强度的附件与油箱隔离。对允许抽同样真空度的部件，应同时抽真空。真空泵或真空机组应有防止突然停止或因误操作而引起真空泵油倒灌的措施。

（5）变压器、注油时，宜从下部油阀进油。对导向强油循环的变压器，注油应按产品技术文件的要求进行。

（6）变压器本体及各侧绕组，滤油机及油管道应可靠接地。

7. 热油循环

（1）330kV 及以上变压器真空注油后应进行热油循环，并应符合下列规定：

1）热油循环前，应对油管抽真空，将油管中空气抽干净。

2）冷却器内的油应与油箱主体的油同时进行热油循环。

3）热油循环过程中，滤油机加热脱水缸中的温度，应控制在 65±5℃ 范围内，油箱内温度不应低于 40℃。当环境温度全天平均低于 15℃ 时，应对油箱采取保温措施。

4）热油循环可在真空注油到储油柜的额定油位后的满油状态下进行，此时变压器不应抽真空。当注油到离器身顶盖 200mm 处时，应进行抽真空。

（2）热油循环应符合下列条件，方可结束：

1）热油循环持续时间不应少于 48h。

2）热油循环不应少于 3×变压器总油重/通过滤油机每小时的油量。

8. 补油、整体密封检查和静放

（1）向变压器内加注补充油时，应通过储油柜上专用的添油阀，并经净油机注入，注油至储油柜额定油位。注油时应排放本体及附件内的空气。

（2）具有胶囊或隔膜的储油柜的变压器，应按照产品技术文件要求的顺序进行注油、排气及油位计加油。

（3）对变压器连同气体继电器及储油柜进行密封性试验，可采用油柱或氮气，在油箱顶部加压 0.03MPa，110～750kV 变压器进行密封试验持续时间应为 24h，并无渗漏。当产品技术文件有要求时，应按其要求进行。整体运输的变压器、电抗器可不进行整体密封试验。

（4）注油完毕后，在施加电压前，其静置时间应符合表 2-3 的规定：

变压器注油完毕施加电压前静置时间（h）　　　　　　　　　　表 2-3

| 电压等级 | 静置时间 |
| --- | --- |
| 110kV 及以下 | 24 |
| 220kV 及 330kV | 48 |
| 500kV 及 750kV | 72 |

（5）静置完毕后，应从变压器、电抗器的套管、升高座，冷却装置、气体继电器及压力释放装置等有关部位进行多次放气，并启动潜油泵，直至残余气体排尽，调整油位至相应环境温度时的位置。

9. 干式变压器安装方式

（1）前期准备

1）变压器安装施工图手续齐全，并通过供电部门审批资料。

2）应了解设计选用的变压器性能、结构特点及相关技术参数等。

（2）设备及材料要求

1）变压器规格、型号、容量应符合设计要求，其附件，备件齐全，并应有设备的相关技术资料文件，以及产品出厂合格证。设备应装有铭牌，铭牌上应注明制造厂名、额定容量、一二次侧额定电压、电流、阻抗及接线组别等技术数据。

2）辅助材料：电焊条、防锈漆、调和漆等均应符合设计要求，并有产品合格证。

（3）作业条件

1）变压器室内、墙面、屋顶、地面工程等应完毕，屋顶防水无渗漏，门窗及玻璃安装完好，地坪抹光工作结束，室外场地平整，设备基础按施工图施工完毕。受电后无法进行再装饰的工程以及影响运行安全的项目应施工完毕。

2）预埋件、预留孔洞等均已清理并调整至符合设计要求。

3）保护性网门，栏杆等安全设施齐全，通风、消防设置安装完毕。

4）与电力变压器安装有关的建筑物、构筑物的建筑工程质量应符合现行建筑工程施工及验收规范的规定。当设备及设计有特殊要求时，应符合其他要求。

（4）开箱检查

1）变压器开箱检查人员应由建设单位、监理单位、施工安装单位、供货单位代表组成，共同对设备开箱检查，并做好记录。

2）开箱检查应根据施工图、设备技术资料文件、设备及附件清单，检查变压器及附件的规格型号，数量是否符合设计要求，部件是否齐全，有无损坏丢失。

3）按照随箱清单清点变压器的安装图纸、使用说明书、产品出厂试验报告、出厂合格证书、箱内设备及附件的数量等，与设备相关的技术资料文件均应齐全。同时设备上应设置铭牌，并登记造册。

4）被检验的变压器及设备附件均应符合国家现行有关规范的规定。变压器应无机械损伤、裂纹、变形等缺陷，油漆应完好无损。变压器高压、低压绝缘瓷件应完整无损伤，无裂纹等。

5）变压器有无小车、轮距与轨道设计距离是否相等，如不相符应调整轨距。

（5）变压器安装

1）变压器型钢基础的安装

变压器型钢基础的安装时所用型钢金属构架的几何尺寸、应符合设计图的要求与规定，如设计对型钢构架高出地面无要求，施工时可将其顶部高出地面 100mm。此外，型钢基础构架与接地扁钢连接不宜少于二端点，在基础型钢构架的两端，用不小于 -40mm×4mm 的扁钢相焊接，焊接扁钢时，焊缝长度应为扁钢宽度的两倍，焊接三个棱边，焊完后去除氧化皮，焊缝应均匀牢靠，焊接处做防腐处理后再刷两道灰面漆。

2）变压器二次搬运

变压器二次运输是将变压器由设备库运送到变压器的安装地点，搬运过程中注意交通线路情况，到达地点后应做好现场保护工作。在变压器吊装时，索具必须检查合格，运输道路应平整、良好。根据变压器自身重量及吊装高度，决定采用何种搬运工具进行装卸。

3）变压器本体安装

变压器安装可根据现场实际情况进行，如变压器室在首层，则可直接吊装进入室内。如果在地下室，可采用预留孔吊装变压器或预留通道运送至室内就位到基础上。

变压器就位时，应按设计要求的方位和距墙尺寸就位，横向距墙不应小于 800mm，距门不应小于 1000mm，并应适当考虑推进方向，开关操作方向应留有 1200mm 以上的净距。

装有滚轮的变压器，滚轮应转动灵活，变压器就位后，应将滚轮用能拆卸的制动装置固定，或者将滚轮拆下保存好。

4）变压器附件安装

干式变压器一次元件应按产品说明书位置安装，二次仪表装在便于观测的变压器护网栏上。软管不得有压扁或死弯，富余部分应盘圈并固定在温度计附近。干式变压器的电阻温度计，一次元件应预装在变压器内，二次仪表应安装在值班室或操作台上。温度补偿导线应符合仪表要求，并加以适当的附加温度补偿电阻，校验调试合格后方可使用。

5）电压切换装置的安装

变压器电压切换装置各分接点与线圈的连接线压接正确，牢固可靠，其接触面接触紧密良好。切换电压时，转动触点停留位置正确，并与指示位置一致。有载调压切换装置转动到极限位置时，应装有机械联锁和带有限位开关的电气联锁。有载调压切换装置的控制箱，一般应安装在值班室或操纵台上，连线正确无误，并应调整好，手动、自动工作正常，挡位指示正确。

6）变压器接线

变压器的一次侧、二次侧接线、地线、控制管线均应符合现行国家施工验收规范规定。一次、二次侧引线的连接，不应使变压器的套管直接承受应力。变压器中性线在中性点处与保护接地线同接在一起，并应分别敷设，中性线宜用绝缘导线，保护地线宜采用黄/绿相间的双色绝缘导线。中性点的接地回路中，靠近变压器处，宜做一个可拆卸的连接点。

7）干式变压器进出线方式

变压器电缆进出线方式分为下进上出、上进上出、下进上出、上进上出。图 2-3 为采用下进上出方式的变压器安装图。图 2-4 为下进下出方式的变压器安装图。

（6）变压器送电调试运行

1）变压器的交接试验应由当地供电部门有资质许可证件的试验室进行。试验标准应

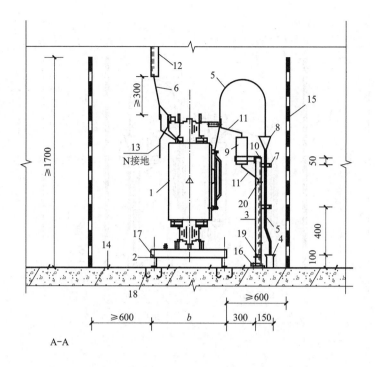

A-A

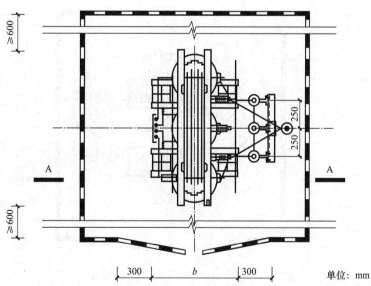

单位：mm

图 2-3　变压器安装图（无外壳、窄面布置、电缆下进上出）

1—干式变压器；2—干式变压器安装底座；3—电缆安装支架；4—电缆保护管；5—高压电缆；
6—低压电缆；7—电缆支架；8—电缆头；9—避雷器；10—避雷器固定支架；11—电线；
12—电缆托盘；13—变压器工作接地线；14—PE 接地干线；15—遮栏；16—膨胀螺栓固定；
17—螺栓固定；18—预埋钢板；19—接地螺栓、垫圈；20—电线卡

说明：1. 变压器下方为电缆夹层时，电缆保护管处改为预留楼板洞。2. b—变压器窄面宽度。

3. 变压器温控箱、温显仪安装位置由工程设计确定，本图不另表示。4. 变压器工作接地线由工程设计
　　确定接地形式及选择接地线因变压器中性点接取位置各厂不同，本图仅按在变压器上部接取示意。

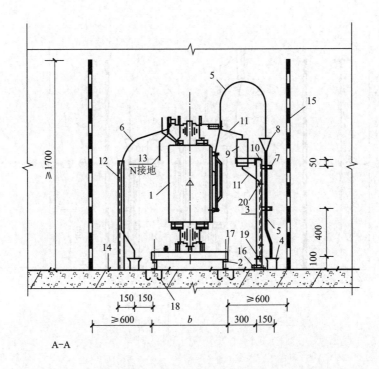

A—A

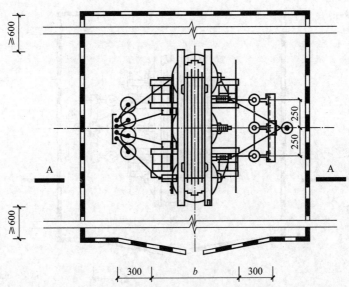

图 2-4 变压器安装图（无外壳、窄面布置、电缆下进下出）

1—干式变压器；2—干式变压器安装底座；3—电缆安装支架；4—电缆保护管；5—高压电缆；
6—低压电缆；7—电缆支架；8—电缆头；9—避雷器；10—避雷器固定支架；11—电线；
12—电缆托盘；13—变压器工作接地线；14—PE接地干线；15—遮栏；16—膨胀螺栓固定；
17—螺栓固定；18—预埋钢板；19—接地螺栓、垫圈；20—电线卡

说明：1. 变压器下方为电缆夹层时，电缆保护管处改为预留楼板洞。2. b—变压器窄面宽度。
3. 变压器温控箱、温显仪安装位置由工程设计确定，本图不另表示。4. 变压器工作接地线由工程设计
确定接地形式及选择接地线因变压器中性点接取位置各厂不同，本图仅按在变压器上部接取示意。

符合现行国家施工验收规范的规定，以及生产厂家产品技术文件的有关规定。

2）变压器交接试验内容。测量线圈连同套管一起的直流电阻，检查所有分接头的变压比，三相变压器的联结组标号，测量线圈同套管一起的绝缘电阻，测量线圈同套管一起做交流耐压试验，试验全部合格后方可使用。

3）变压器送电前的检查

① 变压器试运行前应做全面检查，确认各种试验单据应齐全，数据真实可靠，变压器一次、二次引线相位，相色正确，接地线等压接接触截面符合设计和国家现行规范规定。

② 变压器应清理，擦拭干净。顶盖上无遗留杂物，本体及附件无缺损。通风设施安装完毕，工作正常。

③ 消防设施齐备。变压器的分接头位置处于正常电压挡位。保护装置整定值符合规定要求，操作及联动试验正常。

④ 经上述检验合格后，由质量监督部门进行检查，合格后，方可进行变压器试运行。

4）变压器空载调试运行

变压器空载投入冲击试验。即变压器不带负荷投入，所有负荷侧开关应全部拉开。试验程序如下：

① 全电压冲击合闸，高压侧投入，低压侧全部断开，受电持续时间应不少于 10min，经检查应无异常。

② 变压器受电无异常，每隔 5min 冲击一次。连续进行 3～5 次全电压冲击合闸，励磁涌流不应引起保护装置误动作，最后一次进行空载运行。

③ 变压器全电压冲击试验，是检验其绝缘和保护装置。

但应注意，有中性点接地变压器在进行冲击合闸前，中性点必须接地。否则冲击合闸时，将造成变压器损坏事故发生。

④ 变压器空载运行的检查

听声音进行辨别变压器空载运行情况，正常时发出嗡嗡声。异常时有以下几种情况发生：声音比较大而均匀时，可能是外加电压偏高。声音比较大而嘈杂时，可能是芯部有松动。有滋滋放电声音，可能套管有表面闪络，应严加注意，并应查出原因及时进行处理，或是更换变压器。

⑤ 做冲击试验中应注意观测冲击电流、空载电流、一次二次侧电压、变压器温度等，做好详细记录。

5）变压器半负荷调试运行

① 过空载冲击试验运行 24～28h，其时间长短视实际需要而定，确认无异常合格后，才可进行半负荷试运行试验。

② 将变压器负荷侧逐渐投入，直到半负载时停止，观察变压器温升、一次二次侧电压和负荷电流变化情况，应每隔 2h 记录一次。

③ 经过变压器半负荷通电调试运行符合安全运行后，再进行满负荷调试运行。

6）变压器满负荷运行

① 继续调试变压器负荷侧使其达到满负荷状态，再运行 10h 观测温升、一次二次侧电压和负荷电流变化情况，每隔 2h 记录一次。

② 经过满负荷变压器试运行合格后，向业主（建设单位）办理移交手续。

（7）产品保护

1）变压器就位后，应采取有效保护措施，防止铁件及杂物掉入线圈框内。并应保持器身清洁干净。

2）操作人员不得蹬踩变压器作业，应避免工具、材料掉下砸伤变压器。

3）对安装的电气管线及其支架应注意保护，不得碰撞损伤。

4）应避免在变压器上方操作电、气焊，如不可避免时，应做好遮挡防护，防止焊渣掉下，损伤设备。

10. 工程交接验收

（1）变压器试运行前的检查

变压器在试运行前，应进行全面检查，确认其符合运行条件时，方可投入试运行。检查项目包含以下内容：

1）本体、冷却装置及所有附件应无缺陷，且不渗油。

2）设备上应无遗留杂物。

3）事故排油设施应完好，消防设施齐全。

4）本体与附件上的所有阀门位置核对正确。

5）变压器本体应两点接地。中性点接地引出后，应有两根接地引线与主接地网的不同干线连接，其规格应满足设计要求。

6）铁芯和夹件的接地引出套管、套管的末屏接地应符合产品技术文件的要求。电流互感器备用二次线圈端子应短接接地。套管顶部结构的接触及密封应符合产品技术文件的要求。

7）储油柜和充油套管的油位应正常。

8）分接头的位置应符合运行要求，且指示位置正确。

9）变压器的相位及绕组的接线组别应符合并列运行要求。

10）测温装置指示应正确，整定值符合要求。

11）冷却装置应试运行正常，联动正确。强迫油循环的变压器应启动全部冷装置，循环 4h 以上，并应排完残留空气。

12）变压器的全部电气试验应合格。保护装置整定值应符合规定。操作及联动试验应正确。

13）局部放电测量前、后本体绝缘油色谱试验比对结果应合格。

（2）变压器试运行时的检查

变压器试运行时应按下列规定进行检查：

1）中性点接地的变压器，在进行冲击合闸时，其中性点必须接地。

2）变压器第一次投入时，可全电压冲击合闸。冲击合闸时，变压器宜由高压侧投入。对发电机变压器组结线的变压器，当发电机与变压器间无操作断开点时，可不做全电压冲击合闸，只做零起升压。

3）变压器、电抗器应进行 5 次空载全电压冲击合闸，应无异常情况。第一次受电后持续时间不应少于 10min。全电压冲击合闸时，其励磁涌流不应引起保护装置动作。

4）变压器并列前，应先核对相位。

5）带电后，检查本体及附件所有焊缝和连接面，不应有渗油现象。

（3）验收时应交接的资料和文件

1）安装技术记录、器身检查记录、干燥记录、质量检验及评定资料、电气交接试验报告等。

2）制造厂提供的产品说明书、试验记录、合格证件及安装图纸等技术文件。

3）施工图纸及设计变更说明文件。

4）备品、备件、专用工具及测试仪器清单。

### 2.2.4 质量标准

1. 主控项目

（1）主控项目应符合的规定

1）变压器安装位置应正确，相关尺寸应符合设计要求，附件齐全；

2）变压器、高压成套配电柜、低压成套配电柜三个独立单元组合的箱式变电站，高压电气设备、布线系统及继电保护系统的交接试验，应符合现行国家标准《电气装置安装工程 电气设备交接试验标准》GB 50150—2016 的规定，交接试验合格；

3）箱式变电站低压成套配电柜的相间和相对地间绝缘电阻值，馈电回路不应小于 $1M\Omega$，二次回路不应小于 $1M\Omega$。二次回路的耐压试验电压应为 1000V，当回路绝缘电阻值大于 $10M\Omega$ 时，可采用 2500V 兆欧表代替，试验持续时间应为 1min 或符合产品技术文件要求；

4）干式变压器的分接头应处在正常电压挡位；

5）变压器低压侧母排与低压柜硬母排应采用软连接过渡；

6）箱式变压器地脚螺栓紧固件及防松零件齐全，紧固；

7）高低压配电室内接地干线应符合下列要求：

① 接地干线材料采用 -40mm×4mm 热浸镀锌扁钢，扁钢间连接采用焊接；

② 应按设计要求或敷设在距地面 300～500mm 墙侧，室内接地干线应形成闭环；

③ 接地干线距墙的距离应满足高压挂接线要求；

④ 高低压配电室接地干线设置应形成闭环，表面不宜涂刷油漆。每隔 2m 设置接地标识。预留的接地螺栓处不得涂刷油漆；

8）安装变压器的单位应按设计文件要求对变压器中性点的接地进行施工。

（2）主控项目安装质量验收标准

1）变压器安装应位置正确，附件齐全，油浸变压器油位正常，无渗油现象。采用观察检查的方法进行全数检查。

2）变压器中性点的接地连接方式及接地电阻值应符合设计要求。采用观察检查的方法进行全数检查，并用接地电阻测试仪测试。

3）变压器箱体、干式变压器的支架、基础型钢及外壳应分别单独与保护导体可靠连接，紧固件及防松零件齐全。采用观察检查的方法，对紧固件及防松零件抽查 5%，其余全数检查。

4）变压器及高压电气设备、布线系统以及继电保护系统必须完成交接试验合格。试验时可采用观察检查方法或查阅交接试验记录，进行全数检查。

5）箱式变电所及其落地式配电箱的基础应高于室外地坪，周围排水通畅。用地脚螺栓固定的螺母应齐全，拧紧固定。自由安放的应垫平放正。对于金属箱式变电所及落地式配电箱，箱体应与保护导体可靠连接，且有标识。采用观察检查和手感检查的方法，进行全数检查。

6）箱式变电所的交接试验应符合下列规定：

① 由高压成套开关柜、低压成套开关柜和变压器三个独立单元组合成的箱式变电所高压电气设备部分必须完成交接试验且合格；

② 对于高压开关、熔断器等与变压器组合在同一个密闭油箱内的箱式变电所，交接试验应按产品提供的技术文件要求执行；

③ 低压成套配电柜和馈电线路的每路配电开关及保护装置的相间和相对地间的绝缘电阻值不应小于 $0.5M\Omega$。当国家规定对现行产品标准未做规定时，电气装置的交流工频耐压试验电压应为 1000V，试验持续时间应为 1min，当绝缘电阻值大于 $10M\Omega$ 时，宜采用 2500V 兆欧表摇测。

检查时用绝缘电阻测试仪测试、试验并查阅交接试验记录，进行全数检查。

7）配电间隔和静止补偿装置栅栏门应采用裸编织铜线与保护导体可靠连接，其截面积不应小于 $4mm^2$。可采用观察检查方法进行全数检查。

2. 一般项目

（1）一般项目应符合的规定

1）箱式变电站内外涂层完整、无损伤，通风口防护网完好；

2）箱式变电站的高、低压柜内接线应完整，低压每个输出回路名称准确、标记清晰；

3）变压器绝缘件应无裂纹、缺损等缺陷，外表清洁，仪表指示准确；

4）对有防护等级要求的变压器，在其高压或低压及其他用途的绝缘盖板上开孔时，应符合变压器的防护等级要求；

5）变压器设施、裸露带电体的上方，不应敷设动力、照明、信号等线路和管线；

6）箱式变电站外廓与围栏或围墙周围应留有不小于 1m 的巡视或检修通道；

7）围栏或围墙应在明显位置悬挂警示标识。

（2）一般项目安装质量验收标准

1）有载调压开关的传动部分润滑应良好，动作应灵活，点动给定位置与开关实际位置应一致，自动调节应符合产品的技术文件要求。

采用观察检查或操作检查的方法，进行全数检查。

2）绝缘件应无裂纹、缺损和瓷件瓷釉损坏等缺陷，外表应清洁，测温仪表指示应准确。

采用观察检查的方法，对各种规格各抽查 10%，且不得少于 1 件。

3）装有滚轮的变压器就位后，应将滚轮用能拆卸的制动部件固定。

采用观察检查的方法进行全数检查。

4）变压器应按产品技术文件要求进行器身检查，当满足下列条件之一时，可不检查器身。

① 制造厂规定不检查器身；

② 就地生产仅做短途运输的变压器，且在运输过程中有效监督，无紧急制动、剧烈振动、冲撞或严重颠簸等异常情况。

需核对产品技术文件、查阅运输过程资料，对所有产品进行全数检查。

5）箱式变电所内、外涂层应完整、无损伤，对于有通风口的，其风口防护网应完好。

采用观察检查的方法进行全数检查。

6）箱式变电所的高压和低压配电柜内部接线应完整、低压输出回路标记应清晰，回路名称应准确。

采用观察检查的方法，按回路数量抽查 10%，且不得少于 1 个回路。

7）对于油浸变压器顶盖，沿气体继电器的气流方向应有 1.0%～1.5% 的升高坡度。除与母线槽采用软连接外，变压器的套管中心线应与母线槽中心线在同一轴线上。

采用观察检查的方法并用水平仪测试，进行全数检查。

8）对有防护等级要求的变压器，在其高压或低压及其他用途的绝缘盖板上开孔时，应符合变压器的防护等级要求。

采用观察检查的方法进行全数检查。

## 2.3　成套配电柜、控制柜（台、箱）和配电箱（盘）的安装

### 2.3.1　成套配电柜、控制柜（台、箱）和配电箱（盘）安装的作业条件

（1）成套配电柜（台）、控制柜安装前，室内顶棚、墙体的装饰工程应完成施工，无渗漏水。室内地面施工完成。基础型钢和柜、台、箱下的电缆沟等经检查应合格。落地式柜、台、箱的基础及埋入基础的导管应验收合格。暗装配电箱的预留孔和预留接线盒及导管等应检查合格。接地干线预留到位，接地干线上预留接地孔及接地螺栓，接地螺栓应有防松装置。

（2）门窗应安装完毕，且门应上锁。

（3）室内通道应畅通。

### 2.3.2　成套配电柜、控制柜（台、箱）和配电箱（盘）的安装与验收

1. 施工工艺

设备进场验收要求：

高低压成套配电柜、控制柜（台、箱）及配电箱（盘）应符合下列规定：

（1）查验合格证和随带技术文件，实行生产许可证和安全认证制度的产品，有许可证编号和安全认证标志。不间断电源柜有出厂试验记录；

（2）外观检查：有铭牌，柜内元器件无损坏丢失，接线无脱落脱焊，蓄电池柜内电池壳体无碎裂、漏液，充油、充气设备无泄漏，涂层完整，无明显碰撞凹陷。

2. 工艺流程

成套配电柜、配电箱安装工艺流程应符合图 2-5 的规定。

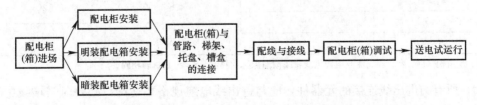

图 2-5　成套配电柜、配电箱安装工艺流程

（1）成套配电柜、控制柜的施工流程

基础槽钢安装→柜（台、箱）组立→器件检查→交接试验→进出线连接→通电试运行

（2）成套配电柜、控制柜（台、箱）和动力、照明配电箱（盘）安装程序要求：

1）基础槽钢和电缆沟等相关建筑物检查合格，才能安装柜、台、箱；

2）室内外落地动力配电箱的基础验收合格，且对埋入基础的电线导管、电缆导管进行检查，才能安装箱体；

3）墙上明装的动力、照明配电箱（盘）的预埋件（金属埋件、螺栓），在抹灰前预留和预埋。暗装的动力、照明配电箱的预留孔和动力、照明配线的线盒及电线导管等，经检查确认到位，才能安装配电箱（盘）；

4）接地或接零连接完成后，核对柜、台、箱、盘内的文件规格、型号且交接试验合格，才能投入试运行。

3. 安装应符合的规定

（1）配电柜（箱）安装前核对应符合下列规定：

1）查验合格证和随带技术文件；

2）进行外观检查；

3）配电柜（箱）内的计量装置应全部应检定合格，并在有效期内；

4）配电柜（箱）的板材的各种指标应符合国家的有关要求；金属低压配电柜（箱）的机械强度应符合现行国家标准《低压成套开关设备和控制设备 第 1 部分：总则》GB/T 7251.1—2013 的规定；

5）配电柜（箱）的金属部分，包括电器的安装板、支架和电器金属外壳等均与保护接地导体（PE）汇流排可靠连接；

6）配电柜（箱）内保护接地导体（PE）汇流排、中性导体（N）汇流排应有预留压线位置，螺栓应为内六角镀锌螺栓，规格应与进出线电缆匹配，多台配电柜并列时保护接地导体（PE）汇流排应贯通连为整体；

7）保护接地（PE）母线在配电柜（箱）上应采用端子板分路，各支路保护接地导体（PE）应由保护接地导体（PE）汇流排配出；

8）设计无要求时，配电柜（箱）内保护接地导体（PE）的截面积应不小于表 2-4 的规定；

保护接地导体（PE）的截面积（mm²）                              表 2-4

| 相线的截面积 $S$(mm²) | 相应保护导体的最小截面积 $S_p$(mm²) | 相线的截面积 $S$(mm²) | 相应保护导体的最小截面积 $S_p$(mm²) |
|---|---|---|---|
| $S \leqslant 16$ | $S$ | $400 < S \leqslant 800$ | 200 |
| $16 < S \leqslant 35$ | 16 | $S > 800$ | $S/4$ |
| $35 < S \leqslant 400$ | $S/2$ | | |

注：$S$ 指柜（屏、台、箱、盘）电源进线相线截面积，且两者（$S$、$S_p$）材质相同。

9）所有与进出线连接的元器件，应与进出线电缆规格相适配，必要时需增设配套接线母排，以下情况应设与电缆规格相匹配的接线母排：

① 进、出线缆较大，元器件端子较小时；

② 两根及以上电缆并联使用与元器件连接时；

③ 电缆在元器件连接处 T 接时。

10）配电柜（箱）所装的元器件，当处于断开状态时，可动部分不宜带电，垂直安装时上端接电源，下端接负荷，水平安装时，左端接电源，右端接负荷；

11）配电柜（箱）内的配线应按设计图纸相序分色，配电箱、柜内的电源母线，应有颜色分相标志，L1 黄色、L2 绿色、L3 红色、N 淡蓝色、PE 黄绿双色；

12）配电柜（箱）内主电路的电涌保护器（SPD）导线应短而直，不宜锐角安装，进、出线端导线（$d_1+d_2+d_3$）长度之和应小于 0.5m，如图 2-6 所示。

13）电涌保护器（SPD）进、出线端导线截面积应符合设计要求，出线端导线应采用黄绿双色绝缘铜芯导线；

14）配电柜（箱）门内侧应贴系统图，并应与柜（箱）内元器件标识对应；

15）应急照明柜、箱及其配电回路的电源柜，应有明显标识，可用红色文字在柜（箱）门上表示，如：应急照明箱等；

16）消防设备的配电柜（箱），应有明显标识，可用红色文字在柜（箱）门上表示，如：消防水泵控制柜、排烟风机控制柜等。

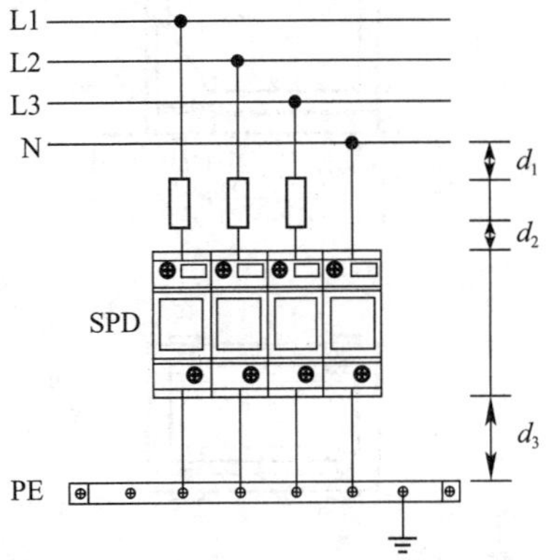

（2）配电柜、箱安装应符合下列规定：

1）配电柜安装应符合下列规定：

① 配电柜的预埋件及预留管路宜成排布置，配电柜通道最小宽度应符合图纸要求；

② 配电柜安装前应结合平面施工图、配电屏通道最小宽度、管线综合及其他现场实际情况，确定配电柜的具体定位，成排安装的配电柜应整体确定，配电柜不应设置在水管的正下方；

③ 具体位置确定后应在施工现场放线定位，确保配电柜位置合理可行，避免返工；

④ 配电柜基础型钢宜采用⊏10 热浸镀锌槽钢，也可以采用普通槽钢，当采用普通槽钢时应先进行防腐处理，再刷面漆；

⑤ 基础型钢制作应按配电柜实际加工尺寸预制加工，宜由配电柜生产厂家配套完成（厂家配套有利于提高基础型钢与配电柜的配合精度、工厂化预制有利于产品质量、生产效率提高），可在现场预制加工；

⑥ 制作前，应检测槽钢的平整度及外观精度，当平整度及外观精度不满足要求时需调直型钢；

⑦ 基础型钢应预留接地螺栓，基础型钢的外径与配电柜下口外径一致，制作过程中严控基础型钢自身平整度，基础型钢的连接处应采用 45°倒角焊接连接、接缝应平整；

⑧ 基础型钢与配电柜采用镀锌螺栓固定，基础型钢预制加工时根据对应配电柜柜底螺栓孔尺寸及位置开孔；

⑨ 基础型钢与地面可采用膨胀螺栓固定或预埋件焊接固定；

⑩ 当采用膨胀螺栓固定时每台配电柜的基础型钢不少于 4 点固定，固定点应与基础型钢与配电柜柜底螺栓孔正对，当成排配电柜采用通长基础槽钢时，固定点应设在槽钢基础长边，最外侧 4 个固定点应与基础型钢与配电柜柜底螺栓孔正对。中间固定点应设在 2 台配电柜接缝处，固定点开 $\phi16$ 孔，应采用机械冲孔或台钻开孔，基础型钢安装方案示意图如图 2-7 所示；

图 2-6　电涌保护器（SPD）安装接线

⑪ 当采用预埋件固定时，预埋件应采用不小于 150mm×100mm×5mm 的钢板及 $\phi10$ 圆钢焊接完成，预埋件中心位置与膨胀螺栓固定法确定方法相同，采用绑扎法与结构钢筋固定牢固，混凝土浇筑时应安排专人看护，确保预埋件位置准确，上表面与结构地面平齐或高出 1~2mm；

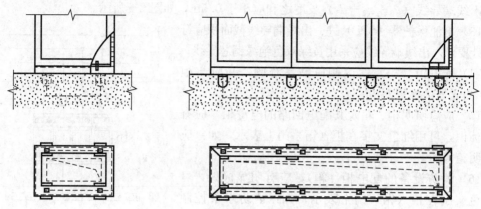

图 2-7　基础型钢安装方案示意图

⑫ 基础型钢完成制作后应及时清理、打磨，防腐破坏处及时恢复；

⑬ 基础型钢安装前应将预留的接地干线调整至基础槽钢的几何中心；

⑭ 当基础型钢与地面采用膨胀螺栓固定时，按设计图纸结合预制好的基础型钢架确定位置并完成膨胀螺栓安装，膨胀螺栓规格与基础型钢底座开孔应匹配。将预制好的基础型钢架放于膨胀螺栓上，采用加垫片方法，找平、找正，垫片不应多于 3 片，安装允许偏差满足表 2-5 的要求，经水平尺检测合格后，再将垫片、基础型钢焊接一体，对称拧紧膨胀螺栓；

基础型钢安装允许偏差　　　　　　　　　　　　表 2-5

| 项目 | 允许偏差 | |
|---|---|---|
| | （mm/m） | （mm/全长） |
| 不直度 | 1 | 5 |
| 水平度 | 1 | 5 |
| 不平行度 | — | 5 |

⑮ 按设计图纸将预制好的基础型钢放于预埋铁上，采用加垫片方法，找平、找正，垫片不应多于 3 片，经水平尺检测合格后，再将预埋铁、垫片、基础型钢焊接一体；

⑯ 最终基础型钢顶部宜高于装修完成面 50mm 以上；

⑰ 基础型钢安装完毕后，接地干线与基础型钢应采用黄绿双色绝缘铜芯软导线连接，并应有标识；软导线截面积选择按进线电缆保护接地导体（PE）的 1/2 选取，当不足 6mm² 时，按 6mm² 选取，当大于 25mm² 时，按 25mm² 选取；

⑱ 配电柜吊装时，顶部有吊环的，吊索应穿在吊环内，无吊环的吊索应挂在主要承力结构处，不应将吊索吊在设备部位上，吊索的绳长应一致，以防柜体变形或损坏部件；

⑲ 汽车运输时，道路要事先清理，保证平整畅通，应用麻绳将设备与车身固定，开车平稳；

⑳ 运输搬运，注意保护配电柜外表油漆、指示灯等；

㉑ 采用液压叉车运搬运时，宜采用门型架吊装就位，就位时按施工图布置位置将配

电柜放在基础型钢上，单面配电柜只找柜面和侧面的垂直度，成排配电柜各台就位后，先找正两端的配电柜，然后在两端的配电柜 2/3 位置绷上小线，逐台找正整排配电柜，安装垂直度允许偏差不应大于 1.5‰，相互间接缝不应大于 2mm，成列盘面偏差不应大于 5mm；

㉒ 配电柜找正时，采用 0.5mm 铁片进行调整，每处垫片不能超过 3 片；

㉓ 配电柜就位、找平、找正后，柜体与基础型钢固定，柜体与柜体用镀锌螺栓固定，所有连接螺栓应有防松措施，固定时应对称拧紧螺栓；

㉔ 配电柜安装完成后，应将热浸镀锌扁钢或铜导体接地干线与保护接地导体（PE）汇流排采用镀锌螺栓直接可靠连接，连接螺栓防松零件应齐全；

㉕ 配电柜的进出电缆应设标识牌，电缆芯线应加套相应颜色的热缩管，中性导体（N）汇流排、保护接地导体（PE）汇流排上的线缆应标识回路编号；

㉖ 进入配电柜箱的电线电缆，应预留箱体半周长余量；

㉗ 电缆头应可靠固定，不应使电器元器件或设备端子承受额外应力，配电柜电缆进线采用电缆沟下进线时，应加电缆固定支架；

㉘ 绝缘导线、电缆的线芯连接金具（连接管和端子），其规格应与线芯的规格适配，且不得采用开口端子，其性能应符合国家现行有关产品标准的规定，连接金具的压接应采用专用压力钳制作，当进、出线缆大，接线端子规格与电气器具规格不配套时，不得采取降容的转接措施；

㉙ 电线电缆与中性导体（N）汇流排、保护接地导体（PE）汇流排连接时，应与接线端子匹配的螺栓连接，每个螺栓应只与一个端子连接，10mm² 及以下的单股铜芯线可直接与设备或器具的端子连接，与中性导体（N）汇流排、保护接地导体（PE）汇流排连接时，盘圈方向应与螺栓紧固方向相同；

㉚ 当 TN-C-S 系统变换柜、箱总进线设置断路器、剩余电流保护断路器时，可采用图 2-8、图2-9 所示的系统变换接线形式。

2）明装配电箱安装应符合下列规定：

① 配电箱应安装在安全、干燥、易操作的场所。配电箱安装高度应按设计要求安装，如无设计要求，宜按表 2-6 确定配电箱安装高度。并列安装的配电箱距地高度应一致，同一场所安装的配电箱允许偏差不应大于 5mm；

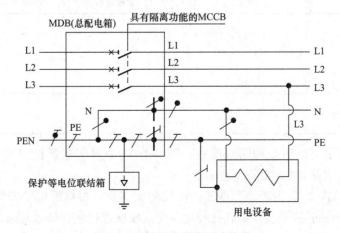

图 2-8　系统变换接线形式接线

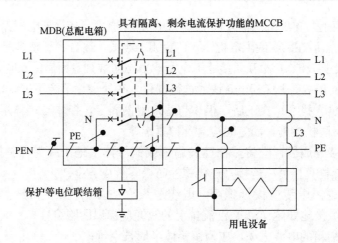

图 2-9　系统变换接线形式接线

配电箱安装高度　　　　　　　　　　　　　　　　　　　表 2-6

| 配电箱高度(mm) | 配电箱底边距楼地面高度(m) |
|---|---|
| 600 以下 | 1.3～1.5 |
| 600～800 | 1.2 |
| 800～1000 | 1.0 |
| 1000 以上 | 0.8 |

② 结构预留预埋前及配电箱安装前应复核操作最小净距，遇有问题及时与设计沟通确定；

③ 配电箱定位的其他要求按配电柜相关要求执行；

④ 支架明装配电箱应便于维修，支架固定可采用膨胀螺栓固定或预埋地脚螺栓固定，膨胀螺栓、地脚螺栓应采用镀锌件，规格不应小于 M8；

⑤ 配电箱固定形式见表 2-7，空心砌体墙、轻质隔墙等墙体不宜设置大型配电箱；

配电箱固定形式　　　　　　　　　　　　　　　　　　　表 2-7

| 墙体形式 | 安装方式 | | |
|---|---|---|---|
|  | 膨胀螺栓固定 | 扁钢夹板固定 | 螺栓固定 |
| 混凝土墙体 | √ | | |
| 蒸压加气混凝土板墙 | | √ | |
| 空心砌块墙 | | √ | |
| 轻质隔墙 | | √ | |
| 夹芯板墙 | | √ | |
| 金属支架 | | | √ |

⑥ 明装配电箱可采用多种固定形式，图 2-10 为金属膨胀螺栓安装配电箱示意图、图 2-11 为夹芯板墙安装配电箱示意图；

⑦ 固定配电箱，应采用不小于 M8 的金属膨胀螺栓，根据配电箱安装孔确定钻孔位置，金属膨胀螺栓钻孔应平直，钻孔孔径应与金属膨胀螺栓胀管外径相适配，金属膨胀螺栓胀管应全部埋入墙内；

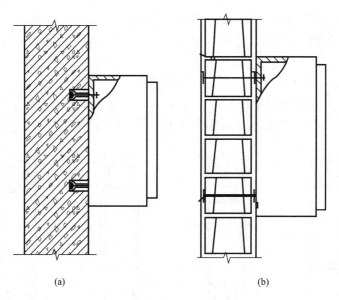

图 2-10　金属膨胀螺栓安装配电箱示意

(a) 平面；(b) 立面

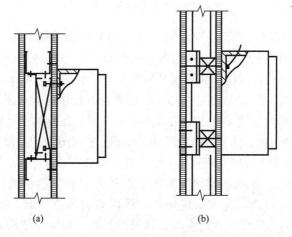

图 2-11　夹芯板墙安装配电箱示意

(a) 平面；(b) 立面

⑧ 扁钢背夹固定时，扁钢应采用不小于 -40mm×4mm 镀锌扁钢，在墙体两侧分别设置，抹灰前安装完成；扁钢背夹的长度为大于配电箱水平固定点中心距 120mm；应采用 φ10 镀锌通丝螺栓穿墙，长度为大于墙体厚度 60mm；

⑨ 金属支架安装应采用不小于 M6×30 的镀锌螺栓固定，防松措施应齐全有效；

⑩ 每个配电箱应不少于 4 个固定点，每点应能承受 1000N 的水平拉力，配电箱总质量的 1/2 的垂直剪力；

⑪ 明装配电箱垂直度允许偏差不应大于 1.5‰，成列盘面偏差不应大于 5mm，并保证箱门可开启 90°。

3) 暗装配电箱安装应符合下列规定：

① 配电箱安装高度应符合设计要求，当设计无要求时，按表 2-6 确定配电箱安装高

度，并列安装的配电箱距地高度要一致，同一场所安装的配电箱允许偏差不大于 5mm。

② 结构预留预埋前及安装配电箱安装前应复核操作最小净距，遇有问题及时与设计沟通确定。

③ 结构施工时，暗装配电箱四周应采取加固措施，配电箱安装时应与加固措施固定牢固，预留洞口或配电箱箱体宽度大于 600mm 时，配电箱上方应设置过梁。

④ 现浇混凝土墙及二次结构砌筑墙安装配电箱，见图 2-12 配电箱暗装示意图。

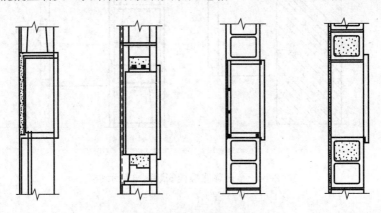

图 2-12 配电箱暗装示意图

⑤ 配电箱箱体已到施工现场的配电箱，应采用配电箱箱体预留。二次结构砌筑时配电箱箱体未到施工现场的配电箱，应采用木套箱预留。

⑥ 木套箱预留尺寸应按配电箱实际尺寸确定，有接管的面应增加 200mm，无接管面应增加 100mm。墙体厚度大于 200mm 时，木套箱厚度应在配电箱厚度基础上增加 50mm。墙体厚度不大于 200mm 时，木套箱厚度应与墙体厚度一致。在混凝土结构或二次墙砌筑施工前，应将预留木套箱的位置、标高、箱体尺寸书面通知相关专业，并及时完成预留工作。混凝土结构施工时，木套箱内应填充密实并采取必要加强措施，防止木套箱变形、渗入灰浆。

⑦ 在混凝土结构或二次墙砌筑预留配电箱箱体时，应将箱体的位置、标高、箱体尺寸书面通知相关专业，并及时完成预留工作。箱体应有防止变形、移位及渗入砂浆的措施。混凝土结构施工时，箱体完成面应与墙体合模匹配，确保与结构完成面平齐，二次墙砌筑施工箱体完成面应与装修完成面一致。

⑧ 配电箱安装时先将箱体找好标高及水平尺寸，并将箱体固定好，安装箱体时根据墙面具体做法确定箱面的出墙距离，调正箱体后用水泥砂浆填实周边并抹平缝隙，标高符合设计要求，箱体应接地可靠。

⑨ 如箱底与背侧墙面齐平时，应在墙面固定金属网后，再做墙面抹灰，不应在箱体上直接抹灰。安装盘面要求平整，周边间隙均匀对称，箱门平正，不歪斜，螺栓垂直受力均匀。

⑩ 混凝土砂浆凝固后，再安装配电箱盘芯。配电箱箱门与墙面齐平，涂层完整，固定牢固，螺栓受力均匀。

（3）配电柜（箱）与管路、梯架、托盘、槽盒的连接应符合下列规定：

1）配电柜与管路、槽盒连接应符合下列规定：

① 进入配电柜内的导管口，当箱底无封板时，管口应高出柜、台、箱的基础面 50～80mm；

② 与配电柜连接的管路、梯架、托盘和槽盒应与配电柜固定牢固，接地可靠。接地应与配电柜保护接地导体（PE）汇流排直接连接，保护接地导体（PE）应选用截面积不小于 $4mm^2$ 的黄绿色绝缘铜芯软导线连接，并应有标识；

③ 梯架、托盘和槽盒与配电柜连接的开口部位、导管管路的管口在穿线前应装设护线口；

④ 在穿入绝缘导线、电缆后应做密封处理。

2）明装配电箱与管路、槽盒连接应符合下列规定：

① 明装配电箱暗配管的配电箱结构预留时应确保暗装接线盒位置准确，盒口应与墙面齐平，在软包装修或木制护板墙处应做防火处理，可采用涂防火漆或防火材料衬里进行防护。

② 接线盒内接地螺栓应与配电箱保护接地导体（PE）汇流排应选用截面积不小于 $4mm^2$ 的黄绿色绝缘铜芯软导线连接，并应有标识。

③ 明装配电箱定位应结合暗装接线盒、结构引出预留管位置进行定位，确保明装配电箱覆盖暗装接线盒。

④ 明装进入配电柜（箱）的管路应居中对称，在距配电柜（箱）边缘 150～500mm 范围内应设有固定管卡，管路与配电柜（箱）连接，盒箱开孔整齐、与管径相适配，要求一管一孔，孔径与管径应适配，并应用根母、锁母与箱体固定牢固，外露丝扣 2～3 扣，不得使用电气焊开孔。两根以上管入配电柜（箱）时，进入盒箱长度要一致，间距均匀，排列整齐有序。管路应按要求可靠接地。

⑤ 对于冷水机组等有振动设备的专用配电箱与槽盒连接应设置软连接。其他要求参考配电柜与槽盒连。

3）暗装配电箱与管路连接应符合下列规定：

① 木套箱预留时，管路间距应不小于 50mm，排列整齐后伸入木套箱内并包好管口。配电箱到场后应接短管后与配电箱箱体连接；

② 其他管路连接要求同明装配电箱安装。

4. 安装

（1）基础型钢安装

1）基础型钢安装宜由安装施工单位承担。如由土建单位承担，设备安装前应做好中间交接。

2）型钢预先调直，除锈，刷防锈底漆。

3）基础型钢架可预制或现场组装。按施工图所标位置，将预制好的基础型钢架或型钢焊牢在基础预埋铁上。用水准仪及水平尺找平、校正。需用垫片的地方，需按钢结构施工规范要求。垫片最多不超过三片，焊后清理，打磨补刷防锈漆。

4）配电箱（盘）安装可用铁架固定或同金属膨胀螺栓固定。铁架加工应按尺寸下料，找好角钢平直度，将埋入端做成燕尾形，然后除锈，刷防锈漆。埋入时注意铁架平直程度和螺孔间距离，用线坠和水平尺测量准确后固定铁架、注高强度水泥砂浆。待水泥砂浆凝固、达到一定强度后方可进行配电箱（盘）的安装。

5）基础型钢与接地母线连接，将接地扁钢引入并与基础型钢两端焊牢。焊缝长度不小于接地扁钢宽度的 2 倍。

（2）配电柜（屏、台）的安装

1）配电柜（屏、台）安装应按施工图纸布置，事先编设备号、位号，按顺序将柜（屏、台）安放到基础型钢上。

2）单独柜（屏、台）只找正面板与侧面的垂直度。成列柜（屏、台）顺序就位后先找正两端的，然后挂小线逐台找正，以柜（屏、台）面为准。找正时采用 0.5mm 铁片调整，每处垫片最多不超过 3 片。

3）按柜底固定螺孔尺寸在基础型钢上定位钻孔，无特殊要求时，低压柜用 M12，高压柜用 M16 镀锌螺栓固定。柜（屏、台）安装允许偏差如表 2-8 所示。

（屏、台）安装允许偏差和检验方法      表 2-8

| 项次 | 项目 | | | 允许偏差（mm） | 检验方法 |
|---|---|---|---|---|---|
| 1 | 基础型钢 | 顶部平直度 | 每米 | 1 | 拉线、尺量检查 |
| | | | 全长 | 5 | |
| 2 | | 侧面平直度 | 每米 | 1 | |
| | | | 全长 | 5 | |
| 3 | 柜（屏、台）安装 | 垂直度 | 每米 | 1.5 | 吊线尺量检查 |
| 4 | | 盘顶平直度 | 相邻两盘 | 2 | 直线、塞尺检查 挂线、尺量检查 |
| | | | 成排两盘 | 5 | |
| 5 | | 盘面平直度 | 相邻两盘 | 1 | 直线、塞尺检查 拉线、尺量检查 |
| | | | 成排两盘 | 5 | |
| 6 | | 盘间接缝 | — | 0.5 | 塞尺检查 |

4）柜（屏、台）就位找正找平后，柜体与基础型钢固定，柜体与柜体、柜体与侧挡板均应用镀锌螺栓连接。

5）每台柜（屏、台）单独与接地母线连接。柜本体应有可靠、明显的接地装置，装有电器的可开启柜门应用裸铜软导线与接地金属构件做可靠连接。

6）不间断电源柜及蓄电池组安装及充放电指标均应符合产品技术条件及施工规范。

（3）配电箱（盘）安装

1）配电箱（盘）的定位：根据设计要求找出配电箱（盘）位置，并按照箱（盘）外形尺寸进行弹线定位。在同一建筑物内，同类箱盘高度应一致。

2）安装配电箱（盘）的木砖及铁件等均应预埋，挂式配电箱（盘）应采用膨胀螺栓固定。

3）配电箱（盘）带有器具的铁制盘面和装有器具的门应选用截面不小于 $4mm^2$ 黄绿色绝缘软铜线与接地端子连接，并有标识。

4）配电箱（盘）安装应牢固、平正，其允许偏差不大于 3mm，配电箱体高 500mm 以下，允许偏差 1.5mm。

5）配电箱（盘）上电具、仪表应牢固、平正、整洁，间距均匀。铜端子无松动，启闭灵活，零部件齐全。其排列间距应符合表 2-9 的要求。

电具、仪表排列间距要求      表 2-9

| 间距 | 最小尺寸（mm） |
|---|---|
| 仪表侧面之间或侧面与盘边 | 60 |
| 仪表顶面或出线孔与盘边 | 50 |

续表

| 间距 | 最小尺寸（mm） | | |
|---|---|---|---|
| 闸具侧面之间或侧面与盘边 | 30 | | |
| 上下出线孔之间 | 40（隔有卡片柜）20（不隔卡片柜） | | |
| 插入或熔断器顶面或底面与出线孔 | 插入式熔断规格（A） | 10～15 | 20 |
| | | 20～30 | 30 |
| | | 60 | 50 |
| 仪表、胶盖闸顶间或底面与出线孔 | 导线截面（mm²） | 10 | 80 |
| | | 16～25 | 100 |

6）配电箱（盘）上配线须排列整齐，并绑扎成束，在活动部位应用长钉固定。盘面引出及引进导线应留有适当余度，以便于检修。

7）导线剥削处不应损伤芯线或芯线过长，导线接头应牢固可靠，多股导线应挂锡后再压接，不得减少导线股数。

8）配电箱（盘）的盘面上安装的各种刀闸及自动开关等，当处于断路状态时刀片可动部分均不应带电。

9）垂直装设的刀闸及熔断器等电器上端接电源，下端接负荷。横装时左侧（面对盘面）接电源，右侧接负荷。

10）配电箱（盘）上的电源指示灯，其电流应接至总开关外侧，并应装单独的熔断器。盘面闸具位置应与支路相对应，其下面应装设卡片柜标明线路及容量。

11）TN-C 中的零线应在箱体（盘面上）进户线处做好重复接地。

12）零母线在配电箱（盘）上应用零线端子板分路，零线端子板分支路排列位置应与熔断器对应。

13）PE 线若不是供电电缆或电缆外护层的组成部分时，按机械强度要求确定截面大小，有机械性保护时不小于 2.5mm²，无机械性保护时不小于 4mm²。

14）配电箱（盘）内母线相序排列要一致，母线色标正确，均匀完整，二次接线排列整齐，编号清晰齐全。

15）出线孔应装绝缘嘴，一般情况一孔只穿一线。

16）明装配电箱（盘）的固定：

明装配电箱可采取悬挂式安装，将配电箱安装在墙上或柱子上。直接安装在墙上时，应先埋设固定螺栓，固定螺栓的规格和间距应根据配电箱的型号和重量以及安装尺寸决定。螺栓长度应为埋设深度（一般为120～150mm）加箱壁厚度以及螺母和垫圈的厚度，再加上 3～5 扣螺纹的余量长度。悬挂式配电箱安装见图 2-13。

施工时，先量好配电箱安装孔尺寸，在墙上划好孔位，然后打洞，埋设螺栓（或用金属膨胀螺栓）。待填充的混凝土牢固后，即可安装配电箱。安装配电箱时，要用水平尺校正其

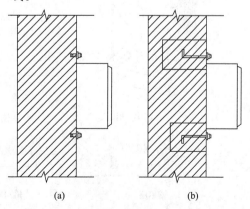

图 2-13 悬挂式配电箱安装

（a）墙上胀管螺栓安装；（b）墙上螺栓安装

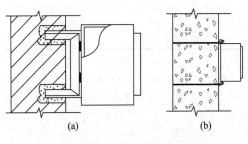

图 2-14　支架固定配电箱

(a) 用坞埋支架固定；(b) 用抱箍支架固定

水平度。同时要校正其安装的垂直度。

配电箱安装在支架上时，应先将支架加工好，然后将支架埋设固定在墙上，或用抱箍固定在柱子上，再用螺栓将配电箱安装在支架上，并调正其水平和垂直。图 2-14 为配电箱在支架上固定示意图。配电箱安装高度按施工图纸要求。配电箱上回路名称也按设计图纸给予标明。

17) 暗装配电箱的固定：

配电箱暗装一般采用嵌入式安装，通常是按设计指定的位置，在土建砌墙时先把与配电箱尺寸和厚度相等的木框架嵌在墙内，使墙上留出配电箱安装的孔洞，待土建结束，配线管预埋工作结束，敲去木框架将配电箱嵌入墙内，校正垂直和水平，垫好垫片将配电箱固定好，并做好线管与箱体的连接固定，然后在箱体四周填入水泥砂浆。如箱底与外墙平齐时，应在外墙固定金属网后再做墙面抹灰，不得在箱底板上直接抹灰。安装盘面要求平整，周边间隙均匀对称，贴脸（门）平正，不歪斜，螺栓垂直受力均匀。

当墙壁的厚度不能满足嵌入时要求时，可采用半嵌入式安装，使配电箱的箱体一半在墙面外，一半嵌入墙内，其安装方法与嵌入式相同。

18) 配电箱的落地式安装

配电箱落地安装时，在安装前要预制 1 个高出地面一定高度的混凝土空心台，如图 2-15 所示。这样可使进出线方便，不易进水，保证运行安全。进入配电箱的钢管应排列整齐，管口高出基础面 50mm 以上。

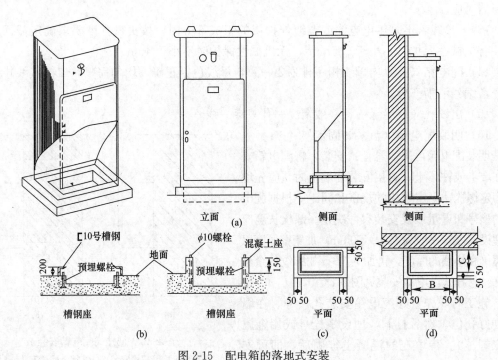

图 2-15　配电箱的落地式安装

(a) 安装示意图；(b) 配电箱基座示意图；(c) 独立式安装；(d) 靠墙面安装

19）绝缘测试：配电箱（盘）全部电器安装完毕后，用 500V 兆欧表对线路进行绝缘摇测并做好记录。摇测项目包括相线与相线之间、相线与零线之间、相线与地线之间、零线与地线之间。

（4）柜（屏、台）二次线连接及校线

① 按原理图逐台检查柜（盘）上的全部电器元件是否相符，其额定电压和控制操作电源电压必须一致。

② 按图敷设柜与柜之间的控制电缆连接线。电缆敷设要求按电缆敷设工艺要求进行。

③ 控制线校线后，将每根芯线撅成圆圈，用镀锌螺栓、平垫圈、弹簧垫连接在每个端子板上。端子板每侧一般一个端子压一根线，最多不能超过两根，并且两根线间加平垫圈。多股线应涮锡，不准有断股，不留毛刺。

5. 验收

（1）配电柜（箱）调试应符合下列规定：

1）调试前检查应符合下列规定：

① 配电柜（箱）的门应开闭灵活，不应有变形、异响。

② 配电柜（箱）表面涂层应完整，不应有损伤、污染；检查配电柜内电器元件应齐全，规格型号及二次回路是否与图纸相符，其额定电压和控制、操作电源电压应一致。

③ 检查接线是否牢固；所有接线端子螺栓再紧固一遍。

2）绝缘摇测应符合下列规定：

① 对于低压成套配电柜（箱）相导体、中性导体（N）、保护接地导体（PE）彼此之间的绝缘电阻值，馈电线路不应小于 1MΩ，二次回路不应小于 1MΩ。二次回路的耐压试验电压应为 1000V，当回路绝缘电阻值大于 10MΩ 时，应采用 2500V 兆欧表代替，试验持续时间应为 1min 或符合产品技术文件要求。

② 摇测应两人进行，并做好记录。

3）通电前，动力成套配电（控制）柜、台、箱的交流工频耐压试验和保护装置的动作试验应合格，其外露可导电部分应与保护接地导体（PE）完成连接，并应检查合格。

4）接临时电源时，应将配电柜内进线电源回路拆解后，方可接上临时电源。

5）按图纸要求，分别模拟控制、联锁、操作、继电器保护动作正确无误、灵敏可靠。成套配电柜（箱）交接试验项目应符合表 2-10 的规定。

6）拆除临时电源，将被拆除的电源线复位。

**成套配电柜（箱）交接试验** 表 2-10

| 序号 | 试验内容 | 试验标准或条件 |
| --- | --- | --- |
| 1 | 一次回路绝缘电阻 | 用 500V 兆欧表摇测≥1MΩ |
| 2 | 低压电器动作情况 | 除产品另有规定外，电压、液压或气压在额定值的 85%～110%范围内可靠动作 |
| 3 | 脱扣器的整定值 | 整定值误差不应超过产品技术条件的规定 |
| 4 | 电阻器和变阻器的直流电阻差值 | 符合产品技术条件规定 |

（2）送电运行验收应符合下列规定：

1）试运行前，安装作业全部完毕，质量检查部门检查全部合格。柜、台、箱、盘内保护接地导体（PE）汇流排应完成连接，柜（箱）内的元件规格、型号应符合设计要求。接线应正确且交接试验合格。继电保护动作灵敏可靠，控制、联锁、信号等动作准确无误。试验项目全部合格，并有签字齐全的试验报告单。

2）备齐试验合格的验电器、绝缘靴、绝缘手套、临时接地编织线、绝缘胶垫、粉末灭火器等。

3）彻底清扫全部设备及清理配电室内的灰尘、杂物，室内除送电需用的设备用具外，其他物品不应堆放。

4）检查柜箱内、外、上是否有遗留的工具、金属材料及其他杂物。

5）再次对各回路绝缘摇测且合格。

6）检查受电柜总开关处于"断开"位置，再进行送电，开关试送3次。

7）试运行组织工作，明确试运指挥者、操作者、监护人。

8）电源经验电、校相无误。

9）检查受电柜三相电压是否正常。

10）送电空载24h无异常现象，收集齐全产品合格证、说明书、试验报告。

### 2.3.3　质量标准

1. 主控项目

（1）主控项目应符合的规定

1）柜、台、箱的金属框架及基础型钢应与保护导体可靠连接。装有电器的可开启门，门和金属框架的接地端子间应选用截面不小于 $4mm^2$ 的黄绿色绝缘铜芯软导体连接，且有标识。

2）配电柜、控制柜（台、箱）和配电箱（盘）等配电装置应有可靠的防电击保护。装置内保护接地导体应有裸露的连接外部保护导体的端子，并应可靠连接。当设计无要求时，连接导体最小截面积不应小于表2-4的规定。

3）手车、抽出式成套配电柜推拉应灵活，无卡阻碰撞现象。动触头与静触头的中心线应一致，且触头接触紧密，投入时，接地触头先于主触头接触；退出时，则相反。

4）高压成套配电柜必须按符合现行国家标准《电气装置安装工程 电气设备交接试验标准》GB 50150—2016 的规定交接试验合格，且应符合下列规定：

① 继电保护元器件、逻辑元件、变送器和控制用计算机等单体校验合格，整组试验动作正确，整定参数符合设计要求；

② 新的高压电气设备和继电保护装置投入使用前，应按产品技术文件要求交接试验。

5）低压成套配电柜和馈电线路的每路配电开关及保护装置的相间和相对地间的绝缘电阻值不应小于0.5MΩ。当国家现行产品标准未做规定时，电气装置的交流工频耐压试验电压应为1000V，试验持续时间应为1min，当绝缘电阻值大于10MΩ时，宜采用2500V兆欧表摇测。

6）柜、台、箱、盘间线路的线间和线对地间绝缘电阻值，馈电线路不应小于0.5MΩ，二次回路不应小于1MΩ。二次回路的耐压试验电压应为1000V，当回路绝缘电阻值大于10MΩ时，应采用2500V兆欧表代替，试验持续时间应为1min或符合产品技术文件要求。

7）配电箱（盘）内的剩余电流动作保护器（RCD）应在施加额定剩余动作电流的情

况下测试动作时间，且测试值应符合设计要求。

8）柜、箱、盘内电涌保护器（SPD）安装应符合下列规定：

① SPD 的型号规格及安装布置应符合设计要求。

② SPD 的接线形式应符合设计要求，接地导线的位置不宜靠近出线位置。

③ SPD 的连接导线应平直、足够短，且不宜大于 0.5m。

9）IT 系统绝缘监测器（IMD）的报警功能应符合设计要求。

10）配电箱（盘）安装应符合下列规定：

① 箱（盘）内配线应整齐、无绞接现象。导线连接应紧密、不伤线芯、不断股。垫圈下螺栓两侧压的导线截面积应相同，同一电器器件端子上的导线连接不应多于 2 根，防松垫圈等零件应齐全。

② 箱（盘）内开关动作应灵活可靠。

③ 箱（盘）内宜分别设置中性导体（N）和保护接地导体（PE）汇流排，汇流排上同一端子不应连接不同回路的 N 或 PE。

11）送至建筑智能化工程变送器的电量信号精度等级应符合设计要求，状态信号应正确。接收建筑智能化工程的指令应使建筑电气工程的断路器动作符合指令要求，且手动、自动切换功能均应正常。

（2）主控项目安装质量验收标准

1）柜、台、箱的金属框架及基础型钢应与保护导体可靠连接。对于装有电器的可开启门，门和金属框架的接地端子间应选用截面积不小于 4mm² 的黄绿色绝缘铜芯软导线连接，并应有标识。

采用观察检查的方法进行全数检查。

2）柜、台、箱、盘等配电装置应有可靠的防电击保护。装置内保护接地导体（PE）排应有裸露的连接外部保护接地导体的端子，并应可靠连接。当设计未做要求时，连接导体最小截面积应符合现行国家标准《低压配电设计规范》GB 50054—2011 的规定。

采用观察检查并用力矩扳手检查的方法，进行全数检查。

3）手车、抽屉式成套配电柜推拉应灵活，无卡阻碰撞现象。动触头与静触头的中心线应一致，且触头接触应紧密，投入时，接地触头应先于主触头接触。退出时，接地触头应后于主触头脱开。采用观察检查的方法，进行全数检查。

4）高压成套配电柜除应按要求完成试验并合格，还应符合下列规定：

① 继电保护元器件、逻辑元件、变送器和控制用计算机等单体校验应合格，整组试验动作应正确，整定参数应符合设计要求。

② 新型高压电气设备和继电保护装置投入使用前，应按产品技术文件要求进行交接试验。

采用模拟试验检查或查阅交接试验记录的方法，进行全数检查。

5）低压成套配电柜交接试验应符合本章 2.2.4 质量标准中的有关规定。采用绝缘电阻测试仪测试、试验时观察检查或查阅交接试验记录的方法，进行全数检查。

6）对于低压成套配电柜、箱及控制柜（台、箱）间线路的线间和线对地绝缘电阻值按照前述技术文件要求，采用绝缘电阻测试仪测试或试验、测试时观察检查或查阅绝缘电阻测试记录的方法，按每个检验批的配线回路数量抽查 20%，且不得少于 1 个回路。

7) 直流柜试验, 应将屏内电子器件从线路上退出, 检测主回路线间和线对地间绝缘电阻值不应小于 $0.5\mathrm{M}\Omega$, 直流屏所附蓄电池组的充、放电应符合产品技术文件要求。整流器的控制调整和输出特性试验应符合产品技术文件要求。

采用绝缘电阻测试仪测试, 调整试验时观察检查或查阅试验记录的方法, 进行全数检查。

8) 低压成套配电柜和配电箱（盘）内末端用电回路中, 所设过电流保护电器兼做故障防护时, 应在回路末端测量接地故障回路阻抗, 且回路阻抗应满足公式（2-1）的要求：

$$Z_s(\mathrm{m}) \leqslant \frac{2}{3} \times \frac{U_0}{I_a} \tag{2-1}$$

式中　$Z_s(\mathrm{m})$——实测接地故障回路阻抗, $\Omega$;

　　　　$U_0$——相导体对接地的中性导体的电压, V;

　　　　$I_a$——保护电器在规定时间内切断故障回路的动作电流, A。

采用仪表测试并查阅试验记录的方法, 按末级配电箱（盘、柜）总数量抽查 20%, 每个被抽查的末级配电箱至少应抽查 1 个回路, 且不应少于 1 个末级配电箱。

9) 配电箱（盘）内的剩余电流动作保护器（RCD）应在施加额定剩余电流（$I_{\Delta n}$）的情况下测试动作时间, 且测试值应符合设计要求。

采用仪表测试并查阅试验记录的方法, 对每个配电箱（盘）不少于 1 个的检查数量进行检查。

10) 柜、箱、盘内电涌保护器（SPD）安装质量的检查可采取观察检查的方法, 按每个检验批电涌保护器（SPD）的数量抽查 20%, 且不得少于 1 个。

11) IT 系统绝缘监测器（IMD）的报警功能的检查采取仪表测试的方法, 进行全数检查。

12) 照明配电箱（盘）安装采取观察检查及操作检查的方法, 用螺丝刀拧紧检查, 按照照明配电箱（盘）数量的 10% 进行抽查, 且不得少于 1 台。

13) 送至建筑智能化工程变送器的电量信号精度等级的检查, 采用模拟试验时进行观察检查或查阅检查记录的方法, 进行全数检查。

2. 一般项目

(1) 一般项目应符合的规定

1) 基础型钢安装时, 允许偏差应符合表 2-5 的规定。

2) 柜、台、箱、盘的布置及安全间距应符合设计要求。

3) 柜、台、箱相互间或与基础型钢间应用镀锌螺栓连接, 且防松零件应齐全; 当设计有防火要求时, 柜、台、箱的进出口应做防火封堵, 并应封堵严密。

4) 室外安装的落地式配电（控制）柜、箱的基础应高于地坪, 周围排水应通畅, 其底座周围应采取封闭措施。

5) 柜、台、箱、盘应安装牢固, 且不应设置在水管的正下方。柜、台、箱、盘安装垂直度允许偏差不应大于 1.5‰, 相互间接缝不应大于 2mm, 成列盘面偏差不应大于 5mm。

6) 柜、台、箱、盘内检查试验应符合下列规定：

① 控制开关及保护装置的规格、型号应符合设计要求;

② 闭锁装置动作应准确、可靠;

③ 主开关的辅助开关切换动作应与主开关动作一致；

④ 柜、台、箱、盘上的标识器件应标明被控设备编号及名称或操作位置，接线端子应有编号，且清晰、工整、不易脱色；

⑤ 回路中的电子元件不应参加交流工频耐压试验，50V 及以下回路可不做交流工频耐压试验。

7）低压电器组合应符合下列规定：

① 发热元件应安装在散热良好的位置；

② 熔断器的熔体规格、断路器的整定值应符合设计要求；

③ 切换压板应接触良好，相邻压板间应有安全距离，切换时不应触及相邻的压板；

④ 信号回路的信号灯、按钮、光字牌、电铃、电笛、事故电钟等动作和信号显示应准确；

⑤ 金属外壳需做电击防护时，应与保护导体可靠连接；

⑥ 端子排应安装牢固，端子应有序号，强电、弱电端子应隔离布置，端子规格应与导线截面积大小适配。

8）柜、台、箱、盘间配线应符合下列规定：

① 二次回路接线应符合设计要求，除电子元件回路或类似回路外，回路的绝缘导线额定电压不应低于 450V/750V。对于铜芯绝缘导线或电缆的导体截面积，电流回路不应小于 $2.5mm^2$，其他回路不应小于 $1.5mm^2$。

② 二次回路连线应成束绑扎，不同电压等级、交流、直流线路及计算机控制线路应分别绑扎，且应有标识。固定后不应妨碍手车开关或抽出式部件的拉出或推入。

③ 线缆的弯曲半径不应小于线缆允许弯曲半径。

④ 导线连接不应损伤线芯。

9）柜、台、箱、盘面板上的电器连接导线应符合下列规定：

① 连接导线应采用多芯铜芯绝缘软导线，敷设长度应留有适当裕量；

② 线束宜有外套塑料管等加强绝缘保护层；

③ 与电器连接时，端部应绞紧、不松散、不断股，其端部可采用不开口的终端端子或搪锡；

④ 可转动部位的两端应采用卡子固定。

10）照明配电箱（盘）安装应符合下列规定：

① 箱体开孔应与导管管径适配，暗装配电箱箱盖应紧贴墙面，箱（盘）涂层应完整；

② 箱（盘）内回路编号应齐全，标识应正确；

③ 箱（盘）应采用不燃材料制作；

④ 箱（盘）应安装牢固、位置正确、部件齐全，安装高度应符合设计要求，垂直度允许偏差不应大于 1.5‰。

（2）一般项目安装质量验收标准

1）基础型钢安装检查时采用水平仪或拉线尺量检查，按照总数的 20% 进行抽查，且不得少于 1 台。

2）柜、台、箱、盘的布置及安全间距的检查采用尺量检查的方法，进行全数检查。

3）柜、台、箱相互间或与基础型钢间采用镀锌螺栓的连接可用观察检查的方法，按照柜、台、箱总数的 10% 进行抽查，且各不得少于 1 台。

4）室外安装的落地式配电（控制）柜、箱采用观察检查的方法，进行全数检查。

5）柜、台、箱、盘的安装检查采用线坠尺量、塞尺、拉线尺量的方法进行检查，按照总数的 10% 进行抽查，且不得少于 1 台。

6）柜、台、箱、盘内检查试验采用观察检查并按设计图核对规格型号，按照柜、台、箱、盘总数的 10% 进行抽查，且不得少于 1 台。

7）低压电器的组合采用观察检查并按设计图核对电器技术参数，按照低压电器组合完成后总数的 10% 进行抽查，且不得少于 1 台。

8）柜、台、箱、盘间的配线采用观察检查的方法，按照柜、台、箱、盘总数的 10% 进行抽查，且不得少于 1 台。

9）柜、台、箱、盘面板上的电器连接导线采用观察检查的方法，按照柜、台、箱、盘总数的 10% 进行抽查，且不得少于 1 台。

10）照明配电箱（盘）安装采用观察检查并用线坠尺量的方法进行检查，按照照明配电箱（盘）总数的 10% 进行抽查，且不得少于 1 台。

## 2.4　电动机的安装

### 2.4.1　电动机安装的作业条件

（1）施工图及技术资料应齐全无误。

（2）土建工程基本施工完毕，屋顶、楼板工作已完成，不得有渗漏现象，门窗完好。

（3）室外安装的电机，应有防潮、防雨措施。

（4）电动机的基础应达到允许安装的强度，地脚螺栓孔、预埋件、电缆管位置、尺寸和质量应符合设计和国家现行有关标准的规定。

（5）安装场地应清理干净，道路畅通。

（6）电动执行机构驱动的设备已安装完成，且初验合格。

（7）应具备相应容量的试运行电源。

### 2.4.2　电动机的安装与验收

1. 施工工艺

电动机、电加热器及电动执行机构检查接线工艺流程应符合图 2-16 的规定。

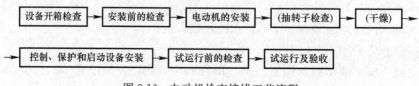

图 2-16　电动机检查接线工艺流程

2. 设备开箱检查应符合的要求

（1）设备开箱点件应由安装单位、供货单位，会同建设单位代表共同进行，并做好记录。

（2）应按照设备清单、技术文件，对设备及其附件、备件的规格、型号、数量进行详细核对。

3. 安装前的检查应符合的要求

（1）设备外观应完好，附件、备件应齐全、无损伤，绕组绝缘电阻值应满足产品技术文件要求。电动执行机构的紧固件不得松动，可动部件应灵活可靠；

（2）定子和转子分箱装运的电动机，其铁芯、转子的表面及轴颈的保护层应完整，并应无损伤和锈蚀现象；

（3）盘动转子应灵活，不得有碰卡声；

（4）润滑脂应无变色、变质及变硬等现象，其性能应符合电动机的工作条件；

（5）可测量空气间隙的电动机，其气隙的不均匀度应满足产品技术文件要求，当无要求时，各点气隙与平均气隙的差值不大于平均气隙的 5%；

（6）电动机接线盒内的空间应满足电缆曲绕压接的需要，引出线鼻子焊接或压接应良好，编号应齐全，接线端子支持强度应能承受电缆弯曲产生的应力，电缆在接线盒内不应受外力挤压和磨损，裸露带电部分的电气间隙应满足产品技术文件要求；

（7）应检查绕线式电动机的电刷提升装置，动作顺序应满足产品技术文件要求；

（8）电动机接线盒密封性能应满足电机防护等级要求；

（9）电动机的性能应符合电动机周围工作环境的要求。

4. 电动机的安装

（1）电动机的安装应符合下列要求：

1）大型电动机安装需要搬运和吊装时应有起重工配合。

2）应审核电动机安装的位置是否满足检修操作和运输的要求。

3）采用水泥基础，设计无要求时，基础承重一般不小于电动机重量的 3 倍。基础各边缘应超出电动机底座边缘 100~150mm。

4）电动机的外露可导电部分应与保护接地导体（PE）可靠连接。

（2）电动机抽转子检查应符合下列规定：

1）电动机内部应清洁无杂物；

2）电动机的铁芯、轴颈、集电环和换向器应清洁、无伤痕和锈蚀，通风孔无阻塞；

3）绕组绝缘层应完好，绑线应无松动；

4）定子槽楔应无断裂、凸出和松动，并应按产品技术文件要求检查端部槽楔应嵌紧；

5）转子的平衡块及平衡螺栓应紧固锁牢，风扇方向应正确，叶片应无裂纹；

6）磁极及铁轭固定应良好，励磁绕组应紧贴磁极，且不应松动；

7）鼠笼式电动机转子铜导电条和端环应无裂纹，焊接应良好。浇铸的转子表面应光滑平整。导电条和端环不应有气孔、缩孔、夹渣、裂纹、细条、断条和浇铸不满；

8）电动机绕组的连接应正确，焊接应良好；

9）直流电动机的磁极中心线与几何中心线应一致；

10）电动机的滚动轴承检查应符合下列规定：

① 轴承工作面应光滑清洁、无麻点、裂纹或锈蚀，并应记录轴承型号；

② 轴承的滚动体与内外圈接触应良好、无松动，转动应灵活无卡塞，其间隙应满足产品技术文件要求；

③ 加入轴承内的润滑脂应填满其内部空隙的 2/3。不得将不同品种的润滑脂填入同一轴承内。

(3) 电动机干燥应符合下列规定：

1) 电动机由于运输、保管或安装后受潮，绝缘电阻或吸收比达不到规范要求，应进行干燥处理；

2) 电动机干燥工作，应由有经验的电工进行，在干燥前应根据电机受潮情况制定烘干方法及有关技术措施，经批准后实施；

3) 烘干温度要缓慢上升，一般每小时升温 5～8℃，铁芯和线圈的最高温度应控制在 70～80℃；

4) 当电动机绝缘电阻值达到规范要求时，在同一温度下经 5h 稳定不变时，方可认为干燥完毕；

5) 烘干工作可根据现场情况、电动机受潮程度选择以下方法进行：①采用循环热风干燥室进行烘干。②灯泡干燥法。灯泡可采用红外线灯泡或一般灯泡使灯光直接照射在绕组上，温度高低的调节可用改变灯泡瓦数来实现。③电流干燥法。采用低压电压，用变阻器调节电流，其电流大小宜控制在电机额定电流的 60% 以内，并应设置测温计，随时监视干燥温度。

(4) 控制、保护和启动设备安装应符合下列规定：

1) 电动机的控制和保护设备安装前应检查是否与电机容量相符；

2) 电动机、控制设备和所拖动的设备应对应编号；

3) 引至电动机接线盒的明敷导线并应加强绝缘，易受机械损伤的地方应套保护管，刚性导管经柔性导管与电动机接线盒连接时，柔性导管的长度不大于 0.8m，潮湿场所应撇出 U 形滴水弯；

4) 直流电动机、同步电机调节电阻回路及励磁回路的连接，应采用铜导线，导线不应有接头，调节电阻器应接触良好，调节均匀；

5) 自耦减压启动器应垂直安装，油浸式启动器的油面不得低于标定油面线，减压抽头在 65%～80% 额定电压下，应按负荷要求进行调整，启动时间不得超过自耦减压启动器允许的启动时间；

6) 电动机保护元件的选择应符合设计要求。

(5) 电动安装后检查接线

电动安装后应检查接线，主要检查项目如下：

1) 电动机、电加热器及电动执行机构的可接近裸露导体必须接地（PE）或接零（PEN）。

2) 电动机、电加热器及电动执行机构绝缘电阻应大于 0.5MΩ。

3) 100kW 以上的电动机，应测量各相直流电阻值，相互差不应大于最小值的 2%，无中性点引出的电动机，测量线间直流电阻值，相互差不应大于最小值的 1%。

4) 电气设备安装应牢固，螺栓及防松零件齐全，不松动。防水防潮电气设备的接线入口及接线盒盖等应做密封处理。

5) 除电动机随带技术文件说明不允许在施工现场抽芯检查外，有下列情况之一的电动机，应抽芯检查：

① 出厂时间已超过制造厂保证期限，无保证期限的已超过出厂时间一年；

② 外观检查、电气试验、手动盘转和试运转，有异常情况。

6）电动机抽芯检查应符合下列规定：

① 线圈绝缘层完好、无伤痕，端部绑线不松动，槽楔固定、无断裂，引线焊接饱满，内部清洁，通风孔道无堵塞；

② 轴承无锈斑，注油（脂）的型号、规格和数量正确，转子平衡块紧固，平衡螺栓锁紧，风扇叶片无裂纹；

③ 连接用紧固件的防松零件齐全完整；

④ 其他指标符合产品技术文件的特有要求。

7）在设备接线盒内裸露的不同相导线间和导线对地间最小距离应大于 8mm，否则应采取绝缘防护措施。

5. 电动机的试运行

（1）试运行前的检查

1）电动机本体安装应结束，电动机外壳油漆应完整，接地应良好。试运行前应按现行国家标准《电气装置安装工程 电气设备交接试验标准》GB 50150—2016 的有关规定完成相关试验项目，并应试验合格。

2）冷却、润滑、温度监测等附属系统应安装完毕，并应验收合格。润滑脂应无变色、变质及变硬等现象，其性能应符合电动机的工作条件。

3）电动机的保护、控制、测量、信号等回路应调试完毕，且应工作正常。多速电动机联锁切换装置应动作可靠，操作程序应满足产品技术文件要求。

4）电动机的电气开关柜、电缆防火封堵施工应完毕，并应验收合格。

5）电动机及控制按钮、事故按钮等装置应标识准确、齐全、清晰。

6）电刷与换向器的接触应良好。

7）盘动电动机转子时应转动灵活、无卡阻。

8）电动机接线端子与电缆的连接应正确，且应固定牢固、连接紧密。直流电动机串并励回路接线应正确，接线形式应与其励磁方式相符。

（2）交流电动机的试运行

交流电动机应先进行空载试运行，空载试运时间宜为 2h 以上直至电动机轴承温度稳定为止。直流电动机空载运转时间不宜小于 30min。

交流电动机带负荷启动次数应满足产品技术文件要求。当无要求时，应符合下列规定：

1）冷态可启动 2 次，每次间隔时间不得小于 5min；

2）热态可启动 1 次。当处理事故或启动时间不超过 3s 时，可再启动 1 次。

除上述要求外，还应对电动机进行下列检查：

1）电动机、风扇的旋转方向及运行声音；

2）换向器、集电环及电刷的运行状况；

3）启动电流、启动时间、空载电流；

4）电动机各部温度；

5）电动机振动；

6）轴承状况及润滑脂量。

### 2.4.3 质量标准

1. 主控项目

(1) 主控项目应符合的规定

1) 电动机、电加热器及电动执行机构的外露可导电部分应通过电源接线盒内专用接地螺栓与保护接地导体（PE）可靠连接；

2) 低压电动机、电加热器及电动执行机构的绝缘电阻值不应小于 0.5MΩ；

3) 高压及 100kW 以上电动机的交接试验应符合现行国家标准《电气装置安装工程 电气设备交接试验标准》GB 50150—2016 的规定。

(2) 主控项目安装质量验收标准

1) 电动机、电加热器及电动执行机构的外露可导电部分必须与保护导体可靠连接。采用观察检查并用工具拧紧检查，对电动机、电加热器进行全数检查，电动执行机构按总数的 10% 进行抽查，且不得少于 1 台。

2) 低压电动机、电加热器及电动执行机构绝缘电阻值应用绝缘电阻测试仪测试并查阅绝缘电阻测试记录。按设备各抽查 50%，且各不得少于 1 台。

3) 高压及 100kW 以上电动机的交接试验，需用仪表测量并查阅相关试验或测量记录，进行全数检查。

2. 一般项目

(1) 一般项目应符合的规定

1) 电气设备安装应牢固，螺栓及防松零件齐全，不松动。防水防潮电气设备的接线入口及接线盒盖等应做密封处理；

2) 电动机电源线与出线端子接触应良好、压接牢固、防松附件齐全、清洁，高压电动机电源线紧固时不应损伤电动机引出线套管。

3) 在设备接线盒内裸露的不同相间和相对地间电气间隙应符合产品技术要求，否则应采取绝缘防护措施。

(2) 一般项目安装质量验收标准

1) 电气设备安装检查可采用观察检查并用工具拧紧检查的方法，对设备总数的 10% 进行抽查，且不得少于 1 台。

2) 除电动机随机技术文件不允许在施工现场抽芯检查外，有下列情况之一的电动机应抽芯检查：

① 出厂时间已超过制造厂保证期限；

② 外观检查、电气试验、手动盘转和试运转有异常情况。

采用观察检查并查阅设备进场验收记录的方法，对设备总数的 20% 进行抽查，且不得少于 1 台。

3) 电动机抽芯检查应符合下列规定：

① 电动机内部应清洁、无杂物；

② 线圈绝缘层应完好、无伤痕，端部绑线不应松动，槽楔应固定、无断裂、无凸出和松动，引线应焊接饱满，内部应清洁、通风孔道无堵塞；

③ 轴承应无锈斑，注油（脂）的型号、规格和数量应正确，转子平衡块应紧固、平衡螺栓锁紧，风扇叶片应无裂纹；

④ 电动机的机座和端盖的止口部位应无砂眼和裂纹；

⑤ 链接用紧固件的放松零件应齐全完整；

⑥ 其他指标应符合产品技术文件的要求。

采用查阅抽芯检查记录并核对产品技术文件要求的方法，进行全数检查。

4）电动机电源线与出线端子的连接、高压电动机电源线的紧固，可采用观察检查的方法进行全数检查。

5）在设备接线盒内裸露的不同相间和相对地间电气间隙，可采用观察检查、尺量检查并查阅电动机检查记录的方法，对设备总数的 20% 进行抽查，不得少于 1 台，且应覆盖不同的电压等级。

## 2.5　低压电气动力设备试验和试运行及低压电器的安装

### 2.5.1　作业条件

（1）检验应随工程进度进行。

（2）应对仪表的外观检查，应完好。

（3）应按现行标准要求准备相关文档。

（4）施工检验应由施工单位的项目专业质量检查员、专业工长等实施。

（5）实施检验的人员应佩戴必要的防护用品。

### 2.5.2　低压电气动力设备试验和试运行

1. 工艺流程

低压电气动力设备试验及试运行工艺流程如图 2-17 所示。

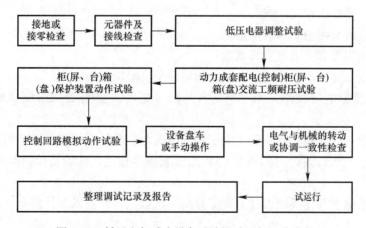

图 2-17　低压电气动力设备试验及试运行工艺流程

2. 接地或接零的检查应符合的规定

（1）复查各接地处的连接是否正确，接触是否良好可靠。

（2）柜（屏、台）箱（盘）接地或接零检查。

3. 元器件及接线的检查应符合的规定

（1）柜内检查：主要是核对柜内元器件的规格、型号、安装位置、柜内端子、导线截面、各设备间的连接，检查开关时，应将开关转至各个位置逐个进行检查。

（2）柜间联络电缆检查（通路试验）：柜与柜之间的联络电缆要逐一校对，并符合设计要求。

（3）操作装置的检查：回路中所有操作装置都应进行检查，主要检查接线是否正确，操作是否灵活，辅助触点动作是否准确。一般用导通法进行分段检查和整体检查。检查时应使用万用表，不宜用兆欧表（摇表）检查，因为摇表检查不易发现接触不良或电阻变值，另外，检查时应注意拔去柜内熔丝，并将与被测电路并联的回路断开。

（4）电流回路和电压回路的检查：互感器接线正确，极性正确，电流互感器二次侧不准开路（电压互感器二次侧不准短路），准确度符合要求，二次侧应有一处接地。

（5）测量绝缘电阻：二次回路的绝缘电阻值必须大于 $1M\Omega$（用 1kV 或 500V 兆欧表检查），48V 及以下的回路使用不超过 250V 的兆欧表。

（6）交流耐压试验：柜（屏、台、箱、盘）间二次回路交流工频耐压试验，当绝缘电阻值大于 $100M\Omega$ 时，用 2500V 兆欧表摇测 1min，应无闪络击穿现象，当绝缘电阻值在 $1\sim100M\Omega$ 时，用 1kV 兆欧表摇测 1min，应无闪络击穿现象。回路中的电子元件不应进行耐压试验，48V 及以下的回路可不做交流耐压试验。

4. 低压电器包括电压为 $60\sim1200V$ 的刀开关、转换开关、熔断器、自动开关、接触器、控制器、主令电器、启动器、电阻器、变阻器及电磁铁等。产品出厂时都经检查合格，故在安装前一般只做外观检验。但在试运行前，要对相关的现场单独安装的各类低压电器进行单体的试验和检测，符合规范规定后，方可具备试运行的条件。低压电器的试验包括下列项目：

（1）测量低压电器连同所连接电缆及二次回路的绝缘电阻；

（2）电压线圈动作值校验；

（3）低压电器动作情况检查；

（4）低压电器采用的脱扣器整定；

（5）测量电阻器和变阻器直流电阻；

（6）低压电器连同所连接电缆及二次回路的交流耐压试验。

5. 动力成套配电（控制）柜（屏、台）箱（盘）的交流工频耐压试验应符合下列规定：

（1）柜（屏、台）箱（盘）的交流工频耐压试验：交流工频耐压试验电压为 1kV，当绝缘电阻值大于 $10M\Omega$ 时，可采用 2500V 兆欧表摇测替代，试验持续时间 1min，无击穿闪络现象；

（2）回路中电子元件不应参加交流工频耐压试验，48V 及以下回路可不做交流工频耐压试验。

6. 柜（屏、台）箱（盘）的保护装置的动作试验应符合下列规定：

（1）继电器检验和调整应符合下列要求：

1）继电器的一般性检查：检查外壳是否干净，玻璃盖罩是否完整良好，外壳与底座结合是否牢固严密，外部接线端钮是否齐全，原铅封是否完好，所有接点及螺栓、螺母有无松动现象。各元件的状态是否正常，元件的位置是否正确。有螺旋弹簧的，平面应与其轴心严格垂直。各层簧圈之间不应有接触处，否则由于摩擦加大，可能使继电器动作曲线和特性曲线相差很大，可调把手不应松动，也不宜过紧以便调整。螺栓插头应紧固并接触良好。

2）继电器的校验和调整，先用电阻表或万用表测量线圈是否通路，用 500V 摇表测量继电器所有导体部分和附近金属部分的绝缘电阻，一般按照下列内容逐项测试：接点及线圈对外壳的绝缘电阻，校验电磁铁与线圈间的绝缘电阻，线圈之间、接点之间以及其他部分的绝缘电阻。绝缘电阻一般不应低于 10MΩ，如果绝缘电阻较低，应查明原因，绝缘受潮应进行干燥处理。检查继电器所有接点应接触良好。

3）检查时间继电器动作的平稳均匀性，不应有忽慢忽快的现象。

4）对试验设备及仪表的要求：仪表的精度等级要高于被测器件的两个等级以上。

5）继电器的整定：应按设计给定的整定值进行整定。

（2）保护装置的检查试验：其规格、型号及熔断器的熔体规格、低压断路器的整定值应符合设计要求。闭锁装置应动作准确、可靠。辅助开关切换动作与主开关应一致。控制回路的动作和信号显示应一致、准确。

7. 控制回路模拟试验、动作试验应符合的规定

（1）断开电气线路的主回路开关，确认电动机等电气设备不受电。接通控制电源，检查各部的电压是否符合规定，信号灯、继电器等工作是否正常。

（2）操作各按钮或开关，相应的各继电器、接触器的吸合和释放都应迅速，无黏滞现象和不正常的噪声。各相关信号灯指示要符合设计的规定。

（3）用人工模拟的方法试动各保护元件，应能实现迅速、准确、可靠的保护功能。

（4）手动各行程开关，检查其限位作用的方向性及可靠性。

（5）对设有电气联锁环节的设备，应根据电气原理图检查联锁功能是否准确可靠。

8. 设备盘车或手动操作应符合的规定

（1）设备盘车应符合下列要求：

1）检查各电机安装是否牢固，防护网、罩是否完好；

2）手动盘动机轴应轻松，无卡阻现象，不得有异常声音，盘动不应感到吃力（有变速箱时暂挂在空挡）；

3）对直流电机，还要检查电刷的压力及接触情况，换向器是否光洁，电刷在刷握中是否过紧，刷架是否紧固。

（2）相序和旋转方向的确定：对于不可逆转动的电动机，在启动之前，先确定三相电源线路的相序和电动机的旋转方向，才能使电动机按规定的方向运转。

9. 电气部分与机械部分的转动或动作协调一致检查应符合的规定

（1）传动装置的调整工作，按要求进行，电气施工人员应密切配合；

（2）电气部分与机械部分的转动或动作协调一致，经检查确认，才能空载试运行。

10. 试验和试运行的程序要求

低压电气动力设备试验和试运行应按以下程序运行：

（1）设备的可接近裸露导体接地或接零连接完成，经检查合格，才能进行试验；

（2）动力成套配电（控制）柜、屏、台、箱、盘的交流工频耐压试验、保护装置的动作试验合格，才能通电；

（3）控制回路模拟动作试验合格，盘车或手动操作、电气部分与机械部分的转动或动作协调一致，经检查确认，才能空载试运行。

11. 试运行应符合的规定

（1）试运行应符合的条件

1）试运行前各项安装作业已经完毕，相关电气设备和线路应按本规范的规定试验合格。

2）试运行设计施工图、合格证、产品说明书、安装记录、调试报告等资料齐全，与试运行有关的机械、管道、仪表、自控等设备和联锁装置等均已安装调试完毕，并符合试运行条件。现场单独安装的低压电器交接试验项目应符合表 2-11 的规定。

3）电动机应试通电，并应检查转向和机械转动情况，电动机试运行应符合下列规定：

① 空载试运行时间宜为 2h，机身和轴承的温升、电压和电流等应符合建筑设备或工艺装置的空载状态运行要求，并应记录电流、电压、温度、运行时间等有关数据；

② 空载状态下可启动次数及间隔时间应符合产品技术文件的要求，无要求时，连续启动 2 次的时间间隔不应小于 5min，并应在电动机冷却至常温下进行再次启动。

4）现场清理完毕，无任何影响试运行的障碍。所有工具仪器和材料齐全，所用各种记录表格齐全，并有专人填写。

5）参加试运行人员分工完毕，责任明确，岗位清楚。已有完善的安全防火措施。

低压电器交接试验项目 表 2-11

| 序号 | 试验内容 | 试验标准或条件 |
|---|---|---|
| 1 | 绝缘电阻 | 用 500V 兆欧表摇测≥1MΩ，潮湿场所≥0.5MΩ |
| 2 | 低压电器动作情况 | 除产品另有规定外，电压、液压或气压在额定值的 85%～110% 范围内能可靠动作 |
| 3 | 脱扣器的整定值 | 整定值误差不得超过产品技术条件的规定 |
| 4 | 电阻器和变阻器的直流电阻差值 | 符合产品技术条件规定 |

（2）试运行前的检查和准备工作应满足的要求

1）清除试运行设备周围的障碍物，拆除设备上的各种临时接线；

2）恢复所有被临时拆开的线头和连接点，检查所有端子有无松动现象。对直流电动机应重点检查励磁回路有无断线，接触是否良好；

3）电动机在空载运行前应手动盘车，检查转动是否灵活，有无异常声响，对不可逆动装置的电动机应事先检查其转动方向；

4）检查所有熔断器是否导通良好；

5）复核所有电气设备和线路的绝缘情况；

6）对控制、保护和信号系统进行空载操作，检查所有设备，如开关的动触头，继电器的可动部分动作是否灵活可靠；

7）检查备用电源、备用设备，应使其处于良好状态；

8）检查通风、润滑及水冷却系统是否良好，各辅助的联锁保护是否可靠；

9）检查位置开关、限位开关的位置是否正确，动作是否灵活，接触是否良好。如需对某一设备单独试运行，并需暂时解除与其他生产部分的联锁，应事先通知有关部门和人员。试运行后再恢复到原来状态；

10）送电试运行前，应先制定操作程序或方案并报负责人审核同意，送电时，调试负责人应在场。对大容量的设备，启动前应通知变电所值班人员或有关部门；

11）所有调试记录、报告均应经过有关负责人审核同意并签字。

（3）低压电气设备试运行步骤一般是先试控制回路，后试主回路，先试辅助传动，后试主传动。

（4）试运行中应注意以下事项：

1）参加试运行的全体人员应服从统一指挥，现场至少有两人协调操作；

2）无论送电或停电，均应严格执行操作规程；

3）启动后，试运行人员要坚守岗位，密切注意仪表指示，电动机的转速、声音、温升及继电保护、开关、接触器等器件是否正常。随时准备出现意外情况而紧急停车。传动装置应在空载下进行试运行，空载运行良好后，再带负荷试运行；

4）由多台电动机驱动同一台机械设备时，应在试运行前分别启动，判明方向后再系统试运行；

5）带有限位保护的设备，应用点动方式进行初试，再由低速到高速进行试运行，如有惯性越位时，应重复调整后再试运行；

6）电动闸门类机械，第一次试车时，应在接近极限位置前停车，改用手动关闭闸门，手动调好后，再采用电动方式检查；

7）直流电机试运行时，磁场变阻器的阻值，对于直流发电机应放在最大位置，对于直流电动机则应放在最小位置。串激电动机不准空载运行；

8）试运行时，如果电气或机械设备发生意外情况，来不及通知试运行负责人，操作人员可自行紧急停车；

9）试运行中如果继电保护装置动作，应尽快查明原因，不得任意增大整定值，不准强行送电；

10）更换电源后，应注意复查电机的旋转方向。

### 2.5.3　低压电气动力设备试验和试运行的质量标准

**1. 主控项目与一般项目应符合的规定**

（1）试运行前，相关电气设备和线路应按《建筑电气工程施工质量验收规范》GB 50303—2015 的规定试验，并且合格。

（2）电气设备和线路的绝缘电阻值必须大于 $1.0M\Omega$，二次回路必须大于 $1.0M\Omega$。

（3）动力配电装置的交流工频耐压试验电压为 $1kV$，当绝缘电阻值大于 $10M\Omega$ 时，可采用 $2500V$ 兆欧表摇测替代，持续时间 $1min$，无闪络击穿现象。

（4）配电装置内不同电源的馈线间或馈线两侧的相位应一致。

（5）各类开关和控制保护动作应符合以下要求：

1）熔断器熔体规格、低压断路器的整定值符合设计要求；

2）控制开关和保护装置的规格、型号符合设计要求；

3）操作时，动作应灵活；

4）电磁系统应无异常声响；

5）线圈及接线端头允许温升不超过产品规定。

（6）现场单独安装的低压电器调整试验项目应符合《建筑电气工程施工质量验收规范》GB 50303—2015 的规定。试运行前，要对各类低压电器进行单体的试验检测。

2. 质量验收标准

（1）主控项目安装质量验收标准

1）试运行前，相关电气设备和线路应按《建筑电气工程施工质量验收规范》GB 50303—2015 的规定试验合格。

试验时采用观察检查并查阅相关试验、测试记录进行全数检查。

2）对现场单独安装的低压电器采用观察检查并查阅交接试验检验记录，按照《建筑电气工程施工质量验收规范》GB 50303—2015 的规定进行全数检查。

3）电动机试通电试运行应符合的规定前面已述，轴承温度采用测温仪测量，其他参数可在试验时观察检查并查阅电动机空载试运行记录。且需按设备总数的 10% 进行抽查，且不得少于 1 台。

（2）一般项目安装质量验收标准

1）电气动力设备的运行电压、电流应正常，各种仪表指示应正常。采用观察检查的方法，进行全数检查。

2）电动执行机构的动作方向及指示应与工艺装置的设计要求保持一致。采用观察检查的方法，按照设备总数的 10% 进行抽查，且不得少于 1 台。

**2.5.4 低压电器的安装与验收**

本节所述低压电器主要包括断路器、隔离开关、熔断器等开关类设备，在安装时应注意接线正确。

1. 低压断路器的安装

（1）低压断路器安装前应进行下列检查：

1）一次回路对地的绝缘电阻应符合产品技术文件的要求；

2）抽屉式断路器的工作、试验、隔离三个位置的定位应明显，并应符合产品技术文件的要求；

3）抽屉式断路器抽、拉数次应无卡阻，机械联锁应可靠。

（2）低压断路器的安装应符合下列规定：

1）低压断路器的飞弧距离应符合产品技术文件的要求；

2）低压断路器主回路接线端配套绝缘隔板应安装牢固；

3）低压断路器与熔断器配合使用时，熔断器应安装在电源侧。

（3）低压断路器的接线应符合下列规定：

1）接线应符合产品技术文件的要求；

2）裸露在箱体外部且易触及的导线端子应加绝缘保护。

（4）低压断路器安装后应进行下列检查：

1）触头闭合、断开过程中，可动部分不应有卡阻现象。

2）电动操作机构接线应正确，在合闸过程中，断路器不应跳跃，断路器合闸后，限制合闸电动机或电磁铁通电时间的联锁装置应及时动作，合闸电动机或电磁铁通电时间不应超过产品的规定值。

3）断路器辅助接点动作应正确可靠，接触应良好。

（5）直流快速断路器的安装、调整和试验尚应符合下列规定：

1）安装时应防止断路器倾倒、碰撞和激烈振动，基础槽钢与底座间应按设计要求采取防振措施。

2）断路器与相邻设备或建筑物的距离不应小于 500mm。当不能满足要求时，应加装高度不小于断路器总高度的隔弧板。

3）在灭弧室上方应留有不小于 1000mm 的空间。当不能满足要求时，在 3000A 以下断路器的灭弧室上方 200mm 处应加装隔弧板。在 3000A 及以上断路器的灭弧室上方 500mm 处应加装隔弧板。

4）灭弧室内绝缘衬垫应完好，电弧通道应畅通。

5）触头的压力、开距、分断时间及主触头调整后灭弧室支持螺杆与触头间的绝缘电阻应符合产品技术文件的要求。

6）直流快速断路器的接线应注意：

① 与裸母线连接时，出线端子不应承受附加应力；

② 当触头及线圈标有正、负极性时，其接线应与主回路极性一致；

③ 配线时应使控制线与主回路分开。

7）直流快速断路器的调整和试验应符合下列规定：

① 轴承转动应灵活，并应涂以润滑剂；

② 衔铁的吸、合动作应均匀；

③ 灭弧触头与主触头的动作顺序应正确；

④ 安装后应按产品技术文件要求进行交流工频耐压试验，不得有闪络、击穿现象；

⑤ 脱扣装置应按设计要求进行整定值校验，在短路或模拟短路情况下合闸时，脱扣装置应动作正确。

2. 开关、隔离器、隔离开关及熔断器组合电器的安装

（1）开关、隔离器、隔离开关的安装应符合产品技术文件的要求。当无要求时，应符合下列规定：

1）开关、隔离器、隔离开关应垂直安装，并应使静触头位于上方。

2）电源进线应接在开关、隔离器、隔离开关上方的静触头接线端，出线应接在触刀侧的接线端。

3）可动触头与固定触头的接触应良好，触头或触刀宜涂电力复合脂。

4）双投刀闸开关在分闸位置时，触刀应可靠固定，不得自行合闸。

5）安装杠杆操作机构时，应调节杠杆长度，使操作到位且灵活。辅助接点指示应正确。

6）动触头与两侧压板距离应调整均匀，合闸后接触面应压紧，触刀与静触头中心线应在同一平面，且触刀不应摆动。

7）多极开关的各级动作应同步。

（2）直流母线隔离开关安装，应符合下列规定：

1）垂直或水平安装的母线隔离开关，其触刀均应位于垂直面上。在建筑构件上安装时，触刀底部与基础之间的距离，应符合设计或产品技术文件的要求。当无要求时，不宜小于 50mm。

2）刀体与裸母线直接连接时，裸母线固定端应牢固。

（3）转换开关和倒顺开关安装后，其手柄位置指示应与其对应接触片的位置一致，定位机构应可靠，所有的触头在任何接通位置上应接触良好。

（4）熔断器组合电器接线完毕后，检查熔断器应无损伤，灭弧栅应完好，且固定可靠，电弧通道应畅通，灭弧触头各相分闸应一致。

3. 低压接触器、电动机启动器的安装

（1）低压接触器及电动机启动器安装前的检查应符合下列规定

1）衔铁表面应无锈斑、油垢，接触面应平整、清洁，可动部分应灵活无卡阻。

2）触头的接触应紧密，固定主触头的触头杆应固定可靠。

3）当带有常闭触头的接触器及电动机启动器闭合时，应先断开常闭触头，后接通主触头，当断开时应先断开主触头，后接通常闭触头，且三相主触头的动作应一致。

4）电动机启动器保护装置的保护特性应与电动机的特性相匹配，并应按设计要求进行定值校验。

（2）低压接触器和电动机启动器安装完毕后应进行下列检查：

1）接线应符合产品技术文件的要求；

2）在主触头不带电的情况下，接触器线圈做通、断电试验，其操作频率不应大于产品技术文件的要求，主触头应动作正常，衔铁吸合后应无异常响声。

（3）真空接触器安装前应进行下列检查：

1）可动衔铁及拉杆动作应灵活可靠、无卡阻；

2）辅助触头应随绝缘摇臂的动作可靠动作，且触头接触应良好；

3）按产品技术文件要求检查真空开关管的真空度。

（4）真空接触器的接线应符合产品技术文件的要求，接地应可靠。

4. 低压熔断器的安装

（1）熔断器的型号、规格应符合设计要求。

（2）三相四线系统安装熔断器时，必须安装在相线上，中性线（N线）、保护中性线（PEN线）严禁安装熔断器。

（3）熔断器安装位置及相互间距离应符合设计要求，并应便于拆卸、更换熔体。

（4）安装时应保证熔体和触刀以及触刀和刀座接触良好。熔体不应受到机械损伤。

（5）瓷质熔断器在金属底板上安装时，其底座应垫软绝缘衬垫。

（6）有熔断指示器的熔断器，指示器应保持正常状态，并应装在便于观察的一侧。

（7）安装两个以上不同规格的熔断器，应在底座旁标明规格。

（8）有触及带电部分危险的熔断器应配备绝缘抓手。

（9）带有接线标志的熔断器，电源线应按标志进行接线。

（10）螺旋式熔断器安装时，其底座不应松动，电源进线应接在熔芯引出的接线端子上，出线应接在螺纹壳的接线端上。

5. 验收

（1）验收时，应对下列项目进行检查：

1）电器的型号、规格符合设计要求。

2）电器的外观完好，绝缘器件无裂纹，安装方式符合产品技术文件的要求。

3）电器安装牢固、平整，符合设计及产品技术文件的要求。

4）电器金属外壳、金属安装支架接地可靠。

5）电器的接线端子连接正确、牢固，拧紧力矩值应符合产品技术文件的要求，连接线排列整齐、美观。

　　6）绝缘电阻值符合产品技术文件的要求。

　　7）活动部件动作灵活、可靠，联锁传动装置动作正确。

　　8）标志齐全完好、字迹清晰。

　　（2）对安装的电器应全数进行检查。

　　（3）通电试运行应符合下列规定。

　　1）操作时动作应灵活、可靠。

　　2）电磁器件应无异常响声。

　　3）接线端子和易接近部件的温升值不应超过表 2-12 和表 2-13 的规定。

　　4）低压断路器接线端子和易接近部件的温升极限值不应超过表 2-14 的规定。

　　（4）验收时应提交下列资料和文件

　　1）设计文件；

　　2）设计变更和洽商记录文件；

　　3）制造厂提供的产品说明书、合格证明文件及"CCC"认证证书等技术文件；

　　4）安装技术记录；

　　5）各种试验记录；

　　6）根据合同提供的备品、备件清单。

**接线端子的温升极限值**　　　　　　　　　　　　　　　　表 2-12

| 接线端子材料 | 温升极限值（K） |
| --- | --- |
| 裸铜 | 60 |
| 裸黄铜 | 65 |
| 铜（黄铜）镀锡 | 65 |
| 铜（黄铜）镀银或镀镍 | 70 |

**易接近部件的温升极限值**　　　　　　　　　　　　　　　　表 2-13

| 易接近部件 | | 温升极限值（K） |
| --- | --- | --- |
| 人力操作部件 | 金属的 | 15 |
| | 非金属的 | 25 |
| 可触及但不能握住的部件 | 金属的 | 30 |
| | 非金属的 | 40 |
| 电阻器外壳的外表面 | | 200 |
| 电阻器外壳通风口的气流 | | 200 |

**低压断路器接线端子和易接近部件的温升极限值**　　　　　　　　表 2-14

| 部件名称 | | 温升极限值（K） |
| --- | --- | --- |
| 与外部连接的接线端子 | | 80 |
| 人力操作部件 | 金属零件 | 25 |
| | 非金属零件・ | 35 |
| 可触及但不能握住的部件 | 金属零件 | 40 |
| | 非金属零件 | 50 |
| 正常操作时无需触及的部件 | 金属零件 | 50 |
| | 非金属零件 | 60 |

# 2.6 UPS 和 EPS 的安装

### 2.6.1 UPS 和 EPS 安装的作业条件

1. 土建装修完毕，并应具备下列条件：

（1）UPS 及 EPS 在竖井、配电室、机房等场所安装时，应对箱柜、梯架、托盘、槽盒、母线、设备管道、预留洞口、建筑墙面等的空间位置进行综合排布；

（2）结构预留阶段应对槽盒洞口、UPS 及 EPS 安装的位置进行定位，并应做好相关预留；

（3）UPS 及 EPS 不应安装在水管的正下方，当必须放置时，应有防水防结露措施；

（4）多个成排 UPS 及 EPS 柜安装时宜制作整体槽钢基础；

（5）成列安装的 UPS 及 EPS 高度、厚度、颜色宜一致；

（6）UPS 及 EPS 柜门开启应不小于 70°，达不到要求时应合理调整柜门尺寸、安装位置或改变柜门形式，亦可与土建协商改变相关做法；

（7）安装距离和通道宽度应满足规范要求，且不宜小于表 2-15 中数值。

UPS 及 EPS 柜安装距离和通道宽度（m） 表 2-15

| 布置方式 | 机柜周边 | | 热源 | 维护通道 | 操作通道 |
|---|---|---|---|---|---|
| | 四周 | 上部 | | | |
| 一面有开关设备 | 0.5~1.0 | 1.0 | 1.0 | 0.8 | 1.5 |
| 两面有开关设备 | | | | 1.0 | 2.0 |

2. 机房内综合排布已经完成，施工图纸及技术资料齐全。

### 2.6.2 UPS 和 EPS 的安装与验收

1. 施工工艺。

UPS 及 EPS 安装工艺流程应符合图 2-18 的规定。

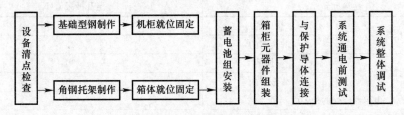

图 2-18 UPS 及 EPS 安装工艺流程

2. 设备清点检查应符合的规定。

（1）UPS 及 EPS 开箱检查应由施工单位组织，供货单位、监理单位（建设单位）参与，共同进行验收，并应做好开箱检查记录；

（2）根据装箱清单和订货合同，清点数量、产品合格证、随机技术文件应齐全，核对 UPS 及 EPS 产品技术参数应符合设计要求；

（3）主机、机柜等设备外观应正常，应无受潮、涂层脱落及变形等情况，加工工艺应满足订货合同中相关技术要求，并应做好验收记录和签字确认手续。

3. 根据图纸及设备安装有关说明检查机柜引入引出管线、机柜基础型钢、接地干线是否符合设计要求，重点检查基础型钢与机柜固定螺栓孔的位置是否正确、基础型钢水平度是否符合要求，发现问题及时调整。

4. 主回路线缆及控制电缆敷设应符合的规定。

（1）线缆及控制电缆敷设应符合设计及有关现行技术标准要求；

（2）进行穿线时应做好管口保护工作，以防割伤线缆；

（3）线缆敷设完毕后应进行绝缘测试，线间及线对地绝缘电阻值应大于 0.5MΩ。

5. 机柜就位及固定应符合的规定。

（1）机柜搬运时宜用吊车卸货，经叉车进行转移，安放到预先设置好的型钢基础上，调整机柜、机架的垂直度偏差及各机柜间的接缝偏差，垂直度允许偏差不应大于 1.5‰，成排机柜相互间接缝不应大于 2mm；

（2）进行精细调整：当 UPS 及 EPS 机柜较少时，先精调整第一台，然后以第一台为标准逐个调整；当 UPS 及 EPS 机柜较多时，从中间向两边进行调整。可采用楔形垫铁、薄垫铁进行调整，符合要求后，拧紧固定螺栓，将 UPS 及 EPS 机柜固定在基础型钢上，且防松零件齐全；

（3）单柜体、多柜体落地安装示意图如图 2-19、图 2-20 所示。

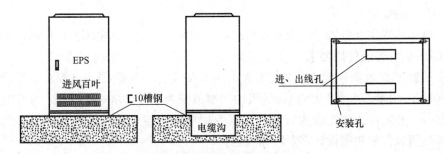

图 2-19　EPS 单柜落地安装示意图

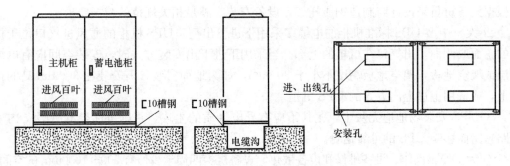

图 2-20　EPS 多柜落地安装示意图

6. 蓄电池组安装应符合的规定。

（1）安装前的检查应包括机柜安装完成，蓄电池支撑架固定牢固，且水平度符合规范要求，外壳应无裂纹、损伤、变形、漏液等现象，蓄电池的正、负端柱极性正确，无变形；

（2）蓄电池安装应包括蓄电池安装应平稳、间距均匀，同排的蓄电池应高度一致，排列整齐，根据厂家提供的说明书和技术资料，固定列间和层间的蓄电池连接板，压接、紧固蓄电池间的专用连接电缆。

7. UPS 及 EPS 内部接线应符合的规定。

（1）蓄电池间的连接线安装应符合产品技术文件要求；

（2）柜内所有线缆不应有接头，导线连接紧密、不伤线芯、不断股，导线与接线端子压接后，导线外露的线芯长度不宜超过 1mm，垫圈下螺栓两侧压的导线截面积应相同，同一端子上导线连接不多于 2 根，防松垫圈等零件齐全；

（3）绝缘导线、电缆的线芯连接金具（连接管和端子），其规格应与线芯的规格适配，且不得采用开口端子。

8. 与保护接地导体（PE）的连接应符合的规定。

（1）UPS 输出端的系统接地连接方式应符合设计要求，当输出端的隔离变压器为 TN、TT 接地方式时，中性点应接地；

（2）绝缘导线、电缆的屏蔽护套接地应连接可靠、紧固件齐全，与接地干线应就近连接；

（3）UPS 及 EPS 的外露可导电部分应与保护接地导体（PE）可靠连接，并应有标识；

（4）装有电器的可开启门，门和金属框架的接地端子间应选用截面积不小于 4mm$^2$ 黄绿色绝缘铜芯软导线连接，并应有标识。

9. UPS 和 EPS 的安装。

（1）UPS 的安装。

UPS 电源装置主要应用于电源质量要求高、转换时间短、供电不允许中断的场所等。

1）UPS 的安装及使用要求

一般大型 UPS 电源装置的功率范围为 100kVA 以上，中型 UPS 电源装置的功率范围为 20~80kVA 功率，小型 UPS 电源装置的功率范围为小于 20kVA。小型 UPS 电源装置由于体积小、重量轻、放置较为方便，无需专用场地，与负载就近放置即可。大、中型 UPS 电源装置就需要根据设计需要特殊放置。

① 设备应安装在水平硬质地面。如果是防静电活动地板，则需考虑地板的承重能力，应根据设备重量来设计与制造钢质托架，设备安装应满足相关规范的减振要求。

② 大、中型 UPS 标准机柜的电缆多采用下进下出型。UPS 机柜的通风进气口位于机柜的正面或侧面，出气口在机柜的上部。当采用下进下出安装方式时，安装空间应有电缆夹层或架空地板，架空地板高度不小于 300mm，如为地面安装，需安装在 300mm 高的钢架上，或选用上进上出方式的 UPS 机柜。

③ UPS 安装场地应无灰尘，尤其不应有导电性质的尘埃，否则可能会导致设备内部电路短路而影响 UPS 的可靠运行。

④ 为了便于操作、设备维修和设备散热，设备机柜四周至少留有 500~1000mm 的空间。上部宜留有 1000mm 的空间。设计机房冷却通风系统时，应考虑 UPS 设备产生的热量。

⑤ 环境温度：5~40℃，相对湿度≤93%（40+2℃，无凝露）。

⑥ 海拔高度小于 1000m，若超过 1000m 时按《半导体变流器 通用要求和电网换相变流器 第 1-2 部分：应用导则》GB/T 3859.2—2013 规定降容使用。

⑦ 储存运输环境及机械条件环境温度：−25~+55℃（不含电池），振动、冲击条件应符合《信息技术设备用不间断电源通用规范》GB/T 14715—2017 的规定。

⑧ UPS 电源装置各级保护之间应有选择性配合，配电设备应有明显标志。

2）UPS 电源装置对环境的要求

① 防止粉尘、金属杂质、腐蚀性污染等进入；

② 通风良好，且避免阳光直射；

③ 远离火源，与暖气等热源相距 1m 以上；

④ 避免与有机溶剂等有害物质接触；

⑤ 环境温度在 5～40℃，工作相对湿度≤93％（40±2℃），且不凝露；

⑥ 电池运行寿命最佳温度为 20～25℃。

3）蓄电池室及放置蓄电池机房的工艺要求

① 蓄电池机房具有良好的通风条件；

② 蓄电池工作的最佳环境：温度 20～25℃；相对湿度 20％～70％；

③ 当蓄电池采用双列 4 层摆放方式时，蓄电池房承重不小于 1600kg/m²。

（2）EPS 的安装

EPS 电源装置连续供电时间一般为 30～180min（供电时间与其体积、造价成正比关系），所以 EPS 电源装置是一种短时的电源产品，一般不作为长时间使用的备用电源；适用于当正常电源故障时维持在一定时间范围内需要连续供电的重要负荷的持续供电。对于正常电源供电连续性要求不高的场所，EPS 电源装置可作为设备的备用电源。

因 EPS 电源装置具有无排气、排烟、噪声、振动等优点，故对不宜选用柴油发电机组的场所，可选用 EPS 电源装置作为备用电源。

1）EPS 电源装置的安装方式

EPS 电源装置一般有三种安装方式：嵌墙、挂墙及落地。

① 嵌墙安装

此安装方式适用于砖墙、大型砌块墙和混凝土墙上的安装。EPS 嵌墙安装示意图如图 2-21 所示。

② 挂墙安装

此安装方式适用于砖墙、大型砌块墙和混凝土墙上的安装。EPS 挂墙明装示意图如图 2-22 所示。

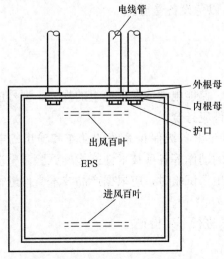

图 2-21　EPS 嵌墙安装示意图

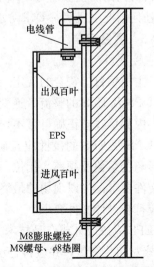

图 2-22　EPS 挂墙明装示意图

③ 落地安装

图 2-23 为 EPS 单柜落地安装示意图，EPS 柜可上、下进出线，条件不具备时也可靠墙安装。进、出风百叶位置及排风方式应参照厂家样本。

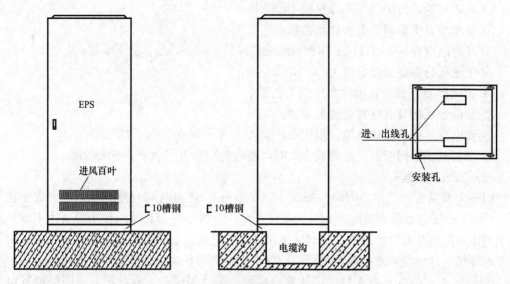

图 2-23  EPS 单柜落地安装示意图

2) EPS 电源装置的环境要求

① 安装在通风良好的环境中；

② 远离火源，与暖气等热源设备的距离大于 1m；

③ 避免与有机溶剂等有害物质接触；

④ 环境温度参照厂家产品样本；

⑤ 电池运行寿命最佳温度 25℃。

3) 蓄电池室、放置蓄电池机房的工艺要求

① 机房内的防尘要求为：每年积尘小于 $10g/m^2$；

② 任何情况下机房都要求防水、防潮，以免设备受损。

### 2.6.3  质量标准

1. 主控项目

(1) 主控项目应符合的规定

1) UPS 及 EPS 的整流、逆变静态开关、储能电池或蓄电池组的规格、型号应符合设计要求。内部接线应正确可靠不松动，紧固件应齐全。

2) UPS 及 EPS 的极性应正确，输入、输出各级保护系统的动作和输出的电压稳定性、波形畸变系数及频率、相位、静态开关的动作等各项技术性能指标试验调整应符合产品技术文件要求，当以现场的最终试验替代出厂试验时，应根据产品技术文件进行试验调整，且应符合设计文件要求。

3) EPS 应按设计或产品技术文件的要求进行下列检查：

① 核对初装容量，并应符合设计要求；

② 核对输入回路断路器的过载和短路电流整定值，并应符合设计要求；

③ 核对各输出回路的负荷量，且不应超过 EPS 的额定最大输出功率；

④ 核对蓄电池备用时间及应急电源装置的允许过载能力，并应符合设计要求；

⑤ 当对电池性能、极性及电源转换时间有异议时，应由制造商负责现场测试，并应符合设计要求；

⑥ 控制回路的动作试验，并应配合消防联动试验合格。

4）UPS 及 EPS 的绝缘电阻值应符合的规定

① UPS 的输入端、输出端对地间绝缘电阻值不应小于 2MΩ，此项全数检查；

② UPS 及 EPS 连线及出线的线间、线对地间绝缘电阻值不应小于 0.5MΩ，此项按回路数各抽查 20%，且各不得少于 1 个回路。

5）UPS 输出端的系统接地连接方式应符合设计要求。

（2）主控项目安装质量验收标准

1）UPS 及 EPS 的整流、逆变静态开关、储能电池或蓄电池组的规格、型号及内部接线质量，可采用核对设计图并观察检查的方法，对全部设备进行检查。

2）UPS 及 EPS 的极性等各项技术性能指标可在试验调整时采用观察检查并查阅设计文件和产品技术文件及试验调整记录的方法，进行全数检查。

3）EPS 应按设计或产品技术文件核对相关技术参数，查阅相关试验记录，并应对全部设备进行检查。

4）UPS 及 EPS 的绝缘电阻值应符合下列规定：

① UPS 的输入端、输出端对地间绝缘电阻值不应小于 2MΩ，此项全数检查；

② UPS 及 EPS 连线及出线的线间、线对地间绝缘电阻值不应小于 0.5MΩ，此项按回路数各抽查 20%，且各不得少于 1 个回路。

5）UPS 输出端的系统接地连接方式应符合按设计图核对检查，需全数检查。

2. 一般项目

（1）一般项目应符合的规定

1）不应在 UPS 及 EPS 的侧面或背面开孔进出线。

2）安放 UPS 的机架或金属底座的组装应横平竖直、紧固件齐全，水平度、垂直度允许偏差不应大于 1.5‰。

3）引入或引出 UPS 及 EPS 的主回路绝缘导线、电缆和控制绝缘导线、电缆应分别穿钢导管保护，当在电缆支架上或在梯架、托盘和槽盒内平行敷设时，其分隔间距应符合设计要求，绝缘导线、电缆的屏蔽护套接地应连接可靠、紧固件齐全，以最短距离与接地干线连接。

4）UPS 及 EPS 的外露可导电部分应与保护导体可靠连接，并应有标识。

5）UPS 正常运行时产生的 A 声级噪声应符合产品技术文件要求。

（2）一般项目安装质量验收标准

1）安放 UPS 的机架或金属底座的组装质量采用观察检查并用拉线尺量检查、线坠尺量检查的方法，检查数量按设备总数抽查 20%，且不得少于 1 台。

2）引入或引出 UPS 及 EPS 的主回路绝缘导线、电缆和控制绝缘导线、电缆安装质量的检查采用观察检查并用尺量检查的方法，同时需查阅相关隐蔽工程检查记录。检查数量按照装置的主回路总数的 10% 进行抽查，且不得少于 1 个回路。

3）UPS 及 EPS 的外露可导电部分与保护导体的连接质量采用观察检查的方法，按设备总数的 20% 进行抽查，且不得少于 1 台。

4）UPS 正常运行时产生的 A 声级噪声采用 A 声级计进行全数测量检查。

# 习　题

1. 简述柴油发电机组的安装步骤。

2. 发电机交接试验包括哪些内容？

3. 柴油发电机的安装验收包括哪些内容？

4. 进入变压器内部进行器身检查，应符合哪些规定？

5. 干式变压器有哪几种进出线方式？

6. 变压器送电前应做哪些检查？

7. 变压器空载调试运行包括哪些项目？

8. 手车式开关柜的安装应符合哪些规定？

9. 简述开关柜中电涌保护器安装时的注意事项。

10. 配电箱（盘）安装应符合哪些规定？

11. 电动机安装时应注意检查哪些项目？

12. 电动机安装的施工质量要求是什么？

13. 交流电动机的试运行应有哪些项目？具体要求是什么？

14. 电动机交接验收时应符合哪些规定？

15. 低压断路器安装后应进行哪些检查？

16. 简述低压熔断器安装的注意事项。

17. 简述 UPS 电源装置对环境的要求。

18. EPS 电源装置有哪几种安装方式？

19. UPS 安装后进行质量验收应符合哪些要求？

# 第3章 配线系统安装与质量控制

配线系统作为建筑电气系统的重要组成部分，是支撑整体电气工程的骨架。其安装与质量控制对于建筑电气工程至关重要。它能够有效地将建筑物内的电气设备连接起来，形成一个完整的电气网络。其安装质量直接关系到建筑电气系统的运行可靠性和安全性。如果配线系统安装不规范、不合理，会导致线路老化、短路、漏电等问题，严重的还会引发火灾等事故。因此，进行配线系统安装与质量控制是保障建筑电气系统正常运行和安全性的必要措施。

在进行配线系统安装与质量控制时，需要严格按照国家标准《建筑电气工程施工质量验收规范》GB 50300—2015 的要求进行，保证配线间距、接线标准、线路整理等方面的质量，确保线路的安全性和可靠性。通过进行严格的质量控制，可以有效地减少线路故障率，延长线路的使用寿命，提高建筑电气系统的运行可靠性和安全性。

## 3.1 母线槽安装

### 3.1.1 母线槽安装的作业条件

（1）母线槽进场检验合格，施工图纸及产品技术文件齐全。

（2）与母线槽安装位置有关的管道、空调及建筑装修工程应完成施工，作业面应完成清理，配电井道中应无渗水，配电室的门已安装合格且可上锁。

（3）预留的母线槽穿越楼板或墙体孔洞的位置、尺寸经过复核，洞口已修正。

（4）线槽安装在管道密集的部位时，应经过管线综合排布后进行。

（5）母线槽支架的设置应在结构封顶、室内底层地面施工完成或已确定地面标高、层间距离复核后进行。

（6）变压器和高低压成套配电柜上的母线槽安装前，变压器、高低压成套配电柜、穿墙套管等应安装就位，并应经检查合格。

### 3.1.2 母线槽的安装与验收

1. 母线槽安装工艺流程应符合图 3-1 的规定

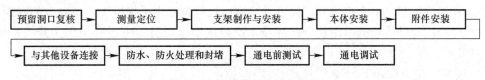

图 3-1 母线槽安装工艺流程

2. 预留洞口复核应符合下列规定

（1）预留孔距墙尺寸见图 3-2 预留洞口设置示意图。尺寸 $A_1$ 应满足放置弹簧支架底座槽钢的位置，宜取 $100\sim200\text{mm}$，当 $A_1=0$ 时，应直接将支架埋入墙内或用膨胀螺栓将槽

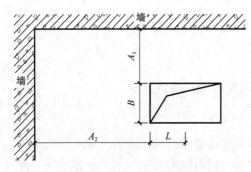

图 3-2 预留洞口设置示意图

钢固定在墙上，固定方式示意见图 3-3，尺寸 $A_2$ 应满足安装和检修的操作距离，宜取 350～500mm；

（2）复测预留孔的尺寸见图 3-4 预留孔确定尺寸示意图。

1）预留孔宽度 $B$ 宜按式（3-1）确定：

$$B = H + 2b \qquad (3\text{-}1)$$

式中　$B$——预留孔宽度，mm；

$H$——母线槽厚度，mm；

$b$——母线槽距预留孔边缘距离；一般 $b \geqslant 25$mm。

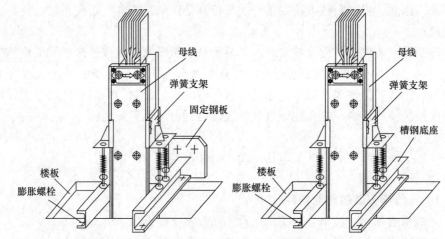

图 3-3　母线槽支架底座固定示意图

2）预留孔长度 $L$ 宜按式（3-2）确定：

$$L = nW + (n-1)L_1 + 2L_2 \qquad (3\text{-}2)$$

式中　$L$——预留孔长度，mm；

$n$——并列安装的母线槽数量；

$W$——单根母线槽的宽度，mm；

$L_1$——相邻母线槽之间边缘净距，一般 $L_1 \geqslant 170$mm；

$L_2$——母线槽距预留孔边缘距离，一般 $L_2 \geqslant 15$mm。

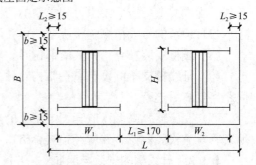

图 3-4　预留孔确定尺寸示意图

3）复测预留洞口的垂直偏差，保证母线槽通长与洞口内沿保持 10～15mm 的间距；

4）母线槽与母线槽的净距符合产品技术文件的要求，且应考虑分接单元开关手柄的操作空间。

3. 测量定位应符合下列规定

（1）审查施工图纸中母线槽的安装路由，核定其合理性，母线槽连接头应避免置于楼板预留孔和隔墙中间；

（2）熟悉土建施工图纸，关注土建施工进度，及时进行预留洞口、预埋件的配合施工，避免后期在结构上打洞开槽。核实各专业施工图变更，及时做出相应的调整；

（3）在土建结构已完工，变电所、配电室设备位置确定后，现场测量母线槽长度，分配标准单元和特殊单元，计算直线段和配件数量，作为备料依据，参照土建的基准线确定母线槽的位置和高度，标示出其中心轴线及支架的位置；

（4）母线槽支架设置应符合产品技术文件要求，并应符合下列规定：

1）垂直敷设的母线槽每层不得少于一副支架，在分接口处应设置防晃支架，通过楼板处应设置弹簧支架；

2）水平敷设的母线槽支架应每段设置一副，支持点间距不宜大于 2m，距转角 0.4～0.6m 处应设置支架，支架设置应错开母线槽连接位置或分接单元；

3）照明母线槽可吊装于天花、吊顶内部，也可侧装于建筑物或构筑物墙体表面，固定点间距应均匀，固定点距离不宜大于 3m。

（5）在管线集中的部位安装母线槽，应提前会同其他专业进行管线的综合布置，确保母线槽安装和维修的间距；

（6）母线槽不宜敷设在气体管道和热力管道的上方及液体管道的下方，特殊情况下应采取防水、隔热措施。母线槽与各类管道平行或交叉的净距应符合表 3-1 的规定。

母线槽与管道的最小净距（mm）　　　　　　　　表 3-1

| 管道类别 | | 平行净距 | 交叉净距 |
|---|---|---|---|
| 一般工艺管道 | | 400 | 300 |
| 易燃易爆气体管道 | | 500 | 500 |
| 热力管道 | 有保温层 | 500 | 300 |
| | 无保温层 | 1000 | 500 |

4. 支架制作安装应符合下列规定

（1）支架形式与材料应符合下列规定：

1）支架一般有一形、L 形、T 形及 Π 形四种形式。材料宜选用扁钢、角钢、槽钢，过楼板弹簧支架及固定支架应选用 Ε10 槽钢制作；

2）吊杆宜选择圆钢或角钢，可按 400kg/cm² 允许拉力计算吊杆的截面积，型钢横担应按母线槽的重量及受力分布进行强度计算，并进行刚度复核，确定角钢或槽钢的规格；

3）支架的选用应考虑特殊环境对金属腐蚀的影响。

（2）支架制作应符合下列规定：

1）现场制作支架时，应根据设计要求和产品技术文件的规定进行，紧固件应采用镀锌制品；

2）下料、钻孔应采用机械加工方法，加工尺寸最大允许误差应不大于 5mm，严禁使用气割加工；

3）支、吊架制作完毕后，应除去焊渣，除锈后刷上防锈漆和面漆，制造厂提供的支架应防腐处理完好。

（3）支架安装应符合下列规定：

1）母线槽始端在墙上应使用 Π 形支架，母线槽转弯处、与箱（盘）连接处以及末端悬空时应增设支架；

2）不同规格的母线槽弹簧支架安装图见图 3-5、图 3-6，弹簧支架的组装示意图见图 3-7；

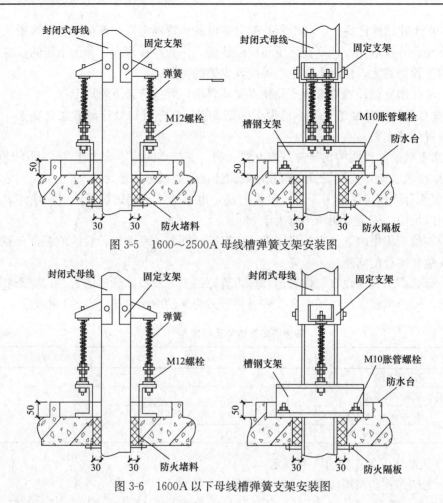

图 3-5  1600～2500A 母线槽弹簧支架安装图

图 3-6  1600A 以下母线槽弹簧支架安装图

3）母线槽垂直安装时，每一层支架上的弹簧均应处于受压状态，每层弹簧产生的弹力应能承受本层的母线槽重量；

4）弹簧支架底座宜采用两根⊏10 槽钢，在母线槽的左右两侧安装在预留孔边，底座槽钢的固定应有不少于两个膨胀螺栓或焊接在楼板内预埋钢板的地脚螺栓，且底座槽钢应有可横向调整的椭圆形孔；

5）垂直安装在墙壁上的母线槽，弹簧支架应增设斜撑，如图 3-8 所示，支架间距应符合产品技术文件的规定，当无规定时，宜设置在 3.6～4m；

6）弹簧支架组装后应进行预调，调节弹力调整螺母，使弹簧的压缩量达到 50%，见图 3-9 所示，如生产厂家出厂时弹簧支架的弹簧已经进行预压缩，应提供压缩量与母线重量的计算数据；

7）当层高超过 4m 时，在上下层弹簧支架中间应设置固定支架，宜用角钢制作成Ⅱ形，母线槽和支架之间应用 C 形压板固定，支架立面与整条母线槽应在同一垂直面上，如图 3-10 所示；

8）母线槽水平安装宜采用角钢制作的Ⅱ形吊架或 L 形支吊架，安装应牢固，吊架应有调整母线槽高度的装置，间距偏差应不大于 100mm，吊架中心线偏差全长应不大于 20mm，母线槽水平支架安装孔应是便于调整直线度的椭圆形孔。

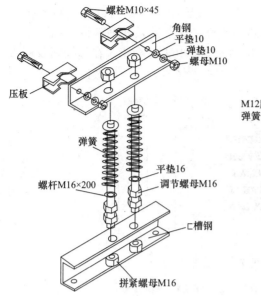

图 3-7　弹簧支架组装示意图

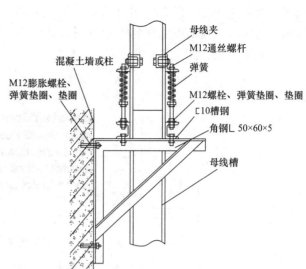

图 3-8　墙壁固定弹簧支架安装示意图

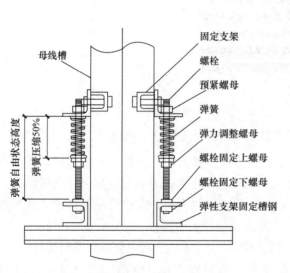

图 3-9　弹簧支架弹簧预调示意图

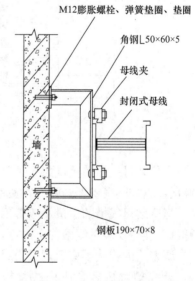

图 3-10　母线槽固定支架示意图

**5. 本体安装应符合下列规定**

（1）母线槽安装前，应对每个单元节的绝缘进行测试，其绝缘电阻值不应小于 20MΩ；

（2）垂直母线槽安装应符合下列要求：

1）安装前，预留孔洞四周应做好防水台阶，母线槽的安装应按由下往上的顺序进行，且应符合生产厂提供的装配排列图及母线槽的连接方向；

2）吊装母线槽的吊索宜用白棕绳、聚酯纤维重力吊带或套上橡皮护套的钢丝绳，绑扎时应防止绳扣滑动；

3）宜用手拉葫芦逐节吊起待装母线槽，当与装好母线槽距离满足连接板的孔距时，应用压板将母线槽外壳固定在弹簧支架上；

4）母线槽的连接有插接式和对接式两种，插接式连接时同相母线重叠，如图 3-11 所示，对接式连接应有 2mm 以上间隙，对接处两侧各有一块连接板和绝缘板，如图 3-12 所示，连接时，现场环境与接触面应保持清洁，接触面应涂电力复合脂，在母线间及两边外侧垫上配套绝缘板再穿入绝缘套管及螺栓，垫上垫圈拧上螺母，螺母稍做拧紧即可；

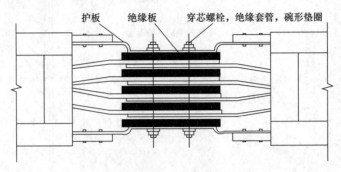

图 3-11　插接式母线连接示意图

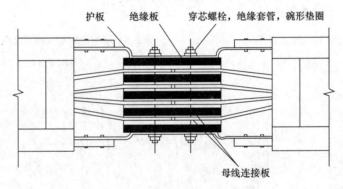

图 3-12　对接式母线连接示意图

5）当待装母线槽的重量大于弹簧支架的预压缩弹力时，应松开吊装绳索，旋紧弹力调整螺母，增加弹簧支架的弹力，使待安装母线槽向上升高，直至连接母线孔到位；

6）当待装母线槽的重量小于弹簧支架的预压缩弹力时，应松开吊装绳索，放松弹力调整螺母，使待安装母线槽往下降落，直至连接母线孔到位；

7）调整后的弹簧不应出现过松或过紧的情况，否则应重新调整弹力调整螺母；

8）母线槽就位后，应用线坠检查母线槽连接处上下 1m 内的垂直度，允许误差 ±1mm/m，当超过允许误差时，应调节弹簧支架两侧的调整螺母，达到要求后，应紧固连接处的穿芯螺栓螺母，当采用缩颈螺栓时，应将缩颈部分拧断，当用力矩扳手时，紧固力矩值应符合厂家技术文件的要求；

9）母线槽安装到顶后，应从上到下校正母线槽的垂直度，调整后将 C 形压板螺栓紧固；

10）每连接一个单元节母线槽，均应测试绝缘电阻，电阻值不应突然变小，遇到电阻突然变小时，应查明原因，复测绝缘电阻合格后方可继续安装，母线槽连接部位不应承受额外应力；

11）安装暂停时，暂时未连接的母线槽应有防水、防尘的保护措施；

12）有防水要求的母线槽口盖（侧）板的四边应用硅胶做密封处理。

（3）水平母线槽安装应符合下列要求：

1）母线槽水平安装有平卧和侧卧两种方式，不同厂家压板固定的方式不同，安装时应按照厂家提供的技术文件和附件进行，安装示意如图 3-13、图 3-14 所示；

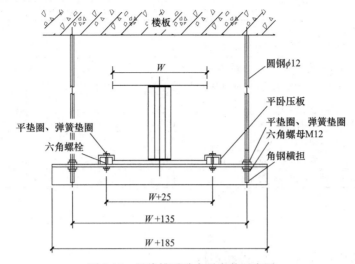

图 3-13　母线槽平卧水平安装示意图

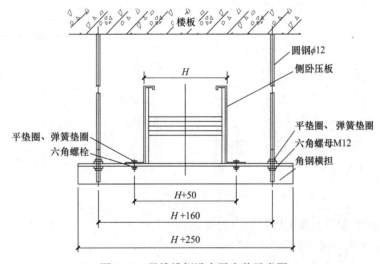

图 3-14　母线槽侧卧水平安装示意图

2）母线槽宜从输电端开始安装，母线槽的连接位置应避免在墙中间；

3）母线槽的连接方法、防护措施，参照垂直母线槽，调整时，水平倾斜应不大于 $\pm 5$mm，中心线全长偏差应不大于 $\pm 20$mm。

（4）室内裸母线的安装要求应符合下列要求

室内裸母线的最小安全净距应符合表 3-2 的规定。

室内裸母线最小安全净距（mm）　　　　　　　　　　表 3-2

| 符号 | 适用范围 | 图号 | 额定电压（kV） | | | |
|---|---|---|---|---|---|---|
| | | | 0.4 | 1～3 | 6 | 10 |
| $A_1$ | ① 带电部分至接地部分之间<br>② 网状和板状遮栏向上延伸线距地 2.3m 处与遮栏上方带电部分之间 | 图 3-15 | 20 | 75 | 100 | 125 |

续表

| 符号 | 适用范围 | 图号 | 额定电压（kV） | | | |
|------|---------|------|------|------|------|------|
| | | | 0.4 | 1~3 | 6 | 10 |
| $A_2$ | ① 不同相的带电部分之间<br>② 断路器和隔离开关的断口两侧带电部分之间 | 图 3-15 | 20 | 75 | 100 | 125 |
| $B_1$ | ① 栅状遮栏至带电部分之间<br>② 交叉的不同时停电检修的无遮栏带电部分之间 | 图 3-15<br>图 3-16 | 800 | 825 | 850 | 875 |
| $B_2$ | 网状遮栏至带电部分之间 | 图 3-15 | 100 | 175 | 200 | 225 |
| $C$ | 无遮栏裸导体至地（楼）面之间 | 图 3-15 | 2300 | 2375 | 2400 | 2425 |
| $D$ | 平行的不同时停电检修的无遮栏裸导体之间 | 图 3-15 | 1875 | 1875 | 1900 | 1925 |
| $E$ | 通向室外的出线套管至室外通道的路面 | 图 3-16 | 3650 | 4000 | 4000 | 4000 |

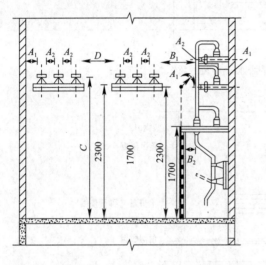

图 3-15　室内 $A_1$、$A_2$、$B_1$、$B_2$、$C$、$D$ 值校验　　　图 3-16　室内 $B_1$、$E$ 值校验

（5）母线在绝缘子上安装应符合下列规定：

1）金具与绝缘子间的固定平整牢固，不使母线受额外应力；

2）交流母线的固定金具或其他支持金具不形成闭合铁磁回路；

3）除固定点外，当母线平置时，母线支持夹板的上部压板与母线间有 1~1.5mm 的间隙，当母线立置时，上部压板与母线间有 1.5~2mm 的间隙；

4）母线的固定点，每段设置 1 个，设置于全长或两母线伸缩节的中点；

5）母线采用螺栓搭接时，连接处距绝缘子的支持夹板边缘不小于 50mm。

（6）母线组装和固定位置应正确，外壳与底座间、外壳各连接部位和母线连接螺栓应按产品技术文件要求选择正确，连接紧固。

6. 附件安装应符合下列规定：

（1）应检查进线箱箱门上操作机构和箱门开启的机械联锁装置，带有塑壳自动空气开关的箱门，合闸后应不能开启和从母线干线上脱离，不带塑壳自动空气开关的箱门应装有门锁；

（2）检查插脚的弹性、间距应一致，端部无毛刺，接触面平整，插脚与外壳间距应不小于 10mm。分接单元插入母线槽后，分接单元与母线槽的缝隙中插脚不得外露，分接单元插脚处外壳凸头应伸入母线槽凹孔内，如产品不具备这些条件，插脚的根部应套塑料管并缠绕绝缘带；

（3）分接单元的安装高度应符合设计要求，当设计无要求时，可按表 2-6 配电箱安装高度确定分接单元的高度；

（4）分接单元与母线槽的连接，产品应有防插反的结构，连接前应核对相位，分接单元插入母线槽后分接单元与母线槽之间应按产品的要求进行连接固定；

（5）分接单元的电源输出线，应穿管保护，当分接单元的电源输出线敷设在电缆桥架内时，则分接单元和桥架间应采用软连接方式；

（6）母线槽直线长度超过 80m 时，插接式连接的母线槽每 50～60m 应增加膨胀单元（伸缩节）；

（7）母线槽通过建筑物的变形缝时，应装设同规格的沉降单元，如图 3-17 所示过渡软接线采用多层铜箔和绝缘套管，其材质和额定电流应与母线相同。母线槽通过变形缝时，应进行防水处理；

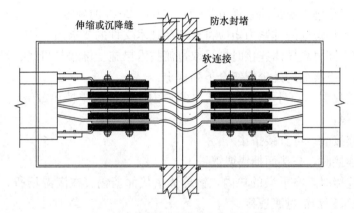

图 3-17 母线通过变形缝安装示意图

（8）母线槽的金属外壳等外露可导电部分应与保护接地导体（PE）可靠连接，并应符合下列规定：

1）每段母线槽的金属外壳间应连接可靠，且母线槽全长与保护接地导体（PE）可靠连接不应少于 2 处；

2）分支母线槽的金属外壳末端、母线槽的插接箱、始端箱的金属箱体、箱门应与保护接地导体（PE）可靠连接；

3）保护连接导体的材质、截面积应符合设计要求。

（9）母线槽的电气间隙和爬电距离应符合表 3-3 的规定：

母线槽电气间隙和爬电距离（mm）　　　　　　　　　　表 3-3

| 额定绝缘电压 $U_i$(V) | 电气间隙 | | | 爬电距离 | | |
|---|---|---|---|---|---|---|
| | 过电压类别 | | | 材料组别 | | |
| | Ⅳ | Ⅲ | Ⅱ | Ⅱ | Ⅲa | Ⅲb |
| $60 < U_i \leqslant 300$ | 5.5 | 3.0 | 1.5 | 3.6 | 4 | 4 |
| $300 < U_i \leqslant 660$ | 8.0 | 5.5 | 3.0 | 7 | 10 | 10 |
| $660 < U_i \leqslant 1000$ | 14.0 | 8.0 | 5.5 | 14 | 16 | — |

7. 母线槽与其他设备连接应符合下列规定：

（1）母线槽与变压器、低压柜的连接，应走向合理，母线槽的中性导体（N）排、保护接地导体（PE）排应与低压柜的中性导体（N）排、保护接地导体（PE）排布置位置相吻合。

（2）变压器室母线槽固定时，在电力变压器低压侧首付支架应用槽钢，用相应规格的扁钢抱箍将母线槽固定在槽钢上。

（3）母线槽与配电柜及变压器连接的搭接导体规格，应按设计文件选择。

（4）母线槽与变压器、发电机以及有振动的大电流设备连接时，应采用软连接或软电缆过渡连接。

（5）母线槽在接续设备端子前应可靠固定，电气元器件或设备端子不得承受母线槽荷载。

（6）母线槽与电气设备采用螺栓连接时，螺纹宜露出螺母 2~3 扣，平垫和弹簧垫应安装齐全。裸露母线间的电气间隙和爬电距离应符合表 3-3 的规定。

（7）母线槽与母线或其他设备连接的搭接母线钻孔直径和搭接长度，应符合现行国家标准《建筑电气工程施工质量验收规范》GB 50303—2015 的规定。

（8）母线的连接螺栓的拧紧力矩应符合产品技术文件的要求。

（9）母线槽不同材质导体连接时应采取过渡技术措施。母线与母线、母线与电器或设备接线端子搭接，搭接面的处理应符合下列规定：

1）铜与铜连接时，户外、高温且潮湿的户内，搭接面应搪锡或镀银。干燥的户内，可不搪锡、不镀银。

2）铝与铝连接时，可直接搭接。

3）钢与钢连接时，搭接面搪锡或镀锌。

4）铜与铝连接时，在干燥的户内，铜导体搭接面搪锡。在潮湿场所，铜导体搭接面搪锡或镀银，且采用铜铝过渡连接。

5）钢与铜或铝连接时，钢搭接面镀锌或搪锡。

当采用螺栓搭接连接时，母线的各类搭接连接的钻孔直径和搭接长度符合表 3-4 的规定，用力矩扳手拧紧钢制钮栓的力矩值符合表 3-5 的规定。

母线螺栓搭接尺寸（mm）                                表 3-4

| 搭接形式 | 类别 | 序号 | 连接尺寸 | | | 钻孔要求 | | 螺栓规格 |
|---|---|---|---|---|---|---|---|---|
| | | | $b_1$ | $b_2$ | $a$ | $\phi$ | 个数 | |
| | 直线连接 | 1 | 125 | 125 | $b_1$ 或 $b_2$ | 21 | 4 | M20 |
| | | 2 | 100 | 100 | $b_1$ 或 $b_2$ | 17 | 4 | M16 |
| | | 3 | 80 | 80 | $b_1$ 或 $b_2$ | 13 | 4 | M12 |
| | | 4 | 63 | 63 | $b_1$ 或 $b_2$ | 11 | 4 | M10 |
| | | 5 | 50 | 50 | $b_1$ 或 $b_2$ | 9 | 4 | M8 |
| | | 6 | 45 | 45 | $b_1$ 或 $b_2$ | 9 | 4 | M8 |
| | 直线连接 | 7 | 40 | 40 | 80 | 13 | 2 | M12 |
| | | 8 | 31.5 | 31.5 | 63 | 11 | 2 | M10 |
| | | 9 | 25 | 25 | 50 | 9 | 2 | M8 |

续表

| 搭接形式 | 类别 | 序号 | 连接尺寸 | | | 钻孔要求 | | 螺栓规格 |
|---|---|---|---|---|---|---|---|---|
| | | | $b_1$ | $b_2$ | $a$ | $\phi$ | 个数 | |
| | 垂直连接 | 10 | 125 | 125 | — | 21 | 4 | M20 |
| | | 11 | 125 | 100~80 | — | 17 | 4 | M16 |
| | | 12 | 125 | 63 | — | 13 | 4 | M12 |
| | | 13 | 100 | 100~80 | — | 17 | 4 | M16 |
| | | 14 | 80 | 80~63 | — | 13 | 4 | M12 |
| | | 15 | 63 | 63~50 | — | 11 | 4 | M10 |
| | | 16 | 50 | 50 | — | 9 | 4 | M8 |
| | | 17 | 45 | 45 | — | 9 | 4 | M8 |
| | 垂直连接 | 18 | 125 | 50~40 | — | 17 | 2 | M16 |
| | | 19 | 100 | 63~40 | — | 17 | 2 | M16 |
| | | 20 | 80 | 63~40 | — | 15 | 2 | M14 |
| | | 21 | 63 | 50~40 | — | 13 | 2 | M12 |
| | | 22 | 50 | 45~40 | — | 11 | 2 | M10 |
| | | 23 | 63 | 31.5~25 | — | 11 | 2 | M10 |
| | | 24 | 50 | 31.5~25 | — | 9 | 2 | M8 |
| | 垂直连接 | 25 | 125 | 31.5~25 | 60 | 11 | 2 | M10 |
| | | 26 | 100 | 31.5~25 | 50 | 9 | 2 | M8 |
| | | 27 | 80 | 31.5~25 | 50 | 9 | 2 | M8 |
| | 垂直连接 | 28 | 40 | 40~31.5 | — | 13 | 1 | M12 |
| | | 29 | 40 | 25 | — | 11 | 1 | M10 |
| | | 30 | 31.5 | 31.5~25 | — | 11 | 1 | M10 |
| | | 31 | 25 | 22 | — | 9 | 1 | M8 |

**母线搭接螺栓的拧紧力矩**　　　　　　表 3-5

| 序号 | 螺栓规格 | 力矩值（N·m） | 序号 | 螺栓规格 | 力矩值（N·m） |
|---|---|---|---|---|---|
| 1 | M8 | 8.8~10.8 | 5 | M16 | 78.5~98.1 |
| 2 | M10 | 17.7~22.6 | 6 | M18 | 98.0~127.4 |
| 3 | M12 | 31.4~39.2 | 7 | M20 | 156.9~196.2 |
| 4 | M14 | 51.0~60.8 | 8 | M24 | 274.6~343.2 |

8. 防水、防火处理和封堵应符合下列规定：

（1）有可能发生漏水的部位，应做好防水措施；

（2）母线槽垂直穿越楼板处，其孔洞四周应设置高度为 50mm 及以上的防水台；

（3）母线槽穿墙或楼板的防火处理应符合下列要求：

1）应按现行国家标准《防火封堵材料》GB 23864—2009 选择防火堵料，进场检验合格后严格按照厂家技术要求配制使用。防火封堵应符合现行国家标准《建筑防火封堵应用技术标准》GB/T 51410—2020 的相关规定；

2）竖向穿越楼板时，在楼板的下方用 $\phi 8$ 膨胀螺栓固定防火隔板，将孔洞封死，填入防火堵料，在楼板上方同样用 $\phi 8$ 膨胀螺栓固定防火隔板；

3）横向穿越防火分区时，在穿墙处填入防火堵料，用 $\phi 8$ 膨胀螺栓于墙体两侧固定防火隔板。

9. 通电前测试应符合下列规定：

（1）母线槽工程安装完毕，应对安装质量进行验收检测，检测应在断电的状态下进行；

（2）绝缘电阻测试应符合下列规定：

1）检测应符合现行国家标准《低压成套开关设备和电控设备基本试验方法》GB/T 10233—2016 中绝缘电阻试验的相关要求；

2）检测时，应断开母线槽与变压器、配电柜的连接，并应使分接单元的断路器处于分闸位置；

3）采用绝缘电阻测量仪器（如：兆欧表）测量线路中各相之间及相导体与接地端子之间的绝缘电阻；

4）绝缘电阻应不小于 $0.5 M\Omega$；

5）应按表 3-6 选择测量仪器。

试验仪器的电压等级 表 3-6

| 设备额定电压 $U_e$(V) | 测量仪器的电压等级（V） |
| --- | --- |
| $U_e < 500$ | 500 |
| $500 \leqslant U_e < 1000$ | 1000 |
| $U_e \geqslant 1000$ | 1500 |

（3）当绝缘电阻值小于 $0.5 M\Omega$ 时，宜通过各分接单元内开关的分合进行绝缘测试，以判断故障位置；

（4）当母线槽受潮导致绝缘下降，应查找受潮的原因并进行干燥处理，母线槽干燥前应根据母线槽受潮情况制定烘干方法及有关技术措施。烘干方法根据受潮程度可选择循环热风干燥法、热辐射光源干燥法和电流加热干燥法，环境温度无突变情况下，母线槽绝缘电阻值经 5h 稳定并达到规范要求时，方可认为母线槽干燥完毕。

10. 通电调试应符合下列规定：

（1）母线槽的金属外壳与外部保护导体连接完成，母线绝缘电阻测试和交流工频耐压试验合格，方可通电试运行；

1）高压母线安装完毕后，应与支撑绝缘子、穿墙套管一起进行工频耐压试验，试验电压标准见表 3-7，采用仪器为专门做高压测试用的试验台或高压试验变压器，绝缘介质测试仪等，通常由施工的承包商准备，监理检查测试记录或旁站确认。

2）低压母线的交接试验应做相间与相对地的绝缘电阻测试，测试值应大于 0.5MΩ。其交流工频耐压试验电压为 1kV，当绝缘电阻值大于 10MΩ 时，可采用 2500V 兆欧表摇测替代，试验持续时间 1min，无击穿闪络现象。绝缘电阻测试采用 500V 摇表，耐压试验采用绝缘介质测试仪，监理旁站确认或自行抽测。

高压电气设备绝缘的工频耐压试验电压标准　　　　　表 3-7

| 额定电压（kV） | 最高工作电压（kV） | 1min 工频耐压试验电压（kV）有效值 | | | | | | | | | |
|---|---|---|---|---|---|---|---|---|---|---|---|
| | | 油浸电力变压器 | | 并联电抗器 | | 电压互感器 | | 断路器、电流互感器 | | 干式电抗器 | |
| | | 出厂 | 交接 | 出厂 | 交接 | 出厂 | 交接 | 出厂 | 交接 | 出厂 | 交接 |
| 3 | 3.5 | 18 | 15 | 18 | 15 | 18 | 16 | 16 | 16 | 18 | 18 |
| 6 | 6.9 | 25 | 21 | 25 | 21 | 23 | 21 | 23 | 21 | 23 | 23 |
| 10 | 11.5 | 35 | 30 | 35 | 30 | 30 | 27 | 30 | 27 | 30 | 30 |
| 15 | 17.5 | 45 | 38 | 45 | 38 | 40 | 36 | 40 | 36 | 40 | 40 |
| 20 | 23.0 | 55 | 47 | 55 | 47 | 50 | 45 | 50 | 45 | 50 | 50 |
| 35 | 40.5 | 85 | 72 | 85 | 72 | 80 | 72 | 80 | 72 | 80 | 80 |
| 63 | 69.0 | 140 | 120 | 140 | 120 | 140 | 126 | 140 | 126 | 140 | 140 |
| 110 | 126.3 | 200 | 170 | 200 | 170 | 200 | 180 | 200 | 180 | 200 | 200 |
| 220 | 252.0 | 395 | 335 | 395 | 335 | 395 | 356 | 395 | 356 | 395 | 395 |
| 330 | 363.0 | 510 | 433 | 510 | 433 | 510 | 459 | 510 | 459 | 510 | 510 |
| 500 | 550.0 | 680 | 578 | 680 | 578 | 680 | 612 | 680 | 612 | 680 | 680 |

| 额定电压（kV） | 最高工作电压（kV） | 1min 工频耐压试验电压（kV）有效值 | | | | | | | |
|---|---|---|---|---|---|---|---|---|---|
| | | 穿墙套管 | | | | 支柱绝缘子、隔离开关 | | 干式电力变压器 | |
| | | 纯瓷和纯瓷充油绝缘 | | 固体有机绝缘 | | | | | |
| | | 出厂 | 交接 | 出厂 | 交接 | 出厂 | 交接 | 出厂 | 交接 |
| 3 | 3.5 | 18 | 18 | 18 | 16 | 25 | 25 | 10 | 8.5 |
| 6 | 6.9 | 23 | 23 | 23 | 21 | 32 | 32 | 20 | 17.0 |
| 10 | 11.5 | 30 | 30 | 30 | 27 | 42 | 42 | 28 | 24 |
| 15 | 17.5 | 40 | 40 | 40 | 36 | 57 | 57 | 38 | 32 |
| 20 | 23.0 | 50 | 50 | 50 | 45 | 68 | 68 | 50 | 43 |
| 35 | 40.5 | 80 | 80 | 80 | 72 | 100 | 100 | 70 | 60 |
| 63 | 69.0 | 140 | 140 | 140 | 126 | 165 | 165 | | |
| 110 | 126.3 | 200 | 200 | 200 | 180 | 265 | 265 | | |
| 220 | 252.0 | 395 | 395 | 395 | 356 | 450 | 450 | | |
| 330 | 363.0 | 510 | 510 | 510 | 459 | | | | |
| 500 | 550.0 | 680 | 680 | 680 | 612 | | | | |

注：1. 上表中，除干式变压器外，其余电气设备出厂试验电压是根据现行国家标准《绝缘配合　第 1 部分：定义、原则和规则》GB/T 311.1—2012；
2. 干式变压器出厂试验电压是根据现行国家标准《电力变压器　第 11 部分：干式变压器》GB/T 1094.11—2022；
3. 额定电压为 1kV 及以下的油浸电力变压器交接试验电压为 4kV，干式电力变压器为 2.6kV；
4. 油浸电抗器和消弧线圈采用油浸电力变压器试验标准；
5. 插接式母线安装前，每段母线应进行绝缘电阻测试，根据生产厂技术资料绝缘电阻为不小于 20MΩ，测试合格后方能连接、固定，整个母线安装完毕后，应进行一次测试，只有相与相，相对地的绝缘电阻值大于 0.5MΩ，才能通电运行。若测试绝缘电阻值小于 0.5MΩ，但仪表读数不为 0，说明插接母线没有短路，绝缘可能受潮，此时可采用烘干或通 36V 安全电压驱潮的措施，直到绝缘电阻测试符合要求后才能通电。若测试时绝缘电阻值为 0，说明已经短路，要认真检查，找出短路点（或异物掉入）进行处理，直到满足规范要求后才能通电。

（2）母线槽在额定工作电压下应先空载通电 1h，通电后应巡回检查，检查壳体尤其是母线连接部位的温度，当连接处的温升均超过 60K，则考虑产品的设计容量不够；当个别连接处温升超过 60K，则考虑连接处是否接触不良，应调整紧定措施后再涂上电力复合脂。

### 3.1.3 质量标准

1. 主控项目应符合下列规定

（1）母线槽的金属外壳等外露可导电部分应与保护接地导体（PE）可靠连接，并应符合下列规定：

1）每段母线槽的金属外壳间应连接可靠，且母线槽全长与保护接地导体（PE）可靠连接不应少于 2 处；

2）分支母线槽的金属外壳末端应与保护接地导体（PE）可靠连接；

3）连接导体的材质、截面积应符合设计要求。

此项内容的检查可以采用观察检查并用尺量检查的方法，应做到全数检查。

（2）当设计将母线槽的金属外壳作为保护接地导体（PE）时，其外壳导体应具有连续性且符合现行国家标准《低压成套开关设备和控制设备 第 1 部分：总则》GB 7251.1—2013 的规定；

此项内容的检查可以采用观察检查并查验材料合格证明文件、CCC 试验报告和材料进场验收记录的方法，应做到全数检查。

（3）当母线与母线、母线与电器或设备接线端子采用螺栓搭接连接时，应符合下列规定：

1）母线的各类搭接连接的钻孔直径和搭接长度、力矩值应符合现行国家标准《建筑电气工程施工质量验收规范》GB 50303—2015 的规定，当一个连接处需要多个螺栓连接时，每个螺栓的拧紧力矩值应一致；

2）母线接触面应保持清洁，宜涂抗氧化剂，螺栓孔周边应无毛刺；

3）连接螺栓两侧应有平垫圈，相邻垫圈间应有大于 3mm 的间隙，螺母侧应装有弹簧垫圈或锁紧螺母；

4）螺栓受力应均匀，不应使电器或设备的接线端子受额外应力。

此项内容的检查可以采用观察检查并用尺量检查和用力矩测试仪测试紧固度的方法，按每检验批的母线连接端数量抽查 20%，且不得少于 2 个连接端。

（4）母线槽安装应符合下列规定：

1）母线槽不宜安装在水管正下方；

2）母线应与外壳同心，允许偏差为±5mm；

3）当母线槽段与段连接时，两相邻段母线及外壳宜对准，相序应正确，连接后不应使母线及外壳受额外应力；

4）母线的连接方法应符合产品技术文件要求；

5）母线槽连接用部件的防护等级应与母线槽本体的防护等级一致。

母线槽安装的检查采用观察检查并用尺量检查的方法，查阅母线槽安装记录。除第 1）条所述内容需进行全数检查外，其余按每检验批的母线连接端数量抽查 20%，且不得少于 2 个连接端。

（5）母线槽通电运行前应进行检验或试验，并应符合下列规定：

1）高压母线交流工频耐压试验应交接试验合格；

2）低压母线绝缘电阻值不应小于 0.5MΩ；

3）检查分接单元插入时，接地触头应先于相线触头接触，且触头连接紧密，退出时，接地触头应后于相线触头脱开；

4）检查母线槽与配电柜、电气设备的接线相序应一致。

母线槽通电运行前应全数进行检验或试验可采用绝缘电阻测试仪测试，试验时观察检查并查阅交接试验记录、绝缘电阻测试记录。

2. 一般项目应符合下列规定

（1）母线槽支架安装应符合下列规定：

1）除设计要求外，承力建筑钢结构构件上不得熔焊连接母线槽支架，且不得热加工开孔；

2）与预埋铁件采用焊接固定时，焊缝应饱满，采用膨胀螺栓固定时，选用的螺栓应适配，连接应牢固；

3）支架应安装牢固、无明显扭曲，采用金属吊架固定时应有防晃支架，配电母线槽的圆钢吊架直径不得小于 8mm，照明母线槽的圆钢吊架直径不得小于 6mm；

4）金属支架应进行防腐，位于室外及潮湿场所应按设计要求做特殊处理。

采用观察检查并用尺量或卡尺检查的方法，除第1）条需进行全数检查外，其余第2）～4）条需按每个检验批的支架总数抽查 10%，且各不得少于 1 处并应覆盖支架的不同固定形式。

（2）母线与母线、母线与电器或设备接线端子搭接，搭接面的处理应符合下列规定：

1）铜与铜：室外、高温且潮湿的室内，搭接面应搪锡或镀银，干燥的室内，可不搪锡、不镀银；

2）铝与铝连接时，可直接搭接；

3）钢与钢连接时，搭接面搪锡或镀锌；

4）铜与铝连接时，在干燥的室内，铜导体搭接面搪锡，在潮湿场所，铜导体搭接面搪锡或镀银，且采用铜铝过渡连接；

5）钢与铜或铝连接时，钢搭接面镀锌或搪锡。

采用观察检查的方法，按每个检验批的母线搭接端子总数抽查 10%，且各不得少于 1 处，并应覆盖不同材质的不同连接方式。

（3）母线采用螺栓搭接时，连接处距绝缘子的支持夹板边缘不小于 50mm；

采用观察检查并用尺量检查的方法，按连接头总数抽查 20%，且不得少于 1 处。

（4）母线的相序排列及涂色，当设计无要求时应符合下列规定：

1）上、下布置的交流母线，由上至下或由下到上排列应分别为 L1、L2、L3，直流母线应正极在上、负极在下；

2）水平布置的交流母线，由柜后向柜前或由柜前向柜后排列应分别为 L1、L2、L3，直流母线应正极在后、负极在前；

3）面对引下线的交流母线，由左至右排列应分别为 L1、L2、L3，直流母线应正极在左、负极在右；

4）母线的涂色：交流母线 L1、L2、L3 应分别为黄色、绿色和红色，中性导体为淡蓝色，直流母线应正极为赭色、负极为蓝色，保护接地导体（PE）应为黄绿双色，保护中性导体（PEN）应为全长黄-绿双色终端用淡蓝色或全长淡蓝色终端用黄-绿双色，在连接处或支持件边缘两侧 10mm 以内不应涂色。

采用观察检查的方法，按直流和交流的不同布置形式回路各抽查 20%，且各不得少于 1 个回路。

（5）母线槽安装应符合下列规定：

1）水平或垂直敷设的母线槽固定点每段设置一个，且每层不得少于一个支架，其间距应符合产品技术文件规定，距拐弯 0.4～0.6m 处设置支架，固定点位置不应设置在母线槽的连接处或分接单元处；多趟母线槽平行敷设转弯时，应在转角处设共用支吊架；

2）母线槽段与段的连接口不应设置在穿越楼板或墙体处，垂直穿越楼板处应有与建（构）筑物固定的专用部件支座，其孔洞四周应设置高度为 50mm 及以上的防水台，并有防火封堵措施，母线槽穿墙不应用灰抹死；

3）母线槽跨越建筑物变形缝处，应设置补偿装置，母线槽直线敷设长度超过 80m，每 50～60m 宜设置伸缩节；

4）母线槽直线段安装应平直，水平度与垂直度偏差不宜大于 1.5‰，全长最大偏差不宜大于 20mm，照明用母线槽水平偏差全长不应大于 5mm，垂直偏差不应大于 10mm；

5）外壳与底座间、外壳各连接部位及母线的连接螺栓应按产品技术文件要求选择正确、连接紧固；

6）母线槽上无插接部件的接插口及母线端部应用专用的封板封堵完好；

7）母线槽与各类管道平行或交叉的净距应符合表 3-1 的规定。

采用观察检查并用水平仪、线坠尺量进行检查。其中第 3）条、第 6）条和第 7）条需进行全数检查，其余按每个检验批的母线槽数量抽查 20%，且各不得少于 1 处，并应覆盖不同的敷设形式。

# 3.2 导 管 敷 设

### 3.2.1 导管敷设的作业条件
（1）现浇混凝土板内导管敷设，应在底层钢筋绑扎完成，上层钢筋未绑扎前进行。

（2）现浇混凝土墙体导管敷设，应在混凝土墙体线和支模线弹好，墙体钢筋绑扎完毕后进行。

（3）二次结构中的导管墙体砌筑同步敷设。

（4）吊顶内或护墙板内导管敷设

1）结构顶板内、墙体内的预埋接线盒全部到位；

2）土建做好吊顶灯位及电器具位置翻样图（物料排布图）。

### 3.2.2 导管敷设的安装与验收
1. 工艺流程应符合下列规定

（1）导管暗敷设工艺流程应符合图 3-18 的规定。

（2）导管明敷设工艺流程应符合图 3-19 的规定。

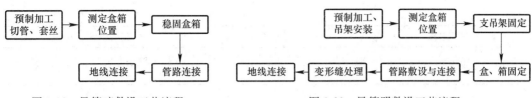

图 3-18　导管暗敷设工艺流程　　　　　　图 3-19　导管明敷设工艺流程

**2. 导管暗敷设施工工艺应符合下列规定**

（1）预制加工时，应根据设计图，加工好各种盒、箱、管弯，管径在 50mm 以下的钢管撖弯可采用冷撖法，管径在 50mm 以上的钢管可采用成品弯头；

（2）切管时，管子切断常用钢锯、无齿锯、砂轮锯，将需要切断的管子长度量准确，放在钳口内卡牢切割，断口处应平齐不歪斜，管口内侧刮锉光滑，无毛刺，清除管内铁屑；

（3）套丝时，应采用套丝扳手、套管机，根据管外径选择相应板牙，将管子用台虎钳或龙门压架钳紧牢，再把绞板套在管端，均匀用力，不得过猛，随套随浇冷却液，套丝不乱不过长，清除渣屑，丝扣干净清晰；

（4）测定盒、箱位置时，应根据设计图确定盒、箱轴线位置，以土建弹出的水平线为基准，挂线找平，线坠找正，标出盒、箱实际尺寸位置；

（5）稳注盒、箱应符合下列规定：

1）稳注盒、箱时，灰浆应饱满，平整牢固，坐标正确。现浇混凝土板墙中盒、箱需加支铁固定，盒、箱底距外墙面小于 30mm 时，需加金属网固定后再抹灰，防止空裂；

2）在现浇混凝土楼板稳住灯头盒时，将盒子堵好随底板钢筋固定牢，管路配好后，随土建浇筑混凝土施工同时完成。

（6）管路连接应符合下列规定：

1）管箍丝扣连接时，套丝不得有乱扣，应使用通丝管箍；上好管箍导管连接后，管口应对严。外露丝不多于 2 扣；

2）套管连接宜用于暗配管，套管长度应为连接管径的 2.2 倍，连接管口的对口处应在套管的中心并相互顶紧，焊口应焊接牢固严密；

3）镀锌和壁厚小于等于 2mm 的钢导管，不得套管焊连接，不得对口熔焊连接；

4）管路超过下列长度，应加装接线盒，其位置应便于穿线：无弯时，40m；有一个弯时，30m；有两个弯时，20m；有三个弯时，10m；

5）配线导管路与其他管道间最小距离如表 3-8 所示。

配线导管与其他管道间最小距离　　　　　　　　　　　　　　　表 3-8

| 管道名称 | 方式 | 最小距离（mm） |
|---|---|---|
| 蒸汽管 | 上平行 | 1000 |
|  | 下平行 | 500 |
|  | 交叉 | 300 |
| 暖、热水管 | 上平行 | 300 |
|  | 下平行 | 200 |
|  | 交叉 | 100 |

| 管道名称 | 方式 | 最小距离（mm） |
|---|---|---|
| 通风、上下水、压缩空气管 | 平行 | 100 |
| | 交叉 | 50 |

（7）穿过建筑物变形缝时，应有接地补偿装置，采用跨接方法连接。

1）焊接时，跨接地线两端双面焊接，焊接面不得小于该跨接线直径的 6 倍，焊缝均匀牢固，焊接处要清除药皮，刷防腐漆。跨接线的规格如表 3-9 所示。

**跨接线的规格表**（mm）　　　　　　　　　　　　　表 3-9

| 管径 | 圆钢 | 扁钢 |
|---|---|---|
| 15～40 | $\phi 6$ | — |
| 50～70 | $\phi 8$ | 25×3 |
| >70 | $\phi 8×2$ | (25×3)×2 |

2）卡接时，镀锌钢管应用专用接地线卡连接，不得采用熔焊连接地线。

3. 导管明敷设应符合下列规定

（1）预制加工、支吊架制作应符合下列规定：

1）根据设计图，加工好各种盒、箱、管弯，盒、箱应采用明装盒、箱；

2）根据施工方案，加工与管路相匹配的支、吊架，支架使用角钢焊接而成，做防腐处理。

（2）测定盒、箱和支、吊架位置应符合下列规定：

1）根据设计首先测出盒、箱与出线口等的准确位置；会审图纸，与通风暖卫等专业协调，应绘制翻样图，经审核无误后，在顶板或地面进行弹线定位；

2）根据测定的盒、箱位置，把管路的垂直、水平走向弹出线，按照安装标准规定的固定点间距尺寸要求，计算确定支架、吊架的具体位置。

（3）支、吊架安装应符合下列规定：

1）固定方法：固定方法有胀管法、预埋铁件焊接法、抱箍法；

2）在测定好的位置处打膨胀螺栓，胀栓的规格能承受导管重量，且不小于 M6；

3）在有振动的场所不宜使用内胀螺栓固定支、吊架；

4）固定点的距离应均匀，管卡与终端、转弯中点、电气器具边缘的距离为 150～500mm，中间的管卡间最大距离，如表 3-10 所示；

**管卡间最大距离**（mm）　　　　　　　　　　　　表 3-10

| 敷设方式 | 导管种类 | 导管直径（mm） | | | |
|---|---|---|---|---|---|
| | | 15～20 | 25～32 | 40～50 | 65 以上 |
| | | 管卡间最大距离（m） | | | |
| 支架或沿墙明敷 | 壁厚>2mm 刚性导管 | 1.5 | 2.0 | 2.5 | 3.5 |
| | 壁厚≤2mm 刚性导管 | 1.0 | 1.5 | 2.0 | — |
| | 刚性塑料导管 | 1.0 | 1.5 | 2.0 | 2.0 |

5）吊钩直径不应小于吊扇挂销直径，且吊扇吊钩不应小于 8mm，吊钩做好防腐处理。

（4）盒、箱固定应符合下列规定：

1）由地面引出管路至盒、箱，需在盒、箱下侧 100～150mm 处加稳固支架，将导管固定在支架上，盒、箱安装应牢固平整，开孔整齐，与管径吻合，一管一孔，铁制盒、箱不得用电气焊开孔；

2）安装在吊顶内的灯头盒两侧的吊杆间距控制在 150～200mm 内，管入盒顺直，没使用的敲落孔不应脱落，已脱落的要补好，盒、箱，至少有 2 根导管与之连接，末端盒、箱要单独加支、吊架。

（5）管路敷设与连接应符合下列规定：

1）敷管时，先将管卡一端的螺栓拧进一半，然后将管敷设在内，逐个拧牢，使用支架时，可将钢管固定在支架上，不应将钢管焊接在其他管道上；

2）吊顶内管路敷设应横平竖直，管路应敷设在主龙骨的上方，先固定管路的吊杆，然后把管路固定于吊杆上，管路固定点的间距如表 3-10 所示，灯位测定后，把灯头盒与管路固定；

3）管路连接应采用丝扣连接或专用连接头连接；

4）应将钢管敷设到设备接线盒（箱）内，管口距地面高度不宜低于 200mm，如不能直接连接时，在干燥室内，可在钢管出口处加一接线盒，过渡管应采用金属软管与设备接线盒连接，室外或潮湿房间内，可在管口处装设防水弯头，由防水弯头引出的导线应加柔性保护软管，经防水弯引入设备；

5）采用柔性金属软管、可弯曲金属导管引入设备时，柔性导管的长度在动力工程中不宜大于 0.8m，照明工程中不宜大于 1.2m。金属软管应用管卡固定，其固定间距不应大于 0.5m。

（6）变形缝处理应符合下列规定：

1）管路通过建筑物变形缝时，在两侧各埋设接线盒，做补偿装置，接线盒相邻面穿一短钢管，短管一端与盒固定，另一端应活动自如；

2）明配管跨接地线，应美观牢固。管路通过建筑物变形缝做法示意图如图 3-20 所示。

### 3.2.3 质量标准

1. 主控项目应符合下列规定

（1）金属导管应与保护导体可靠连接，并应符合下列规定：

1）金属导管不得对口熔焊连接，镀锌和壁厚小于 2mm 的钢导管不得套管熔焊链接；

2）镀锌钢导管、可弯曲金属导管和金属柔性导管不得熔焊跨接地线；

3）非镀锌钢导管采用螺纹连接时，连接处两端焊接跨接地线，镀锌导管采用螺纹连接处两端用专用接地卡固定跨接地线，紧定式钢导管（JDG）接口处应涂电力复合脂，可不做跨接线；

4）机械连接的金属导管，管与管、管与盒（箱）体的连接配件应选用配套部件，其连接应符合产品技术文件要求，当连接处的接触电阻值符合现行国家标准《电缆管理用导

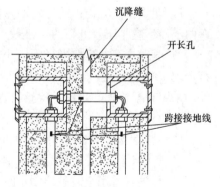

图 3-20　管路通过建筑物变形缝做法示意图

管系统　第1部分：通用要求》GB/T 20041.1—2015 的相关要求时，连接处可不设置保护联结导体，但导管不应作为保护导体的连接导体；

5）金属导管与金属梯架、托盘连接时，镀锌材质的连接端宜用专用接地卡固定保护联结导体，非镀锌材质的连接处应熔焊焊接保护联结导体；

6）以专用接地卡固定的保护联结导体应为铜芯软导线，截面积不应小于 4mm²，以熔焊焊接的保护联结导体宜为圆钢，直径不应小于 6mm，其搭接长度应为圆钢直径的 6 倍。

施工时观察检查并查阅隐蔽工程检查记录，按每个检验批的导管连接头总数抽查 10%，且各不得少于 1 处，并应能覆盖不同的检查内容。

（2）钢导管不得采用对口熔焊连接；镀锌钢导管或壁厚小于或等于 2mm 的钢导管，不得采用套管熔焊连接。

采用施工时观察检查的方法，按每个检验批的钢导管连接头总数抽查 20%，并应能覆盖不同的连接方式，且各不得少于 1 处。

（3）当塑料导管在砌体上剔槽埋设时，应采用强度等级不小于 M10 的水泥砂浆抹面保护，保护层厚度不应小于 15mm。

采用观察检查并用尺量检查，查阅隐蔽工程检查记录的方法，按每个检验批的配管回路数量抽查 20%，且各不得少于 1 个回路。

（4）导管穿越密闭或防护密闭隔墙时，应设置预埋套管，预埋套管的制作和安装应符合设计要求，套管两端伸出墙面的长度宜为 30~50mm，导管穿越密闭穿墙套管的两侧应设置过线盒，并应做好封堵。

采用观察检查，查阅隐蔽工程检查记录的方法，按套管数量抽查 20%，且不得少于1个。

2. 一般项目应符合下列规定

（1）导管的弯曲半径应符合下列规定。

1）明配导管的弯曲半径不宜小于管外径的 6 倍，当两个接线盒间只有一个弯曲时，其弯曲半径不宜小于管外径的 4 倍；

2）埋设于混凝土内的导管的弯曲半径不宜小于管外径的 6 倍，当直埋于地下时，其弯曲半径不宜小于管外径的 10 倍；

3）电缆导管的弯曲半径不应小于电缆最小允许弯曲半径，电缆最小允许弯曲半径应符合表 10-2 的规定。

采用观察检查并用尺量检查，查阅隐蔽工程检查记录的方法。按每个检验批的导管弯头总数抽查 10%，且各不得少于 1 个弯头，并应覆盖不同规格和不同敷设方式的导管。

（2）导管支架安装应符合下列规定。

1）除设计要求外，承力建筑钢结构构件上不得熔焊导管支架，且不得热加工开孔；

2）当导管采用金属吊架固定时，圆钢直径不得小于 8mm，并应设置防晃支架，在距离盒（箱）、分支处或端部 0.3~0.5m 处应设置固定支架；

3）金属支架应进行防腐，位于室外及潮湿场所的应按设计要求做处理；

4）导管支架应安装牢固、无明显扭曲。

采用观察检查并用尺量检查，第1）条需进行全数检查，第2）~第4）条需按每个检验批的支吊架总数抽查 10%，且各不得少于 1 处。

（3）除设计要求外，对于暗配的导管，导管表面埋设深度与建筑物、构筑物表面的距离不应小于 15mm。

采用观察检查并用尺量检查，按每个检验批的配管回路数量抽查 10%，且不得少于 1
个回路。

（4）进入配电（控制）柜、台、箱内的导管管口，当箱底无封板时，管口应高出柜、
台、箱、盘的基础面 50～80mm。

观察检查并用尺量检查，查阅隐蔽工程检查记录。按每个检验批的落地式柜、台、
箱、盘总数抽查 10%，且不得少于 1 台。

（5）室外导管敷设应符合下列规定。

1）对于埋地敷设的钢导管，埋设深度应符合设计要求，埋深不应小于 0.7m，钢导管
的壁厚应大于 2mm。壁厚小于 2mm 的金属导管不应埋设于室外土壤内；

2）导管的管口不应敞开垂直向上，导管管口应在盒、箱内或导管端部设置防水弯；

3）由箱式变电所或落地式配电箱引向建筑物的导管，建筑物一侧的导管管口应设在
建筑物内；

4）导管的管口在穿入绝缘导线、电缆后应做密封处理。

观察检查并用尺量检查，查阅隐蔽工程检查记录。按每个检验批各种敷设形式的总数
抽查 20%，且各不得少于 1 处。

（6）明配的电气导管应符合下列规定。

1）导管应排列整齐、固定点间距均应安装牢固；

2）在距终端、弯头中点或柜、台、箱、盘等边缘 150～500mm 范围内应设有固定管
卡，中间直线段固定管卡间的最大距离应符合表 3-10 的规定；

3）明配管采用的接线或过渡盒（箱）应选用明装盒（箱）。

采用观察检查并用尺量检查的方法，按每个检验批的导管固定点或盒（箱）的总数各
抽查 20%，且各不得少于 1 处。

（7）塑料导管敷设应符合下列规定。

1）管口应平整光滑，管与管、管与盒（箱）等器件采用插入法连接时，连接处结合
面应涂专用胶粘剂，接口应牢固密封；

2）直埋于地下或楼板内的刚性塑料导管，在穿出地面或楼板易受机械损伤的一段应
采取保护措施；

3）当设计无要求时，埋设在墙内或混凝土内的塑料导管应采用中型及以上的导管；

4）沿建筑物、构筑物表面和在支架上敷设的刚性塑料导管，应按设计要求装设温度
补偿装置。

采用观察检查和手感检查，查阅隐蔽工程检查记录，核查材料合格证明文件和材料进
场验收记录。第 2）条、第 4）条需全数检查，其余按照每个检验批的接头或导管数量各
抽查 10%，且各不得少于 1 处。

（8）可弯曲金属导管及柔性导管敷设应符合下列规定。

1）刚性导管经柔性导管与电气设备、器具连接时，柔性导管的长度在动力工程中不
宜大于 0.8m，在照明工程中不宜大于 1.2m。

2）可弯曲金属导管或柔性导管与刚性导管或电气设备、器具间的连接应采用专用接
头，防液型可弯曲金属导管或柔性导管的连接处应密封良好，防液覆盖层应完整无损。

3) 可弯曲金属导管有可能受重物压力或明显机械撞击时,应采取保护措施。

4) 明配的金属、非金属柔性导管固定点间距应均匀,不应大于 1m,管卡与设备、器具、弯头中点、管端等边缘的距离应小于 0.3m。

5) 可弯曲金属导管和金属柔性导管不应做保护导体的接续导体。

采用观察检查并用尺量检查,查阅隐蔽工程检查记录的方法,第 1)条、第 2)条、第 5)条按每个检验批的导管连接点或导管总数抽查 10%,且各不得少于 1 处,第 3)条全数检查,第 4)条按每个检验批的导管固定点总数抽查 10%,且各不得少于 1 处并应能覆盖不同的导管和不同的固定部位。

(9) 导管敷设应符合下列规定。

1) 导管穿越外墙时应设置防水套管,且应做好防水处理;

2) 钢导管或刚性塑料导管跨越建筑物变形缝处应设置补偿装置;

3) 除埋设于混凝土内的钢导管内壁应做防腐处理,外壁可不做防腐处理外,其余场所敷设的钢导管内、外壁均应做防腐处理;

4) 导管与热水管、蒸汽管平行敷设时,宜敷设在热水管、蒸汽管的下面,当有困难时,可敷设在其上面,相互间的最小距离宜符合表 3-8 的规定。

采用观察检查并查阅隐蔽工程检查记录的方法,第 1)条、第 2)条全数检查,第 3)条,第 4)条按每个检验批的导管总数抽查 10%,且各不得少于 1 根(处),并应能覆盖不同的敷设场所及不同规格的导管。

3. 允许偏差项目应符合表 3-11、表 3-12 的规定

允许偏差项目值(mm)　　　　　　　　　　　　　　　　　表 3-11

| 项目 | | 允许偏差值 | 检查方法 |
|---|---|---|---|
| 管最小弯曲半径 | 一个弯 | ≥4D | 尺量及检查安装记录 |
| | 两个弯以上 | ≥7D | |
| 管弯扁度 | | ≤0.1D | 观察 |
| 不同管径固定点间距 | 15～20 | 30 | 尺量 |
| | 25～32 | 40 | |
| | 32～40 | 50 | |
| | 50 以上 | 70 | |
| 管平直度、垂直度(2m 段内) | | 3 | 吊线、尺量 |

管路敷设及盒箱安装允许偏差值(mm)　　　　　　　　　　表 3-12

| 项目 | | 允许偏差值 | 检查方法 |
|---|---|---|---|
| 管最小弯曲半径 | | ≥7D | 尺量及检查安装记录 |
| 弯扁度 | | ≤0.1D | 观察 |
| 箱垂直度 | 高 500mm 以下 | 1.58 | 吊线、尺量 |
| | 高 500mm 以上 | 3 | |
| 箱高度 | | 5 | 尺量 |
| 盒垂直度 | | 1 | 吊线、尺量 |
| 盒高度 | 并列安装高度 | 0.5 | 尺量 |
| | 统一场所高差 | 5 | |
| 盒、箱凹进墙面深度 | | 10 | |

## 3.3　梯架、托盘及槽盒安装

### 3.3.1　梯架、托盘及槽盒安装的作业条件

（1）预留孔洞、预埋铁和预埋吊杆、吊架等应全部完成。

（2）竖井内顶棚和墙面的粉刷应完成。

### 3.3.2　梯架、托盘及槽盒的安装与验收

1. 梯架、托盘及槽盒安装工艺流程应符合图 3-21 的规定

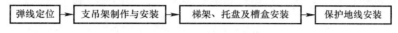

图 3-21　梯架、托盘及槽盒安装工艺流程

2. 梯架、托盘、槽盒安装施工工艺应符合下列规定

（1）弹线定位应符合下列要求

1）根据设计图确定的配电箱、柜等电气器具的安装位置，从始端到终端（先干线后支线），找好水平或垂直线，用粉线袋沿墙壁、顶棚和地面等处，按线路的中心线弹线；

2）按照设计图要求及施工验收规范规定，分匀支架、吊架的挡距，标出支架、吊架的具体位置（左右间距、上下间距）。

（2）支吊架制作与安装应符合下列要求

1）所用钢材应平直，无扭曲。下料后长短偏差应在 5mm 范围内，切口处无卷边、毛刺；

2）钢支吊架应焊接牢固，无变形，焊缝均匀平整，焊缝长度应符合要求，不得出现裂纹、咬边、气孔、凹陷、漏焊、焊漏等缺陷；

3）支吊架应安装牢固，横平竖直，在有坡度的建筑部位，支吊架应与建筑物有相同坡度；

4）万能吊具应采用定型产品，对槽盒进行吊装，并应有各自吊装卡具或支撑设施；

5）固定支点间距一般不应大于 1.5～3m，垂直安装的支架间距不大于 2m，在进出接线盒、箱、拐角、转弯和变形缝两端及丁字接头的三端 500mm 以内应设支持点；

6）吊顶内敷设槽盒应各自有单独卡具吊装或支撑设施，吊装直径不应小于 8mm；

7）防晃支架安装符合施工验收规范规定，抗振支架安装符合图纸设计要求；

8）在地下车库等振动场所，禁止使用内胀螺栓安装固定支、吊架。

（3）梯架、托盘及槽盒安装应符合下列要求

1）安装前应再次检查梯架、托盘及槽盒是否平整、无扭曲变形，内壁是否有毛刺，各种附件是否齐全；

2）直线段连接采用连接板和内衬片，用垫圈（平垫、弹垫）、螺母紧固（螺母在线槽壁外侧），每端固定螺栓不少于 4 个，接槎处缝隙严密、平整；

3）转弯部位采用相应的弯头，交叉、丁字、十字连接采用相应的二通、三通、四通。接缝处应对正顶紧紧密平直；

4）连接螺栓应采用槽盒、梯架或托盘厂家提供的专用配套件，螺杆从内向外穿出，

螺母置于槽盒、梯架或托盘的外侧；

5）镀锌梯架、托盘或槽盒的连接板两端应有不少于 2 个螺栓，采用有防松螺母或采用防松垫圈＋平垫圈＋普通螺母的连接固定螺栓，螺母置于槽盒外侧；

6）非镀锌金属槽盒、梯架或托盘的连接处应采取将槽盒、梯架或托盘本体进行电气导通的跨接连接，跨接导体应采用截面积不小于 $4mm^2$ 的铜芯软导线；

7）梯架、托盘或槽盒与配电箱（柜）等连接时，进线和出线口等处应采用抱脚或翻边连接，并用螺栓紧固；

8）经过建筑物的变形缝（伸缩缝、沉降缝）时，应有伸缩装置。可采用定制的短节，将连接板一端的螺栓拧紧，另一端不拧紧的搭接方式。保护地线和槽盒内导线均应有补偿裕量；

9）梯架、托盘或槽盒末端应以标准配件进行封堵；

10）当槽盒、梯架或托盘穿越防火隔断墙时，槽盒、梯架或托盘的四周、内部均应采用相应防火等级的防火棉、防火枕、防火胶泥等防火材料封堵严密。

（4）保护地线安装应符合下列要求

1）金属槽盒、梯架或托盘不得用作保护导体的接续导体；

2）当设计无要求时，金属梯架、托盘或槽盒全长不大于 30m 时，不少于 2 处与保护导体连接；全长大于 30m 时，应每隔 20～30m 增加一个连接点，保护导体应从配电柜、箱的 PE 排引出，并沿金属梯架、托盘或槽盒敷设；

3）保护地线与梯架、托盘或槽盒牢靠连接，不得遗漏；

4）金属梯架、托盘或槽盒的起始端和终点端均应与保护导体可靠连接，与配电箱、柜连接的梯架、托盘或槽盒应采用不小于 $4mm^2$ 的绝缘铜芯导线与 PE 排进行跨接。

（5）地面槽盒安装应符合下列规定

1）地面槽盒安装时，应及时配合土建地面工程施工；

2）根据地面的形式不同，先抄平，然后测定固定点位置，将上好卧脚螺栓和压板的槽盒水平放置在垫层上，然后进行槽盒连接，如槽盒与管连接、槽盒分线盒连接、分线盒与管连接、槽盒出线口连接、槽盒末端处理等，都应安装到位，螺栓紧固牢靠；

3）地面槽盒及附件全部上好后，再进行一次系统调整，主要根据地面厚度，仔细调整槽盒干线，分支线，分线盒接头转弯、转角、出口等处，水平高度要求与地面平齐，将各种盒盖盖好或堵严，以防止水泥砂浆进入，直至配合土建地面施工结束为止；

4）槽盒保护地线安装：保护地线接线处螺栓直径不应小于 6mm，并且加装平垫和弹簧垫圈，用螺母压接牢固。

### 3.3.3 质量标准

1. 主控项目应符合下列规定

（1）梯架、托盘及槽盒应符合图纸设计要求；

（2）镀锌梯架、托盘和槽盒、本体之间不跨接保护联结导体时，连接板每端不应少于 2 个有防松螺母或防松垫圈的连接固定螺栓；

（3）非镀锌梯架、托盘和槽盒本体之间连接板的两端应跨接保护联结导体，保护联结导体应符合下列规定：

1）跨接线应采用截面积不小于 $4mm^2$ 铜芯导线；

2）压接处应清除油漆、涂料等涂层；

3）跨接线不应盘成线圈状。

（4）金属槽盒、桥架不做设备的接地导体，设计无要求时金属梯架、托盘或槽盒全长不大于 30m 时，不应少于 2 处与保护导体可靠连接，全长大于 30m 时，每隔 20～30m 应增加一个连接点，起始端和终点端均应可靠接地。

采用观察检查并用尺量检查的方法，第（2）条和第（3）条按每个检验批的梯架或托盘或槽盒的连接点数量各抽查 10%，且各不得少于 2 个点。第（4）条需进行全数检查。

（5）梯架、托盘及槽盒弯通的内角不应为直角，且应能满足表 10-2 电缆弯曲半径要求；

采用观察检查并用尺量检查的方法，按每个检验批的梯架、托盘或槽盒的弯头数量各抽查 10%，且各不得少于 1 个弯头。

（6）梯架、托盘及槽盒不得直接贴墙及顶板敷设；

（7）梯架、托盘及槽盒不得盒口朝下敷设。

2. 一般项目应符合下列规定

（1）当直线段钢制电缆或塑料梯架、托盘和槽盒长度超过 30m，铝合金和玻璃钢制梯架、托盘和槽盒长度超过 15m 时，应设置伸缩节，当梯架、托盘或槽盒在建筑物变形之处，应有补偿装置。

采用观察检查并用尺量检查的方法，进行全数检查。

（2）梯架、托盘或槽盒与支架间及与连接板的固定螺栓应紧固无遗漏，螺母应位于梯架、托盘和槽盒外侧，当铝合金梯架、托盘和槽盒与钢支架固定时，应有相互间绝缘的防电化腐蚀措施。

采用观察检查，按每个检验批的梯架、托盘或槽盒的固定点数量各抽查 10%，且各不得少于 2 个点。

（3）当设计无要求时，梯架、托盘、槽盒及支架安装应符合下列规定：

1）梯架、托盘或槽盒宜敷设在易燃易爆气体管道和热力管道的下方，设计无要求时，与管道的最小净距应符合表 3-13 的规定；

梯架、托盘或槽盒与管道的最小净距（m）　　　　　　　　表 3-13

| 管道种类 | | 交叉净距 | 平行净距 |
|---|---|---|---|
| 一般工艺管道 | | 0.3 | 0.4 |
| 易燃易爆气体管道 | | 0.5 | 0.5 |
| 热力管道 | 有保温层 | 0.5 | 0.3 |
| | 无保温层 | 1.0 | 0.5 |

2）配线槽盒与水管同侧上下敷设时，宜安装在水管的上方，与热水管、蒸汽管平行上下敷设时，应敷设在热水管、蒸汽管的下方，当有困难时，可敷设在热水管、蒸汽管的上方，相互间的最小距离宜符合表 3-8 的规定。

3）敷设在电气竖井内穿楼板处和穿越不同防火分区的梯架、托盘和槽盒，应有防火隔堵措施。

4）敷设在电气竖井内的电缆梯架或托盘，其固定支架不应安装在固定电缆的横担上，且每隔 3～5 层应设置承重支架。

5）对于敷设在室外的梯架、托盘或槽盒，当进入室内或配电箱（柜）时应有防雨水措施，槽盒底部应有泄水孔。

6）承力建筑钢结构构件上不得熔焊支架，且不得热加工开孔。

7）水平安装的支架间距宜为 1.5～3.0m，垂直安装的支架间距不应大于 2m。

8）采用金属吊架固定时，圆钢直径不得小于 8mm，并应有防晃支架，在分支处或端部 0.3～0.5m 处应有固定支架。

采用观察检查并用尺量和卡尺检查，第 1）～第 5）条全数检查，其余按每个检验批的支架总数抽查 10%，且各不得少于 1 处并应覆盖支架的安装形式。

（4）支吊架设置应符合设计或产品技术文件要求，支吊架安装应牢固、无明显扭曲；与预埋件焊接固定时，焊缝应饱满；膨胀螺栓固定时，螺栓应选用适配、防松零件齐全、连接紧固。

采用观察检查的方法，按每个检验批的支架总数抽查 10%，且各不得少于 1 处，并应覆盖支架的安装形式。

（5）金属支架应进行防腐，位于室外及潮湿场所的应按设计要求做处理。

采用观察检查的方法，按每个检验批的金属支架总数抽查 10%，且不得少于 1 处。

（6）梯架、托盘或槽盒支吊架应布置合理、固定牢靠；多趟梯架、托盘或槽盒平行敷设转弯时，应在转角处设共用支吊架。

（7）梯架、托盘或槽盒穿过防火墙、楼板等处时，其四周应当有缝隙，按防火区内外用防火材料堵严；梯架、托盘或槽盒穿过非防火墙时，不得用灰抹死。

（8）梯架、托盘或槽盒的平直程度和垂直度允许偏差不应超过全长的 5‰。

# 3.4 导 线 敷 设

### 3.4.1 导线敷设的作业条件

（1）配管工程或槽盒安装工程配合土建结构施工应完毕。

（2）高层建筑中的强电竖井、弱电竖井配管及槽盒安装应完毕。

（3）配合土建工程顶棚施工配管或槽盒安装应完毕。

（4）在配合土建结构施工的同时，应已做好预埋铁件及预留孔洞。

（5）配合土建装修，钢索吊装及配管、配线应已完成。

（6）顶棚和墙面粉刷工作结束后，方可进行槽盒安装。

### 3.4.2 导线敷设的安装与验收

1. 工艺流程应符合下列规定

（1）管内穿线工艺流程应符合图 3-22 的规定。

（2）槽盒内敷线工艺流程应符合图 3-23 的规定。

选择导线 → 清扫管路 → 穿带线 → 放线及断线 → 导线与带线的绑扎 → 管内穿线

图 3-22 管内穿线工艺流程

（3）塑料护套线直敷布线工艺流程应符合图 3-24 的规定。

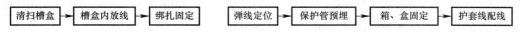

图 3-23　槽盒内敷线工艺流程　　　　　图 3-24　塑料护套线直敷布线工艺流程

（4）钢索配线工艺流程应符合图 3-25 的规定。

图 3-25　钢索配线工艺流程

（5）塑料线槽配线工艺流程应符合图 3-26 规定。

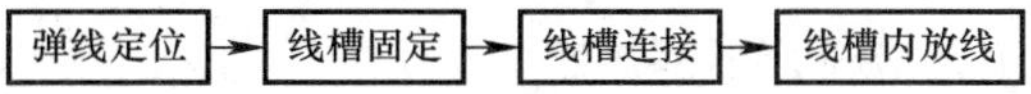

弹线定位 → 线槽固定 → 线槽连接 → 线槽内放线

图 3-26　塑料线槽配线工艺流程

2. 管内穿线施工工艺应符合下列规定

（1）选择导线应符合下列规定

1）应根据设计图纸的规定选择导线；

2）同一建筑物、构筑物的电线绝缘层颜色应统一按规定选择，即保护接地线（PE线）为黄绿相间色，中性线（N 线）为淡蓝色，相线 L1 为黄色、相线 L2 为绿色、相线 L3 为红色。

（2）清扫管路应符合下列规定

1）清除管路内的灰尘、泥水等杂物；

2）清扫管路时，将布条两端牢固地绑扎在带线上，两人来回拉动带线，将管内杂物清理干净。

（3）穿带线应符合下列规定

1）带线一般采用 $\phi 1.2 \sim \phi 2.0$mm 的铁丝或钢丝，先将铁丝的一端弯成不封口的圆圈，再利用穿线器将带线穿入管路内，在管路的两端均应留有 100～150mm 的余量；

2）在管路较长或转弯较多时，可以在敷设管路的同时将带线一并穿好；穿带线受阻时，应用两根铁丝同时搅动，使两根铁丝的端头互相钩绞在一起，然后将带线拉出。

（4）放线及断线应符合下列规定

1）放线前根据施工图纸对导线的规格、型号进行核对；

2）放线时导线应置于放线架或放线车上；

3）导线预留长度应符合下列规定：接线盒、开关盒、插座盒及灯头盒内导线的预留长度应为 150mm；配电箱内导线的预留长度应为配电箱箱体周长的 1/2；出户导线的预留长度应为 1.5m；共用导线在分支处，可不剪断导线而直接穿过。

（5）导线与带线的绑扎应符合下列规定

1）当导线根数较少时，例如 2～3 根导线，可将导线前端的绝缘层削去，然后将线芯直接插入带线的盘圈内并折回压实，绑扎牢固，使绑扎处形成一个平滑的锥形过渡部位；

2）当导线根数较多或导线截面较大时，可将导线前端的绝缘层削去，然后将线芯错位排列在带线上，用绑线缠绕绑扎牢固，不要将线头做得太粗太大，应使绑扎接头处形成一个平滑的锥形过渡部位，便于穿线。

（6）管内穿线应符合下列规定

1）钢管（电线管）在穿线前，应首先检查各个管口的护口是否齐全，如有遗漏和破损，均应补齐或更换；

2）当管路较长或转弯较多时，要在穿线前往管内施加润滑剂；

3）穿线时，两端的工人应配合协调，一拉一送；

4）穿线时应注意下列问题：同一交流回路的绝缘导线不应敷设于不同金属导管内；除设计要求以外，不同回路、不同电压等级和交流与直流线路的绝缘导线，不应穿于同一导管内；

5）导线在变形缝处，补偿装置应活动自如，导线应留有一定的余量。

3. 槽盒内敷线施工工艺应符合下列规定

（1）清扫槽盒应符合下列规定

1）清扫明敷槽盒时，可用抹布擦净槽盒内残存的杂物和积水，使槽盒内外保持清洁；

2）清扫暗敷于地面内的槽盒时，可先将带线穿通至出线口，然后将布条绑在带线一端，从另一端将布条拉出，反复多次就可将槽盒内的杂物和积水清理干净；也可用空气压缩机将槽盒内的杂物和积水吹出。

（2）槽盒内放线应符合下列规定

1）放线前应先检查管与槽盒连接处的护口是否齐全；导线和保护连接导体的选择是否符合设计图的要求；管进入盒、箱时，内、外根母是否锁紧，确认无误后再放线；

2）放线时，先将导线抻直、捋顺，盘成大圈或放在放线架（车）上，从始端到终端（先干线，后支线）边放边整理，不应出现挤压背扣、扭结、损伤导线等现象；

3）地面槽盒放线时，利用带线从出线一端至另一端，将导线放开、抻直、捋顺，削去端部绝缘层，并做好标记，再把芯线绑扎在带线上，然后从另一端抽出即可。放线时应逐段进行；

4）导线敷设完毕后，每个分支应绑扎成束，绑扎时应采用尼龙绑扎带，不允许使用金属导线进行绑扎。

（3）槽盒内敷线应符合下列规定

1）在同一槽盒内（包括绝缘层在内）的导线截面积总和应该不超过内部截面积的 40%，且载流导体不宜超过 30 根；当控制和信号等非电力线路敷设于同一槽盒内时，绝缘导线的总截面积不应超过槽盒内截面积的 50%；分支接头处绝缘导线的总截面面积（包括外护层）不应大于该点盒（箱）内截面面积的 75%；

2）同一槽盒内不宜同时敷设绝缘导线和电缆。除设计要求外，不同电压等级、不同频率的导线不应放在同一槽盒内；当交流电压在 50V 或直流 120V 及以下、同一设备或同一流水线的动力和控制回路、照明花灯的所有回路、三相四线制的照明回路可放在同一槽盒内；

3）导线较多时，除采用导线外皮颜色区分相序外，也可利用在导线端头和转弯处做标记的方法来区分；

4）在穿越建筑物的变形缝时，导线应留有补偿余量；

5）绝缘导线在槽盒内应留有一定余量，并应按回路分段绑扎，绑扎点间距不应大于 1.5m；当垂直或大于 45°倾斜敷设时，应将绝缘导线分段固定在槽盒内的专用部件上，每段至少应有一个固定点；当直线段长度大于 3.2m 时，其固定点间距不应大于 1.6m；槽盒内导线排列应整齐、有序；

6）接线盒内的导线预留长度不应超过 15cm；盘、箱内的导线预留长度应为其周长的 1/2；

7）敷线完成后，槽盒盖板应复位，盖板应齐全、平整、牢固；

8）从室外引入室内的导线，穿过墙外的一段应采用橡胶绝缘导线，不允许采用塑料绝缘导线。穿墙保护管的外侧应有防水措施。

4. 塑料护套线直敷布线施工工艺应符合下列规定

（1）弹线定位应符合下列规定

1）按照图纸测出盒、箱、出线口等安装点的准确位置，并在测定位置做出标记；

2）测定时应从始端至终端（先干线后支线）找好水平或垂直线，根据测定的位置，用粉线弹出塑料护套线敷设的路径，按要求标出线卡子的位置；

3）在盒、箱固定点位置进行钻孔，埋入膨胀螺栓、塑料胀塞或伞形螺栓。弹线时不应弄脏建筑物表面。

（2）保护管预埋应符合下列规定：

1）塑料护套线与保护导体或不发热管道等紧贴和交叉处及穿梁、墙处等易受机械损伤的部位，应采取保护措施；

2）穿楼板处应用热浸镀锌钢管保护，其保护高度距地面不应低于 1.8m。

（3）箱、盒固定应符合下列规定

1）塑料胀塞法：用与塑料胀塞直径相匹配的冲击钻头在混凝土墙、砖墙已标出的固定点位置上用冲击钻钻孔，钻孔不应歪斜，钻孔应垂直，钻好孔后，将孔内残存的杂物清理干净，用木槌把塑料胀塞垂直敲入孔中，并与建筑物表面平齐，再将缝隙填实抹平。用镀锌自攻螺栓加垫圈将接线盒固定在塑料胀塞上，紧贴建筑物表面；

2）抽芯拉铆钉法：用与抽芯拉铆钉直径相匹配的麻花钻头在彩钢板墙面、屋顶已标出的固定点位置上用手电钻钻孔，钻好孔后，用镀锌自攻螺栓加垫圈将接线盒固定在已标出的位置上，要求接线盒安装牢固，紧贴建筑物表面；

3）膨胀螺栓法：用与膨胀螺栓相匹配的冲击钻头在混凝土墙、砖墙已标出的固定点位置上用冲击钻钻孔，钻孔不应歪斜，钻孔应垂直，钻好孔后，将孔内残存的杂物清理干净，用手锤将膨胀螺栓垂直敲入孔中，胀管并与建筑物表面平齐，加垫圈将配电箱或接线盒固定在墙上，紧贴建筑物表面。

（4）护套线配线应符合下列规定

1）使用与塑料护套线相匹配的专用线卡子，根据原先测定的导线敷设位置和标出线卡子的位置开始敷设塑料护套线；

2）使用线卡子把塑料护套线卡住，线卡子位置与标出线卡子的位置一致，利用手锤将线卡子自带的钢钉子垂直敲入混凝土墙或砖墙的墙面内；

3）根据线路的实际长度量好导线长度并剪断；应从线路的一端开始逐段地敷设，边敷设，边固定，然后将导线理顺调直；

4）当塑料护套线侧弯或平弯时，其弯曲处护套和导线绝缘层均应完整无损伤，侧弯和平弯弯曲半径应分别不小于护套线宽度和厚度的 3 倍；

5）塑料护套线进入盒（箱）或与设备、器具连接，其护套层应进入盒（箱）或设备、器具内，护套层与盒（箱）入口处应密封；

6）塑料护套线的固定应符合下列规定：固定应顺直、不松弛、不扭绞；护套线应采用线卡固定，固定点间距应均匀、不松动，固定点间距宜为 150～200mm；在终端、转弯和进入盒（箱）、设备或器具等处，均应装设线卡固定，线卡距终端、转弯中点、盒（箱）、设备或器具边缘的距离宜为 50～100mm；塑料护套线的接头应设在明装盒（箱）或器具内，多尘场所应采用 IP5X 等级的密闭式盒（箱），潮湿场所应采用 IPX5 等级的密闭式盒（箱），盒（箱）的配件应齐全，固定应可靠；

7）多根塑料护套线平行敷设的间距应一致，分支和弯头处应整齐，弯头应一致。

5. 钢索配线施工工艺应符合下列规定

（1）预制加工金具应符合下列规定。

1）加工预埋铁件，其尺寸不应小于 120mm×60mm×6mm；焊在铁件上的锚固钢筋的直径不应小于 8mm，其尾部要弯成燕尾状；

2）根据设计图纸的要求尺寸加工好预留孔洞的框架，加工好抱箍、支架、吊架、吊钩、耳环、固定卡子等热浸镀锌铁件；

3）采用镀锌钢绞线和圆钢作为钢索时，应按实际所需长度剪断，擦去表面的油污，先将其拉直，以减少其伸长率。

（2）预埋铁件及预留孔洞应根据设计图标注的尺寸位置，在土建结构施工时将预埋件固定好，并配合土建准确地将孔洞留好；

（3）弹线定位：根据设计图确定的固定点的位置，弹出粉线，均匀分出挡距，并用色漆做出明显标记。

（4）将已经加工好的抱箍支架固定在结构上，将心形环穿套在耳环和花篮螺栓上用于吊装钢索。固定好的支架可作为线路的始端、中间点和终端。

（5）组装钢索应符合下列规定：

1）将预先拽好的钢索一端穿入耳环，并折回穿入心形环，再用两只钢索卡固定两道。为防止钢索尾端松散，可用铁丝将其绑紧；

2）将花篮螺栓两端的螺杆均旋进螺母，使其保持最大间距，以备继续调整钢索的松紧度；

3）将绑在钢索尾部的铁丝拆去，将钢索穿过花篮螺栓和耳环，折回后嵌入心形环，再用两只钢索卡固定两道；

4）将钢索与花篮螺栓同时拉起，并钩住另一端的耳环，然后用大绳把钢索收紧，由中间开始把钢索固定在吊钩上；调节花篮螺栓的螺杆，使钢索的松紧度符合要求。

（6）保护接地导体安装应符合下列规定：

1）钢索就位后，在钢索的一端应跨接保护接地导体，并设置明显标识；

2）每个花篮螺栓处，均应与保护接地导体可靠连接。

（7）钢索吊装金属管应符合下列规定：

1）根据设计要求，选择金属管、三通、五通、专用明配接线盒及相应规格吊卡；

2）吊装管路时，应按照先干线后支线的顺序进行，把加工好的管子从始端到终端的顺序连接起来，与接线盒连接的丝扣应拧牢固，进盒内露出的丝扣不得超过 2 扣；吊卡的间距应符合施工及验收规范要求；

3）灯头盒安装时，每只灯头盒均应采用 2 个吊卡固定在钢索上；

4）双管并行吊装时，可将两个吊卡以对接方式进行吊装，管与钢索应在同一平面内；

5）吊装完毕后接线盒的两端应使用黄绿双色软导线跨接。

（8）钢索吊装刚性绝缘导管时，应符合下列规定。

1）根据设计要求选择绝缘管、专用明配接线盒及灯头盒、管子接头及吊卡；

2）管路的吊装方法同金属管的吊装，管进入接线盒及灯头盒时，可以用管接头进行连接；两管对接可用管箍粘接法；

3）吊卡应固定平整，吊卡间距应均匀。

（9）钢索吊瓷柱（珠）应符合下列规定。

1）根据设计图，在钢索上准确地量出灯位、吊架的位置及固定卡子之间的间距。用色漆做出明显标记；

2）应对自制加工的二线式扁钢吊架和四线制扁钢吊架进行调平、找正、打孔；然后再将瓷柱（珠）垂直、平整、牢固地固定在吊架上；

3）将上好瓷柱（珠）的吊架，按照已确定的位置用螺栓固定在钢索上；钢索上的吊架不应有歪斜和松动现象；

4）终端吊架与固定卡之间应用镀锌拉线连接牢固；

5）瓷柱（珠）及支架的安装规定：瓷柱（珠）用吊架和支架安装时，一般应使用小于 L30mm×30mm×3mm 的角钢或使用不小于 -40mm×4mm 的扁钢。瓷柱（珠）配线时其支持点间距及导线的允许距离应符合表 3-14 的规定；瓷柱（珠）配线时导线至建筑物的最小间距应符合表 3-15 的规定。瓷柱（珠）配线时其绝缘导线至建筑物最小距离应符合表 3-16 的规定。

支持点及线间距离　　　　　　　　　　　　　　　　　　表 3-14

| 导线截面<br>（mm²） | 瓷柱（珠）型号 | 支持点间距<br>最大允许距离<br>（mm） | 线间最小允许<br>距离<br>（mm） | 线路分支、转<br>角处、灯具等<br>处支持点间距<br>（mm） | 导线边线对<br>建筑物最小<br>水平距离<br>（mm） |
|---|---|---|---|---|---|
| 1.5～4 | G38（296） | 1500 | 50 | 100 | 60 |
| 6～10 | G50（249） | 1500 | 50 | 100 | — |

导线至建筑物最小距离　　　　　　　　　　　　　　　　表 3-15

| 导线敷设方式 | 最小间距（mm） |
|---|---|
| 水平敷设的垂直距离、距阳台、平台上方，跨越屋顶 | 2500 |
| 在窗户上方 | 200 |
| 在窗户下方 | 800 |
| 垂直敷设时距阳台、窗户的水平间距 | 600 |
| 导线至墙壁、构架的间距（挑檐除外） | 35 |

| 导线敷设方式 | | 最小距离（mm） |
|---|---|---|
| 导线水平敷设 | 室内 | 2500 |
| | 室外 | 2700 |
| 导线垂直敷设 | 室内 | 1800 |
| | 室外 | 2700 |

导线至建筑物最小距离　　　　　　　　　表 3-16

（10）钢索吊护套线应符合下列规定。

1）根据设计图，在钢索上量出灯位及固定点的位置；将护套线按段剪断，调直后放在放线架上；

2）敷设时应从钢索的一端开始，放线时应先将导线理顺，同时用铝卡子在标出固定点的位置上将护套线固定在钢索上，直至终端；

3）在接线盒两端 100～150mm 处应加卡子固定，盒内导线应留有适当裕量；

4）灯具为吊链灯时，从接线盒至灯头的导线应依次编叉在吊链内，导线不应受力。吊链为瓜子链时。可用塑料线将导线垂直绑在吊链上。

（11）钢索配线应符合下列规定。

1）应采用镀锌钢索，不应用含油芯型。钢索的钢丝直径应小于 0.5mm，钢索不应有扭曲和断股等缺陷。钢索上绝缘导线至地面的距离，在室内时应大于 2.5m；

2）室内的钢索布线用绝缘导线明敷时，应采用瓷（塑料）夹或鼓形绝缘子、针式绝缘子固定；用护套线、金属管和硬质塑料管布线时，可直接固定在钢索上；

3）钢索布线所采用的钢绞线的截面，应根据跨度、荷重和机械强度选择，最小截面不宜小于 10mm²；钢索的固定件应采用热浸镀锌件，钢索与终端拉环套接处应采用心形环，固定钢索的线卡不应少于 2 个，钢索端头应用镀锌铁线绑扎严密，与保护导体可靠连接；钢索的两端应拉紧，当跨距较大时应在中间增加支持点，中间支持点的间距不应大于 12m；

4）钢索上吊装瓷瓶时，应符合下列要求：支持点间距不应大于 1.5m；室内的线间距不应小于 50mm；扁钢吊架的终端应加拉线，其直径应不小于 3mm。

6. 塑料线槽配线施工工艺应符合下列规定

（1）弹线定位应符合下列规定。

1）应按设计图确定进户线、盒、箱等电气器具固定点的位置，从始端至终端（先干线后支线）找好水平或垂直线，用粉线袋在线路中心弹线，分匀挡，用冲击钻打孔，然后再埋入塑料胀塞；

2）用冲击钻打孔时不应污染建筑物表面。

（2）线槽固定应符合下列规定。

1）混凝土墙、砖墙可采用塑料胀塞固定塑料线槽。根据胀塞直径和长度选择钻头，在标出的固定点位置上用冲击钻钻孔，钻孔不应歪斜，钻孔应垂直，钻好孔后，将孔内残存的杂物清理干净，用木槌把塑料胀塞垂直敲入孔中，并与建筑物表面平齐，再将缝隙填实抹平；

2）用镀锌自攻螺栓将线槽底板固定在塑料胀塞上，紧贴建筑物表面；应先固定两端，再固定中间，同时找正线槽底板，应横平竖直，并沿建筑物形状表面进行敷设。

（3）线槽连接应符合下列规定。

1）槽底固定点间距应小于 500mm，底板离终点 50mm 处应固定；线槽的槽底应用双钉固定。槽底对接缝与槽盖对接缝应错开并不小于 100mm；槽体固定点最大间距应符合表 3-17 的规定。

槽体固定点最大间距（mm）　　　　　　　　　　表 3-17

| 固定点形式 | 槽板宽度 | | |
|---|---|---|---|
| | 20~40 | 60 | 80~120 |
| | 固定点最大间距 | | |
| 中心单列 | 800 | — | — |
| 双列 | — | 1000 | — |
| 双列 | — | — | 800 |

2）线槽分支接头，线槽附件如直通、三通转角、接头、插口、盒、箱应采用相同材质的产品。槽底、槽盖与各种附件相对接时，接缝处应严实平整，固定牢固。

3）线槽各种附件安装要求：盒子均应两点固定，转角、三通等处固定点不应少于两点（卡装式除外）；接线盒、灯头盒应采用相应插口连接，线槽的终端应采用终端头封堵；在线路分支接头处应采用相应接线盒、箱。

（4）线槽内放线应符合下列规定。

1）放线前应清扫线槽，可用布清除槽内的污物，使线槽内外清洁；

2）放线应按先干线，后支线的顺序进行，并在导线两端做好标记；不应出现挤压、纽结、损伤导线等现象。

### 3.4.3　质量标准

1. 主控项目应符合下列规定

（1）管内穿线和槽盒内敷线应符合下列规定。

1）同一交流回路的绝缘导线不应敷设于不同的金属槽盒内或穿于不同金属导管内；

2）除设计要求以外，不同回路、不同电压等级和交流与直流线路的绝缘导线不应穿于同一导管内；

3）绝缘导线接头应设置在专用接线盒（箱）或器具内，不得设置在导管和槽盒内，盒（箱）的设置位置应便于检修。

（2）塑料护套线直敷布线应符合下列规定。

1）塑料护套线不应直接敷设在建筑物顶棚内、墙体内、抹灰层内、保温层内或装饰面内；

2）塑料护套线与保护导体或不发热管道等紧贴和交叉处及穿梁、墙、楼板处等易受机械损伤的部位，应采取保护措施；

3）塑料护套线在室内沿建筑物表面水平敷设高度距地面不应小于 2.5m，垂直敷设时距地面高度 1.8m 以下的部分应采取保护措施。

（3）钢索配线应符合下列规定。

1）钢索配线应采用镀锌钢索，不应采用含油芯的钢索；钢索的钢丝直径应小于 0.5mm，钢索不应有扭曲和断股等缺陷；

2）钢索与终端拉环套接应采用心形环，固定钢索的线卡不应少于 2 个，钢索端头应用镀锌铁线绑扎紧密，且应与保护导体可靠连接；

3）钢索终端拉环埋件应牢固可靠，并应能承受在钢索全部负荷下的拉力，在挂索前应对拉环做过载试验，过载试验的拉力应为设计承载拉力的 3.5 倍；

4）当钢索长度小于或等于 50m 时，应在钢索一端装设索具螺旋扣紧固；当钢索长度大于 50m 时，应在钢索两端装设索具螺旋扣紧固。

（4）塑料线槽配线应符合下列规定。

1）线槽内电线无接头，电线连接设在器具处；槽板与各种器具连接时，电线应留有余量，器具底座应压住槽板端部；

2）线槽敷设应紧贴建筑物表面，且横平竖直、固定可靠，不应用木楔固定；塑料槽板应有阻燃标识。

（5）吊顶内不得裸露导线，跨接线除外。

2. 一般项目应符合下列规定

（1）管内穿线和槽盒内敷线应符合下列规定。

1）除塑料护套线外，绝缘导线应采取导管或槽盒保护，不可外露明敷；

2）绝缘导线穿管前，应清除管内杂物和积水，绝缘导线穿入导管的管口在穿线前应装设护线口；

3）与槽盒连接的接线盒（箱）应选用明装盒（箱）；配线工程完成后，盒（箱）盖板应齐全、完好；

4）当采用多相供电时，同一建（构）筑物的绝缘导线绝缘层颜色应一致；

5）同一槽盒内不宜同时敷设绝缘导线和电缆；

6）同一路径无防干扰要求的线路，可敷设于同一槽盒内；槽盒内的绝缘导线总截面积（包括外护套）不应超过槽盒内截面积的 40%，且载流导体不宜超过 30 根；

7）当控制和信号等非电力线路敷设于同一槽盒内时，绝缘导线的总截面积不应超过槽盒内截面积的 50%；

8）分支接头处绝缘导线的总截面面积（包括外护层）不应大于该点盒（箱）内截面面积 75%；

9）绝缘导线在槽盒内应留有一定余量，并应按回路分段绑扎，绑扎点间距不应大于1.5m；当垂直或大于 45°倾斜敷设时，应将绝缘导线分段固定在槽盒内的专用部件上，每段至少应有一个固定点；当直线段长度大于 3.2m 时，其固定点间距不应大于 1.6m；槽盒内导线排列应整齐、有序；

10）敷线完成后，槽盒盖板应复位，盖板应齐全、平整、牢固。

（2）塑料护套线直敷布线应符合下列规定。

1）当塑料护套线侧弯或平弯时，其弯曲处护套和导线绝缘层均应完整无损伤，侧弯和平弯弯曲半径应分别不小于护套线宽度和厚度的 3 倍；

2）塑料护套线进入盒（箱）或与设备、器具连接，其护套层应进入盒（箱）或设备、器具内，护套层与盒（箱）入口处应密封；

3）固定应顺直、不松弛、不扭绞；

4）护套线应采用线卡固定，固定点间距应均匀、不松动，固定点间距宜为 150～200mm；

5）在终端、转弯和进入盒（箱）、设备或器具等处，均应装设线卡固定，线卡距终端、转弯中点、盒（箱）、设备或器具边缘的距离宜为 50～100mm；

6）塑料护套线的接头应设在明装盒（箱）或器具内，多尘场所应采用 IP5X 等级的密闭式盒（箱），潮湿场所应采用 IPX5 等级的密闭式盒（箱），盒（箱）的配件应齐全，固定应可靠。

7）多根塑料护套线平行敷设的间距应一致，分支和弯头处应整齐，弯头应一致。

（3）钢索配线应符合下列规定。

1）钢索中间吊架间距不应大于 12m，吊架与钢索连接处的吊钩深度不应小于 20mm，并应有防止钢索跳出的锁定零件；

2）绝缘导线和灯具在钢索上安装后，钢索应承受全部负载，且钢索表面应整洁、无锈蚀；

3）钢索配线的支持件之间及支持件与灯头盒之间最大距离应符合表 3-18 的规定。

钢索配线的支持件之间及支持件与灯头盒之间最大距离（mm）　　表 3-18

| 配线类别 | 支持件之间最大距离 | 支持件与灯头盒之间的最大距离 |
|---|---|---|
| 钢管 | 1500 | 200 |
| 塑料导管 | 1000 | 150 |
| 塑料护套线 | 200 | 100 |

（4）塑料线槽配线应符合下列规定。

1）塑料线槽无扭曲变形。槽板底板固定点间距应小于 500mm；槽板盖板固定点间距小于 300mm；底板距终端 50mm 和盖板距终端 30m 处应固定；

2）线槽的底板接口与盖板接口应错开 20mm，盖板在直线段和 90°转角处应成 45°斜口对接，T 形分支处应成三角叉接，盖板应无翘边，接口应严密整齐；

3）线槽穿过梁、墙和楼板处应有保护套管，跨越建筑物变形缝处槽板应设补偿装置，且与槽板结合严密；

4）线槽敷设的偏差应符合表 3-19 的规定。

槽板配线允许偏差和检验方法　　表 3-19

| 项次 | 项目 | | 允许偏差（mm） | 检查方法 |
|---|---|---|---|---|
| 1 | 水平或垂直敷设 | 平直程度 | 5 | 拉线、尺量检查 |
| 2 | 直线段敷设 | 垂直程度 | 5 | 拉线、尺量检查 |

## 习　题

1. 简述室内配线质量监理的工作内容。

2. 在建筑电气工程中，对绝缘导管这类材料有哪些要求？

3. 简述管内穿线的施工流程。

4. 在进行暗管敷设时，电气工程与土建工程在一些交接面要进行配合施工，这时监理人员应做好哪些巡视检查工作。

5. 导线及导管、槽敷设过程中是否需要进行旁站监理？为什么？

6. 在对室内布线工程进行监理时，需对哪些项目进行见证取样或试验？

7. 在施工中发现楼板面上焦渣层内敷设导管、顺管路地面出现裂缝。请分析其原因，并提出解决办法。

8. 在施工中发现接线箱、盒安装标高不一致，请分析可能是哪些原因造成的？今后施工过程中应注意什么？

# 第 4 章　照明工程安装与质量控制

照明系统在人们的日常生产和生活中起着非常重要的作用。如果照明系统设备的安装质量不符合相关施工标准，会降低电气照明设备的质量和设备的可靠性，导致生产力下降，增加事故的风险。同时也会增加维护和管理的难度，甚至会降低建筑物的美观和舒适性，从而影响建筑物的整体品质和使用价值。

照明系统设备安装质量与人民的美好生活之间有着密切的关系。首先，照明系统设备的安装质量直接关系到人身安全。如果安装不规范，可能会导致电气事故或火灾等危险。其次，照明系统设备的安装质量影响系统的可靠性。如果安装不良，可能会导致照明效果不佳、设备损坏或寿命缩短等问题。再次，照明系统设备的安装质量也会影响系统的维护和维修。如果安装不良，可能会导致设备故障率增加，影响使用效果和寿命。最后，照明系统设备的安装质量还会影响系统的美观和谐。如果安装不良，可能会导致设备间距不合理、线路凌乱、灯具不匹配等问题，影响整体效果。

因此，照明系统设备的安装质量是非常重要的，必须严格按照安装规范进行操作，确保系统的安全性、可靠性、维护性和美观性。这样不仅能够提高人民的生活质量，还能够保障人身安全，减少系统故障率，延长设备寿命，提高整体效果。

【坚持人民城市人民建、人民城市为人民，提高城市规划、建设、治理水平，加快转变超大特大城市发展方式，实施城市更新行动，加强城市基础设施建设，打造宜居、韧性、智慧城市。】

——习近平在中国共产党第二十次全国代表大会上作的报告

## 4.1　照明工程安装与验收要求

本章所述照明系统设备安装与质量控制仅限于建筑室内照明系统。

### 4.1.1　照明系统设备安装的作业条件

照明系统设备的安装应按已批准的设计进行，技术文件应齐全，型号、规格及外观质量应符合设计要求。在安装前，土建工程应具备下列条件：

（1）对灯具安装有妨碍的模板、脚手架应拆除；

（2）接线盒口应与墙面、顶棚收口平齐，顶棚、墙面等的抹灰工作及室内装饰涂刷工作已完成，并结束场地清理工作。门窗应安装齐全。

（3）导线的绝缘测试已完成。相关回路管线应敷设到位，穿线检查应完毕，线路一次绝缘摇测应完成，并合格。

（4）其他规定

1）在砖石结构中安装电气照明设备，应采用预埋吊钩、螺栓、螺钉、膨胀螺栓、尼龙塞或塑料塞，严禁使用木楔。若设计无规定时，上述固定件的承载能力应与电气照明装置的重量相匹配。

2）安装在绝缘台上的电气照明设备，其导线的端头绝缘部分应伸出绝缘台的表面。

3）电气照明设备的接线应牢固，电气接触应良好；需要接地或接零的灯具、开关、插座等非带电金属部分，应有明显标志的专用接地螺钉。

照明系统设备在安装施工中所用的电气设备及器材，均应符合现行技术标准并有合格证，设备应有铭牌。所有电气设备和器材到达现场后，应做仔细的验收检查，不合格或有损坏的均不能用于安装。照明系统设备安装结束后，对安装过程中造成的建筑物、构筑物局部破坏部分，应修补完整。

### 4.1.2 照明工程的交接验收

1. 验收检查项目

（1）并列安装的相同型号的灯具、开关、插座及照明配电箱（板），其中心轴线、垂直偏差、距地面高度。

（2）暗装开关、插座的面板、盒（箱）周边的间隙，交流、直流及不同电压等级电源插座的安装。

（3）大型灯具的固定。

（4）照明配电箱（板）的安装和回路编号。

（5）回路绝缘电阻测试和灯具试亮及灯具控制性能。

（6）接地或接零。

2. 技术资料和文件

（1）竣工图。

（2）变更设计的证明文件。

（3）安装技术记录。

（4）产品的说明、合格证等技术文件。

（5）试验记录，包括灯具程序控制记录和大型、重型灯具的固定及悬吊装置的过载试验记录。

## 4.2 室内灯具的安装

### 4.2.1 灯具的安装工艺

灯具安装工艺流程如图 4-1 所示。

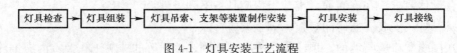

图 4-1　灯具安装工艺流程

### 4.2.2 灯具安装前的检查

灯具检查应符合下列规定。

1. 灯具安装场所及灯具检查应符合下列规定

（1）防水灯具、防爆灯具的防水胶圈应完整有弹性、安装应平顺，固定螺栓旋紧力矩应均匀一致；

（2）手术台无影灯的镀膜反光罩应光洁无变形，镀膜层应均匀无损伤；

（3）各类灯具的电光源的规格型号应正确无误；

（4）灯具外观应无变形、受潮、镀层剥落锈蚀等现象，附件应齐全。

2. 灯具内配线检查应符合下列规定

（1）灯具内配线应符合设计要求及有关规定；

（2）穿入灯箱的导线在分支连接处不得承受额外应力和磨损；

（3）箱内的导线不应过于靠近热光源，并应采取隔热措施；

（4）使用螺灯口时，相线应压在灯芯柱上。

### 4.2.3　灯具组装规定

灯具组装应符合下列规定。

（1）应选择洁净场地，将灯具的包装箱、保护薄膜拆开铺好；

（2）应戴上干净的纱线手套；

（3）应参照灯具的安装说明将各组件连成一体；

（4）灯内穿线的长度应适宜，多股软线线头应搪锡；

（5）应统一配线颜色以区分相线与中性线，对于螺口灯座中心簧片应接相线，不得接错；

（6）应理顺灯内线路，用线卡或尼龙扎带固定导线以避开灯泡发热区。

### 4.2.4　灯具吊索、支架等装置制作安装规定

灯具吊索、支架等装置制作安装应符合下列规定：

（1）应根据设计文件及灯具安装说明制作灯具吊索、支架等装置，支架的安装孔不得采用电、气焊方式开孔，应采用机械加工方式成孔；

（2）吊索、支架、灯杆等装置应按要求做好防腐处理；

（3）吊索、支架、灯杆等装置安装固定时，应确保垂直性、水平性，建筑幕墙有预留孔的应采取密封措施；

（4）应用膨胀螺栓或与预埋件焊接固定吊索、支架、灯杆等。

### 4.2.5　灯具的安装要求

1. 灯具安装的一般要求

灯具的型号、规格必须符合设计要求和国家标准的规定。灯内配线严禁外露，灯具配件齐全，无机械损伤变形、油漆剥落、灯罩破裂、灯箱歪翘等现象。所有灯具应有产品合格证。

（1）灯具接线时，相线和零线要严格区别，应将零线接在灯头上，相线需经过开关再接到灯头上，且灯具的导线不得有接头。

（2）用钢管制作灯具的吊杆时，钢管内径不应小于 10mm，钢管壁厚不应小于 1.5mm。

（3）吊链灯具的灯线不应受拉力，灯线应与吊链编叉在一起。

（4）吊灯应选用双股编织花线，若采用 0.5mm² 的软塑料线时，应穿软塑料管，并将该线双股并列挽保险扣，两端芯线应搪锡。

（5）同一室内或场所成排安装的灯具，其中心线偏差不应大于 5mm。

（6）荧光灯和高压汞灯及其附件应配套使用，安装位置应便于检修。

（7）灯具固定应牢固可靠，每个灯具固定用的螺钉或螺栓不应少于 2 个；若绝缘台直

径为 75mm 以下，可采用 1 个螺钉或螺栓固定。

（8）组装荧光灯时，应查对镇流器的接线端头，是四个头的，还是两个头的。必须按照镇流器附图的规定接线，不得接错。

（9）灯具安装高度：室内照明灯具距地面高度一般不得低于 2.5m，受条件限制时可减为 2.2m，低于此高度时，应进行接地或接零，加以保护，或用安全电压供电。当在桌面上方或其他人不能够碰到的地方，允许高度可减为 1.5m。一般生产车间、办公室、商店、住房等 220V 灯具安装高度应不低于 2m。如果灯具安装高度不能满足最低高度要求，而且又无安全措施以及机床局部照明等采用 36V 安全电压。

（10）地下建筑内的照明装置，应有防潮措施，灯具低于 2m 时，灯具应安装在人不易碰到的地方，否则应采用 36V 及以下的安全电压。

（11）需接地的金属灯具，应认真做好保护接地或保护接零。

2. 螺口灯头的接线要求

（1）相线应接在灯座中心的铜片上，零线应接在螺纹的铜圈上。

（2）灯头的绝缘外壳不应有破损和漏电。

（3）对带开关的灯头，开关手柄不应有裸露的金属部分。

3. 其他要求

（1）根据灯具的安装场所及用途，灯具使用的导线按机械强度最小允许线芯截面应符合表 4-1 的规定。

绝缘导线最小允许截面（mm²）                                                表 4-1

| 用途及敷设方式 | | 线芯最小截面积 | | |
|---|---|---|---|---|
| | | 铜芯软线 | 铜线 | 铝线 |
| 室内灯头线 | | 0.4 | 1.0 | 2.5 |
| 室外灯头线 | | 1.0 | 1.0 | 2.5 |
| 绝缘导线穿管、线槽敷设 | | — | 1.0 | 10 |
| 绝缘导线明敷（室内） | $L \leqslant 2m$ | — | 1.5 | 10 |

（2）灯具不得直接安装在可燃构件上，当灯具表面高温部位靠近可燃物时，应采取隔热、散热措施。

（3）在变电所内，高压、低压配电设备及裸母线的正上方，不应安装灯具。

（4）对装有白炽灯泡的吸顶灯具，灯泡不应紧贴灯罩，当灯泡与绝缘台之间的距离小于 5mm 时，灯泡与绝缘台之间应采取隔热措施。

（5）公共场所用的应急照明灯和疏散指示灯，应有明显的标志。无专人管理的公共场所照明宜装设自动节能开关。

（6）每套路灯应在相线上装设熔断器，由架空线引入路灯的导线，在灯具入口处应做防水弯。

（7）固定在移动结构上的灯具，其导线宜敷设在移动构架的内侧，当移动构架活动时，导线不应受拉力和磨损。

（8）当灯具自重较大（超过 1kg）时，需用吊链悬挂灯具，软线应编叉在吊链内，并且不得受力。当灯具的自重超过 3kg 时，应预埋吊钩或悬挂灯具。挂钩应能承受 10 倍灯具的重量。

（9）投光灯的底座及支架应固定牢靠，枢轴应沿需要的光轴方向拧紧固定。

（10）安装在重要场所的大型灯具的玻璃罩，应按设计要求采取防止碎裂后向下溅落的措施。

（11）在木质结构吊顶板下安装组合式吸顶灯、面包灯、半圆球灯和荧光灯具时，应在灯爪子与吊顶直接接触的部位，垫上 3mm 厚的石棉布（纸）隔热，防止火灾事故发生。此外，在顶棚上安装灯群及吊式花灯时，应先拉好灯位中心线，按十字线定位。

#### 4.2.6　各种灯具的安装

1. 荧光灯的安装

荧光灯的安装有吸顶式安装、吊链式安装、吊杆式安装、嵌入式安装及光带、光沿的安装。安装时应按电路图正确接线；开关应装在镇流器侧；镇流器、启辉器、电容器要相互匹配。灯具要固定牢固。具体要求如下：

（1）镇流器、启辉器和荧光灯的规格应相符配套，不同功率不能互相混用。当使用附加线圈的镇流器时，接线应正确，不能搞错。

（2）接线时应使相线通过开关，经镇流器到灯管。为了提高功率因数，在荧光灯的电源两端并联一只电容器。

（3）吊链荧光灯安装，根据不同需要截取不同长度的塑料软线，各连接的端线均应挂锡。把两个吊线盒分别与绝缘台固定牢，将吊链与吊环安装一体，把软线与吊链编花，并将吊链上端与吊线盒盖用 U 形铁丝挂牢，将软线分别与吊线盒接线桩和启辉器接线桩连接好，准备到现场安装。安装时把电源相线接在启辉器的吊线盒接线桩上，把零线接在另一个吊线盒接线桩上，然后把绝缘台固定到接线盒上。安装卡牢荧光灯管，进行管脚接线，用 4mm² 塑料线的绝缘管，把导线与灯脚连接。应注意吊链双链平行。

（4）吸顶荧光灯安装，根据已敷设好的灯位盒位置，确定荧光灯的安装位置，找好灯位盒安装孔的位置，在灯箱的底板上用电钻打好安装孔，并在灯箱上对着灯位盒的位置同时打好进线孔。安装时在进线孔处套上软塑料管保护导线，将电源线引入灯箱内，固定好灯箱，使其紧贴在建筑物表面上，并将灯箱调整顺直。灯箱固定后，将电源线压入灯箱的端子板上，无端子板的灯箱，应把导线连接好，将灯具的反光板固定在灯箱上，最后把荧光灯管装好。

（5）吊杆式荧光灯安装前，按设计要求的安装高度将吊杆确定准确。吊杆与灯具一般采用丝扣连接，管的内径不小于 10mm，管壁厚度不小于 1.5mm。

（6）嵌入式荧光灯一般安装在吊顶内。首先根据灯具的规格、型号在吊顶时将灯位预留好。灯具吊件采用 φ8 圆钢 2 根，通过吊件，采用膨胀螺栓或与楼板预埋吊钩连接好。灯箱至接线盒，可采用金属软管内穿导线进行连接，接线盒处应采用专用盒盖封闭，吊顶内导线不能外露。灯箱底口应与吊顶平面平齐，装上灯管后，将格栅或灯罩安装好。

2. 嵌入式灯具安装

（1）灯具应固定在专设的框架上，导线不应贴近灯具外壳，且在灯盒内留有余量，灯具的边框应紧贴在顶棚面上。

（2）矩形灯具的边框应与顶棚面的装饰直线平行，其偏差不应大于 5mm。

（3）荧光灯管组合的开启式灯具，灯管排列应整齐，其金属或塑料的间隔片不应有扭曲等缺陷。

3. 高压钠灯、金属卤化物灯的安装

(1) 光源及附件应与镇流器、触发器和限流器配套使用，触发器与灯具本体的距离应符合产品技术文件的要求。

(2) 灯具安装高度宜大于在 5m 以上，电源线应经接线柱与灯具连接，并采取隔热措施，不得使电源线靠近灯具表面。

(3) 落地安装的反光照明灯具，应采取保护措施。

(4) 无外玻璃壳的金属卤化物灯，悬挂高度应不低于 14m。

(5) 安装时必须认清方向标记，正确安装，而灯轴中心的偏离不应大于±15°。

4. 手术台无影灯的安装

(1) 固定灯座螺栓的数量不应少于灯具法兰底座上的固定孔数，且螺栓直径应与孔径匹配。

(2) 在混凝土结构中，预埋件应与主筋焊接，或将挂钩与主筋绑扎锚固。

(3) 固定无影灯座的螺栓应采用双螺母锁紧。

(4) 灯泡应间隔地接在两条专用的回路上。

(5) 开关至灯具的导线应使用额定电压不低于 500V 的铜芯多股绝缘导线。

5. 高压汞灯的安装

(1) 高压汞灯安装要按照产品要求进行，要注意区分是外接镇流器还是自带镇流器。带镇流器的高压汞灯，一定要使镇流器与汞灯相匹配，否则会烧坏灯泡。安装方式一般为垂直安装。

(2) 高压汞灯应垂直安装，若水平安装时，其亮度要减少 7%，并容易自熄灭。

(3) 由于高压汞灯的外玻璃壳温度很高，可达 150~250℃，因此，必须使用散热良好的灯具。

(4) 电源电压要尽量保持稳定，若电压降低 5%，灯泡就可能自熄灭，而再次启动点燃时间又较长，因此高压汞灯不应接在电压波动较大的线路上。当作为路灯，厂房照明灯时，应采取调压或稳定措施。

6. 壁灯的安装

(1) 壁灯安装有室内、室外两种。根据壁灯的重量，又把壁灯分为普通壁灯和大型壁灯。

(2) 轻型壁灯安装应根据外形选择合适的绝缘台式灯具底托，把灯具设置于中心位置。然后用电钻在绝缘台和灯具底板上开孔，将灯具灯头线从绝缘台出线孔甩出，与墙壁上灯头盒内电源线连接，并包扎严密，将接头塞入盒内。绝缘台与灯头盒对正，紧贴墙面，用机螺栓固定在接线盒固定孔上，调整绝缘台后，将灯具固定在绝缘台上然后安装灯泡灯罩或灯伞。

(3) 大型壁灯的安装，由于灯具重量较重，要用墙壁预埋件或膨胀螺栓固定。首先按灯具配套挂件孔距，在墙上确定位置，用电锤打孔、埋入膨胀螺栓。然后按顺序将导线接好，将灯具贴紧墙面安装。

(4) 灯具如果在室外安装，灯具选型必须是防水式。墙壁与绝缘台之间应加密封垫，有可能积水之处应打泄水孔。当绝缘台与灯泡距离小于 5mm 时，应采取隔热措施。且壁灯装在砖墙上时，不能使用木楔代替木砖。

（5）同一工程中成排安装的壁灯，安装高度应一致，高低差不应大于 5mm。

7. LED 灯具的安装

（1）LED 灯具安装的一般规定

1）灯具安装应牢固可靠，饰面不应使用胶类粘贴。

2）灯具安装位置应有较好的散热条件，且不宜安装在潮湿场所。

3）灯具用的金属防水接头密封圈应齐全、完好。

4）灯具的驱动电源、电子控制装置在室外或其他潮湿环境安装时，应置于金属箱（盒）内；金属箱（盒）的 IP 防护等级和散热应符合设计要求，驱动电源的极性标记应清晰、完整。

5）室外或其他改造提升类潮湿环境灯具配线管应按明配管敷设，应根据情况采用厚度大于 2mm 的热镀锌金属电气导管或塑料槽盒、导管（塑料管应采用中型及以上）等，且应具备防雨功能，IP 防护等级应符合设计要求。

（2）LED 线型灯安装要求

1）线型灯连续安装时，宜使用灯具出厂配套的防水耐候插接头直接连接；

2）单个回路所连续接线的灯具数量应满足供电压降和控制数量的要求；

3）灯具间的连接导线，其连接时不得承受外力；接线完成后，外露的插接头、导线等应隐藏、固定；

4）灯具安装固定应牢靠，灯具固定应采用膨胀栓塞螺钉固定或用镀锌螺栓，数量不应少于两个；

5）成排安装的灯具应平直整齐，相邻灯具的间距、照射方向应保持一致，确保照明效果的统一、规则，且照射方向宜避开室内、行人等方向，不应产生眩光；

6）灯具如有配套的供电设备、控制设备等，应选择就近且便于维护的部位进行安装，并应符合规范要求。

（3）LED 点光灯安装要求

1）成行成列安装间距≤200mm 的点光灯应采用合金管槽安装，点光灯宜采用卡扣固定于管槽面板上；管槽底板应采用膨胀栓塞螺钉固定或用镀锌螺栓固定在建筑立面，固定点数量不应少于每米两个；

2）点光灯可按照设计要求预制每串的长度，减少安装接线数量；

3）接线处应做好防水处理，其防水要求应不低于灯具的防水要求；

4）点光灯连续安装的数量应保证供电压降、控制数量的要求；

5）灯具配套的供电电器、控制设备等应选择就近、便于维护的部位安装。

8. 花灯的安装

（1）组合式吸顶花灯安装。首先根据灯具组装示意图将灯具组装好，检查灯内配线是否有破坏或压接不牢的现象。根据预埋的螺栓和灯头盒的位置，在灯具的托板上用电钻开好安装孔和出线孔，灯内导线从出线孔穿出。安装时将托板托起，将电源线和从灯具甩出的导线连接并包扎严密，塞入灯头盒内。然后将托板安装孔对准预埋螺栓，使托板四周与顶棚贴紧，用螺母将其固定，调整灯口，悬挂好灯具的各种饰物，并装好光源和灯罩。

（2）吊式花灯安装。把灯具托起，并把预埋好的吊杆插入灯具内，将吊挂销钉插入后再把尾部掰开成燕尾状，并将其压平。导线接好头，包扎严密、理顺后向上推起灯具上部的扣碗，把接头扣于其内，并把扣碗紧贴顶棚，拧紧固定螺母。调整好灯口位置，装好光源，最后配上灯罩。

（3）固定花灯的吊钩，其圆钢直径不应小于灯具吊挂销、钩的直径，即不得小于6mm。对大型花灯、吊装花灯的固定及悬吊装置，应按灯具重量的1.25倍做过载试验。

9. 应急灯具的安装

（1）备用照明宜安装在墙面或顶棚部位。

（2）疏散照明按安装的位置分为：应急出口（安全出口）照明和疏散走道照明。疏散照明宜设在安全出口的顶部、疏散走道及其转角处，距地1m以下的墙面上，当交叉口处的墙面下侧，安装难以明确表示疏散方向时，也可将疏散标志灯安装在顶部。疏散走道上的标志灯，应有指示疏散方向的箭头标志，标志灯间距不宜大于20m（人防工程不宜大于10m）。

楼梯间的疏散标志灯宜安装在休息平台板上方的墙角处或壁上，并应用箭头及阿拉伯数字清楚标明上、下层层号。

（3）安全照明中的安全出口标志灯宜安装在疏散门口的上方，在首层的疏散楼梯，应安装于楼梯口的里侧上方。安全出口标志灯距地高度宜不低于2m。

疏散走道上的安全出口标志灯可明装，而厅室内宜采用暗装。安全出口标志灯应有图形和文字符号，在有无障碍设计要求时，宜同时设有音响指示信号。

可调光型安全出口标志灯宜用于影剧院内观众厅。在正常情况下减光使用，火灾事故时应自动接通至全亮状态。

10. 装饰灯具的安装

（1）霓虹灯的安装

1）灯管应完好，无破裂。

2）灯管应采用专用的绝缘支架固定，且必须牢固可靠，专用支架可采用玻璃管制成。固定后的灯管与建筑物、构筑物表面的最小距离不宜小于20mm。

3）专用变压器采用双圈式，所供灯管长度不大于允许负载长度。安装位置宜隐蔽，且方便检修，但不宜装在吊平顶内，被非检修人员触及。明装时，其高度不低于3m，低于3m时应有防护措施。离阳台、架空线路等距离不应小于1m。

4）专用变压器的二次绕组和灯管间的连接采用额定电压不低于15kV的高压绝缘导线。

5）专用变压器的二次绕组与建筑物、构筑物表面的距离不应小于20mm；一次绕组与敷设面之间的距离不应小于50mm。

6）高压线路在穿越建筑物时，应穿双层玻璃管加强绝缘，玻管两端须露出建筑物两侧，长度各为50～80mm。

7）对容量不超过4kW的霓虹灯，可采用单相供电，对超过4kW的大型霓虹灯，需要提供三相电源，霓虹灯变压器要均匀分配在各相上。

（2）光带、光梁和发光顶棚

1）根据设计图尺寸在吊顶施工时做好预留，如顶棚内采用木质灯箱架，其材料应做防水处理，如采用金属支架，其支架应做防腐处理。

2）支架加工好后，根据灯具的安装位置，用预埋件或膨胀螺栓把支架固定牢固。

3）支架固定好后，将灯带的灯箱用机螺栓固定在支架上，再将电源引入灯箱内与灯具导线连接并包扎严密。调整各灯脚或灯口，装上灯管或灯泡，最后将灯罩安装好。

4）灯具的边框应与顶棚装修线平行，灯带与灯带之间距离应一致，偏斜不应大于5mm。为使光线均匀，如采用灯管，管与管应搭接布置，搭接长度不应小于100mm。

5）发光顶棚是利用有扩散特征的介质，如磨砂玻璃、半透明有机玻璃、棱镜、格栅等制作。光源装设在这些大片安装的介质之上，介质将光源的光通量重新分配而照亮房间。

在发光顶棚内照明灯具的安装同吸顶灯及吊杆灯做法一样。灯具或灯泡至透光面的距离，对于吊顶灯不应小于 $0.8\sim1.5\mathrm{m}$；对于光盒式则为 100mm。为了使顶棚亮度均匀，安装在顶棚上夹层中的光源之间的距离 $L$ 与光源距透光平面的距离 $h$ 之比要适当。比值不合适时，发光顶棚看上去会存在令人注目的光斑。对于玻璃或有机玻璃顶棚，$L/h{\leqslant}1.5\sim2$，若是采用筒式荧光灯，$L/h$ 不大于 1.5。

### 4.2.7　灯具安装质量验收

1. 普通灯具的安装质量验收

（1）主控项目质量标准

1）灯具固定应符合的规定

① 灯具固定应牢固可靠，在砌体和混凝土结构上不得使用木楔、尼龙塞或塑料塞固定。检查时，需按照每检验批的灯具数量抽查 5%，且不得少于 1 套。

② 质量大于 10kg 的灯具，固定装置及悬吊装置应按灯具重量的 5 倍恒定均布载荷或设计要求做强度试验，且持续时间不得少于 15min，固定及悬吊装置应无明显变形。所有灯具均需进行检查，需查阅灯具固定装置及悬吊装置的载荷强度试验记录。

2）悬吊式灯具安装应符合的规定

① 带升降器的软线吊灯在吊线展开后，灯具下沿应高于工作台面 0.3m；

② 质量大于 0.5kg 的软线吊灯，灯具的电源线不应受力；

③ 质量大于 3kg 的悬吊灯具，固定在螺栓或预埋吊钩上，螺栓或预埋吊钩的直径不应小于灯具挂销直径，且不应小于 6mm；

④ 当采用钢管作灯具吊杆时，其内径不应小于 10mm，壁厚不应小于 1.5mm；

⑤ 灯具与固定装置及灯具连接件之间采用螺纹连接的，螺纹啮合扣数不应少于 5 扣。

悬吊式灯具在进行检查时，需按每检验批的不同灯具型号各抽查 5%，且各不得少于1 套。采用观察检查并用尺量检查的方法。

3）吸顶或墙面上安装的灯具，其固定用的螺栓或螺钉不应少于 2 个，灯具应紧贴饰面。检查时，需按每检验批的不同灯具型号各抽查 5%，且各不得少于 1 套。采用观察检查的方法。

4）由接线盒引至嵌入式灯具或槽灯的绝缘导线应符合的规定

① 绝缘导线应采用柔性导管保护，不得裸露，且不应在灯槽内明敷；

② 柔性导管与灯具壳体应采用专用接头连接。

检查时，需按每检验批的灯具数量抽查 5%，且不得少于 1 套。采用观察检查的方法。

5）普通灯具的 I 类灯具外露可导电部分必须采用铜芯软导线与保护导体可靠连接，连接处应设置接地标识，铜芯软导线的截面积应与进入灯具的电源线截面积相同。

检查时，需按每检验批的灯具数量抽查 5%，且不得少于 1 套。采用尺量检查、工具拧紧和测量检查的方法。

6）除采用安全电压以外，当设计无要求时，敞开式灯具的灯头对地面距离应大于 2.5m。检查时，需按每检验批的灯具数量抽查 10%，且各不得少于 1 套。采用观察检查并用尺量检查的方法。

7）安装在公共场所的大型灯具的玻璃罩，应采取防止玻璃罩向下溅落的措施。检查时，采用观察检查法进行全数检查。

8）LED 灯具安装应符合的规定

① 灯具安装应牢固可靠，饰面不应使用胶类粘贴；

② 灯具安装位置应有较好的散热条件，且不宜安装在潮湿场所；

③ 灯具用的金属防水接头密封圈应齐全、完好；

④ 灯具的驱动电源、电子控制装置潮湿环境安装时，应置于金属箱（盒）内；金属箱（盒）的 IP 防护等级和散热应符合设计要求，驱动电源的极性标记和控制装置的线序标记应清晰、完整。

检查时，需按灯具型号各抽查 5%，且各不得少于 1 套。采用观察检查的方法，需查阅产品进场验收记录及产品质量合格证明文件。

（2）一般项目质量标准

1）引向单个灯具的绝缘导线面积应与灯具功率相匹配，绝缘铜芯导线的线芯截面积不应小于 1mm²。

2）灯具的外形、灯头及其接线应符合的规定

① 灯具及其配件应齐全，不应有机械损伤、变形、涂层剥落和灯罩破裂等缺陷；

② 软线吊灯的软线两端应做保护扣，两端线芯应搪锡；当装升降器时，应采用安全灯头；

③ 除敞开式灯具外，其他各类容量在 100W 及以上的灯具，引入线应采用瓷管、矿棉等不燃材料作隔热保护；

④ 连接灯具的软线应盘扣、搪锡压线，当采用螺口灯头时，相线应接于螺口灯头中间的端子上；

⑤ 灯座的绝缘外壳不应破损和漏电；带有开关的灯座、开关手柄应无裸露的金属部分。

检查时，需按每检验批的灯具型号各抽查 5%，且各不得少于 1 套。采用观察检查的方法。

3）灯具表面及其附件的高温部位靠近可燃物时，应采取隔热、散热等防火保护措施。检查时，需按每检验批的灯具总数量抽查 20%，且各不得少于 1 套。采用观察检查的方法。

4）高低压配电设备、裸母线及电梯曳引机的正上方不应安装灯具。需全数进行检查。

5）投光灯的底座及支架应牢固，枢轴应沿需要的光轴方向拧紧固定。检查时，需按灯具总数抽查 10%，且各不得少于 1 套。采用观察检查和手感检查的方法。

6）聚光灯和类似灯具出光口面与被照物体的最短距离应符合产品技术文件要求。检查时，需按灯具型号各抽查 10%，且各不得少于 1 套。采用尺量检查的方法，并核对产品技术文件。

7) 导轨灯的灯具功率和载荷应与导轨额定载流量和最大允许载荷相适配。检查时，需按灯具总数抽查 10%，且各不得少于 1 台。采用观察检查的方法，并核对产品技术文件。

8) 露天安装的灯具应有泄水孔，且泄水孔应设置在灯具腔体的底部。灯具及其附件、紧固件、底座和与其相连的导管、接线盒等应有防腐蚀和防水措施。检查时，需按灯具数量抽查 10%，且不得少于 1 套。采用观察检查的方法。

9) 安装于槽盒底部的荧光灯具应紧贴槽盒底部，并应固定牢固。检查时，需按每检验批的灯具数量抽查 10%，且不得少于 1 套。采用观察检查和手感检查的方法。

2. 专用灯具的安装质量验收

(1) 主控项目质量标准

1) 专用灯具的 I 类灯具外露可导电部分必须用铜芯软导线与保护导体可靠连接，连接处应设置接地标识，铜芯软导线的截面积应与进入灯具的电源线截面积相同。

检查时，需按每检验批的灯具数量抽查 5%，且不得少于 1 套。采用尺量检查、工具拧紧和测量检查的方法。

2) 手术台无影灯安装应符合的规定

① 固定灯座的螺栓数量不应少于灯具法兰底座上的固定孔数，且螺栓直径应与底座孔径相适配；螺栓应采用双螺母锁固；

② 无影灯的固定装置除应进行均布载荷试验外，尚应符合产品技术文件的要求。

检查时，需全数检查 10%。施工或强度试验时，查阅灯具固定装置的载荷强度试验记录。

3) 应急灯具安装应符合的规定

① 消防应急照明回路的设置除应符合设计要求外，尚应符合防火分区设置的要求，穿越不同防火分区时应采取防火隔堵措施；

② 对于应急灯具、运行中温度大于 60℃ 的灯具，当靠近可燃物时，应采取隔热、散热等防火措施；

③ EPS 供电的应急灯具安装完毕后，应检验 EPS 供电运行的最少持续供电时间，并应符合设计要求；

④ 自带电池的应急灯和指示灯安装完毕后，应检查备电持续工作时间，并应符合设计要求；

⑤ 安全出口指示标志灯设置应符合设计要求；

⑥ 疏散指示标志灯安装高度及设置部位应符合设计要求；

⑦ 疏散指示标志灯的设置不应影响正常通行，且不应在其周围设置容易混同疏散标志灯的其他标志牌等；

⑧ 疏散指示标志灯工作应正常，并应符合设计要求；

⑨ 消防应急照明线路在非燃烧体内穿钢导管暗敷时，暗敷钢导管保护层厚度不应小于 30mm。

检查时，对于应急灯具、运行中温度大于 60℃ 的灯具需全数进行检查，其他应急灯具可按每检验批的灯具型号各抽查 10%，且均不得少于 1 套。消防应急照明线路按检验批数量抽查 10%，且不得少于 1 个检验批。

需对 EPS 供电的应急灯具进行试验检验并核对设计文件，其他应急灯具的检验采用观察检查的方法。消防应急照明线路采用尺量检查、查阅隐蔽工程检查记录的方法。

4）高压钠灯、金属卤化物灯安装应符合的规定

① 光源及附件应与镇流器、触发器和限流器配套使用，触发器与灯具本体的距离应符合产品技术文件的要求；

② 电源线应经接线杆连接，不应使电源线靠近灯具表面。

检查时，需按灯具型号各抽查 10％，且均不得少于 1 套。采用观察检查并用尺量检查的方法，同时需核对产品技术文件。

5）霓虹灯的安装应符合的规定

① 霓虹灯管应完好、无破裂；

② 灯管应采用专用的绝缘支架固定，且牢固可靠；灯管固定后，与建（构）筑物表面的距离不宜小于 20mm；

③ 霓虹灯专用变压器应为双绕组式，所供灯管长度不应大于允许负载长度，露天安装的应采取防雨措施；

④ 霓虹灯专用变压器的二次侧和灯管间的连接线应采用额定电压大于 15kV 的高压绝缘导线，导线连接应牢固，防护措施应完好；高压绝缘导线与附着物表面的距离不应小于 20mm。

检查时，需全数检查。采用观察检查并用尺量检查和手感检查的方法。

6）洁净场所灯具嵌入安装时，灯具与顶棚之间的间隙应用密封胶条和衬垫密封，密封胶条和衬垫应平整，不得扭曲、折叠；灯具安装完毕后，应清除灯具表面的灰尘。

检查时，需灯具数量抽查 10％，且不得少于 1 套。采用观察检查的方法。

（2）一般项目质量标准

1）手术台无影灯安装应符合的规定

① 底座应紧贴顶板、四周无缝隙；

② 表面应保持整洁、无污染，灯具镀、涂层应完整无划伤。

检查时，需全数检查。采用观察检查的方法。

2）当应急电源或镇流器与灯具分离安装时，应固定可靠，应急电源或镇流器与灯具本体之间的连接绝缘导线应用金属柔性导管保护，导线不得外露。

检查时，需按每检验批灯具数量抽查 10％，且不得少于 1 套。采用观察检查和手感检查的方法。

3）高压钠灯、金属卤化物灯安装应符合的规定

① 灯具的额定电压、支架形式和安装方式应符合设计要求；

② 光源的安装朝向应符合产品技术文件的要求。

检查时，需按灯具型号各抽查 10％，且各不得少于 1 套。采用观察检查的方法，并查验产品技术文件、核对设计文件。

4）霓虹灯的安装应符合的规定

① 明装的霓虹灯变压器安装高度低于 3.5m 时应采取防护措施；室外安装距离晒台、窗口、架空线等不应小于 1m，并有防雨措施。

② 霓虹灯变压器应固定可靠，安装位置宜方便检修，且应隐蔽在不易被非检修人触

及的场所。

③ 当橱窗内装有霓虹灯时，橱窗门与霓虹灯变压器一次侧开关应有联锁装置，开门时不得接通霓虹灯变压器的电源。

④ 霓虹灯变压器二次侧的绝缘导线应采用高绝缘材料的支持物固定，对于支持点的距离，水平线段不应大于 0.5m，垂直线段不应大于 0.75m。

⑤ 霓虹灯管附着基面及其托架应采用金属或不燃材料制作，并应固定可靠，室外安装应耐风压。

检查时，需按灯具安装部位各抽查 10％，且各不得少于 1 套。采用观察检查并用尺量和手感检查的方法。

## 4.3　开关、插座的安装

### 4.3.1　开关、插座安装前的作业条件

（1）线路的导线应已敷设完毕，导线绝缘应已测试合格。

（2）各种管路、接线盒应已经敷设完毕，接线盒收口应平整、干净整洁，隐检记录签认应齐全。

（3）照明开关安装所需固定点的预埋金属件应完成。

（4）照明开关、插座的技术交底及有关材料进场应已完成。

（5）各型开关、插座：规格型号必须符合设计要求，并有产品合格证。

（6）塑料（台）板：应具有足够的强度，塑料（台）板应平整，无弯翘变形等现象，并有产品合格证。

（7）塑料（台）板：其厚度应符合设计要求和施工验收规范的规定。其板面应平整，无劈裂和弯翘变形现象。

（8）墙面的浆糊、油漆及壁纸等内装修工作均已完成。

（9）用錾子轻轻地将盒子内残存的灰块剔掉，同时将其他杂物一并清出盒外，再用湿布将盒内灰尘擦净。

### 4.3.2　开关、插座的安装

（1）工艺流程如图 4-2 所示。

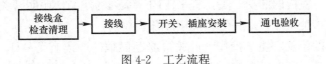

图 4-2　工艺流程

（2）预埋接线盒清理应符合下列规定：

1）器具安装之前，应将预埋接线盒内残存的灰块、杂物剔掉清除干净，再用湿布将盒内灰尘擦净；

2）金属盒内应除锈、刷漆。

### 4.3.3　开关的安装

1. 照明开关接线应符合下列规定

（1）采用一只单联开关控制一只灯具接线图，如图 4-3 所示。

（2）采用两只双联开关控制一只灯具接线图，如图 4-4 所示。

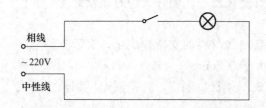

图 4-3 采用一只单联开关控制一只灯具接线图

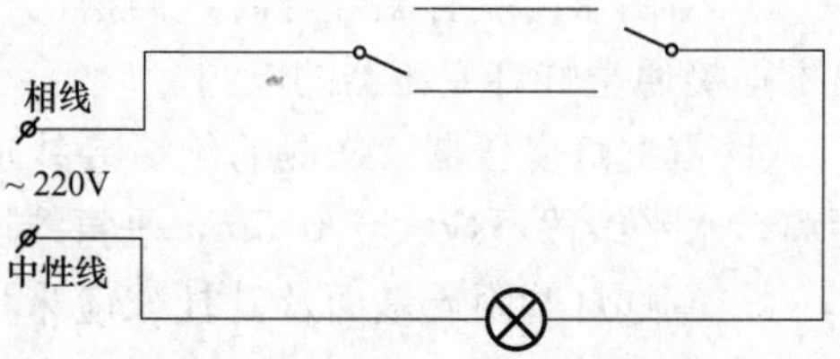

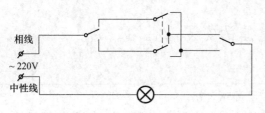

图 4-4 采用两只双联开关控制一只灯具接线图

（3）采用三只开关控制一只灯具接线图，如图 4-5 所示。

图 4-5 采用三只开关控制一只灯具接线图

（4）同一场所的照明开关切断位置应一致，宜上开下关，且操作灵活，接点接触应可靠；

（5）相线应经照明开关控制；接线时应仔细识别相线与中性线（N），应做到照明开关控制（即分断或接通）电源相线，应使照明开关断开后灯具上不带电；

（6）双联及以上的暗扳把照明开关，每一联应为一只单独的照明开关，能分别控制一回路照明；接线时，应将相线连接好，分别接到照明开关上与动触点连通的接线柱上，而将照明开关线接到照明开关静触点的接线柱上；双联以上单控照明开关的相线不应套（串）接；

（7）智能控制开关安装应符合下列规定：

1）应根据生产厂家安装说明书进行安装；

2）智能控制开关安装，相线（L）和中性导线（N）应穿线到盒；

3）智能控制开关应满足后期楼宇智能化调整或拓展。

（8）暗装的照明开关应采用专用盒；专用盒的四周不应有空隙，盖板应端正，并应紧贴墙面；

（9）电线绝缘电阻测试应合格，并应有绝缘电阻测试记录。

2. 照明开关安装应符合下列规定

（1）安装在同一室内的照明开关，宜采用同一系列的产品，照明开关的通断位置应一致，且操作灵活，接触可靠，灯具的相线应经开关控制；

（2）开关安装的位置应便于操作，开关边缘距门框的距离宜为 0.15～0.2m，开关不得置于单扇门的后面，距地面高度宜为 1.3m；拉线开关距地面高度宜为 2～3m，而拉线出口应垂直向下。

（3）并列安装的相同型号开关距地面高度应一致，高度差不应大于 1mm；同一室内安装的开关高度差不应大于 5mm；并列安装的拉线开关的相邻间距不宜小于 20mm。

（4）暗装的开关应采用专用盒，专用盒的四周不应有空隙，而盖板应端正，并紧贴墙面。

（5）多尘、潮湿场所和户外应选用密封防水型照明开关。

（6）在易燃、易爆和特别潮湿的场所，开关应分别采用防爆型、密闭型，或设计安装在其他处所进行控制。

（7）民用住宅严禁装设床头开关。

3. 常用开关的安装

（1）扳把开关安装

1）暗扳把开关安装

① 暗扳把开关是一种胶木（或塑料）面板的老式通用暗装开关，一般具有两个静触点，分别连接两个接线桩，开关接线时除把相线接在开关上外，并应把扳把接成向上开灯，向下关灯。然后把开关芯连同支持架固定到盒上，应将扳把上的白点朝下面安装，开关的扳把必须安正，不得卡在盖板上，用机械螺栓将盖板与支持架固定牢靠，盖板紧贴建筑物表面。

② 双联及以上暗扳把开关接线时，电源相线应接好，并把接头分别接到与动触点相连通的接线桩上，把开关线接在开关的静触点接线桩上。若采用不断线连接时，管内穿线时，盒内应留有足够长度的导线，开关接线后两开关之间的导线长度不应小于 150mm。

2）明扳把开关安装

明敷线路的场所，应安装明扳把开关，明开关需要先把绝缘台固定在墙上，将导线甩至绝缘台以外，在绝缘台上安装开关和接线，也接成扳把向上开灯、向下关灯。

无论是明、暗扳把开关，都不允许横装，即不允许扳把手柄处于左右活动位置。

（2）拉线开关安装

1）暗装拉线开关应使用相配套的开关盒，把电源的相线和荧光灯镇流器与开关连接线的接头接到开关的两个接线桩上，再把开关连同面板，固定在预埋好的盒体上，但应将面板上的拉线出口垂直朝下。

2）明装拉线开关应先固定好绝缘台，再将开关固定在绝缘台上，也应将拉线开关拉线口垂直向下，不使拉线口发生摩擦。

双联及以上明装拉线开关并列安装时，应使用长方空心绝缘台，拉线开关相邻间距不应小于 20mm。

3）安装在室外或室内潮湿场所的拉线开关，应使用瓷质防水拉线开关。

（3）翘板开关安装

1）翘板开关均为暗装开关，开关与板面连成一体，开关板面尺寸一般为 86mm×86mm，面板为用磁白电玉粉压制而成。

2）翘板开关安装接线时，应使开关切断相线，并根据翘板或面板上的标志确定面板的装置方向。面板上有指示灯的，指示灯应在上面；翘板上有红色标志的应朝下安装；面板上有产品标识或有英文字母的不能装反，更应注意带有 ON 字母的开的标志，不应颠倒反装而成为 NO；翘板上部顶端有压制条纹或红点的应朝上安装；当翘板或板面上无任何标志的，应装成翘板下部按下时，开关应处在合闸的位置，翘板上部按下时，应处在断开位置，即从侧面看翘板上部突出时灯亮，下部突出时灯熄。

3）同一场所中开关的切断位置应一致，且操作灵活。触点接触可靠。

4）安装在潮湿场所室内的开关，应使用面板上带有薄膜的防潮防溅开关。

5）在塑料管暗敷设工程中，不应使用带金属安装板的翘板开关。

6）当采用双联及以上开关时，应使开关控制灯具的顺序与灯具的位置相互对应，以方便操作。电源相线不应串联，应做好并接头。

7）开关接线时，应将盒内导线理顺好，依次接线后，将盒内导线盘成圆圈，放置于开关盒内。在安装固定面板时，找平找正后再与开关盒安装孔固定。用手将面板与墙面顶严，防止拧螺钉时损坏面板安装孔，并把安装孔上所有装饰帽一并装好。

### 4.3.4 插座的安装

插座作为移动式电器和设备电源的提供者，有单相三极三孔插座、三相四极四孔插座等种类。插座规格型号必须符合设计要求，并有产品合格证和"CCC"认证标志。插座安装前，应先将盒内甩出的导线留出维修长度，削出线芯，注意不要碰伤线芯。将线芯直接插入接线孔内，再用顶丝将其压紧。注意线芯不得外露。

1. 插座安装应符合的规定

（1）交、直流或不同电压的插座应分别采用不同的形式，并有明显标志，且其插头与插座均不能互相插入。

（2）单相电源一般应用单相三极三孔插座，三相电源应用三相四极四孔插座，其接地孔应与接地线或零线接牢。在室内不导电地面可用两孔或三孔插座，禁止使用等边的圆孔插座。

（3）暗装和工业用插座距地面不低于 0.3m，特殊场所暗插座不低于 0.15mm。并列安装的相同型号的插座高度差不宜大于 1mm。

（4）在托儿所、幼儿园及小学校等儿童活动场所和民用住宅中应采用安全插座，采用普通插座时，其安装高度不应低于 1.8m。

（5）同一室内安装的插座高低差不应大于 5mm；成排安装的插座安装高度应一致。

（6）暗装插座面板应紧贴墙面，面板端正。

（7）地面插座应采用与之配套的接线盒，地面插座面板应紧贴地面，安装牢固，密封良好。

（8）在特别潮湿场所和有易燃、易爆气体及粉尘的场所应采用密封型并带保护地线触头的保护型插座，安装高度不低于 1.5m。

（9）带开关的插座、开关应断相线。

2. 插座的接线

插座的安装方法与开关安装方法基本相似。接线必须符合规定，不能乱接，具体接法如下。

（1）单相两孔插座，面对插座的右孔或上孔与相线连接，左孔或下孔与零线连接；单相三孔插座，面对插座的右孔与相线连接，左孔与零线连接。如图 4-6、图 4-7 所示。

图 4-6　插座横装示意图　　　　图 4-7　插座竖装示意图

（2）单相三孔插座：面对插座的右孔与相线连接，左孔与零线连接；上孔与接地线（PE）连接。

（3）单相三孔、三相四孔及三相五孔插座的接地线或接零线都应接在上孔，插座的接线端子不应与零线端子直接连接。同一场所的三相插座，接线的相序一致，如图 4-8、图 4-9 所示。

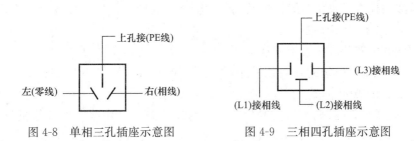

图 4-8　单相三孔插座示意图　　　图 4-9　三相四孔插座示意图

（4）接地（PE）或接零（PEN）线在插座内不得串联连接。

（5）当交流、直流或不同电压等级的插座安装在同一场所时，应有明显的区别，必须选择不同结构、不同规格和不能互换的插座；其配套的插头，应按交流、直流或不同电压等级区别使用。

（6）同一场所的三相插座，其接线的相位必须一致。

（7）插座箱多个插座导线连接时，不允许拱头连接，应采用接线端子压接总头后，再进行分支线连接。

3. 多用插座的安装

（1）对于不经常移动的用电设备，多联插座可固定安装在墙上，距地面高度一般不低于 1.3m。

（2）供移动设备使用或为临时提供电源用的多联插座，可装在插座板上，应配以电源开关、指示灯和熔断器。

（3）不准吊挂使用多联插座。

（4）不准将多联插座长期置于地面、金属物品及桌上使用。

### 4.3.5　开关、插座安装质量验收

1. 主控项目质量标准

（1）当交流、直流或不同电压等级的插座安装在同一场所时，应有明显的区别，插座不得互换；配套的插头应按交流、直流或不同电压等级区别使用。在检查时，采用观察检查并用插头进行试插检查。且应按每检验批的插座数量抽查 20%，且不得少于 1 个。

（2）不间断电源插座及应急电源插座应设置标识。采用观察检查法，按插座总数抽查 10%，且不得少于 1 套。

（3）插座接线应符合下列规定：

1）对于单相两孔插座，面对插座的右孔或上孔应与相线连接，左孔或下孔与中性导体（N）连接；对于单相三孔插座，面对插座的右孔与相线连接，左孔与中性导体（N）连接。

2）单相三孔插座、三相四孔及三相五孔插座的保护接地导体（PE）应接在上孔；插座的保护接地端子不得与中性导体端子连接；同一场所的三相插座，接线的相序应一致。

3）保护接地导体（PE）在插座之间不得串联连接。

4）相线与中性导体（N）不应利用插座本体的接线端子转接供电。

5) 特殊情况下安装插座的规定：当插有触电危险家用电器的电源时，采用能断开电源的带开关插座，开关断开相线。潮湿场所采用密封型并带保护地线触头的保护型插座，安装高度不低于1.5m。

插座接线的检查可采用观察检查并用专用测试工具检查，按照每检验批的插座型号各抽查5%，且均不得少于1套。

（4）照明开关安装应符合下列规定：

1) 同一建（构）筑物的开关宜采用同一系列的产品，单孔开关的通断位置应一致，且应操作灵活、接触可靠；

2) 相线应经开关控制。导线进入器具处绝缘良好，不伤线芯，插座的接地线单独敷设。

3) 紫外线杀菌灯的开关应有明显标识，并设有防护罩等防止误开措施。且应与普通照明开关的位置分开。

在检验时，紫外线杀菌灯的开关需全数检查，其他开关按每检验批的开关数量抽查5%，且按规格型号各不得少于1套。采用观察检查、用电笔测试检查和手动开启开关检查的方法。

2. 一般项目应质量标准

（1）暗装的插座盒或照明开关盒应与饰面平齐，盒内干净整洁，无锈蚀，绝缘导线不得裸露在装饰层内；面板应紧贴饰面、四周无缝隙、安装牢固，表面光滑、无碎裂、划伤，装饰帽（板）齐全。

检查时，需按每检验批的盒子数量抽查10%，且不得少于1个。采用观察检查和手感检查的方法。

（2）插座安装应符合下列规定：

1) 插座安装高度应符合设计要求，同一室内相同规格并列安装的插座高度宜一致；

2) 地面插座应紧贴饰面，盖板应固定牢固、密封良好。

检查时，需按每个检验批插座的总数抽查10%，且按型号各不得少于1个。采用观察检查并用尺量和手感检查的方法。

（3）照明开关安装应符合下列规定：

1) 照明开关安装高度应符合设计要求，同一室内相同规格并列安装的高度宜一致；

2) 照明开关安装位置应便于操作，照明开关边缘距门框边缘的距离宜为150～200mm；

3) 相同型号并列安装高度宜一致，并列安装的拉线开关的相邻间距不宜小于20mm。

检查时，需按每检验批的开关数量抽查10%，且不得少于一个。采用观察检查并用尺量检查。

## 4.4　照明成套配电柜、照明配电箱安装的其他规定

照明成套配电柜、照明配电箱安装与验收可参照本书第2章有关内容，本节内容为针对照明系统设备的补充规定。

### 4.4.1　作业条件

（1）照明成套配电柜、控制柜安装前，室内顶棚、墙体的装饰工程应完成施工，无渗

漏水；室内地面完成施工；基础型钢和柜、箱下的电缆沟等经检查应合格；落地式柜、箱的基础及埋入基础的导管应验收合格；暗装配电箱的预留孔和预留接线盒及导管等应检查合格。

（2）门窗应安装完毕，门应已上锁。

（3）室内通道应畅通。

（4）埋设的基础型钢和柜（台）下的电缆沟等设施经检查合格后，才能安装柜、屏、台；

（5）明装的照明配电箱（盘）的预埋件（金属埋件及螺栓），要在抹灰前预留、预埋；暗装的照明配电箱的预留和照明配电线的线盒及电线导管等，经检查确认到位后，才能安装配电箱（盘）；

（6）接地（PE）或接零（PEN）连接完成后，核对柜、屏、台、箱、盘内的元件规格、型号，且交接试验合格方能投入运行；

（7）安装盘（柜、屏、台）前，所在房间的土建装饰工程、楼地面工程的施工要完成；

（8）安装配电箱要随土建结构施工随时预留或埋好。抹灰、刷浆及油漆应全部完工后，方可进行盘面安装；

（9）安装柜盘时，土建基础位置、标高、埋件要符合设计及施工质量验收规范要求。施工准备工作均已完成，施工图纸、设备技术资料齐全，各项措施已完善。

### 4.4.2　施工工艺

（1）柜（屏、台、盘）安装工艺流程如图 4-10 所示。

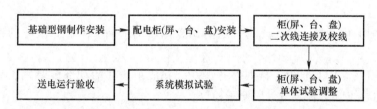

图 4-10　柜（屏、台、盘）安装工艺流程

（2）配电箱安装工艺流程如图 4-11 所示。

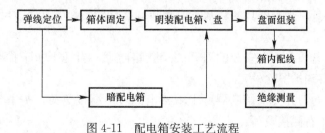

图 4-11　配电箱安装工艺流程

### 4.4.3　照明成套配电柜、照明配电箱的安装

1. 一般规定

（1）照明配电电箱（盘）内的交流、直流或不同等级的电源，应有明显的标志。

（2）照明配电箱（盘）不应采用可燃材料制作，在干燥无尘的场所，采用木制配电箱（盘）应经阻燃处理。

（3）导线引出面板时，面板线孔应光滑无毛刺，金属面板应装设绝缘保护套。

（4）照明配电箱（盘）应安装牢固，其垂直偏差不应大于 3mm。暗装时，照明敷电（盘）四周应无空隙，其面板四周边缘应紧贴墙面，箱体与建筑物、构筑物接触部分应涂防腐漆。

（5）照明配电箱底边距地面高度宜为 1.5m；照明敷电盘底边距地面高度不宜小于 1.8m。

（6）照明配电箱（盘）内开关动作灵敏可靠，带有漏电保护的回路漏电保护装置动作电流不大于 30mA，动作时间不大于 0.1s。

（7）照明配电箱（盘）内，应分别设置零线和保护接地（PE 线）汇流排，零线和保护线应在汇流排上连接，不得绞接，且应有编号。

（8）照明配电箱（盘）内装设的螺旋熔断器，其电源线应装在中间触点的端子上，负荷线应接在螺纹的端子上。

（9）照明配电箱（盘）上应标明用电回路名称。

2. 配电箱的安装

（1）安装要求

1）配电箱（盘）应安装在安全、干燥、易操作的场所，配电箱安装时底口距地面一般为 1.5m，明装电能表板底口距地面不得小于 1.8m。在同一建筑物内，同类箱（盘）的高度应一致，允许偏差为 10mm。

2）安装配电箱（盘）所需的木砖及铁件等均应预埋。挂式配电箱（盘）应采用金属膨胀螺栓固定。

3）铁制配电箱（盘）都需先刷一道防锈漆，再刷灰油漆两道。预埋的各种铁件都应刷防锈漆。

4）配电箱（盘）上配线应排列整齐，并绑扎成束，在活动部位要用长钉固定。盘面引出及引进的导线应留有余量，以便于检修。

5）导线剥削处不应损伤线芯或使线芯过长，导线压头应牢固可靠，多股导线不应盘圈压接，应加装压线端子（有压线孔者除外）。当必须穿孔用顶丝压接时，多股线应涮锡后再压接，不得减少导线股数。

6）配电箱（盘）带有器具的铁制盘面和装有器具的门都应有明显可靠的裸软铜 PE 线接地。

7）配电箱（盘）盘面上安装的刀开关及断路器等，当处于断路状态时，刀片可动部分都不应带电（特殊情况除外）。

8）垂直装设的刀开关及熔断器等上端接电源，下端接负荷，水平装设时，左侧（面对盘面）接电源，右侧接负荷。

9）TN-C 和 TN-C-S 保护接零系统中的中性线应在箱体进户线处做好重复接地。

10）配电箱（盘）的电源指示灯，其电源应接至总开关的外侧，应装单独熔断器（电源侧）。盘面闸具位置应与支路相对应，其下面应装设卡片框，标明路别及容量；

11）中性线母排在配电箱（盘）上应用零线端子板分路，零线端子板分支路排列位置，应与熔断器相对应。

12）瓷插式熔断器底座中心明露螺钉孔应填充绝缘物，以防止对地放电。瓷插式熔断器不得裸露金属螺钉，应填满火漆。

13）配电箱（盘）上器具、仪表应安装牢固、平正、整洁、间距均匀、铜端子无松动，启闭灵活，零部件齐全。

14）下列材料的木制盘面板应包铁皮，且做好明显可靠的接地：

① 三相四线制供电，电流在 30A 以上。

② 单相 220V 供电，电流在 100A 以上。

③ 两相 380V 供电，电流在 50A 以上。

15）固定面板的螺钉，应采取用镀锌圆母螺钉，其间距不得大于 250mm，且应均匀对称分布于四角。

16）配电箱（盘）面板较大时，应有加强衬铁，当宽度超过 500mm 时，箱门应做双开门。

17）配电箱应安装在靠近电源的进口处，使电源进户线尽量短些，并应在尽量接近负荷中心的位置上，一般配电箱的供电半径为 30m 左右。

18）多层建筑各层配电箱应尽量设在同一垂直位置上，以便于干线立管敷设和供电。住宅楼总配电箱和单元及梯间配电箱，一般应安装在梯间过道的墙壁上，以便支线立管的敷设。

19）配电箱与供暖管道距离不应小于 300mm；与给水排水管道不应小于 200mm；与燃气管、表不应小于 300mm。

20）配电箱若安装在墙角处，其位置应保证箱门向外开启 180°，以便于操作和维修。

21）采用钢板盘面或木制盘的出线孔应装绝缘嘴，按要求一般情况一孔只穿一线，但下列情况除外：

① 指示灯配线。

② 控制两个分闸的总闸线号相同配线。

③ 一孔进多线的配线。

22）立式盘背面距建筑物应不小于 800mm，基础型钢安装前应调直后埋设固定，其水平误差每米应不大于 1mm，全长总误差不大于 5mm；盘面底口距地面不应小于 500mm，铁架明装配电板距离建筑物应做到便于维修。

23）立式盘应设在专用房内或加装栅栏，铁栅栏应做好接地。

（2）盘面的组装配线

1）实物排列。将盘面板放平，再把全部电具、仪表置于其上，进行实物排列。对照设计图及电具、仪表的规格和数量，选择最佳位置使之符合间距要求。

2）加工。位置确定后，用角尺找正，画出水平线，均分孔距。然后撤去电具、仪表，进行钻孔（孔径与绝缘嘴吻合）。钻孔后除锈，刷防锈漆及灰油漆。

3）固定电具。油漆干后装上绝缘嘴，并将全部电具、仪表摆平及找正，用螺钉固定牢靠。

4）配线。根据电具、仪表的规格、容量和位置，选好导线的截面和长度，进行组配。盘后导线应排列整齐，绑扎成束。压接时，将导线留有适当余量，削去线芯，逐个压牢，但多股线应用压线端子。

### 4.4.4　照明成套配电柜、照明配电箱安装质量

（1）柜（屏、台）的试验调整结果应符合施工质量验收规范的规定。

（2）柜（屏、台）、配电箱（盘）及基础型钢必须可靠接地（PE）或接零（PEN），

装有电器的可开启门要与接地端子间用裸编织铜线连接，做好标识。

(3) 柜（屏、台）应有可靠的保护，内部保护导体的最小截面应符合有关的规定。

(4) 盘面标志牌要齐全、正确、清晰。

(5) 柜（屏、台）、配电箱（盘）相互间与基础型钢应用镀锌螺栓连接且防松零件齐全。

(6) 柜（屏、台）、配电箱（盘）内检查试验应符合下列规定：

1) 控制开关及保护装置的规格、型号要符合设计要求，闭锁装置动作准确可靠。

2) 主开关的辅助开关切换动作与主开关动作要一致。

3) 标识器件应注明被控设备编号、名称或操作位置。接线端子有编号，且清晰不易褪色。

(7) 低压电器组合应符合下列规定：

1) 确保发热元件散热良好；

2) 熔断器的熔体规格、自动开关的整定值符合设计要求；

3) 切换压板接触良好，相邻压板之间有安全距离。切换时不能触及相邻压板；

4) 信号回路的信号灯、按钮、字牌、电铃、电笛、事故电钟等动作和信号显示准确；

5) 端子排安装牢固，强、弱电端子隔离布置，有序号，端子规格与芯线截面大小适配。

(8) 柜（屏、台）、配电箱（盘）的配线应符合下列规定：

1) 动力回路应采用额定电压不低于 750V，芯线截面不小于 2.5mm² 的铜芯绝缘电线或电缆，除电子元件回路，其他回路应采用额定电压不低于 750V 芯线截面不小于 1.5mm² 的铜芯绝缘电线或电缆；

2) 二次回路连线应成束绑扎，应按照电压等级、交流、直流及计算机控制线路分别绑扎，做好标识，固定后不能妨碍操作。

(9) 连接柜（屏、台）箱（盘）上的电器及控制台、板等可动部位的电线应符合下列规定：

1) 用多股铜芯软电线时，要留有适当余量；

2) 线束有外套塑料管等加强绝缘保护层；

3) 与电器连接的端部要绞紧，且有终端端子或搪锡，不松散、不断股；

4) 可转动部位的两端应用专用工具卡紧。

(10) 配电箱（盘）安装应符合下列规定：

1) 箱盘内配线整齐，无铰接现象，导线连接紧密、不伤芯、不断股。垫圈下螺栓两侧所压的导线截面积相等。同一端子上导线连接不多于两根，零件齐全，编号齐全、正确；

2) 箱盘内开关灵活可靠。漏电保护装置动作电流不大于 30mA，动作时间不大于 0.1s；

3) 照明箱、盘内分别设置零线（N）和保护接地线（PE）汇流排；

4) 柜（屏、台）、箱（盘）保护接地的电阻值、PE 线和 PEN 线的规格、中性线重复接地应认真核对，要求标识明显，连接可靠；

5) 箱位准确，安装牢固，部件齐全。箱体开孔与导管管径适配，配电箱箱盖紧贴墙面；

6) 垂直度允许偏差 1.5‰，底边距地 1.5m，照明配电箱底边距地高度符合设计及施工质量验收规范要求。

# 4.5  照明系统通电检验

### 4.5.1  照明系统通电检验前的作业条件
（1）检验应随工程进度进行。
（2）应对仪表的外观检查，外观应完好。
（3）应按国家或地方的有关标准和规定，收集整理相关资料。
（4）随工检验应由施工单位的项目专业质量检查员、专业工长等实施。
（5）实施检验的人员应佩戴必要的防护用品。

### 4.5.2  检测工艺
1.一般规定
（1）各回路绝缘摇测符合要求。
（2）连续运行应安排在与实际使用工况相一致的时段如晚间，以检查实际感官效果。
（3）通电检查时应注意用电安全，漏电保护装置应齐全可靠。
（4）严禁带电作业。

2.检测流程的规定
（1）照明系统通电前检查流程应符合图 4-12 规定。

图 4-12  照明系统通电前检查流程

（2）照明系统通电后检查流程应符合图 4-13 规定。

图 4-13  照明系统通电后检查流程

（3）照明系统通电前测试流程应符合图 4-14 规定。

图 4-14  照明系统通电前测试流程

（4）照明系统通电后测试流程应符合图 4-15 规定。

图 4-15  照明系统通电后测试流程检测流程

3.外观检查施工工艺应符合下列规定
（1）通电前检查项目应包括但不限于以下内容：
通电试运行前检查应复查总电源开关至各照明回路进线电源开关接线是否正确；照明

配电箱及回路标识应正确一致；检查漏电保护器接线是否正确，严格区分工作零线（N）与专用保护地线（PE），专用保护地线（PE）严禁接入漏电开关；检查开关箱内各接线端子连接是否正确可靠；断开各回路分电源开关，合上总进线开关，检查漏电测试按钮是否灵敏有效。

故障排除时发现问题应及时排除，不得带电作业；对检查中发现的问题应采取分回路隔离排除法予以解决；对开关一送电，漏电保护就跳闸的现象重点检查工作零线与保护地线是否混接、导线是否绝缘不良。

具体包含内容和要求如下：

1）照明系统的电击防护措施应符合设计要求；

2）照明的防火和热效应防护措施应符合设计要求；

3）导体的选择应符合设计要求；

4）保护电器的选择、整定、选择性和配合应符合设计要求；

5）电涌保护器（SPD）的选择、布置和安装应符合设计要求；

6）隔离和开关电器的选择、布置和安装应符合设计要求；

7）设备的 IP 防护等级和机械防护措施应符合设计要求；

8）中性导体（N）和保护接地导体（PE）的标识应正确无误；

9）照明系统图、警示标志或其他类似信息的设置应符合设计要求；

10）回路、过电流保护电器、开关、端子等的标识应符合设计要求；

11）电缆、导体的端接和连接应符合安装工艺要求；

12）接地配置、保护接地导体（PE）连接安装应符合设计要求；

13）控制设备应便于操作、识别和维修；

14）照明系统抗电磁骚扰措施的安装应符合设计要求；

15）Ⅰ类灯具和设备的外露可导电部分与接地配置连接应符合设计要求；

16）布线系统的选择和安装应符合设计要求；

17）特殊场所的照明系统安装应符合设计要求。

（2）通电后检查项目应包括但不限于以下内容：

1）分回路试通电应将各回路灯具等用电设备开关全部置于断开位置；逐次合上各分回路电源开关；分回路逐次合上灯具等的控制开关，检查开关与灯具控制顺序是否对应，用试电笔检查各插座相序连接是否正确，带开关插座的开关是否能正确关断相线；

2）系统通电连续试运行时，公共建筑照明系统通电连续试运行时间应为 24h，民用住宅照明系统通电连续试运行时间应为 8h；观察灯具和配电系统工作状态，且每 2h 记录运行状态 1 次，连续试运行时间内应无明显异常或故障。

4. 绝缘电阻测试应符合下列规定

（1）绝缘电阻测试仪表应符合现行国家标准《交流 1000V 和直流 1500V 及以下低压配电系统电气安全 防护措施的试验、测量或监控设备 第 2 部分：绝缘电阻》GB/T 18216.2—2021 的规定。

（2）测试绝缘电阻的操作应符合下列规定：

1）应根据被测设施或设备电源回路标称电压，按表 4-2 选择测试仪表的测试电压。

2）除仪表施加的测试电压外，被测导体上不应带电。

绝缘电阻测试电压及绝缘电阻最小值　　　　　　　　　　表 4-2

| 设施或设备电源回路标称电压(V) | 直流测试电压(V) | 绝缘电阻(MΩ) |
|---|---|---|
| SELV 和 PELV | 250 | 0.5 |
| 500V 及以下，包括 FELV | 500 | 1.0 |

3）被测回路不应连接用电设备。

4）应临时拆除被测回路中的电涌保护器（SPD）。

5）仪表的测试线（表笔）与被测导体应可靠连接。

6）按下电子式仪表的测试按钮，或匀速转动手摇式仪表手柄的时间应符合设计要求，并应等待仪表显示稳定数值后记录读数。

7）释放仪表测试按钮或停止转动手柄后，应等待仪表显示为 0 后再取下测试电极，并应恢复用电设备或电涌保护器（SPD）等测试前的连接状态。

5．接地电阻测试应符合下列规定

（1）应根据配电系统接地形式以及接地极具体安装情况，选择下列接地电阻测试仪表与方法：

1）当测试孤立接地极的接地电阻，且有条件设置辅助接地极时，宜采用符合现行国家标准《交流 1000V 和直流 1500V 及以下低压配电系统电气安全 防护措施的试验、测量或监控设备 第 5 部分：对地电阻》GB/T 18216.5—2021 的仪表，并采用三电极法测试接地电阻；

2）当不适于采用三电极法测试接地电阻时，宜采用符合现行国家标准《交流 1000V 和直流 1500V 及以下低压配电系统电气安全 防护措施的试验、测量或监控设备 第 3 部分：环路阻抗》GB/T 18216.3—2021 的仪表，通过测试接地故障回路阻抗间接测试接地电阻；

3）当多个接地极已彼此形成闭合回路，且不适于采用三电极法测试其接地电阻时，可采用钳形接地电阻测试仪测试接地电阻。

（2）三电极法测试接地电阻的操作应符合下列规定：

1）当被测接地极（$R_E$）与两个辅助电极（$R_S$、$R_H$）呈直线分布能到达 20m 及以上间距时，应按图 4-16 设置辅助接地极。

2）当被测接地极（$R_E$）与两个辅助电极（$R_S$、$R_H$）呈三角形分布能到达 20m 及以上间距时，应按图 4-17 设置辅助接地极。

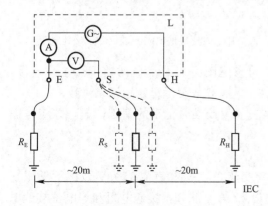

图 4-16　直线分布三电极法测试接地电阻

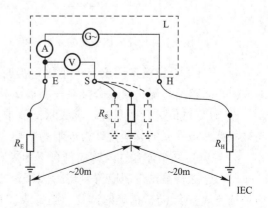

图 4-17　三角形分布三电极法测试接地电阻

3）辅助电极打入土壤的深度应符合仪表使用规定；

4）辅助电极（$R_S$）应沿直线向被测接地极（$R_E$）或辅助接地极（$R_H$）前后移动约2m的距离（如图4-16和图4-17中虚线 $R_S$ 所示），并观察仪表读数；

5）应在不同的测试位置，记录大体一致的3个测试结果，取其算术平均值作为被测接地电阻值。

（3）接地故障回路阻抗法测试接地电阻的操作应符合下列规定：

1）宜在配电系统主开关电器带电侧（进线端）进行测试，主开关电器应处于分断状态；

2）应按图4-18所示，将 TT 系统设备侧接地导体（1）与总接地端子（MET）临时断开；

3）仪表测试线（表笔）应分别与相导体和被测接地极可靠连接，启动测试，待仪表显示稳定后记录读数；

4）对测试值进行评判时，应考虑相导体电阻和变压器次级绕组电阻的影响。

（4）钳形接地电阻测试仪测试接地电阻的操作应符合下列规定：

1）被测接地极应与多个接地极形成闭合回路；

2）应使用仪表配套校准器对其进行校准，记录仪表基础读数；

3）应按图4-19所示，将测试仪表套接在被测接地导体上，待仪表显示稳定后记录读数；

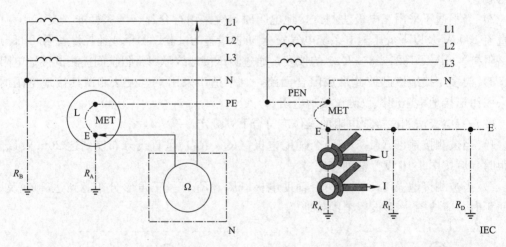

图4-18　接地故障回路阻抗法测试接地电阻　　　图4-19　钳形接地电阻测试仪测试接地电阻

4）当 TT 系统设备侧仅有一个接地极时，可参见图4-20所示临时将 PE 与 N 连接，形成闭合回路后将测试仪表套接在被测接地导体上，待仪表显示稳定后记录读数；

5）对测试值进行评判时，应从测试值中减去仪表校准时记录的基础读数，并应考虑与被测接地极并联的其他接地极电阻的影响。

6. 等电位联结连通性测试应符合下列规定

（1）连通性测试仪表应符合现行国家标准《交流 1000V 和直流 1500V 及以下低压配电系统电气安全 防护措施的试验、测量或监控设备 第4部分：接地电阻和等电位接地电阻》GB/T 18216.4—2021 的规定。

（2）连通性测试的操作应符合下列规定：

1）测试表笔应分别连接在被等电位联结的外露可导电部分或外界可导电部分，不应接在等电位联结导体上；

2）当外露可导电部分或外界可导电部分与电气装置PE导体有联结关系时，测试表笔的一端可就近连接在PE导体上进行测试；

3）当外露可导电部分或外界可导电部分与建筑物结构钢筋有联结关系时，测试表笔的一端可就近连接在建筑物结构钢筋上进行测试；

4）当使用辅助测试引线进行测试时，应在测试前先测试并记录辅助引线的电阻值，或带辅助测试引线进行仪表校准归零，以消除辅助测试引线对连通性测试结果的影响。

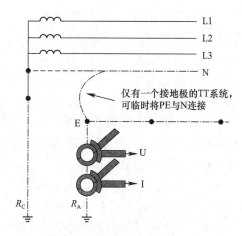

图4-20 钳形接地电阻仪测试仪
有一个接地极的TT系统的接地电阻

7. 接地故障回路阻抗测试应符合下列规定

（1）接地故障回路阻抗测试仪表应采用符合现行国家标准《交流1000V和直流1500V及以下低压配电系统电气安全 防护措施的试验、测量或监控设备 第3部分：环路阻抗》GB/T 18216.3—2021的规定。

（2）测试接地故障回路阻抗的操作应符合下列规定：

1）被测回路应处于正常带电状态；

2）测试时，应在回路最末端接入进行测试；E仅有一个接地极的TT系统，可临时将PE与N连接。

3）宜选择仪表的"大电流测试"挡位进行测试；

4）将仪表测试线（表笔）分别与相导体和保护接地导体（PE）可靠连接后启动测试，待仪表显示稳定后记录读数；

5）当测试导致被测回路中的RCD脱扣时，可选择仪表的"不脱扣（no trip）测试"挡位或临时将RCD旁路后复测。

8. RCD动作特性测试应符合下列规定

（1）RCD测试仪表应符合现行国家标准《交流1000V和直流1500V及以下低压配电系统电气安全 防护措施的试验、测量或监控设备 第6部分：在TT、TN和IT系统中剩余电流装置（RCD）的有效性》GB/T 18216.6—2022的规定。

（2）连接RCD测试仪表应符合下列规定。

1）被测回路应处于正常带电状态；当测试末端回路RCD时，应在其所保护回路的最末端接入仪表；

2）当测试干线RCD时，应在其输出端接入仪表；

3）当使用三测试线（表笔）仪表时，应按仪表标记将测试线分别与相导体、中性线（N）和保护接地导体（PE）可靠连接；

4）当使用两测试线（表笔）仪表时，应按仪表标记将测试线分别与相导体和保护接地导体（PE）可靠连接。

（3）当测试 RCD 实际脱扣时间时，应根据被测 RCD 类型（AC、A、B 等）和额定动作剩余电流值（$I_{\Delta n}$）设置仪表，之后按下测试按钮，记录仪表显示的时间读数。

（4）当测试 RCD 实际剩余动作电流时，应选择仪表的"斜坡电流（Ramp）"功能，之后按下测试按钮，记录仪表显示的电流读数。

9. 保护电器端子温度测试应符合下列规定

（1）公共建筑照明系统通电连续试运行时间应为 24h，民用住宅照明系统通电连续试运行时间应为 8h；在连续试运行阶段，每 2h 按回路，用非接触式红外测温仪测试各回路开关电器接线端子处的温度。

（2）测试传感器与被测端子间距应符合仪表使用要求。

10. 照度测试应符合下列规定

（1）公共建筑照明系统通电连续试运行时间应为 24h，民用住宅照明系统通电连续试运行时间应为 8h；在连续试运行阶段，每 2h 测试设计文件中规定的相关场所或区域照度；

（2）照度计传感器与光源距离应符合设计文件要求。

（3）测试照度时应避免自然光和被测场所或区域之外的光源影响。

11. 谐波含量测试应符合下列规定

（1）公共建筑照明系统通电连续试运行时间应为 24h，住宅照明系统通电连续试运行时间应为 8h；在连续试运行阶段，每 2h 分别在照明配电系统主回路和各分支回路，测试 N 和 PE 导体的电流谐波值；

（2）仪表的电流互感器量程应与被测电流值相匹配；

（3）每次测试，仪表宜连续记录 1min 谐波数据；

（4）测试谐波电流时，宜同时记录电压数据。

### 4.5.3 质量标准

1. 主控项目应符合的规定

主控项目应包括以下项目，且应符合设计要求：

（1）基础电气参数的测试，例如：电压、电流、电阻，电阻包括接地电阻、绝缘电阻、导体连通性等；

（2）故障回路阻抗测试；

（3）RCD 特性测试；

（4）照度测试；

（5）温度测试；

（6）谐波含量测试。

2. 主控项目安装质量验收标准

（1）灯具回路控制应符合设计要求，且应与照明控制柜、箱（盘）及回路的标识一致；开关宜与灯具控制顺序相对应，风扇的转向及调速开关应正常。

采用核对技术文件，观察检查并操作检查的方法，按每检验批的末级照明配电箱数量抽查 20%，且不得少于 1 台配电箱及相应回路。

（2）公共建筑照明系统通电连续试运行时间应为 24h，住宅照明系统通电连续试运行时间应为 8h。所有照明灯具均应同时开启，且应每 2h 按回路记录运行参数，连续试运行时间内应无故障。

采用试验运行时观察检查或查阅建筑照明通电试运行记录。按每检验批的末级照明配电箱总数抽查 5%，且不得少于 1 台配电箱及相应回路。

（3）对设计有照度测试要求的场所，试运行时应检测照度，并应符合设计要求。

采用照度测试仪测试，并查阅照度测试记录。对所有有照度测试要求的场所进行全数检查。

# 习　题

1. 简述灯具安装的基本要求。

2. 简述各种灯具的安装。

3. 电灯开关为什么必须接在相线上？接到零线上有什么坏处？

4. 安装灯头线时应注意哪些问题？

5. 提出安装室内一盏荧光灯所需要的全部材料。

6. 安装插座时，插孔是如何排列的？

7. 简述照明开关安装的基本要求。

8. 普通灯具的重量分别为 0.2kg、1kg 和 3kg，问可采用何种吊装方式？

9. 应急照明安装时应注意哪些事项？

10. 吊式荧光灯安装完成后发现，灯具排列不整齐，高度不一致，而且吊链上下挡距不一致等问题。请你分析产生这些问题的原因，并提出正确做法。

11. 照明配电箱（板）安装的基本要求是什么？

12. 配电箱（板）内为什么要分别专设零线和保护线汇流排？

13. 简述电气照明工程交接验收项目和技术资料。

14. 在建筑照明通电试运行阶段，满足什么条件才能算通电试运行验收通过？

15. 简要阐述线路可能漏电的几种检查方法。

# 第5章  防雷接地装置及等电位联结的安装与质量控制

建筑物防雷接地及安全防护系统主要是为了保护建筑物免受雷击损坏，减少雷电灾害事故的发生。其安装和质量控制对于建筑物的安全和人员财产安全非常重要。必须严格按照相关规范和标准进行安装和检验，确保装置的性能符合要求，从而避免灾害的发生。在《中华人民共和国气象法》中也明确规定："各级气象主管机构应当加强对雷电灾害防御工作的组织管理，并会同有关部门指导对可能遭受雷击的建筑物、构筑物和其他设施安装的雷电灾害防护装置的检测工作。安装的雷电灾害防护装置应当符合国务院气象主管机构规定的使用要求。"

【坚持人民至上、生命至上，把保护人民生命安全摆在首位，全面提高公共安全保障能力。完善和落实安全生产责任制，加强安全生产监管执法，有效遏制危险化学品、矿山、建筑施工、交通等重特大安全事故。……完善国家应急管理体系，加强应急物资保障体系建设，发展巨灾保险，提高防灾、减灾、抗灾、救灾能力。】

——《中共中央关于制定国民经济和社会发展第十四个五年规划和二〇三五年远景目标的建议》

## 5.1  接地装置的安装

### 5.1.1  接地装置安装的作业条件

1. 组织准备应符合下列规定

（1）设计施工图纸应齐全，接地装置做法应明确；

（2）电气施工方案应已审批；

（3）接地装置安装技术交底应已完成；

（4）需要挖土机、推土机作业时，其作业人员应按照国家有关规定经专门的安全作业培训，取得相应资格，方可上岗作业。

2. 自然接地体作业条件应符合下列规定

（1）底板筋与柱筋连接处应绑扎完；

（2）桩基内钢筋与柱筋连接处应绑扎完。

3. 人工接地体作业条件应符合下列规定

（1）室外回填土应施工完毕；

（2）室外管线应施工完毕；

（3）按设计位置场地应清理好。

### 5.1.2  接地装置的安装与验收

1. 工艺流程应符合下列规定

（1）自然接地体安装工艺流程如图5-1所示。

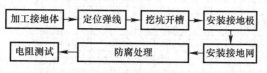

图 5-1　自然接地体安装工艺流程

（2）人工接地体安装工艺流程如图 5-2 所示。

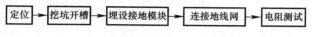

图 5-2　人工接地体安装工艺流程

（3）接地模块工艺流程如图 5-3 所示。

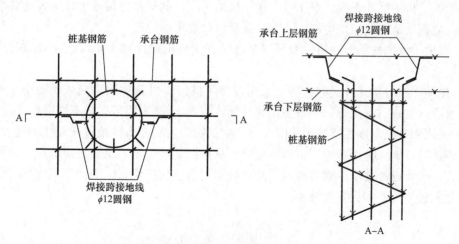

图 5-3　接地模块安装工艺流程

2. 自然接地体安装施工工艺要求

（1）兼做接地体的钢筋选择应符合下列规定

1）利用柱形桩基及平台钢筋做接地体时，根据设计图纸要求，找好桩基组数位置，确定好兼做接地线的桩基钢筋及承台钢筋的位置、数量，并应用油漆做好标记，最后应将桩基钢筋与其承台钢筋焊接，如图 5-4 所示。通常把每组桩基四角钢筋搭接封焊，再与柱主筋（不少于 2 根）搭接焊好，清除药皮。并在室外地面 800mm 以下，再将两根主筋用色漆做好标记以便引出和检查。应及时请有关部门进行隐蔽工程验收，同时做好隐蔽工程验收记录。

图 5-4　利用桩基基础内钢筋做接地体示意图

2）利用基础底板钢筋或深基础做接地体时，应根据设计图纸要求，确定好兼作接地线的基础钢筋位置、数量、接地网格尺寸和主筋的规格，并利用油漆做好标记，最后应将底板钢筋纵横连接贯通形成接地网，如图 5-5 所示。再将柱主筋（不少于 2 根）底部与底板钢筋搭接焊好，并在室外地面以下，将主筋焊接好接地连接板，清除药皮，再将两根主筋用色漆做好标记以便引出和检查。应及时请有关部门进行隐蔽工程验收，同时做好隐蔽工程验收记录。

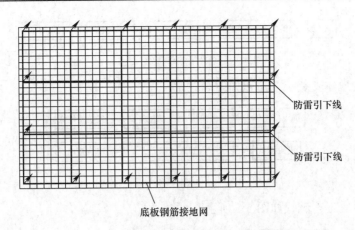

图 5-5　利用基础底板钢筋做接地体示意图

（2）接地体（网）贯通连接应符合下列规定

1）根据设计图纸要求的位置和数量，应将兼作接地线的桩基钢筋、承台钢筋或基础底板钢筋进行贯通连接，形成整体电气通路；

2）接地装置纵、横、竖向钢筋的贯通连接应采用焊接，不能错焊或漏焊；焊接时应选择不小于 $\phi12$ 的圆钢进行跨接（有设计要求时除外），不得使用螺纹钢代替；

3）土建采用的直螺纹连接、搭焊连接的钢筋可不做电气跨接，但连接点应满足电气贯通性及土建验收要求。

（3）引出接地干线应符合下列规定

1）应根据设计图纸要求的位置、数量，从接地装置处引出总等电位接地干线、配电间接地干线、机房接地干线、变压器中性点接地干线、电梯井道接地干线等设计要求的预留干线，应将接地干线随结构施工依次敷设至设计要求的位置；

2）接地干线的材质、规格、型号以及敷设方式应由设计确定，设计无要求时应及时办理变更洽商；

3）接地干线与接地装置的连接应采用焊接，搭接焊时跨接圆钢应采用不小于 $\phi12$ 的圆钢（有设计要求时除外，但不得使用螺纹钢代替），连接牢固可靠，不得错焊或漏焊；

4）采用铜带或电缆做接地干线时，宜在建筑物底层墙柱上预留接线箱作为过渡措施，即先采用镀锌扁钢（截面不小于铜带或电缆）从接地装置引至建筑物底层墙柱上的预留接线箱内，再选择设计要求的铜带或电缆从接线箱内引至相应位置，不同金属连接处还应采取防电化腐蚀措施；如图 5-6 所示。

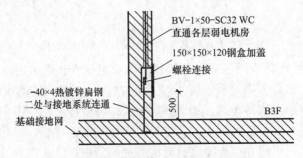

图 5-6　接地干线在底层墙柱上的过渡做法示意图

（4）防雷引下线与接地装置连接应符合下列规定

1）利用结构柱内钢筋或结构钢柱兼作防雷引下线时，应根据设计要求的位置、数量，选择不小于 $\phi12$ 的圆钢（有设计要求时除外，但不得使用螺纹钢代替）将兼作防雷引下线的结构柱主筋（每组引下线不少于 2 根柱主筋）或钢柱的底部与接地装置钢筋网可靠焊接；

2）采用专设防雷引下线时，根据设计要求的位置、数量以及引出干线的规格、型号，应将接地干线预留至相应位置以备与防雷引下线连接。

（5）检查验收应符合下列规定

1）作为接地体钢筋的规格型号、位置、数量是否符合设计要求；

2）引出接地干线的材质、规格型号、位置、数量是否符合设计要求；

3）接地体（网）贯通连接时不应错焊或漏焊；

4）引出接地干线、防雷引下线与接地装置连接应可靠。

（6）测试点安装应符合下列规定

1）在主体结构施工至地面以上时，在设计要求的引下线处，利用 $\phi12$ 镀锌圆钢与防雷引下线可靠焊接，并随墙柱结构暗敷至接地测试点端子箱安装位置附近，再采用 -40×4 的镀锌扁钢与圆钢可靠焊接并准确地引入至测试点端子箱位置处；测试点端子箱应根据设计位置随结构施工进行预留，其尺寸应满足操作需要，如图 5-7（a）图所示。

2）预留扁钢在引入测试点端子箱内前应先开好孔，开孔直径不得小于 10mm；进入端子箱后，扁钢侧面与建筑面垂直、安装端正，扁钢根部与端子箱点焊固定，扁钢开孔处应安装不小于 10mm 的螺栓并配置燕尾螺母，平垫、弹垫齐全，如图 5-7 所示。

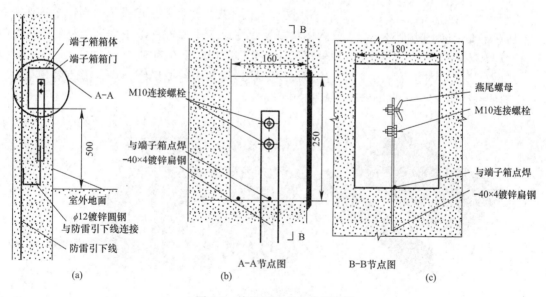

图 5-7　接地测试点安装示意图

3）接地测试点采用的端子箱箱门上应有接地标识（⏚）、"接地测试点"文字标识、端子箱编号，箱体和箱门应与扁钢可靠电气跨接，箱门装锁。

4）测试点不应被外墙饰面遮蔽，当端子箱安装处的外墙柱装饰面为干挂石材时，端子箱安装位置应位于干挂石材面上；

5）当建筑物外墙不适宜设置接地测试点时，可将测试点设置在地下测试井内。引至测试井的接地线应与接地装置可靠连接；接地线可穿硬质塑料管敷设；接地线可采用-40mm×4mm 热浸镀锌扁钢；测试井内应预留测试用连接螺栓。

（7）接地电阻测试应符合下列规定

1）在建筑物室外回填土完成后，应在接地测试点处测试接地装置的接地电阻值，当接地电阻值达不到设计要求时，应补充设计人工接地体；

2）接地电阻测试不应在下雨天气中进行；

3）4～10月份接地装置的接地电阻实测值，应乘以季节系数。

3. 人工接地体安装施工工艺要求

（1）接地体选材及加工应符合下列规定

1）人工接地体类型常见的有桩式接地体、网片式接地体及接地模块，无论何种类型均应根据设计要求选择人工接地体及接地线的材质、规格、型号、尺寸、数量。

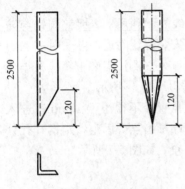

图 5-8　角钢和钢管接地极制作示意图

2）桩式人工接地体一般采用镀锌角钢或镀锌钢管切割而成，长度不小于 2.5m，一端加工成尖头形状，以便砸入地下。如采用钢管打入地下应根据土质加工成一定的形状。遇松软土壤时，可切成斜面形。为了避免打入时受力不均使管子歪斜，也可加工成扁尖形。遇土质很硬时，可将尖端加工成锥形。如选用角钢，应采用不小于 L 50mm×50mm×5mm 镀锌角钢，长度不应小于 2.5m，其尖端加工成尖头形状，如图 5-8 所示。

3）网片式人工接地体通常采用铜带、扁钢等导体组成网格状或带状埋设于土壤或混凝土内，其材质、规格、型号、尺寸、数量等均由设计确定。

4）人工接地体也可利用成品的接地模块，接地模块由专业厂家提供，模块的规格型号应满足设计要求并经设计确认，见图 5-9 所示。

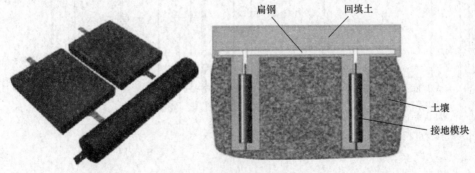

图 5-9　接地模块安装示意图

（2）沟槽开挖应符合下列规定

1）按照设计图纸位置，依据结构轴线弹线定位，确定人工接地体沟槽的位置和尺寸，按照弹好的线进行挖掘；沟槽的深度应为 0.8～1m，且应在冻土层以下，宽度应满足埋入人工接地体的需要，沟槽上部稍宽，底部渐窄，沟底的石子应清除；

2）采用接地模块时，先挖好沟槽，在此基础上再挖掘接地模块埋设基坑，宜为模块外形尺寸的 1.2～1.4 倍，且应详细记录开挖深度内的地层情况。

（3）人工接地体安装应符合下列规定

1）沟槽挖好后，应尽快检查确认，并安装接地极和敷设接地干线，防止土方倒塌或雨雪天气雨水灌入。

2）接地极应位于沟槽的中心线上，除网片式人工接地体外，角钢、钢管、铜棒、铜管等接地极应垂直敲入地中，一般采用手锤打入，一人手扶接地极，一人敲打接地体顶部。敲打时，为防止将角钢或钢管打劈，应在接地极顶部采取保护措施防止打劈，一般可加一护管帽，套入接地钢管顶端。若采用角钢，可在其顶部焊接约 100mm 的一段角钢。使用手锤敲打接地极时应平稳，锤击接地极正中，不得打偏，应与地面保持垂直，当接地体顶端距地 600mm 时停止打入。接地极间距不应小于 5m。采用接地模块时，接地模块间距不应小于模块长度的 3～5 倍；接地模块应垂直或水平就位，并应保持与原土层接触良好。

3）选择设计规定的材质及其规格型号的接地线，敷设前应先调直，再放置于沟槽内；应依次将各接地极（体）间可靠电气贯通连通，并应将焊接处的焊渣清洁干净后刷沥青油防腐。接地线采用镀锌扁钢时，因为扁钢侧放时散流电阻较小，所以扁钢应侧放，不可平放。扁钢与接地极连接的位置距接地极最高点约 100mm，如图 5-10 所示。为了连接可靠，除应在其接触部位两侧进行焊接外，还应直接将扁钢本身弯成弧形（或直角形）与接地极的焊接。焊接时应将扁钢拉直，焊好后清除药皮，刷沥青漆做防腐处理。将接地线引出至需要位置，留有足够的连接长度，以待使用。

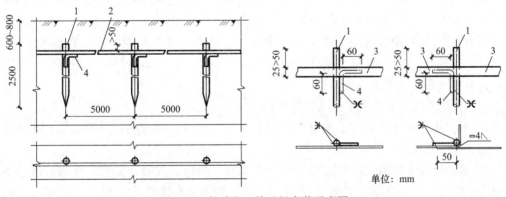

图 5-10　桩式人工接地极安装示意图

1—接地极，$\phi18$，$L=2500mm$；2—接地线，$\phi10$；3—接地线，—25mm×4mm；4—连接导体，$\phi10$，$L=160mm$

4）网片式接地体一般采用扁钢、铜带等导体按照设计要求的网格尺寸、数量组成网格或带状埋设，在交叉、拐弯处进行焊接，形成电气贯通网。沿建筑物四周敷设的环形接地体设计无要求时，环形接地体与建筑物距离应不小于 1m，环形贯通焊接，如图 5-11 所示。

5）设计无要求时，接地极顶部埋设深度应为 600～800mm，在敲入或埋入接地极时应控制好其顶部距地面距离。

6）接地极连接完毕后，应及时请有关部门进行隐蔽验收，接地极材质、位置、焊接质量，接地体（线）的截面积规格等均应符合设计施工验收规范要求，经检验合格后，方可进行回填，分层夯实。最后将接地电阻摇测数值填写在隐检记录上。

7）若建筑物内连带大型变配电站，设计要求采用铜材施工时，可参照以上钢管与扁钢施工方法，铜材接地极（网）一般敷设较深，且散热快，焊接时应采用气焊加热，使用电焊焊接。

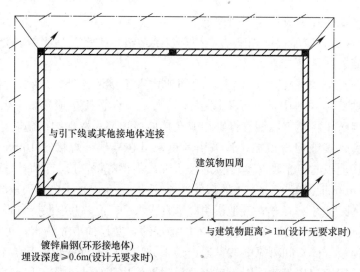

图 5-11　沿建筑物四周敷设环形接地体示意图

（4）接地模块安装应符合下列规定

使用接地模块时，埋设应尽量选择适合土层进行，预先开挖 0.8～1.0m 的土坑（平埋），不应倾斜设置，底部尽量平整，使埋设的接地模块受力均匀，保持与原土层接触良好。接地模块应垂直或水平设置，用连接线使连接头与接地网连接，用螺栓连接后热焊接或热熔接，焊接完成以后应去除焊渣等，再用防腐沥青或防锈漆进行焊接表面的防腐处理，回填需要分层夯实，保证土壤的密实和接地模块与土壤的接触紧密，底部回填 0.4～0.5m 后，应适量加水，保证土壤的湿润，使接地模块充分吸湿。使用降阻剂时，为了防腐，包裹厚度应在 30mm 以上。

（5）接地干线、防雷引下线与接地体的连接应符合下列规定

1）人工接地体安装后应依据设计要求为防雷引下线、测试点、总等电位、配电室中性点接地等预留接头，并引至设计要求的位置，预留足够的连接长度以待使用；

2）室外接地干线敷设：首先将接地干线调直、测位、打眼、撇弯，并将短接卡子及接地端子装好，然后根据设计要求挖沟，将接地扁钢按要求埋入。填土、压实（不需打夯）。接地干线末端露出地面不应超过 0.5m，以便连接引下线。

3）室内接地干线明敷设：首先根据设计要求预留出接地线孔，然后埋设支持件，也可采用 M10 镀锌膨胀螺栓生根固定。再将接地扁钢沿墙吊起，在支持件一端用卡子将扁钢固定，接地干线连接处应焊接牢固，末端预留或连接应符合设计及施工质量验收规范要求。

（6）检查验收及回填夯实应符合下列规定

1）接地体连接完毕后，应及时进行隐蔽工程检查，重点核查内容有：接地体材质、规格、型号、位置、数量以及引出的接地干线应符合设计要求，焊接质量、防腐处理应符合规范要求，沟槽内及回填土内不应夹有石块和建筑垃圾等，外取的土壤不得有较强的腐蚀性；

2）上述内容检查验收合格后，方可进行回填，在回填土时应采用净土分层夯实。

（7）断接卡子安装应符合下列规定

1）采用埋入土壤中的人工接地体时，应在人工接地体与引下线之间设置断接卡子；人工接地装置由多个分接地装置组成时，应按设计要求设置断接卡子；自然接地体与人工

接地体的连接处也应有便于分开的断接卡子；

2）按照设计要求的位置、标高、数量确定断接卡子，距地面宜为 0.3～1.8m，上端与引下线连接，下端与人工接地体连接；

3）断接卡子端子箱安装具体做法可参照自然接地体安装施工工艺的有关规定。

（8）接地电阻测试应符合下列规定

1）接地断接卡子设置完后，应及时对人工接地体进行接地电阻测试，其接地电阻值应符合设计要求，当土壤电阻率较高，难以达到设计要求的接地电阻时，可采用增加接地极法、换土法、降阻剂法或其他新材料、新技术降低接地体的电阻；

2）当人工接地装置由多个分接地装置组成时，或由自然接地体与人工接地体组成时，应在断接卡子处断开连接，分别测试各组合单元的接地电阻值。

4.接地装置的安装

（1）接地装置导体要求

接地装置宜采用镀锌钢材。接地装置的导体截面积不应小于表 5-1 所列数值。

**钢接地体和接地线的最小规格**　　　　　　　　　　表 5-1

| 种类、规格及单位 | | 地上 | | 地下 | |
|---|---|---|---|---|---|
| | | 室内 | 室外 | 交流电流回路 | 直流电流回路 |
| 圆钢直径(mm) | | 6 | 8 | 10 | 12 |
| 扁钢 | 截面积(mm²) | 60 | 100 | 100 | 100 |
| | 厚度(mm) | 3 | 40 | 4 | 6 |
| 角钢厚度(mm) | | 2 | 2.5 | 4 | 6 |
| 钢管管壁厚度(mm) | | 2.5 | 2.5 | 3.5 | 4.5 |

注：电力线路杆塔的接地引出线的截面积不应小于 50mm²，引出线应热镀锌。

低压电气设备地面上外露的铜和铝接地线的最小截面积应符合表 5-2 的规定。

**电气设备地面上外露的铜和铝接地线的最小截面积**（mm²）　　表 5-2

| 名称 | 铜 | 铝 |
|---|---|---|
| 明敷的裸导体 | 4 | 6 |
| 绝缘导体 | 1.5 | 2.5 |
| 电缆的接地芯或与相线包在同一保护壳内的多芯导线的接地芯 | 1 | 1.5 |

在地下不得采用裸铝导体作为接地体或接地线。不得利用蛇皮管、管道保温层的金属外皮或金属网以及电缆金属保护层作接地线。

（2）人工接地体安装

人工接地体分垂直和水平安装两种。

1）垂直接地体

垂直接地体一般采用长度不小于 2.5m 的 L50mm×50mm 的角钢、直径 50mm 钢管或 φ20mm 圆钢。圆钢或钢管的端部应锯成斜口或锻造成锥形，角钢的一端呈 120mm 尖头形状，尖点在角钢的角脊线上，两斜边对称。

在接地沟内接地极应沿沟的中心垂直线打入。接地体顶面埋设深度应符合设计规定。当无规定时，不宜小于 0.6m，间距不小于接地体长度的 2 倍。当受地方限制时，一般应小于接地体的长度。

接地线应防止发生机械损伤和化学腐蚀。敷设在腐蚀性较强的场所或土壤电阻率大于 $10\Omega\cdot m$ 的潮湿土壤中接地装置应适当加大截面积或热镀锌。

2）水平接地体

敷设在建筑物四周闭合环状的水平接地体，可埋设在建筑物散水及灰土基础以外的基础槽外，常用 -40mm×4mm 镀锌扁钢，最小截面积不应小于 $100mm^2$，厚度不应小于 4mm。将扁钢垂直敷设在地沟内，顶部埋设深度距地面不应小于 0.6m，多根平行敷设时水平间距不小于 5m。水平接地体的安装如图 5-12 所示。

3）铜板接地体

铜板接地体一般使用 900mm×900mm×1.5mm 的铜板，铜板接地体的安装，如图 5-13 所示。

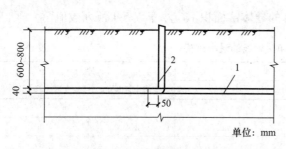

图 5-12 水平接地体安装
1—接地体；2—接地线

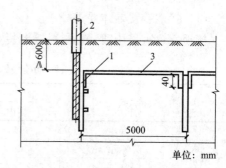

图 5-13 铜板接地体安装
1—铜板接地体；2—铜接地线；3—铜连接线

铜板与接地线的连接一般是在接地铜板上打孔，用单股 $\phi1.5\sim\phi2.5mm$ 铜线将铜接地线（绞线）绑扎在铜板上，在铜绞线两侧焊接，或采用将铜接地绞线分开拉直，搪锡后分四处用单段 $\phi1.5\sim\phi2.5mm$ 铜线绑扎在铜板上，逐根与铜板锡焊。也可以将铜接地绞线端部、端子与铜接地板的接触面处搪锡，用 $\phi5mm\times6mm$ 的铜铆钉将端子与铜板铆紧，在接线端子周围进行锡焊，或使用 25mm×1.5mm 的铜板进行铜焊固定连接。

（3）接地母线的安装

从引下线断接卡子或换线处至接地体和连接垂直接地体之间的连接线称为接地母线，一般应使用 -40mm×4mm 的镀锌扁钢。

扁钢调直后垂直放置于地沟内，依次在距接地体顶端大于 50mm 处与接地体焊接。扁钢与钢管（或角钢）接地极焊接时，将接地扁钢弯成弧形（或三角形）与接地钢管（或角钢）焊接；也可将扁钢在焊接过程中弯成弧形（或三角形）；还可先用扁钢另外撖制好弧形（或三角形）卡子，在扁钢与接地体相互接触部位表面两侧焊接后，再用卡子与接地体及扁钢进行焊接，如图 5-14 所示。

在接地母线使用圆钢时，母线圆钢与接地体圆钢连接做法，如图 5-15 所示。

接地母线之间的连接应采用搭接焊接。扁钢与扁钢连接的搭接焊接长度不应小于扁钢宽度的 2 倍，应最少在三个棱边进行焊接。圆钢与圆钢搭接焊不应小于圆钢直径的 6 倍，并应采取两面焊。圆钢与扁钢连接，搭接长度不应小于圆钢直径的 6 倍，应在两面焊。各种不同形式的接地母线的连接做法，如图 5-16 所示。

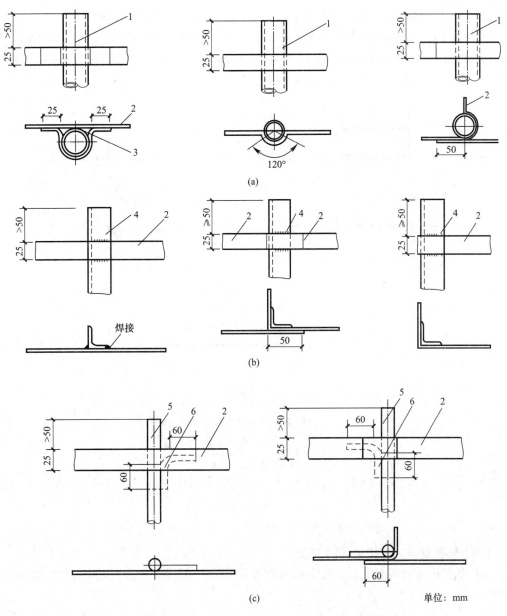

图 5-14　扁钢接地母线与接地体连接做法

（a）钢管接地体；（b）角钢接地体；（c）圆钢接地体

1—钢管接地体；2—连接线；3—弧形卡子；4—角钢接地体；5—圆钢接地体；6—φ10mm 长 160mm 的连接体

除接地之外，从地表下 0.6m 引至地面外的垂直接地母线的引出线的垂直部分和接地装置焊接部位应做防腐处理。在做防腐处理前，表面必须除锈并去掉焊接处残留的焊药。

（4）建筑物基础接地装置的安装

利用钢筋混凝土基础内的钢筋作为接地装置

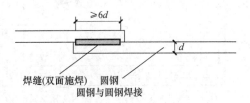

图 5-15　圆钢与圆钢接地体连接做法

时，敷设在钢筋混凝土中的单根钢筋或圆钢，直径不应小于 10mm。被利用作为防雷装置的混凝土构件钢筋的截面积总和不应小于一根直径 10mm 钢筋的截面积。

利用建筑物基础内的钢筋作为接地装置时，应在与防雷引下线相对应的室外埋深 0.8～1m，由被利用作为引下线的钢筋上焊出一根 $\phi12mm$ 或 -40mm×4mm 镀锌扁钢，伸向室外距外墙皮的距离不宜小于 1m，以便补打人工接地体。

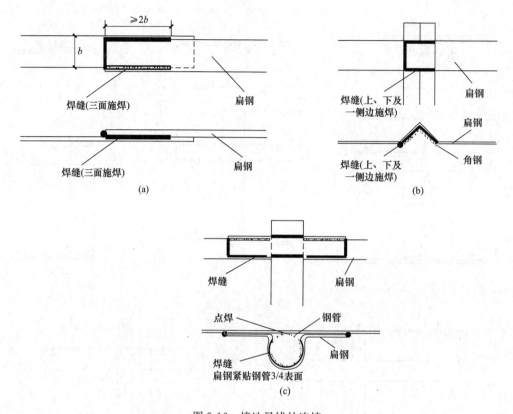

图 5-16　接地母线的连接

（a）扁钢与扁钢连接；（b）扁钢与角钢连接；（c）扁钢与钢管连接

1）条形基础内人工接地体的安装

条形基础内应采用不应小于 $\phi12mm$ 圆钢或 -40mm×4mm 扁钢做人工接地体，如图 5-17 所示。

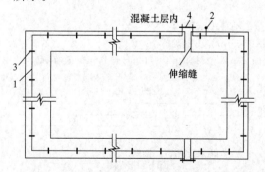

图 5-17　条形基础人工接地体安装平面示意图

1—人工接地体；2—引下线；

3—支持器；4—伸缩缝处跨接板

人工接地体在基础内敷设，使用圆钢支持器、扁钢支持器和混凝土支持器固定，如图 5-18 所示。条形基础内人工接地体安装方式，如图 5-19 所示。

条形基础内的人工接地体，在通过建筑物变形缝处时，应在室外或室内装设弓形跨接板。弓形跨接板的弯曲半径为 100mm。弓形跨接板及换接件的外露部分应刷樟丹油漆一道，面漆二道。其做法如图 5-20 所示。当采用扁钢接地体时，直接将扁钢接地体弯曲。

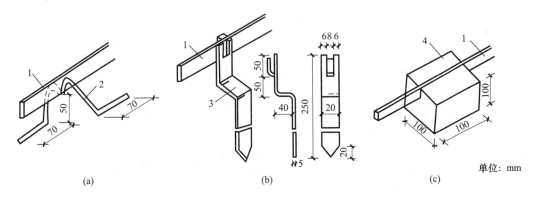

图 5-18 人工接地体支持器

（a）圆钢支持器；（b）扁钢支持器；（c）混凝土支持器

1—人工接地体；2—$\phi4mm$圆钢支持器；3—20mm×5mm扁钢支持器；4—C20混凝土支持器

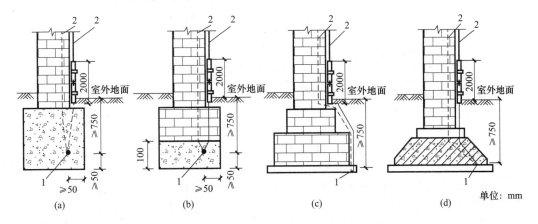

图 5-19 条形基础内人工接地体安装

（a）素混凝土基础；（b）砖基础下方的专设混凝土层内；（c）毛石混凝土基础；（d）钢筋混凝土基础

1—接地体；2—引下线

2）钢筋混凝土桩基础接地体的安装

桩基础接地体如图 5-21 所示。在作为防雷引下线的柱子（或者剪力墙内钢筋做引下线）位置处，将桩基础的抛头钢筋与承台梁主筋焊接（见图 5-4），并与上面作为引下线的柱（或剪力墙）中钢筋焊接。在每一组桩基多于 4 根时，只需连接其四角桩基的钢筋作为防雷接地体。

3）独立柱基础、箱型基础接地体的安装

钢筋混凝土独立基础及钢筋混凝土箱形基础作为接地体时，应将用作防雷引下线的现浇钢筋混凝土柱内的符合要求的主筋，与基础底层钢筋网做焊接连接，如图 5-22 所示。

若钢筋混凝土独立基有防水油毡及沥青包

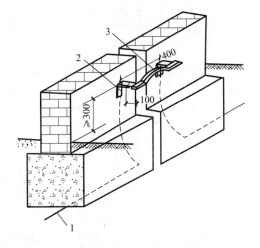

图 5-20 基础内人工接地体通过变形缝处的做法

1—圆钢人工接地体；2—25mm×4mm 换接件；3—25mm×4mm 长 500mm 的弓形跨接板

裹时，应通过预埋件和引下线，跨越防水油毡及沥青层，将柱内的引下线钢筋与垫层内的钢筋和接地桩柱相焊接，如图 5-23 所示。利用垫层钢筋和接地桩柱做接地装置。

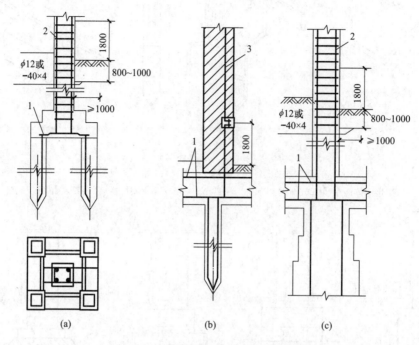

图 5-21　钢筋混凝土桩基础接地体安装

（a）独立式桩基；（b）方桩基础；（c）挖孔桩基础

1—承台架钢筋；2—柱主筋；3—独立引下线

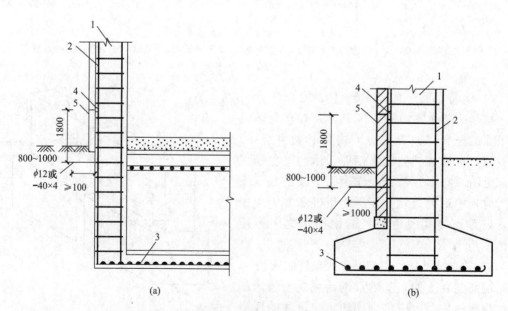

图 5-22　独立基础与箱形基础接地体安装

（a）独立安装；（b）箱形基础

1—现浇混凝土柱；2—柱主筋；3—基础底层钢筋网；4—预埋连接线；5—引出连接板

4）钢筋混凝土板式基础接地体的安装

利用无防水层底板的钢筋混凝土板式基础做接地体，利用作为防雷引下线的柱主筋与底板的钢筋进行焊接连接，如图 5-24 所示。

在进行钢筋混凝土板式基础接地体安装时，若遇有板式基础有防水层，应将符合规格和数量的可以用来做防雷引下线的柱内主筋，在室外自然法地面以下的适当位置处，利用预埋连接板与外引的 $\phi12mm$ 或 $-40mm \times 40mm$ 的镀锌圆钢或扁钢相焊接做连接线，同有防水层的钢筋混凝土板式基础的接地装置连接，如图 5-25 所示。

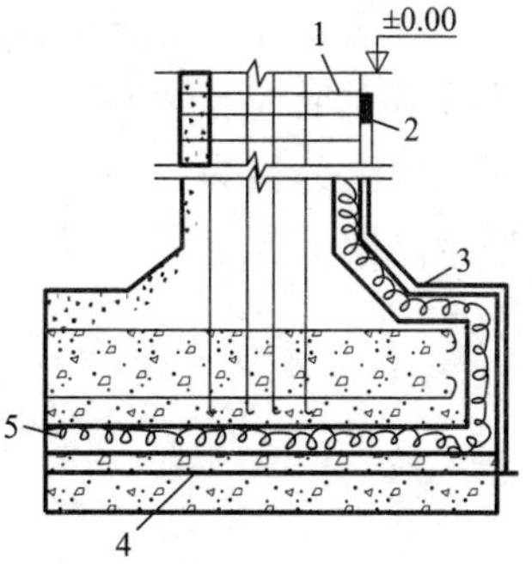

5）钢筋混凝土杯形基础预制柱接地体的安装

仅有水平钢筋网的杯形基础接地体，如图 5-26 所示。连接导体引出位置是在杯口一角的附近，与预制混凝土柱上的预埋连接板位置相对应。连接导体和水平钢筋网均应与柱上预埋件焊接。在杯形基础

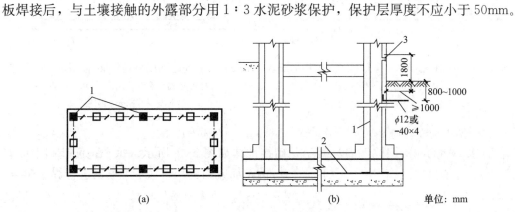

图 5-23　设有防潮层的
基础接地体的安装

1—柱主筋；2—连接主筋与引下线
的预埋铁件；3—$\phi12mm$ 圆钢引下线；
4—混凝土垫层内钢筋；5—卷材防水层

上立柱后，将连接导体与柱内预埋的规格为 $L63mm \times 63mm \times 5mm$ 角钢长 100mm 的连接板焊接后，与土壤接触的外露部分用 1：3 水泥砂浆保护，保护层厚度不应小于 50mm。

图 5-24　钢筋混凝土板式（无防水底板）基础接地体的安装

（a）平面图；（b）基础安装

1—柱主筋；2—底板钢筋；3—预埋连接板

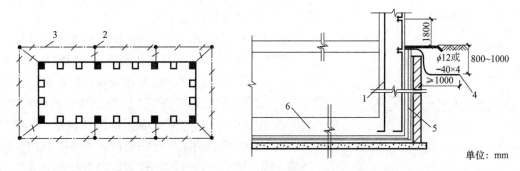

图 5-25　钢筋混凝土板式（有防水层）基础接地体安装图

1—柱主筋；2—接地体；3—连接线；4—引至接地体；5—防水层；6—基础地板

有垂直和水平钢筋网的杯形基础接地体的做法如图 5-27 所示。与连接导体相连接的垂直钢筋应与水平钢筋焊接。如不能直接焊接时，应采用一段直径不小于 10mm 的钢筋或圆钢跨接焊。当 4 根垂直主筋都能接触到水平钢筋网时，应将 4 根垂直主筋均与水平钢筋网绑扎连接。连接导体外露部分用 1：3 水泥砂浆保护，保护层厚度不应小于50mm。

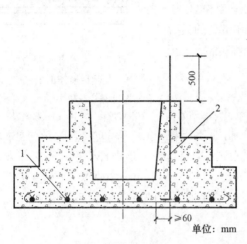

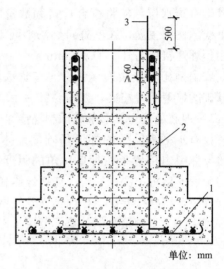

图 5-26　仅有水平钢筋网的杯形基础接地体的安装
1—杯形基础水平钢筋网；
2—连接导体 $\phi$12mm 钢筋或圆钢

图 5-27　有垂直和水平钢筋网的基础接地体的安装
1—杯形基础水平钢筋网；2—垂直钢筋网；
3—连接导体 $\phi$12mm 钢筋或圆钢

6）钢柱钢筋混凝土基础接地体安装

仅有水平钢筋网的钢柱钢筋混凝土基础接地体如图 5-28 所示。每个钢筋基础中应有一个地脚螺栓通过连接导体（不小于 $\phi$12mm 的钢筋或圆钢）与水平钢筋网进行焊接连接。

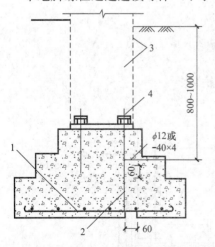

地脚螺栓与连接导体及连接导体与水平钢筋网的搭接焊接长度不应小于 60mm。并在钢柱就位后，将地脚螺栓及螺母和钢柱焊为一体。当无法利用钢柱的地脚螺栓时，应按钢筋混凝土杯形基础接地体的施工方法施工。将连接导体引至钢柱就位的边线外，并在钢柱就位后，焊到钢柱的底板上。

有垂直和水平钢筋网的钢柱钢筋混凝土基础接地体，如图 5-29 所示。有垂直和水平钢筋网的基础，垂直和水平钢筋的连接时应将与地脚螺栓相连接的一根垂直钢筋焊接到水平钢筋网上。当不能直接焊接时，采用不小于 $\phi$12mm 的钢筋或圆钢跨接焊接。如果 4 根垂直主筋能接触到水平钢筋网时，可将垂直的 4 根钢筋与水平钢筋网进行绑扎连接。当钢柱钢筋混凝土基础底部有桩基时，宜将每一桩基的一根主筋同承台钢筋焊接。

图 5-28　仅有水平钢筋网的钢柱钢筋混凝土基础接地体的安装
1—水平钢筋网；2—连接导体（不小于 $\phi$12mm 钢筋或圆钢）；3—钢柱；4—地脚螺栓

（5）室内接地线的敷设

1）保护套管的埋设

接地干线在室内沿墙壁敷设时，有时要穿过墙体或楼板，在土建墙体及楼地面施工时，采取预埋保护套管或预留出接地干线保护套管的孔。

保护套管应用 1mm 厚钢板制作，长度应比墙体或楼板的厚度长 40mm，宽度应比接地干线扁钢大 10mm，厚度为 15mm，在墙体拐角处套管距墙体表面应为 15～20mm。设置预留孔时用比套管尺寸略大的木方预埋在墙壁或楼板内。当混凝土初凝时活动木方，以便待混凝土凝固后易于抽出。穿过外墙的保护套管应向外倾斜，内外高低差应为 10mm。穿过楼（地）面板的套管的纵向缝隙应焊接。

2）接地线的敷设

接地线应水平或垂直敷设，亦可与建筑物倾斜结构平行敷设在直线段上。接地线沿建筑物墙壁水平敷设时，离地面距离为 250～300mm；接地线与建筑物墙壁间的间隙宜为 10～15mm。明敷接地线应便于检查，敷设位置不应妨碍设备的拆卸与检修。在水平直线部分支

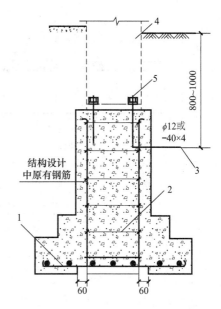

图 5-29　有垂直和水平钢筋网的钢柱
钢筋混凝土基础接地体的安装

1—水平钢筋网；2—垂直钢筋网；
3—连接导体（不小于 $\phi12mm$ 钢筋或圆钢）；
4—钢柱；5—地脚螺栓

持件间的距离宜为 0.5～1.5m，垂直部分宜为 1.5～3m，转弯部分宜为 0.3～0.5m。接地干线不应有高低起伏及弯曲现象，水平度及垂直度允许偏差为 2‰，全长不应超过 10mm。

对接地扁钢应事先调直、打眼、撼弯加工后，将扁钢沿墙吊起，在支持件一端将扁钢固定住。接地线距墙面间隙应为 10～15mm，过墙时穿过保护套管。接地干线在连接处应进行焊接，末端预留或连接应符合设计规定。接地干线的敷设如图 5-30 所示。接地干线还应与建筑结构中预留钢筋连接。

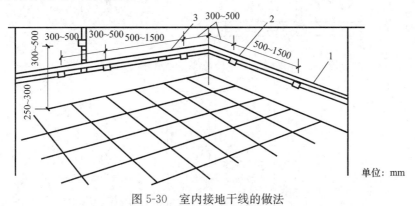

单位：mm

图 5-30　室内接地干线的做法
1—接地干线；2—支持件；3—接地端子

接地干线在经过建筑物的伸缩（或沉降）缝时，若采用焊接固定，应将接地干线在通过伸缩（或沉降）缝的一段做成弧形，或用 $\phi12mm$ 圆钢弯出弧形与扁钢焊接，也可在接地线断开处用裸铜软绞线连接如图 5-31 所示。

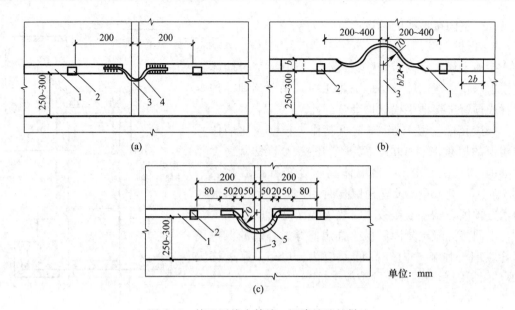

图 5-31 接地干线在伸缩、沉降缝处的做法

(a) 圆钢跨接线；(b) 扁钢跨接线；(c) 裸铜软绞线跨接线

1—接地线；2—支持件；3—变形缝；4—圆钢；5—50mm² 裸铜软绞线；b—扁钢宽度

接地干线在室内水平或垂直敷设时，在转角处需弯曲时应弯曲 90°，弯曲半径不应小于扁钢宽度的两倍。接地干线在过门时，可在门上明敷通过，也可在门下室内地面内暗敷设，如图 5-32 所示。

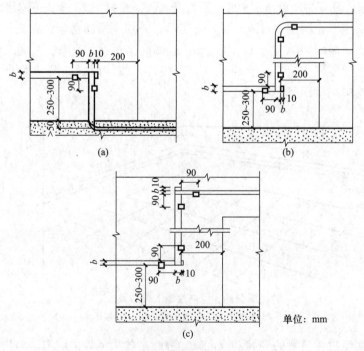

图 5-32 接地干线过门安装

(a) 在地面内敷设；(b) 在门上方敷设（做法一）；(c) 在门上方敷设（做法二）

接地干线应在两个以上不同点与接地网相连接。自然接地体应在两个以上不同点与接地干线或接地网相连接。为便于检测，室内接地干线与室外接地线应使用螺栓连接。接地线穿过楼板或外墙时，套管管口处应用沥青丝麻或建筑密封膏堵死。接地干线与接地网的连接如图 5-33 所示。

由接地干线引向室内需要接地的设备的接地分支线，可以在混凝土地面内暗敷设。接地线的一端在电气设备处，另一端在距离最近的接地干线上，两端都应露出混凝土地面。当地面内有钢筋时，可将接地线的中间部位焊在钢筋上固定。所有电气设备都需要单独地敷设接地分支线。室内接地分支线的做法，如图 5-34 所示。

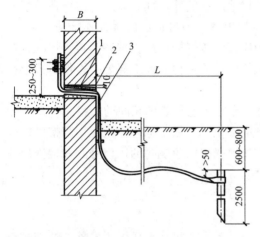

图 5-33　接地干线与室外接地网的连接
1—套管；2—沥青丝麻；3—卡子；
L—工程实际尺寸；B—墙厚度

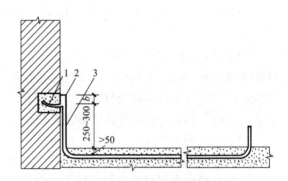

图 5-34　接地分支线的接法
1—固定钩；2—接地干线；
3—接地支线；b—地线宽度

3）接地线与管道连接

接地线与给水管和其他输送非可燃液体或非爆炸气体的金属管道连接时，应在靠近建筑物的进口处焊接。若接地线与管道间的连接不能焊接时，应使用卡箍连接，卡箍的内表面应做搪锡处理。将管道的连接处表面刮拭干净，安装完毕后涂沥青。管道上的水表、法兰、阀门等处应用裸铜线将其跨接。接地线与管道的连接，如图 5-35 所示。

4）接地线与设备的连接

电气设备与接地线的连接一般采用焊接和螺栓连接两种方式。需要移动的设备，宜采用螺栓连接；不需要移动的设备可采用焊接。当电气设备装在金属结构上而有可靠的金属接触时，接地线或接零线可直接焊接在金属构架上。

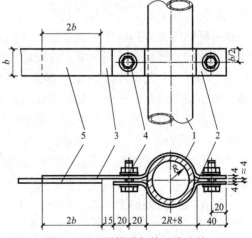

图 5-35　金属管道与接地线连接
1—金属管道；2—短卡箍（长度为 $\pi R+82$）；
3—长卡箍（长度为 $\pi R+2b+97$）；
4—M10×30mm 镀锌螺栓；
5—接地线；b—接地线宽度

电气设备的外壳上一般都有专用接地螺栓。接地线采用螺栓连接时，应将螺栓卸下，将设备与接地线的接触面擦净，接地线端部挂上焊锡，并涂上中性凡士林油，然后接入螺栓，并将螺母拧紧。在有振动的地方，所有接地螺栓都需加垫弹簧垫圈以防振松。接地线若为扁钢，其孔眼应用手电钻或钻床钻孔，不得用气焊割孔。

携带式电气设备应用携带型导线的特备线芯接地。不得用接零线作接地用，零线与接地线应单独地与接地网连接。所采用的导线应是软铜绞线，其截面积不应小于 $1.5mm^2$。该截面是保证安全需要的最低要求，具体截面积应根据相导线选择。

5）接地线安装检查和涂色

明敷设接地线安装后，应检查各接地干线和接地支线的外露部分以及电气设备的接地部分外观，检查电气设备是否按接地的要求接有接地线，各接地线的螺栓连接是否牢固，螺栓连接处是否使用了弹簧垫圈。在安装过程中应仔细按焊接规程检查各焊口。焊缝合格后，应在各面涂以沥青漆。此外，还要检查接地线经过建筑物的伸缩缝处是否作了弧形补偿措施。

明敷接地线的表面应涂以 15～100mm 宽度相等的绿色和黄色相间的条纹。在每个导体的全部长度上或只在每个区间或每个可接触到的部位上宜做出标志。当使用胶带做标志时应使用双色胶带。中性线宜涂淡蓝色标志。在接地线引向建筑物的入口处和在检修用临时接地点处，均应刷白色底漆并标以黑色记号"⏚"。

（6）电气设备接地

1）电气装置接地

电气装置的金属部分均应接地或接零。这些设备是：电机、变压器、电器、携带式或移动式用电器具等的金属底座和外壳；电气设备的传动装置；室外配电装置的金属或钢筋混凝土构架以及靠近带电部分的金属遮栏和金属门；配电、控制、保护用的屏（柜、箱）及操作台等的金属框架和底座；交、直流电力电缆的接头盒、终端头和膨胀器的金属外壳和电缆的金属护层、可触及的电缆金属保护管和穿线的钢管；电缆桥架、支架和井架；装有接闪杆的电力线路杆塔；装在配电线路杆上的电力设备；在非沥青地面上的居民区内，无接闪线的小接地电流架空电力线路的金属杆塔和钢筋混凝土杆塔；电除尘器的构架；封闭母线的外壳及其他裸露的金属部分；六氟化硫封闭式组合电器和箱式变电站的金属箱体；电热设备的金属外壳；控制电缆的金属护层等。

需要接地的直流系统的接地装置要求能与地构成闭合回路且经常流过电流的接地线应沿绝缘垫板敷设，不得与金属管道、建筑物和设备的构件有金属连接。土壤中含有电解时能产生腐蚀性物质的地方不宜敷设接地装置，必要时可采取外引式接地装置或改良土壤的措施。直流电力回路专用的中性线和直流两线制正极的接地体、接地线不得与自然接地体有金属连接；当无绝缘隔离装置时，相互间的距离不应小于 1m。三线制直流回路的中性线宜直接接地。

2）电气设备接地

交流电气设备接地可以利用埋设在地下的金属管道（不包括有可燃或有爆炸性物质的管道、金属井管）、与大地有可靠连接的建筑物的金属结构、水工构筑物及其类似的构筑物的金属管（桩）等作为自然接地体。

交流电气设备可利用以下金属物体做接地线：建筑物的金属结构（梁、柱等）及设计规定的混凝土结构内部的钢筋；生产用的起重机的轨道、配电设备的外壳、走廊、平台、电梯竖井、起重机与升降机的构架、运输皮带的钢梁、电除尘器的构架等金属结构；配线的钢管等。

进行检修时，在断路器室、配电间、母线分段处、发电机引出线等需要临时接地的地方，应引入接地干线，并应设有专供连接临时接地线使用的接线板和螺栓。

装有接闪杆的构架上的照明灯电源线，必须采用直埋于土壤中的带金属护层的电缆或穿入金属管的导线。电缆的金属护层或金属管必须接地，埋入土壤中的长度应在 10m 以上，方可与配电装置的接地网相连或与电源线、低压配电装置相连。

当电缆穿过零序电流互感器时，电缆头的接地线应通过零序电流互感器后接地；由电缆头至穿过零序电流互感器的一段电缆金属护层和接地线应对地绝缘。

直接接地或经消弧线圈接地的变压器、旋转电机的中性点与接地体或接地干线的连接，应采用单独的接地线。

变电所、配电所的避雷器应用最短的接地线与主接地网连接。

全封闭组合电器的外壳应按制造厂的规定接地；法兰片间应采用跨接线连接，并应保证良好的电气通路。

高压配电间隔和静止补偿装置的栅栏门铰链处应用软铜线连接，以保持良好接地。

高频感应电热装置的屏蔽网、滤波器、电源装置的金属屏蔽外壳，高频回路中外露导体和电气设备的所有屏蔽部分和与其连接的金属管道均应接地，并宜与接地干线连接。

3) 携带式和移动式电气设备的接地

携带式电气设备应用专用芯线接地，严禁利用其他用电设备的零线接地。零线和接地线应分别与接地装置相连接。携带式电气设备的接地线应采用软铜绞线，截面积不应小于 $1.5mm^2$。

由固定的电源或由移动式发电设备供电的移动式机械的金属外壳或底座，应和这些供电电源的接地装置有金属连接。在中性点不接地的电网中，可在移动式机械附近装设接地装置，以代替接地线，并应首先利用附近的自然接地体。

（7）重复接地

在低压 TN 系统中，架空线路干线和分支线的终端的 PEN 线或 PE 线应重复接地。电缆线路和架空线路的每个建筑物进线处，均需重复接地（如无特殊要求，对小型单层建筑，距接地点不超过 50m 的可除外）。

低压架空线路接户线重复接地可在建筑物的进线处按图 5-36 方法施工。引下线中间可不设断接卡子，N 线与 PE 线的连接可在图中重复接地节点处进行，需测试接地装置的接地电阻时，要打开节点处的连接夹板。

架空线路除在建筑物外做重复接地时，可利用总配电屏、箱的接地进行 PEN 或 PE 线的重复接地。电缆进户时的施工做法如图 5-37 所示，利用总配电箱 N 线与 PE 线的连接，重复接地连接线与箱体相连接。中间可不设断线测试卡，需要测试接地电阻时，可先卸下端子，把测量仪表专用导线连接到仪表 E 的端钮上，另一端卡在与箱体焊接为一体的接地端子板上测试即可。

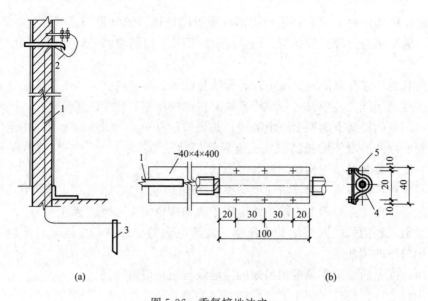

图 5-36　重复接地法之一

（a）重复接地安装图；（b）重复接地节点图

1—重复接地引下线；2—重复接地节点；3—接地体；4—板；5—M6×20mm 螺栓

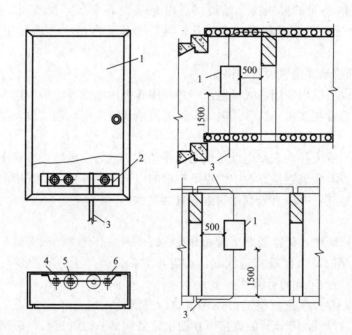

图 5-37　重复接地法之二

1—总配电箱；2—接地端子板；3—接电线；4—M8×40mm 螺栓；5—PE 端子；6—N 端子

（8）接地电阻的测试

接地装置的接地电阻是接地体的对地电阻和接地线电阻的总和。接地电阻的数值等于接地装置对地电压与通过接地体流入地中电流的比值。有关规程对部分电气装置接地电阻的规定数值见表 5-3。

部分电气装置要求的接地电阻 表 5-3

| 接地类别 | | 接地电阻(Ω) |
|---|---|---|
| TN、TT 系统中变压器中性点接地 | 单台容量小于 100kV·A | 10 |
| | 单台容量在 100kV·A 及以上 | 4 |
| 0.4kV、PE 线重复接地 | 电力设备接地电阻为 10Ω | 30 |
| | 电力设备接地电阻为 4Ω | 10 |
| IT 系统中，钢筋混凝土杆、铁杆接地 | | 50 |
| 柴油发电机组接地 | 中性点接地　100kV·A 以下 | 10 |
| | 中性点接地　100kV·A 及以上 | 4 |
| | 防雷接地 | 10 |
| | 燃油系统设备及管道防静电接地 | 30 |
| 电子设备接地 | 直流地 | 1~4 |
| | 其他交流设备的中性点接地（功率地） | 4 |
| | 保护地 | 4 |
| | 防静电接地 | 30 |
| 建筑物用接闪带作防雷保护时 | 一类防雷建筑物的防雷接地 | 10 |
| | 二类防雷建筑物的防雷接地 | 20 |
| | 三类防雷建筑物的防雷接地 | 30 |
| 采用共用接地装置，且利用建筑物基础钢筋作接地装置时 | | 1 |

常用的接地电阻测量仪有 ZC—8 型、ZC—29 型两种。在接地电阻测试前要先拧开接地线或防雷接地引下线断接卡子的紧固螺栓。ZC—8 型接地电阻测量仪由手摇发电机、电流互感器、滑线变阻器及检流器等组成。三个端钮仪表仅用于流散电阻的测量，四个端钮既可用于流散电阻测量，也可用于土壤电阻率的测量。

使用接地电阻测量仪时，用专用导线将 $E'$、$P'$ 和 $C'$ 连于仪表相应的端钮，如图 5-38 所示。沿被测接地体 $E'$，将电位探测针 $P'$ 和电流探测针 $C'$，依直线彼此相距 20m 插入地下，电位探测针 $P'$ 插在接地体 $E'$ 和电流探测针 $C'$ 之间。

将仪表水平放置，检查检流计的指针是否指于中心线上，否则可用零

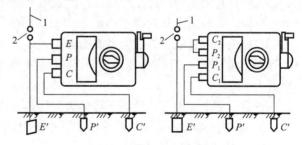

图 5-38　接地摇表连接
1—接被保护的电气设备；2—断接卡子

位调整器将其调到指针于中心线。将"倍率标度"置于最大倍数，慢慢地转动发电机的摇把，同时旋动"测量标度盘"使检流计的指针指于中心线。当检流计的指针接近平衡时，加快发电机摇把的转速，使其达到 120r/min 以上，调整"测量标度盘"使指针指于中心线上。当"测量标度盘"的读数小于 1 时，应将倍率标度置于较小的倍数，再重新调整"测量标度盘"以得到正确读数。用"测量标度盘"的读数乘以倍率标度的倍数，即为所测的接地电阻值。

用所测的接地电阻值，乘以季节系数，所得结果即为实测接地电阻值。

（9）降低接地电阻的措施

1）常用降低接地电阻的措施

① 深埋接地体；

② 增加接地体的数目；

③ 若接地体敷设处的土质较差（土壤电阻率较大），则可换上土质较好的土（土壤电阻率较小）；

④ 对于土质极差的场所可在土中渗入含电介质较多的物质（如废碱液、电石渣、炉渣、石灰、食盐等），这是行之极为有效的方法。

2）一种新型的接地极：离子接地极

传统的接地系统如金属棒、金属带、板状导体等，只是依靠金属导体将电流导流入大地，属于纯物理接地方式。其接地电阻受许多不确定因素的影响（如导体腐蚀、接地体与土壤的接触压力、周围土壤的密实度、湿度、电解质含量等）。这些因素使接地电阻存在较大的变动范围，因此，很难保证接地电阻值的稳定，尤其是在恶劣的土壤条件下更难满足设计要求。

针对上述因素，离子接地极提供了综合解决方案。首先，使用高纯度精铜配合热焊接技术制造的导电体系，完全避免了体系互连时的接地电阻，并且自身的导电能力及抗腐蚀能力均较普通钢接地体有极大的提高（耐腐蚀能力比镀锌钢强 3 倍，导电能力比钢强 10 倍）。其次，在较恶劣的土壤中，与离子接地极配套的高效降阻剂电阻率极低，并且有膨胀性好、亲水性强的特点，能够与周围土壤紧密接触，增大了接地板的等效截面积和土壤的接触面积，完全避免了土壤力学条件改变而造成的接地电阻变化。另外，由于降阻剂的化学性质呈中性偏碱，腐蚀性极小，可对精铜极体起良好的保护作用，从而提高了产品的使用寿命。最后，离子接地极内部含有特制的环保型电解盐，能够不断地主动吸收周围环境空气中存在的水分并与之相结合，产生电解液，可改良土壤结构，并具有良好的渗透性能，可以渗入到泥土及岩缝中而形成"根状网络"，使接地面积随着时间的增加而不断扩大；并且由于电解液中的强力吸湿成分，无论天气或环境如何变化，都能持续吸收水分而使周围土壤保持一定的湿度，这样不仅使接地电阻保持稳定，且会随时间推移而趋向更低。

正是由于上述因素，使离子接地极能构筑极为优秀和稳定的接地系统。它的特点为：

① 优秀的降阻效果（几乎不受季节变化的影响）；

② 30 年无需维护的使用寿命；

③ 广泛的地质适应性（在岩土和沙质土壤地区同样有效，并适用于在冻土环境下工作）；

④ 符合环保要求，对环境无污染；

⑤ 广泛的适用性（广泛应用于发电厂、变电站、移动、微波通信基站、机场、军事设施、信息中心等行业领域的设备交直流工作和安全保护接地）。

### 5.1.3 质量标准

1. 主控项目应符合的规定及验收标准

（1）接地装置的材料规格、型号应符合设计要求。采用观察检查或查阅材料进场验收记录的方法，进行全数检查。

（2）接地装置安装中，各构件的连接应牢固可靠，形成贯通的电气通路，接地电阻值应符合设计要求。接地电阻可用接地电阻测试仪进行全数检查测试，并查阅接地电阻测试记录。

（3）接地装置在地面以上的部分，应按照设计要求设置测试点，测试点不应被外墙饰面遮蔽，且应有明显标识。采用观察检查的方法进行全数检查。

（4）当接地电阻达不到设计要求需采取措施降低接地电阻时，应符合下列规定：

1）采用降阻剂时，降阻剂应为同一品牌的产品，调制降阻剂的水应无污染和杂物；降阻剂应均匀灌注于垂直接地体周围。

2）采取换土或将人工接地体外延至土壤电阻率较低处时，应掌握有关的地质结构资料和地下土壤电阻率的分布，并应做好记录。

3）采用接地模块时，接地模块的顶面埋深不应小于 0.6m，接地模块间距不应小于模块长度的 3～5 倍。接地模块埋设基坑宜为模块外形尺寸的 1.2～1.4 倍，且应详细记录开挖深度内的地层情况；接地模块应垂直或水平就位，并应保持与原土层接触良好。

此项内容可在施工中观察检查，并查阅隐蔽工程检查记录及相关记录，需进行全数检查。

（5）在建筑物外人员可经过或停留的引下线与接地体连接处 3m 范围内，应采取防止跨步电压对人员造成伤害的下列一种或多种方法：铺设使地面电阻率不小于 $50k\Omega \cdot m$ 的 5cm 厚的沥青层或 15cm 厚的砾石层；设立阻止人员进入的护栏或警示牌；将接地体敷设成水平网格。

2. 一般项目应符合的规定及验收标准

（1）接地连接点的连接方式应符合下列规定：

1）接地装置由接地体和接地线组成，接地体之间的连接应采用搭接焊（土建采用的直螺纹连接、搭焊连接的钢筋可不做防雷连接处理，但连接点应满足电气贯通性及土建验收要求）除埋设在混凝土中的焊接接头外，应采取防腐措施，焊接搭接长度应符合下列规定：

① 扁钢与扁钢搭接不应小于扁钢宽度的 2 倍，且应至少三面施焊；

② 圆钢与圆钢搭接不应小于圆钢直径的 6 倍，且应双面施焊；

③ 圆钢与扁钢搭接不应小于圆钢直径的 6 倍，且应双面施焊；

④ 扁钢与钢管，扁钢与角钢焊接，应紧贴角钢外侧两面，或紧贴 3/4 钢管表面，上下两侧施焊。

在施工中观察检查并用尺量检查，查阅隐蔽工程检查记录，按不同搭接类别各抽查 10%，且均不得少于 1 处。

2）当接地极由铜材和钢材组成，且铜与铜或铜与钢材连接采用热剂焊时，接头应无贯穿性的气孔且表面平滑。接地极为铜材时，应采用搭接焊。

采用观察检查并查阅施工记录，按焊接接头总数量的 10% 进行抽查，且不得少于 1 个。

3）接地干线、防雷引下线与接地装置的连接应采用焊接或螺栓连接。

（2）接地连接点的连接质量应符合下列要求：

1）接地连接点采用电焊时应采用搭接焊，焊接搭接长度和焊接方法应符合表 5-4 的要求；焊接时焊缝应饱满，无夹渣、咬肉、气孔、虚焊、裂纹等缺陷，焊后药皮敲除干净；

防雷装置钢材焊接时的搭接长度及焊接方法 表 5-4

| 焊接材料 | 搭接长度及焊接方法 |
|---|---|
| 扁钢与扁钢 | 不应少于最宽扁钢宽度的 2 倍，三面施焊 |
| 圆钢与圆钢 | 不应少于最大圆钢直径的 6 倍，双面施焊 |
| 圆钢与扁钢 | 不应少于圆钢直径的 6 倍，双面施焊 |
| 扁钢与钢管 | 紧贴 3/4 钢管表面，上、下两侧施焊，并应焊以由扁钢弯成的弧形卡子或直接由扁钢本身弯成弧形与钢管焊接 |
| 扁钢与角钢 | 紧贴角钢外侧两面，上、下两侧及任一侧边施焊，并应焊以由扁钢弯成的直角形卡子或直接由扁钢本身弯成直角形与角钢焊接 |

2）接地连接点采用热剂焊时，熔接接头应将连接的导体完全包在接头里，保证连接部位的金属完全熔化，并连接牢固，接头处无贯穿的气孔，表面平滑；

3）不同材质的导体连接时（如：铜与钢），应采取防电化腐蚀措施，当采用螺栓连接时，钢导体搭接面应经热浸镀锌处理，铜导体搭接面应经搪锡或加垫银箔纸处理，或在搭接面均做镀银处理；

4）接地连接点（焊接处）外侧 100mm 范围内应做防腐处理（埋入混凝土内的焊接接头除外），且无遗漏，防腐前应去掉焊接处残留的焊渣。

（3）接地线跨伸缩缝或沉降缝处时，应有补偿措施，可将接地线本身弯成弧状代替。

（4）接地装置安装中所有的隐蔽项目应做好隐检，不能遗漏，隐检内容齐全，留存相片及隐检记录。

当设计无要求时，接地装置顶面埋深不应小于 0.6m，且应在冻土层以下。圆钢、角钢、钢管、铜棒、铜管等接地极应垂直埋入地下，间距不应小于 5m；人工接地体与建筑物的外墙或基础之间的水平距离不宜小于 1m。

施工中观察检查并用尺量检查，查阅隐蔽工程检查记录，且需对所有接地装置进行检查。

（5）采取降阻措施的接地装置应符合下列规定：

1）接地装置应被降阻剂或低电阻率土壤所包覆；

2）接地模块应集中引线，并应采用干线将接地模块并联焊接成一个环路，干线的材质应与接地模块焊接点的材质相同，钢制的采用热浸镀锌材料的引出线不应少于 2 处。

采用观察检查，并查阅隐蔽工程检查记录的方法，对所有接地装置进行全数检查。

## 5.2 防雷引下线及接闪器的安装

雷击可能对建筑物、电气设备、人身安全带来极大的危害，所以防雷和接地一样，都是电气安装工程中极其重要的施工项目。

### 5.2.1 防雷引下线与接闪器安装的作业条件

1. 防雷引下线暗敷设的施工作业条件应符合下列规定

（1）接地装置施工应完毕，竖向结构钢筋绑扎并调整合格；

（2）建筑物（或构筑物）操作部位应有脚手架或爬梯等，达到能上人操作的条件；

（3）利用建筑物结构主筋作引下线时，结构钢筋应绑扎完毕；利用建筑物竖向钢结构构件作防雷引下线时，钢构件应吊装就位完毕。

2. 防雷引下线明敷设作业条件应符合下列规定

(1) 土建外装修施工应完毕；

(2) 建筑物（或构筑物）有脚手架或爬梯，应达到能上人操作的条件；

(3) 支架安装完毕并应验收合格。

3. 均压环暗敷设作业条件应符合下列规定

(1) 建筑物（或构筑物）操作部位有脚手架或爬梯等，达到能上人操作的条件；

(2) 建筑物水平结构内钢筋绑扎、调整完成，本层竖向钢筋调整完成或钢构件吊装完成。

4. 接闪网（带）暗敷设作业条件应符合下列规定

(1) 建筑物（或构筑物）应有脚手架或爬梯等，达到能上人操作的条件；

(2) 当在建筑物屋面楼板内敷设接闪网（带）时，应在屋面面层施工前完成；

(3) 当在女儿墙压顶内暗敷接闪网（带）时，应在压顶装修施工前施工完毕。

5. 接闪网（带）明敷设作业条件应符合下列规定

(1) 连接接闪网（带）的引下线敷设位置正确；

(2) 在屋面明敷设的接闪网（带）作业前，屋面装修施工应完毕；

(3) 在女儿墙明敷设的接闪网（带）作业前，女儿墙面层施工应完毕；

(4) 支架或混凝土支墩安装、检（试）验完毕；

(5) 场地应具备调直等条件。

6. 接闪杆安装作业条件应符合下列规定

(1) 接闪杆安装的埋件应验收合格，基础装修应完毕；

(2) 引下线应已经敷设到连接接闪杆的正确位置；接闪杆制作、验收应完毕；

(3) 接闪杆保护的设备、设施（如屋面安装的冷却塔、航空障碍灯、节日彩灯等）安装应完毕；

(4) 作业处脚手架搭设应完毕。

### 5.2.2　防雷引下线及接闪器的安装与验收

(1) 防雷引下线与接闪器施工工艺流程应符合下列规定。

1) 防雷引下线暗敷设工艺流程应符合图 5-39 的规定。

图 5-39　防雷引下线暗敷设工艺流程

2) 利用柱主筋作为防雷引下线工艺流程应符合图 5-40 的规定。

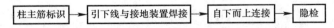

图 5-40　利用柱主筋作为防雷引下线工艺流程

3) 防雷引下线明敷设工艺流程应符合图 5-41 的规定。

4) 接闪杆安装工艺流程应符合图 5-42 的规定。

5) 接闪网（带）安装工艺流程应符合图 5-43 的规定。

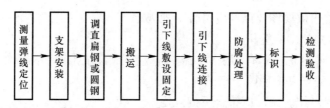

图 5-41　防雷引下线明敷设工艺流程

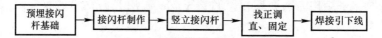

图 5-42　接闪杆安装工艺流程

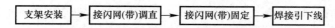

图 5-43　接闪网（带）安装工艺流程

　　（2）接闪网（带）、接闪杆与防雷引下线的材料、结构、最小截面积应符合表 5-5 的规定。

接闪网（带）、接闪杆与防雷引下线的材料、结构、最小截面积　　　　表 5-5

| 材料 | 结构 | 最小截面积(mm²) |
|---|---|---|
| 铜 | 单根扁铜 | 50；厚度 2mm |
| | 单根圆铜 | 50；直径 8mm |
| | 铜绞线 | 50 |
| | 单根圆铜 | 176；直径 15mm |
| 镀锡铜 | 单根扁铜 | 50；厚度 2mm |
| | 单根圆铜 | 50；直径 8mm |
| | 铜绞线 | 50 |
| 铝 | 单根圆铝 | 50；直径 8mm |
| | 铝绞线 | 50 |
| | 单根扁铝 | 70；厚度 3mm |
| 铝合金 | 单根扁形导体 | 50；厚度 2.5mm |
| | 绞线 | 50 |
| | 单根圆形导体 | 50；直径 8mm |
| | 单根圆形导体 | 176；直径 15mm |
| | 表面镀铜的单根圆形导体 | 50；镀铜厚度至少 0.25mm |
| 热浸镀锌钢 | 单根扁钢 | 50；厚度 2.5mm |
| | 绞线 | 50 |
| | 单根圆钢 | 50；直径 8mm |
| | 单根圆钢 | 176；直径 15mm |
| 不锈钢 | 单根扁钢 | 50；厚度 2.0mm |
| | 绞线 | 70 |
| | 单根圆钢 | 50；直径 8mm |
| | | 176；直径 15mm |
| 钢 | 表面镀铜的单根圆钢 | 50；镀铜厚度至少 0.25mm |

（3）利用金属屋面做第二类、第三类防雷建筑物的接闪器时，接闪的金属屋面的材料和规格应符合表 5-6 的规定。

利用金属屋面做第二类、第三类防雷建筑物接闪器时金属屋面材料、规格　　表 5-6

| 材料名称 | 金属板下无易燃物时 | 金属板下有易燃物时 |
|---|---|---|
| | 最小厚度 | 最小厚度 |
| 铅板 | ≥2mm | — |
| 钢、钛板 | ≥0.5mm | ≥4mm |
| 铜板 | ≥0.5mm | ≥5mm |
| 铝板 | ≥0.65mm | ≥7mm |
| 锌板 | ≥0.7mm | — |
| 单层彩钢板 | 符合本表格以上相关要求 | 符合本表格以上相关要求 |

（4）接闪网（带）、接闪杆、均压环、防雷引下线等防雷装置应采用搭接焊，除埋设在混凝土中的焊接接头外，应采取防腐措施；防雷装置明露的焊接部分应先把焊渣彻底清除后采取防腐措施，防腐层外部应涂刷面层，面层颜色与装饰场所及引下线、接闪器适配，焊接处不应打磨，搭接长度应符合下列规定：

1）扁钢与扁钢搭接不应小于扁钢宽度的 2 倍，且应至少三面施焊；

2）圆钢与圆钢搭接不应小于圆钢直径的 6 倍，且应双面施焊；

3）圆钢与扁钢搭接不应小于圆钢直径的 6 倍，且应双面施焊；

4）扁钢与钢管，扁钢与角钢焊接，应紧贴角钢外侧两面，或紧贴 3/4 钢管表面，上下两侧施焊。

（5）明装防雷引下线支架、明装接闪网（带）支架或支墩高度不应低于 150mm，支架与螺栓、螺母、垫圈、弹簧垫圈等固定附件材料应采用热浸锌或其他防腐措施（如不锈钢材料等），且防腐层完整，附件规格不应小于 M8。当建筑物外墙、屋面、女儿墙压顶装修为块材时，应符合下列规定。

1）明装防雷引下线、接闪带（网）支架（支墩）最大间距应符合表 5-7 的规定。

明装防雷引下线、接闪带（网）支架（支墩）最大间距（mm）　　表 5-7

| 布置方式 | 扁形导体和绞线固定支架的间距 | 单根圆形导体固定支架的间距 |
|---|---|---|
| 水平面上的水平导体 | 500 | 1000 |
| 垂直面上的水平导体 | 500 | 1000 |
| 地面至 20m 处的垂直导体 | 1000 | 1000 |
| 从 20m 处起往上的垂直导体 | 1000 | 1000 |

2）明装防雷引下线、接闪网（带）不得直接固定、放置在装饰材料表面上。

3）明装引下线、接闪网（带）的搭接、防腐要求应符合本小节第（4）条的规定。

4）转弯处支架间距应在 240～300mm 范围内，且支架设置应均匀对称。

5）防雷引下线与接闪网（带）支架均应固定牢固可靠，每个支架应能承受不小于 49N 的垂直拉力；接闪带与支架连接见图 5-44、图 5-45。

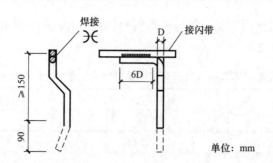

图 5-44　圆钢接闪带与圆钢固定支架连接做法示意图

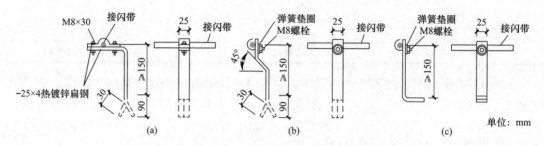

图 5-45　圆钢接闪带与扁钢固定支架连接做法示意图
(a) A 型；(b) B 型；(c) C 型

6) 固定引下线、接闪带的螺栓朝向应一致，螺母位置安装在引下线、接闪网（带）与装饰面之间。

7) 当接闪带采用不锈钢时，应采用相同材质的支架及附件。

(6) 防雷引下线的敷设。

引下线是指连接接闪器和接地装置的金属导体，是将接闪器接受的雷电流引到接地装置。引下线的安装形式有明敷设和暗敷设两种。

1) 一般要求

① 引下线采用圆钢或扁钢（一般采用圆钢）。圆钢直径为 8mm；扁钢截面积为 48mm²，厚度为 4mm。装设在烟囱上的引下线，要求圆钢直径为 12mm；扁钢截面积为 100mm²，厚度为 4mm。暗敷设要求圆钢直径不小于 10mm；扁钢截面积不小于 80mm²。

② 引下线应镀锌，焊接处应涂防腐漆，但利用混凝土中钢筋做引下线除外。在腐蚀性较强的场所，还应适当加大截面积或采取其他防腐措施。

③ 引下线应沿建筑物外墙敷设，并经最短路径接地，建筑艺术要求较高者也可暗敷，但截面积应加大一级。

④ 二类防雷建筑物引下线的数量不应少于两根，沿建筑物周围均匀或对称布置，平均间距不应大于 18m；三类防雷建筑物引下线的数量不宜少于两根，平均间距不应大于 25m，但周长不超过 25m、高度不超过 40m 的建筑物可只设一根引下线。

⑤ 当引下线长度不足，需要在中间接头时，引下线应进行搭接焊接。扁钢引下线搭接长度不应小于宽度的 2 倍，最少在三个棱角处焊接；引下线为圆钢时，搭接长度不应小于圆钢直径的 6 倍，且应在两面焊接。

⑥ 当装有接闪杆的金属筒体的厚度不小于 4mm 时，可做接闪杆的引下线。筒体底部

应有两处与接地体对称连接。

2）专设防雷引下线的敷设应符合的规定

① 专设防雷引下线暗敷设应符合下列规定：

A. 引下线的型号、规格、敷设方式、走向等应符合设计要求，且圆钢直径不应小于 12mm，扁钢截面积不应小于 100mm²，厚度不应小于 4mm。

B. 引下线之间的搭接应牢固，并应与接地装置、均压环、接闪器搭接可靠，搭接与防腐要求应符合本小节第（4）条的规定。做法见图 5-46～图 5-48。

C. 引下线的固定间距应符合表 5-7 的相关规定。

D. 引下线安装与易燃材料的墙壁或墙体保温层之间间距应大于 0.1m；

E. 每条引下线在 0.3m 以上应按照设计要求设置防雷接地测试点，每处测试点应有序号（建筑物仅有一处测试点除外）与标识。

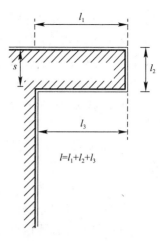

图 5-46　引下线安装中避免形成小环路的安装示意图

s——隔距；l——计算隔距的长度

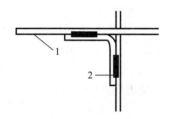 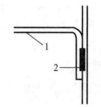 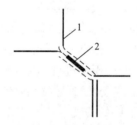

图 5-47　引下线（接闪导线）在弯曲处焊接要求示意图

1—钢筋；2—焊接缝口

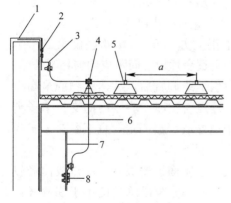

图 5-48　使用屋面自然金属构件做 LPS 施工做法示意图

1—屋面女儿墙；2—接头；3—可弯曲的接头；
4—T 形连接点；5—接闪导体；
6—穿过防水套管的引下线；7—钢筋梁；
8—接头；a—接闪带固定支架的间距，
取 500～1000mm

② 专设防雷引下线明敷设应符合下列规定：

A. 引下线的型号、规格、敷设方式、走向等应符合设计要求，且圆钢直径不应小于 12mm，扁钢截面不应小于 100mm²，厚度不应小于 4mm；

B. 引下线宜采用圆钢或扁钢，宜优先采用圆钢，应采用热浸锌防腐或其他防腐材料（如不锈钢材料等）；

C. 引下线支架设置应间距均匀、无急弯，间距应符合本小节第（5）条的有关规定；

D. 引下线之间的搭接应牢固，并应与接地装置、接闪器连接可靠，搭接与防腐要求应符合本小节第（4）条的相关规定；

E. 引下线安装与易燃材料的墙壁或墙体保温层之间间距应大于 0.1m；

F. 在地面上 2.7m 至地面下 0.3m 区间内易受

损伤的外露引下线应穿厚度不小于 3mm 厚的交联聚乙烯管保护，且每根引下线应与距地面不低于 0.3m 处设置的断接卡连接可靠，每处断接卡点应有序号（建筑物仅有一处断接卡除外）与标识，测试用的蝶形螺栓、平垫片、防松垫圈等应配置齐全。

3）兼做防雷引下线的敷设应符合的规定

① 兼做防雷引下线的轴线、位置、数量、规格、型号、走向、连接工艺等应符合设计要求；

② 兼做防雷引下线竖向钢筋下端应与接地装置可靠连接，引下线上端应与接闪器可靠焊接；

③ 利用钢筋混凝土柱、梁内钢筋兼做防雷引下线时，柱内四角竖向钢筋应在基础接地装置钢筋网片内先进行电气连接后，再按照设计或经过监理批准的施工方案要求选择对角钢筋用热浸镀锌圆钢与（桩）基础钢筋搭接，引下线最顶端应采用热浸镀锌圆钢把柱内对角引下线钢筋进行电气连通，采用热浸镀锌圆钢的直径不应小于 12mm，搭接与防腐要求应符合本小节第（4）条的有关规定；

④ 兼做防雷引下线钢结构竖向首件构件下端、末端钢构件的上端应采用直径不应小于 12mm 的热浸镀锌圆钢与接地装置及接闪器可靠连接，承力钢构件在制作时应预先安装焊接引下线的钢板，钢板型号、规格应符合设计要求；

⑤ 除设计要求外，兼做防雷引下线的承力钢结构构件之间采用高强螺栓连接工艺以及混凝土梁、柱内钢筋与钢筋之间采用土建施工的绑扎法、直螺纹套筒等机械连接工艺时，连接处两端不得进行热加工跨接连接；

⑥ 引下线安装与易燃材料的墙壁或墙体保温层之间间距应大于 0.1m。

4）引下线的安装

① 明敷引下线的安装

明敷引下线应预埋支持卡子。支持卡子应突出外墙装饰面 15mm 以上，露出长度应一致，将圆钢或扁钢固定在支持卡子上。一般第一个支持卡子在距室外护坡 2m 高处预埋，距第一个卡子正上方 1.5～2m 处埋设第二个卡子，依次向上逐个埋设，间距应均匀相等。

明敷设引下线调直后，从建筑物的最高点由上而下，逐点与预埋在墙体内的支持卡子套环卡固，用螺栓或焊接固定，直至断接卡子为止，如图 5-49 所示。

引下线通过屋面挑檐板处，应作成曲径较大的慢弯，弯曲部分线段总长度小于拐弯开口处距离的 10 倍，如图 5-50 所示。引下线通过挑檐或女儿墙做法如图 5-51 所示。

② 暗敷引下线的敷设

沿墙或混凝土构造柱暗敷设的引下线，一般使用直径不小于 φ12mm 镀锌圆钢或截面积为 -25mm×4mm 镀锌扁钢。钢筋调直后先与接地

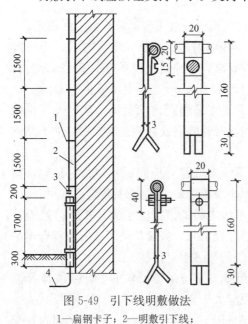

图 5-49　引下线明敷做法
1—扁钢卡子；2—明敷引下线；
3—断接卡子；4—接地线

体（或断接卡子）用卡钉或方卡钉固定好，垂直固定距离为 1.5～2m，由下至上地焊接柱内主筋，最终通过挑檐板或女儿墙与接闪带焊接，如图 5-52 所示。

利用建筑物钢筋做引下线时，钢筋直径为 16mm 及以上时，应利用两根钢筋（绑扎或焊接）作为一组引下线；当钢筋直径为 10～16mm 时，应利用 4 根钢筋（绑扎或焊接）作为一组引下线。

引下线的上部（屋顶上）应与接闪器焊接，焊接长度不应小于钢筋直径的 6 倍，并应在两面进行焊

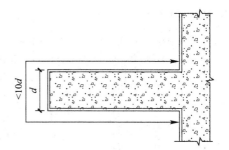

图 5-50　引下线拐弯的长度要求
$d$—拐弯开口处的距离

接，中间与每层结构钢筋需进行绑扎或焊接连接，下部在室外地坪下 0.8～1m 处焊接处一根 $\phi$12mm 或截面 40mm×4mm 的扁钢镀锌导体，伸向室外距外墙皮的距离宜不小于 1m。

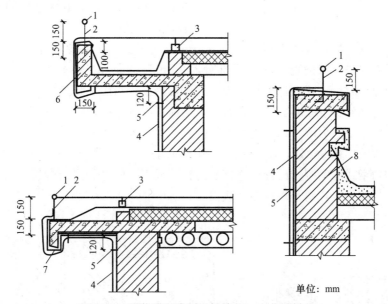

单位：mm

图 5-51　明装引下线经过挑檐板、女儿墙做法
1—接闪带；2—支架；3—混凝土支架；4—引下线；5—固定卡子；6—现浇挑檐板；7—预置挑檐板；8—女儿墙

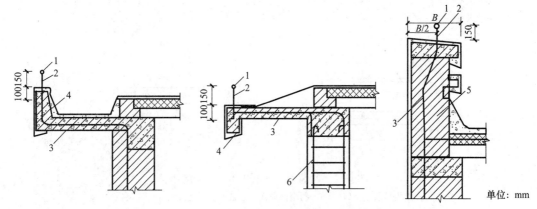

单位：mm

图 5-52　暗装引下线经过挑檐板、女儿墙做法
1—接闪杆；2—支架；3—引下线；4—挑檐板；5—女儿墙；6—墙体宽度

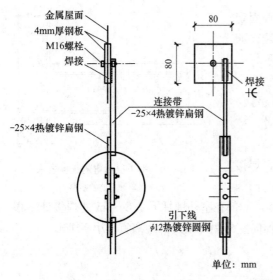

图 5-53　引下线断接卡子的安装

③ 断接卡子

为了便于测试接地电阻值，接地装置中自然接地体与人工接地体连接处和每根引下线应有断接卡子。断接卡应有保护措施。引下线断接卡子应在距地面 1.5～1.8m 高的位置设置。

断接卡子的安装形式有明装和暗装两种，如图 5-53、图 5-54 所示，可利用不小于 -40mm×4mm 或 -25mm×4mm 的镀锌扁钢制作，用两根镀锌螺栓拧紧。引下线的圆钢与断接卡的扁钢应采用搭接焊，搭接的长度不应小于圆钢直径的 6 倍，且应在两面焊接。

明装引下线在断接卡子下部，应外套竹管、硬塑料管保护。保护管深入地下部分不应小于 300mm。明装引下线不应套钢管，必须外套钢管保护时，须在钢保护管的上、下侧焊跨接线与引下线连接成一导电体。

用建筑物钢筋作引下线时，由于建筑物从上而下电气连接成一整体，因此不能设置断接卡子，需在柱（或剪力墙）内作为引下线的钢筋上，另焊一根圆钢引至柱（或墙）外侧的墙体上，在距地面 1.8m 处，设置接地电阻测试箱；也可在距地面 1.8m 处的柱（或墙）的外侧，将用角钢或扁钢制作的预埋连接板与柱（或墙）的主筋进行焊接，再用引出连接板与预埋连接板相焊接，引至墙体的外表面。

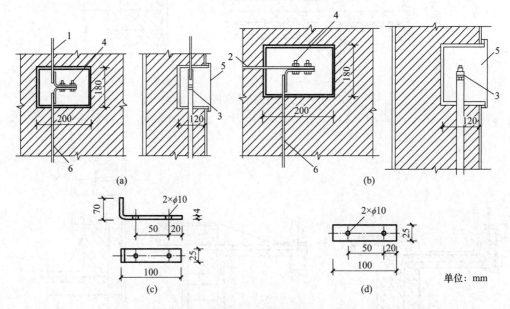

图 5-54　暗装引下线断接卡子的安装

(a) 专用暗装引下线；(b) 利用柱筋作引下线；(c) 连接板；(d) 垫板

1—专用引下线；2—至柱筋引下线；3—断接卡子；4—M10×30mm 镀锌螺栓；

5—断接卡子箱；6—接地线

④ 接地装置

接地装置由接地体和接地线组成。接地体是指埋入土壤中或混凝土基础中作散流用的导体，接地线是指从引下线断接卡子或换线处至接地体的连接导体。

独立接闪杆及其接地装置与道路或建筑物的出入口等的距离应大于 3m。当小于 3m 时，水平接地体局部深埋不应小于 1m；也可采用沥青碎石地面或在接地体上敷设 50～80mm 厚的沥青层，其宽度超过接地体 2m；或者在水平接地体局部应包绝缘物，可采用 50～80mm 厚的沥青层。

独立接闪杆（线）应设置独立的集中接地装置。当这样做有困难时，该接地装置可与接地网连接，但接闪杆与主接地网的地下连接点至 35kV 及以下设备与主接地网的地下连接点，沿线接地体的长度不得小于 15m。独立接闪杆的接地装置与接地网的地中距离不应小于 3m。配电装置的架构或屋顶上的接闪杆应与接地网连接，并应在其附近装设集中接地装置。

利用建筑物钢筋混凝土基础内的钢筋作为接地装置时，每根引下线处的冲击接地电阻应满足设计要求，否则应在距离柱（或墙）室外 0.8～1m 处预留导体，以加接外附人工接地体。

（7）建筑物均压环的暗敷设应符合下列规定：

1）均压环钢筋的轴线、位置、走向、钢筋规格等应符合设计要求。

2）结构梁、板内的钢筋之间应保证电气连通，并与同层的防雷引下线连接可靠，电气连通应采用直径不小于 12mm 的热浸锌圆钢，其搭接要求应符合 5.1.3 中的有关规定。

3）当设计无要求时，结构梁、板内钢筋之间连接采用钢筋工程的绑扎连接或螺纹套筒等机械连接工艺时，在连接部位两端可不进行热加工电气跨接连通。

4）外檐的金属门、窗、扶手、栏杆、幕墙金属预埋件等应与均压环可靠连接，预埋件位置、形式、防腐措施等要求应符合设计要求。

5）均压环与等电位的安装：

当防雷建筑物高度超过 45m 时，应利用钢柱或钢筋混凝土柱子内钢筋作为防雷装置引下线；应每 3 层连成闭合环路作为均压环，并应同防雷装置引下线连接；当建筑物全部为钢筋混凝土结构或虽为砖混结构但有钢筋混凝土组合柱和圈梁时，可用结构圈梁钢筋与柱内做引下线的主筋钢筋进行绑扎或焊接，形成均压环。没有组合柱和圈梁的建筑物，应每三层在建筑物外墙内敷设一圈 φ12mm 镀锌圆钢或 40mm×4mm 的扁钢作为均压环，并与防雷装置的所有引下线连接，如图 5-55 所示。

高层建筑物中防侧击雷和等电位措施，通常采取将滚球半径高度及以上部分外墙上的栏杆、金属门窗等较大金属物直接或通过金属门窗埋铁与防雷装置至少有两点连接，如图 5-56 所示。

铝合金和钢门、窗与接地装置之间的连接导体应在门、窗框定位后，墙面装饰层或抹灰层施工之前进行。对于砖墙结构，连接导体应紧贴墙面沿砖缝敷设，一端焊接在门、窗框的固定铁板边沿上，另一端焊接在结构圈梁或钢筋混凝土柱的预埋铁件上。当柱体采用钢柱时，可直接焊接在钢柱上。为方便与接闪装置连接，在铝合金门、窗加工时，应甩出 300mm 长的扁钢。金属门、窗防侧击雷连接位置如图 5-57 所示。

通长铝合金窗防侧雷击时，窗框应通过连接板、角钢过渡连接件、角钢预埋件与柱内主筋连通。当柱体采用钢柱时，应将角钢过渡连接件直接焊在钢柱上，如图5-58所示。

为了保证建筑物整体的电气连接，建筑物的梁、柱、墙及楼板内的钢筋要互相连接；建筑物内部的金属机械设备、电气设备及其互相连通的金属管路等，都必须构成电气连接。各种金属管路或有与管路连通的设备，应由最下层管路入口处，连接到接地装置上或地面内的钢筋上。

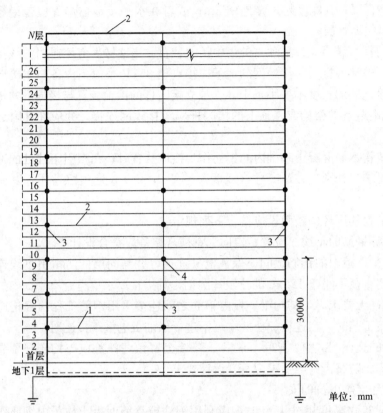

图 5-55　高层建筑物接闪带（网或均压环）引下线连接示意图

1、2—接闪带（网或均压环）；3—防雷引下线；4—防雷引下线与接闪带（网或均压环）的连接处

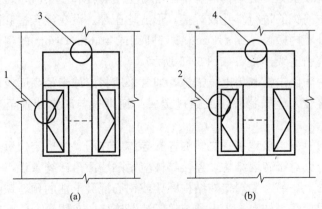

图 5-56　金属门、窗与防雷装置连接位置图

（a）单层窗；（b）双层窗

1、2、3、4—金属门窗与防雷装置连接位置

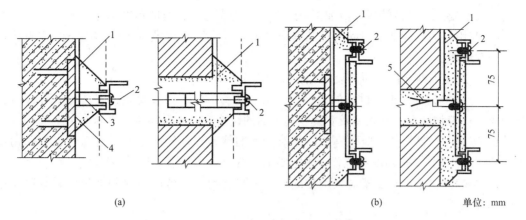

图 5-57　金属门、窗防侧击雷做法

（a）单层窗立面连接；（b）双层窗立面连接

1—连接导体；2—M6×16mm 螺钉；3—Z 形铁脚；4—预埋铁件，截面 8mm×6mm；5—燕尾铁脚

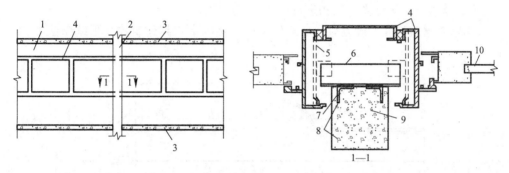

图 5-58　通长铝合金窗防侧击雷与建筑物的连接

1—墙；2—桩；3—楼面；4—铝合金窗框；5—连接板；6—角钢过渡连接件；
7—角钢预埋件；8—柱内主钢筋；9—钢筋混凝土柱；10—玻璃

（8）接闪网（带）的敷设应符合的规定

1）接闪网（带）在建筑物顶部和外墙内暗敷设应符合下列规定：

① 接闪网（带）型号、规格、间距、位置、走向、连接、敷设方式等应符合设计要求；

② 接上网（带）钢筋的连接应优先采用焊接工艺，搭接与防腐要求应符合本小节第（4）条的有关规定；

③ 接闪网（带）的最大间距应符合设计要求；

④ 接闪网（带）暗敷设时，建筑物顶部和外墙上需要与防雷装置电气连通的建筑物栏杆、旗杆、吊车梁、管道、设备、太阳能热水装置、太阳能光伏装置、门窗、幕墙支架等的金属埋件应采用直径不小于 12mm 的热浸锌圆钢与接闪网（带）可靠连接。

2）接闪网（带）的明敷设应符合下列规定：

① 兼用接闪网（带）明敷设应符合下列规定：

A. 当设计利用金属屋面做接闪器时，金属屋面板的厚度不应小于表 5-6 的规定，其搭接辅助材料、搭接工艺、搭接长度应符合设计要求；

B. 当设计利用金属栏杆做接闪带时，金属栏杆的安装位置、材料规格、防腐措施等应符合设计要求；栏杆转弯处应加工成弧形，不得有急弯且弯曲角度不应小于 90°；

C. 兼用接闪器的金属屋面的板及其金属龙骨、金属栏杆及其埋件与引下线应直接可靠焊接并防腐。

② 专用接闪网（带）明敷设应符合下列规定：

A. 专用接闪网（带）材料的型号、规格、防腐措施、搭接要求、安装位置等应符合计要求，建筑物屋面、女儿墙及安装在其上面的设置应处于保护范围之内；

B. 接闪网（带）敷设应顺直或沿建筑造型曲线敷设，转弯处不得有急弯且弯曲角度不应小于 90°，其支架的设置位置、固定要求应符合本小节第（5）条的规定；

C. 接闪网（带）与支架应采用相同材料，当材料不一致时在接触部位应采取防止电化学腐蚀措施；

D. 接闪网（带）上不得附着、固定其他线路；

E. 高层建筑的接闪网（带）应采用明敷设，建筑物顶部和外墙上的接闪网（带）应与建筑物的栏杆、旗杆、吊车梁、管道、风管、设备、太阳能热水设施、太阳能光伏设施、门窗、幕墙支架等外露金属物进行可靠电气连接；

F. 其跨越建筑物变形缝处应采取补偿措施；接闪带跨越建筑物变形缝做法如图 5-59 所示。

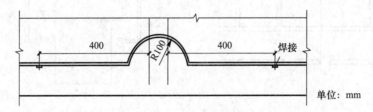

图 5-59　接闪带跨越建筑物变形缝做法示意图

③ 接闪网（带）的搭接、防腐措施等要求应符合相关规定。

3）接闪网（带）的安装

接闪网适用于建筑物的屋脊、屋檐（坡屋顶）或屋顶边缘及女儿墙上（平屋顶），对建筑物的易受雷击部位进行重点保护。不同防雷等级的接闪网的规格如表 5-8 所示。

不同防雷等级的接闪网规格　　　　　　　　　　　　　　表 5-8

| 建筑物的防雷等级 | 滚球半径 $h_r$(m) | 接闪网尺寸(m) |
| --- | --- | --- |
| 一类 | 30 | 5×5 或 6×4 |
| 二类 | 45 | 10×10 或 12×8 |
| 三类 | 60 | 20×20 或 24×16 |

① 明装接闪网（带）

接闪带明装时，要求接闪带距屋面的边缘距离不应大于 500mm。在接闪带转角中心严禁设置支座。接闪带的支座可以在屋面层施工中现场浇制，也可预制再砌牢或与屋面防水层进行固定。女儿墙上设置的支架应垂直预埋或在墙体施工时预留不小于 100mm×100mm×100mm 的孔洞。埋设时先埋设直线段两端的支架，然后拉通线埋设中间支架。水平直线段支架间距为 1～1.5m，转弯处间距为 0.5m，距转弯中点的距离为 0.25m，垂直间距为 1.5～2m，相互间距离应均匀。

接闪带在建筑物屋脊上安装，使用混凝土支座或支架固定。现场浇制支座时，将脊瓦敲去一角，使支座与脊瓦内的砂浆连成一体；用支架固定时，用电钻将脊瓦钻孔，将支架插入孔内，用水泥砂浆填塞牢固。固定支座和支架水平间距为 1～1.5m，转弯处为 0.25～0.5m。

接闪带沿坡形屋面敷设时，使用混凝土支座固定，且支座应与屋面垂直设置。

明装接闪带应采用镀锌圆钢或扁钢制成。镀锌圆钢直径应为 φ12mm，镀锌扁钢截面为 -25mm×4mm 或 -40mm×4mm。接闪带敷设时，应与支座或支架进行卡固或焊接连成一体，引下线的上端与接闪带的交接处应弯曲成弧形，再与接闪带并齐进行搭接焊接。

接闪带沿女儿墙及电梯机房或水池顶部四周敷设时，不同平面的接闪带至少应有两处互相焊接连接。建筑物屋顶上的凸出金属物体，如旗杆、透气管、铁杆栏、爬梯、冷却水塔、电视天线杆等金属导体都必须与接闪网焊接成一体。

接闪带在屋脊和檐口上安装如图 5-60 所示。

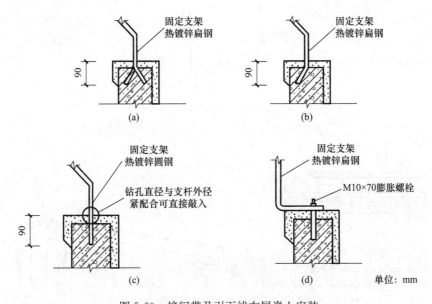

图 5-60　接闪带及引下线在屋脊上安装
(a) 现浇檐口制作做法（一）；(b) 现浇檐口制作做法（二）；
(c) 现浇檐口制作做法（三）；(d) 现浇檐口制作做法（四）

接闪带在转角处一般不宜小于 90°，弯曲半径不宜小于圆钢直径的 10 倍或扁钢宽度的 6 倍，如图 5-61 所示。接闪带沿坡形屋面敷设时，应与屋面平行设置，如图 5-62 所示。古建筑物屋面上各部位接闪带及引下线安装，如图 5-63 所示。

明装接闪带采用建筑物金属栏杆或敷设镀锌钢管时，支架的钢管管径不应大于接闪带钢管的管径，其埋入混凝土或砌体内的下端应焊接圆钢做加强筋，埋设深度不应小于 150mm。中间支架距离不应小于 1m，间距应均匀相等，在转角处距转弯中点为 0.25～0.5m，弯曲半径不宜小于管径的 4 倍。接闪带与支架应采用焊接连接固定。焊接处应打磨光滑，无凸起高度，经处理后应涂刷樟丹防锈漆和银粉防腐。在接闪带之间连接处，管内应设置管外径与连接管内径相吻合的钢管做衬管，衬管长度不应小于管外径的 4 倍。

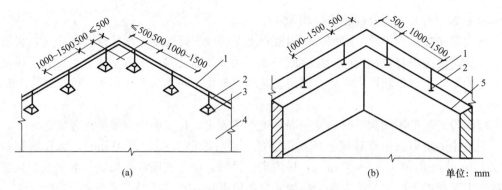

图 5-61 接闪带在转弯处做法

（a）在平屋顶上安装；（b）在女儿墙上安装

1—接闪带；2—支架；3—支座；4—平屋面；5—女儿墙

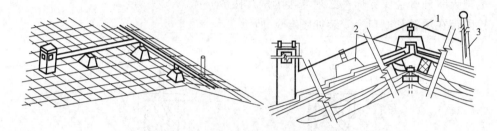

图 5-62 坡形屋面敷设接闪带

1—接闪带；2—混凝土支座；3—凸出屋面的金属物体

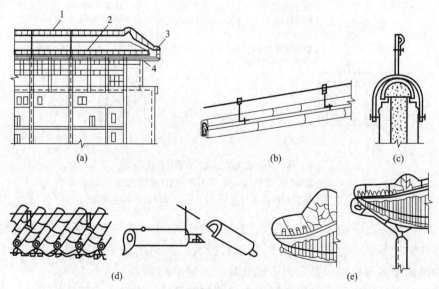

图 5-63 古建筑屋面防雷装置安装做法

（a）屋面防雷装置示意图；（b）接闪带在屋脊上做法；（c）接闪带在檐口上做法；

（d）接闪带在挑檐上做法；（e）挑檐下引下线做法

1—屋脊接闪带；2—檐口接闪带；3—挑檐上接闪带；4—挑檐下引下线

　　接闪带通过建筑物伸缩、沉降缝处时，接闪带应向侧面弯成半径为 100mm 的弧形，且支持卡子中心距建筑物边缘距离减至 400mm，如图 5-64 所示；或将接闪带向下部弯曲，如图 5-65 所示；还可以用裸铜软绞线连接接闪带。

　　安装好的接闪带（网）应平直、牢固，不应有高低起伏和弯曲现象，平直度每 2m 检查段允许偏差值不宜大于 3‰，全长不宜超过 10mm。

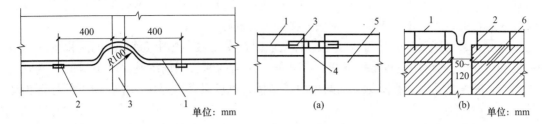

图 5-64　接闪带通过伸缩沉降缝做法一
1—接闪带；2—支架；3—伸缩缝

图 5-65　接闪带通过伸缩沉降缝做法二
（a）俯视图；（b）侧面图
1—接闪带；2—支架；3——25mm×4mm，长 500mm
跨越扁钢；4—伸缩沉降缝；5—屋面女儿墙；6—女儿墙

② 暗装接闪网（带）

暗装接闪网是利用建筑物内的钢筋做接闪网。

　　用建筑物 V 形折板内钢筋做接闪网时，将折板插筋与吊环和网筋绑扎，通长筋与插筋、吊环绑扎。为便于与引下线连接，折板接头部位的通长筋应在端部预留钢筋头 100mm。对于等高多跨搭接处，通长筋之间应采用绑扎。在不等高多跨交接处，通长筋之间应用 $\phi$8mm 圆钢连接焊牢，绑扎或连接的间距为 6m。V 形折板钢筋做防雷装置，如图 5-66 所示。

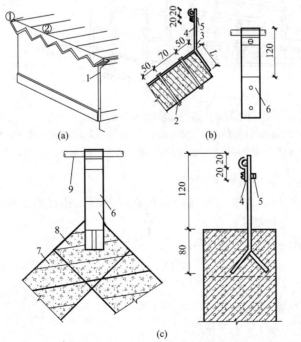

图 5-66　折板屋顶防雷装置做法
（a）示意图；（b）节点 1 放大图；（c）节点 2 放大图
1—$\phi$8mm 镀锌圆钢引下线；2—M8 螺栓；3—焊接；4—40mm×4mm 镀锌扁钢；5—$\phi$6mm 镀锌机用螺栓；
6—40mm×4mm 镀锌扁钢支架；7—预制混凝土板；8—现浇混凝土；9—$\phi$8mm 镀锌圆钢接闪带

当女儿墙上压顶为现浇混凝土时，可利用压顶板内的通长筋作为建筑物的暗装防雷接闪器，防雷引下线可采用不小于 $\phi10$mm 的圆钢，引下线与接闪器（即压顶内钢筋）应焊接连接。当女儿墙上压顶为预制混凝土板时，应在顶板上预埋支架做接闪带，或女儿墙上有铁栏杆时，防雷引下线应由板缝引出顶板与接闪带连接，引下线在压顶处同时应与女儿墙顶内通长筋之间，用 $\phi10$mm 圆钢做连接线进行连接。

当女儿墙设圈梁且圈梁与压顶之间有立筋时，女儿墙中相距 500mm 的两根 $\phi8$mm 或一根 $\phi10$mm 立筋可用做防雷引下线，将立筋与圈梁内通长钢筋绑扎。引下线的下端既可以焊接到圈梁立筋上，将圈梁立筋与柱主筋连接，也可以直接焊接到女儿墙下的柱顶预埋件上或钢屋架上。

当屋顶上部有女儿墙时，将女儿墙上明装接闪带和所有金属导体与暗装接闪网焊接成一体作为接闪装置时，就构成了建筑物整体防雷，如图 5-67 所示。

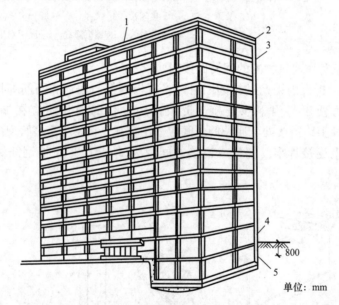

图 5-67　高层建筑物均压做法

1—接闪带；2—接闪带用 $\phi12$mm 镀锌圆钢与柱子主筋焊接；3—柱子主筋与圈梁或钢筋混凝土楼板钢筋焊接；
4—预留测试点；5—利用钢筋混凝土柱子主筋做引下线在室外地坪下 0.8m 处甩出 1.2m 长 $\phi12$mm 圆钢

（9）接闪杆的制作与安装应符合下列规定：

1）设计利用旗杆、栏杆、铁塔等金属物兼做接闪器时，其材质、规格、型号、安装位置、固定措施等应符合设计要求；

2）专用接闪杆的制作应符合下列规定：

① 专用接闪杆材质、规格、型号、总高度、节的数量、各节之间连接方式、防腐措施工等应符合设计要求；

② 接闪杆的接闪段宜做成半球状。

3）专用接闪杆的安装应符合下列规定：

① 接闪杆安装位置正确，焊接固定时焊缝饱满、连续、无遗漏，焊接部分防腐完整；

② 成品接闪杆安装应符合使用说明书的要求；

③ 宜在屋面转角处安装短接闪杆。

4）接闪杆的安装

接闪杆的安装可参照全国通用电气装置标准图集执行。图 5-68 和图 5-69 分别为接闪杆在山墙上安装和在屋面上安装图。其安装注意事项如下。

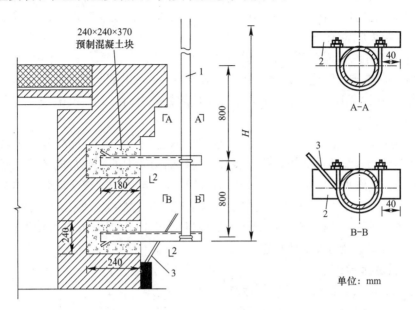

图 5-68　接闪杆在山墙上的安装

1—接闪杆；2—支架；3—引下线

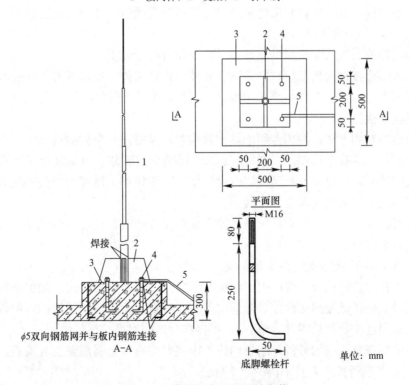

图 5-69　接闪杆在屋面上的安装

1—接闪杆；2—肋板；3—底板；4—底脚螺栓（含螺母、垫圈）；5—引下线

① 在选择独立接闪杆的装设地点时，应使接闪杆及其接地装置与配电装置之间保持以下规定的距离：在地面上，由独立接闪杆到配电装置的导电部分以及到变电所电气设备和构架接地部分间的空间距离不应小于 5m；在地下，由独立接闪杆本身的接地装置与变电所接地网间最近的地中距离一般不小于 3m；独立接闪杆及其接地装置与道路或建筑物的出入口等的距离应大于 3m。

② 独立接闪杆的接地电阻一般不宜超过 10Ω。

③ 由接闪杆与接地网连接处起，到变压器或 35kV 及以下电气设备与接地网的连接处止，沿接地网地线的距离不得小于 15m，以防接闪杆放电时，高压反击击穿变压器的低压侧线圈及其他设备。

④ 为了防止雷击接闪杆时，雷电波沿电线传入室内，危及人身安全，所以不得在接闪杆构架上架设低压线路或通信线路。装有接闪杆的构架上的照明灯电源线，必须是采用直埋于地下的带金属护层的电缆或穿入金属管的导线。电缆护层或金属管必须接地，埋地长度应在 10m 以上，方可与配电装置的接地网相连或与电源线、低压配电装置相连接。

⑤ 装有接闪杆的金属筒体（如烟囱）的厚度大于 4mm 时，可作为接闪杆的引下线，筒体底部应有对称两处与接地体相连。

### 5.2.3 质量标准

1. 主控项目应符合的规定及验收标准

（1）防雷引下线的布置、安装数量和连接方式应符合设计要求。

明敷设的采用观察检查的方法，暗敷设的在施工中检查并查阅隐蔽工程检查记录。明敷设的引下线进行全数检查，利用建筑结构内钢筋敷设的引下线或抹灰层内的引下线按总数量各抽查 5%，且均不得少于 2 处。

（2）接闪器的布置、安装数量和连接方式应符合设计要求。

可采用观察检查并用尺量检查的方法，并核对设计文件。接闪器需进行全数检查。

（3）接闪器与防雷引下线必须采用焊接或卡接器连接、防雷引下线与接地装置必须采用焊接或螺栓连接。

采用观察检查的方法，并用专用工具拧紧检查，且需进行全数检查。

（4）当利用建筑物金属屋面或栏杆、旗杆、装饰物、铁塔、女儿墙上的盖板等永久性金属物做接闪器时，其材质及截面应符合设计要求，建筑物金属屋面板间的连接、永久性金属物各部件之间的连接应可靠、持久。

采用观察检查的方法，核查材质产品质量证明文件和材料进场验收记录，并核对设计文件，需进行全数检查。

2. 一般项目应符合的规定及验收标准

（1）暗敷在建筑物抹灰层内的引下线应有卡钉分段固定；明敷的专用引下线应分段固定，并应以最短路径敷设到接地体，敷设应平正、顺直、无急弯。焊接固定的焊缝应饱满无遗漏，螺栓固定应有防松零件（垫圈），焊接部分的防腐应完整。

明敷的采用观察检查的方法，暗敷的施工中观察检查并查阅隐蔽工程检查记录。按引下线总数的 10% 进行抽查，且不得少于 2 处。

（2）设计要求接地的幕墙金属框架和建筑物的金属门窗，应就近与防雷引下线连接可靠，连接处不同金属间应采取防电化学腐蚀措施。

在施工中采用观察检查并查阅隐蔽工程检查记录的方法，按接地点总数的 10% 进行抽查，且不得少于 1 处。

（3）接闪杆、接闪线或接闪带安装位置应正确，安装方式应符合设计要求，焊接固定的焊缝应饱满无遗漏，螺栓固定的防松零件应齐全，焊接连接处应防腐完好。

采用观察检查的方法进行全数检查。

（4）防雷引下线、接闪器、接闪网和接闪带的焊接连接搭接长度及要求应符合 5.1.3 有关规定。

采用观察检查并用尺量同时查阅隐蔽工程检查记录的检查的方法，进行全数检查。

（5）接闪线和接闪带安装应符合的规定：

1）安装应平正顺直、无急弯，其固定支架间距应均匀、固定牢固；

2）当设计无要求时，固定支架高度不宜小于 150mm，间距应符合表 5-7 的规定；

3）每个固定支架应能承受 49N 的垂直拉力。

采用观察检查并用尺量、用测力计测量支架的垂直受力值。除支架承受的垂直拉力值按照支持件总数的 30% 进行抽查，且不得少于 3 个外，其他 2 项需全数进行检查。

（6）接闪带或接闪网在过建筑物变形缝处的跨接应有补偿措施。

该项内容可通过观察检查的方法，进行全数检查。

## 5.3　等电位联结的安装

在建筑电气工程中，常见的等电位联结措施有三种，即总等电位联结、辅助等电位联结和局部等电位联结，其中局部等电位联结是辅助等电位联结的一种扩展。这三者在原理上都是相同的，不同之处在于作用范围和工程做法。

### 5.3.1　等电位联结安装的作业条件

（1）暗装等电位端子箱应随土建结构预留好安装位置后稳装，明装等电位端子箱应在抹灰喷浆完成后安装。

（2）各类金属进户管、干管应安装完毕。

（3）等电位干线、支线管路应敷设完毕。

（4）进行金属门窗等电位联结应在门窗框定位后，墙面装饰层和抹灰层施工之前进行。

（5）浴室或具有洗浴功能的卫生间设备应安装完毕。

### 5.3.2　等电位联结的安装与验收

（1）等电位联结安装工艺流程应符合图 5-70 的规定。

等电位端子箱安装 → 等电位联结线联结 → 等电位联结系统导通性测试

图 5-70　等电位联结安装工艺流程

（2）等电位联结应符合以下基本要求：

1）总等电位联结应包括以下内容：

① 总保护导体（保护接地导体、保护接地中性导体）；

② 电气装置总接地导体或总接地端子板；

③ 进出建筑物的水管、燃气管、供暖和空调管道等各种金属干管；

④ 可接用的建筑物金属结构部分。

2）辅助等电位联结应包括以下内容：

① 按设计要求，将 2.5m 伸臂范围内可同时触及的电气设备之间或电气设备与外界可导电部分之间直接用导体进行联结；

② 按设计要求，在某一部范围内通过等电位端子板，将金属管道、建筑物钢筋网、插座 PE 线及其他外露可导电部分进行联结；

3）保护等电位联结的截面积应符合设计要求，当设计无要求时，应符合表 5-9 的规定。除考虑机械强度外，当等电位联结线在故障情况下有可能通过短路电流时，等电位联结线与其接头应不被烧断。

表 5-9 中，因总等电位联结线一般没有短路电流通过，故规定有最大值，而辅助等电位联结线有短路电流通过，故以 PE 线为基准选择，不规定最大值。

**等电位联结线的截面积** 表 5-9

| 取值 | 总等电位联结线 | 局部等电位联结线 | | 辅助等电位联结线 | |
|---|---|---|---|---|---|
| 一般值 | 不小于 0.5 倍进线 PE（PEN）线截面积 | 不小于 0.5 倍 PE 线截面积① | | 两电气设备外露导电部分间 | 1 倍于较小 PE 线截面积 |
| | | | | 电气设备与装置外可导电部分间 | 0.5 倍于 PE 线截面积 |
| 最小值 | 6mm² 铜线或相同电导值导线② | 有机械保护时 | 2.5mm² 铜线或 4mm² 铝线 | 有机械保护时 | 2.5mm² 铜线或 4mm² 铝线 |
| | 热镀锌钢：圆钢 φ10，扁钢 25mm×4mm | 无机械保护时 | 4mm² 铜线 | 无机械保护时 | 4mm² 铜线 |
| | | | | 热镀锌钢：圆钢 φ8，扁钢 20mm×4mm | |
| 最大值 | 25mm² 铜线或相同电导值导线② | 25mm² 铜线或相同电导值导线 | | — | |

① 指局部场所内最大 PE 线截面；
② 不允许有采用无机械保护的铝线。

4）等电位联结端子板应采用紫铜材料，端子板的截面积不得小于所接联结线的截面积。

5）金属管道的连接处一般不需要做跨接线。

6）给水系统的水表应做跨接线。

7）塑料管（含铝塑管）、与塑料管连接的金属散热器及金属扶手、浴巾架、手纸盒、肥皂盒等孤立金属物可不做等电位联结。

8）等电位联结线应有黄绿相间的色标。

9）等电位联结端子箱应做标识。

10）等电位端子箱应设置在便于接线和检测的位置，箱体均宜有敲落孔或活动板。

（3）等电位端子箱安装应符合下列规定。

1）应依据图纸要求，确定等电位端子箱位置；

2）等电位端子箱可采用明装也可采用暗装；

3）等电位端子箱体安装位置、标高应准确，安装应平正、牢固；等电位端子箱体开孔与等电位连接线（扁铁、导管、圆钢）应相适应，暗装箱箱盖应紧贴墙面；

4）等电位端子箱内等电位铜排孔径应与螺栓相匹配，铜排与联结线压接应牢固，平光垫、弹簧垫应齐全。

（4）等电位联结线联结应符合下列规定。

当外来导电物、电力线、通信线在不同地点进入建筑物时，宜设若干等电位联结线，并应将其就近连到环形接电体、内部环形导体或此类钢筋上，它们在电气上是贯通的并联通到接地体（含基础接地体）。环形接地体和内部环形导体应连到钢筋或其他屏蔽构件上（如金属立面），宜每隔 5m 连接一次。

1）应按设计要求，采用镀锌扁钢或镀锌圆钢、铜排、铜线等作为等电位联结线；从接地体（极）敷设至总等电位箱的联结线应不少于 2 处；

2）等电位联结线与金属管道的联结可采用抱箍法或焊接法；

① 镀锌管宜采用抱箍法。应选择与镀锌管径相匹配的金属抱箍，用不小于 M8×30mm 螺栓将抱箍与金属管卡紧；抱箍与管道接触处的接触面应刮拭干净，安装完毕后应刷防锈漆，抱箍内径应等于管道外径；给水系统的水表应加装跨接线，以保证水管的等电位联结有效；等电位联结线与金属管道抱箍法联结做法如图 5-71 所示。

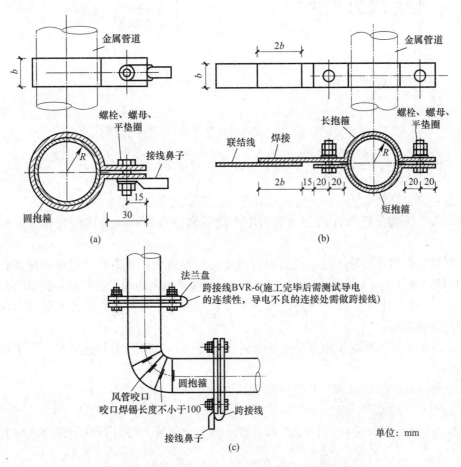

图 5-71　等电位联结线与金属管道抱箍法联结示意图

（a）小管径管道的连接；（b）大管径管道的连接；（c）风管的连接

② 非镀锌金属管道可采用焊接法，但应征得相关方的同意，否则可采用抱箍法，并应清除接触面影响导电不良的锈层。

将镀锌扁钢折成 90°直角，扁钢一端弯成一个管径相适合的弧形并与管焊接，另一端钻 $\phi$12mm 的孔，用 M10×30mm 螺栓与作为等电位联结线的镀锌扁钢相连接固定；等电位联结线与金属管道焊接法联结做法如图 5-72 所示。

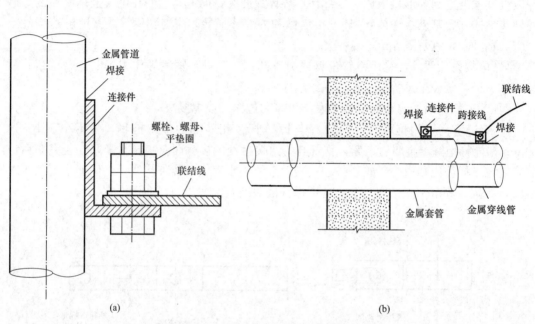

图 5-72　等电位联结线与金属管道焊接法联结示意图
(a) 金属管道的连接；(b) 金属管道的连接与跨接

3）总等电位联结应符合下列规定：

① 总等电位联结端子箱宜设置在电源进线或进线配电柜（箱）附近；

② 总等电位端子板应直接与建筑物用作防雷和接地的结构金属构件及室外接地体联结；

③ 当敷设内部环形导体时，应沿建筑物结构外墙敷设，在需联结设施的房间内宜设置等电位联结端子箱，需联结的设施应与该等电位端子箱内的端子板联结；内部环形导体应就近与进出建筑物的金属相连接；当设计无特别要求，内部环形导体可采用 40mm×4mm 热浸镀锌扁钢；

④ 自环形导体引至端子箱及金属管道的联结导体，应采用 T 形连接形式，T 形连接处应焊接；

⑤ 总等电位联结见图 5-73～图 5-75 做法。

4）辅助等电位联结应符合下列规定：

① 应按设计要求，将电气设备外露可导电部分之间及与外界可导电部分之间直接进行联结；

② 辅助等电位联结见图 5-76 做法。

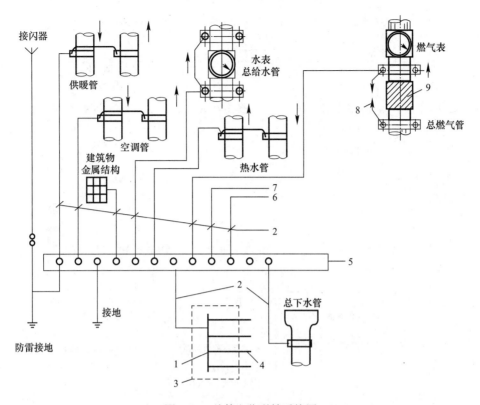

图 5-73　总等电位联结系统图

1—PE 母线；2—MEB 线；3—总进线配电箱；4—PE 线；5—接地母线；6—电源进线；
7—电子信息设备；8—火花放电间隙；9—绝缘段（燃气公司决定）

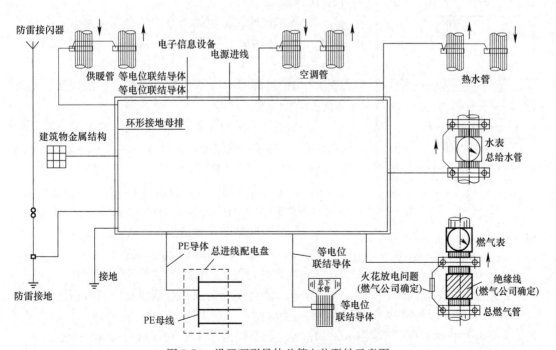

图 5-74　设置环形导体总等电位联结示意图

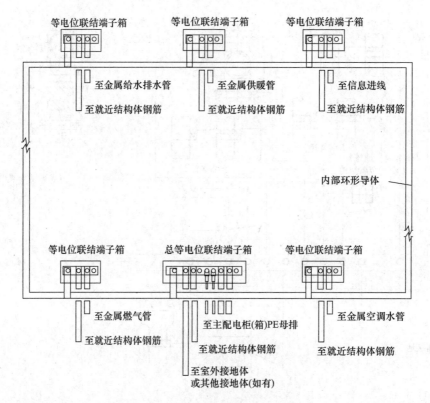

图 5-75　环形导体 T 形连接示意图

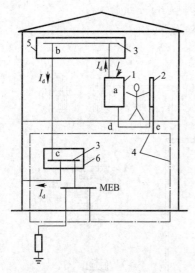

图 5-76　辅助等电位联结示意图

1—电气设备；2—散热器；

3—保护接地导体（PE）；

4—结构钢筋；5—末端配电箱；

6—进线配电箱；$I_d$—故障电流

5）浴室（或具有洗浴功能的卫生间）等电位联结应符合下列规定：

① 等电位联结应包括浴室内的金属给水管、金属排水管、金属供暖管、金属浴盆、加热系统的金属部分、燃气系统的金属部分、可触及的建筑物金属部分以及建筑物结构钢筋网等；可不包括金属扶手、浴巾架、肥皂盒等孤立金属物；

② 如果浴室内原无 PE 线，浴室内的等电位联结不得与浴室外的 PE 线相连；如果浴室内有 PE 线，浴室内的等电位联结应与该 PE 线相连；

③ 等电位联结线可采用 -25mm×4mm 镀锌扁钢或不小 BVR-1×2.5mm² 导线，导线应穿绝缘导管敷设；

④ 等电位联结端子箱的设置位置应方便检测；

⑤ 等电位联结如图 5-77 所示做法。

6）电梯井道等电位联结应符合下列规定：

① 电梯的金属导轨、井道地面及侧墙内钢筋网内应纳入等电位联结；

② 等电位联结线可采用 -25mm×4mm 镀锌扁钢或不小于 BVR-1×4mm² 导线；

③ 等电位联结如图 5-78 所示做法。

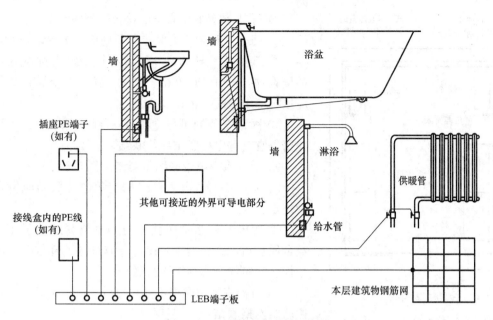

图 5-77  浴室等电位联结示意图

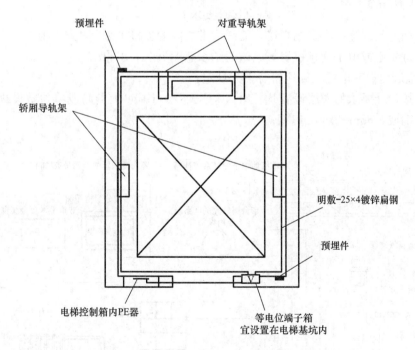

图 5-78  电梯井道（基坑）等电位联结示意图

7）配电间或电气竖井等电位联结应符合下列规定：

① 等电位端子箱应与本层地面内钢筋网连通；

② 应将配电箱、电缆桥架、母线槽等设备的金属外壳与配电间或电气竖井内的等电位联结线做联结；

③ 等电位联结见图 5-79 做法。

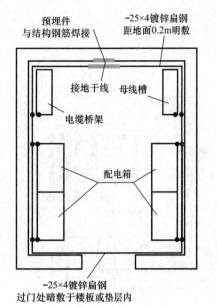

预埋件
与结构钢筋焊接

-25×4镀锌扁钢
距地面0.2m明敷

接地干线　母线槽

电缆桥架

配电箱

-25×4镀锌扁钢
过门处暗敷于楼板或垫层内

图 5-79　配电间或电气竖井等
电位联结示意图

8）手术室等电位联结应符合下列规定：

① 每个 1 类和 2 类医疗场所内应设置等电位联结；

② 保护接地导体、外界可导电部分、抗电磁干扰的屏蔽物、导电地板网格、隔离变压器的金属外壳等均应接至等电位端子板；

③ 固定安装的可导电的手术台、理疗椅、牙科治疗椅等宜与等电位联结导体联结；

④ 手术室等电位联结示意图见图 5-80 做法。

9）数据中心或电子信息机房等电位联结应符合下列规定：

① 等电位联结带应就近与等电位联结端子箱、各类金属管道、金属槽盒、设备外露可导电部分、防静电地板、建筑物金属结构进行联结；

② 机柜应采用两根不同长度的 6mm$^2$ 铜导线与等电位联结网格联结；

③ 等电位网格可采用铜箔或编织铜带，截面积应符合设计要求；

④ 铜箔之间的连接应采用焊接，编织铜带之间的连接可采用机械连接；

⑤ 数据中心或电子信息机房等电位联结示意图见图 5-81 做法。

10）金属门窗等电位联结应符合下列规定：

① 应按设计要求的楼层设置均压环，均压环可利用圈梁主筋或单独敷设规格不小于 $\phi$10mm 圆钢或 25mm×4mm 扁钢；

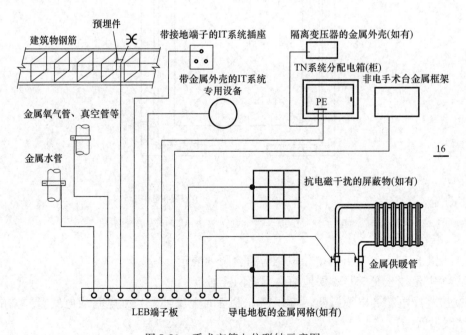

建筑物钢筋　　预埋件

带接地端子的IT系统插座

隔离变压器的金属外壳(如有)

带金属外壳的IT系统专用设备

TN系统分配电箱(柜)

非电手术台金属框架

PE

金属氧气管、真空管等

金属水管

16

抗电磁干扰的屏蔽物(如有)

金属供暖管

LEB端子板　　导电地板的金属网格(如有)

图 5-80　手术室等电位联结示意图

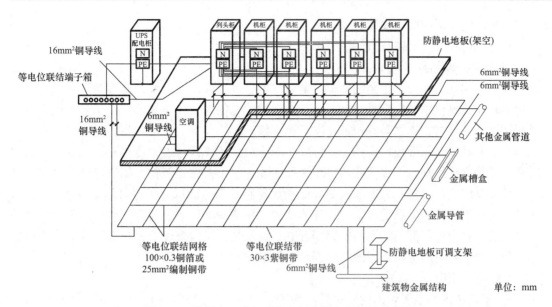

图 5-81　数据中心或电子信息机房等电位联结示意图

② 应采用 φ10 镀锌圆钢或 -25mm×4mm 镀锌扁钢与均压环焊接，并引至金属门窗结构预留洞处；

③ 门窗安装时与应与固定金属门窗的搭接板（铁板）可靠连接；

11）变电所内接地网

在变电所内为防止跨步电压，用 -25mm×4mm 的镀锌扁管，组成 1.5m×1.5m 网格，敷设在变（配）电所地坪 0.5m 下，网络与接地体直接连接，再与变压器中性点和总等电位联结铜排连接，沿变（配）电所内墙适当位置，多处设置接地端子，供所内设备外壳及金属构件保护接地。

（5）等电位联结系统导通性测试应符合下列规定：

1）等电位联结系统导通性的测试

由于等电位联结是保障人身安全的一项重要措施，故施工安装是否合格就是十分重要的问题。为检验等电位联结安装是否符合要求，应进行严格测试。测试的主要目的是检验导通性，故又称为导通性测试。导通性测试要求采用空载电压为 4～24V 的直流或交流电源（按测试电流不小于 0.2A，不大于电源发热允许电流值选择电压）。当测得等电位联结端子板与等电位联结范围内的金属管道等金属体末端之间的电阻不超过 3Ω 时，可认为等电位联结有效。

2）等电位联结系统导通性测试应符合的规定

① 等电位联结安装完毕后，应采用等电位测试仪进行导通性测试；

② 浴室、带洗浴功能的卫生间及 1 类医疗场所，等电位端子板与等电位联结范围内的金属体之间的电阻不应大于 3Ω；2 类医疗场所，等电位端子板与等电位联结范围内的金属体之间的电阻不应大于 0.2Ω；其他场所的等电位，端子板与等电位联结范围内的金属体之间的电阻不应大于 3Ω；

3）当距离较远，可分段进行测量，然后将电阻值相加；

4）当测试发现导通不良的连接处应做跨接线。

（6）等电位联结线的安装

1）等电位联结安装应遵循的条件

① 等电位联结点

所有电梯轨道、吊车、金属地板、金属框架、设施管道、电缆架桥等大尺寸的内部导电物体，其等电位联结应以最短路径连到最近的等电位联结线或其他已做了等电位联结的金属物体。各导电物体之间宜附加多次互相连接。

在地下室或在靠近地平面处，连接导线应连接到连接板（连接母线）上。连接板的构成和安装要方便检查。连接板应与接地装置连接。对于大型建筑物，如果连接板之间有连接，可装设多块连接板。高度超过 20mm 的建筑物，在地面以上垂直每隔不大于 20m 处，连接板应与连接各引下线的水平环形导体连接。在那些满足不了安全距离的地方应设立等电位联结。对有电气贯通钢筋网的钢筋混凝土建筑物、钢构架建筑物、有等效屏蔽作用的建筑物，建筑物内的金属装置通常不需要做等电位联结。

② 各种管道的等电位联结

A. 建筑物内的金属管道的联结处一般不需要加接跨接线，对金属管道系统中的小段塑料管需做跨接。

B. 给水系统的水表应加装跨接线，以保证水管等电位联结和接地有效。

C. 装有金属外壳排风机、空调器的金属门、窗框或靠近电源插座的金属门、窗框以及距外露可导电部分伸臂范围内的金属杆、吊顶龙骨等金属体需做等电位联结。

D. 为避免用燃气管道做接地板，燃气管入户后应插入一绝缘段（例如在法兰盘间插入绝缘板）以与户外埋地的燃气管道隔离。为防止雷电流在燃气管道内产生电火花，在绝缘段两端应跨接火花放电间隙。

E. 一般场所距离人站立处不超过 10m 距离内如有地下金属管道或结构即可认为满足等电位的要求，否则应在地下加埋等电位带。游泳池之类特殊电击危险场所需增大地下金属导体密度。

F. 等电位联结内各连接导体间的连接可采用焊接，焊接处不应有夹渣、咬边、气孔及未焊透情况；也可采用螺栓连接，这时应注意接触面的光洁、足够的接触面积和压力；也可采用熔接。在腐蚀性场所应采取防腐措施，如热镀锌或加大导线截面等。等电位联结端子板应采取螺栓连接，以便拆卸进行定期检查。

2）等电位系统与设备保护线的连接

等电位系统必须与所有设备的保护线（包括插座的保护线）连接。

① 等电位联结

设置总等电位可利用截面为 100mm×10mm，长度 1m 的铜棒，每隔 50mm 钻 $\phi$12mm 孔，设置在变配电所便于接引线的位置，至少 3 处与接地体可靠连接（变压器中性点、附近接地体、变配电所内接地网络），确保总等电位铜牌的电位是地电位（接地电阻≤1Ω），若未满足，必须增加与接地体的连接。

在 TN-S 系统中，中性线 N 与变压器中性点一起接地，也可以接在总等电位铜排上，此外 N 线严禁与任何"地"有电气连接。

② 等电位联结干线

建筑物等电位联结干线应从与接地装置有不小于 2 处直接连接的接地干线或总等电位

箱引出。等电位联结干线或局部等电位箱间的连接线形成环形网络。环形网络应就近与等电位联结干线或局部等电位箱连接，支线间不应串联连接。

3）PE 干线

交流设备外壳保护接地 PE 干线可以采用五芯电缆或五芯封闭母线槽，其中一芯作为 PE 干线，多用在 PE 线无分支的场所，它的接地阻抗较小，可提高接地故障保护灵敏度，但难做到与防雷系统绝缘隔离，引接线不方便。

PE 干线也可以采用在四芯电缆或四芯封闭母线槽近旁单独设置 PE 干线，采用镀锡铜排，下端与总等位线连接铜排连接，每隔 0.5m 钻直径 $\phi$12mm 孔，供 PE 分支线连接用，易做到与防雷接地系统绝缘隔离。铜排面积如表 5-10 所示。

将内部金属装置连到等电位联结线的导体的最小截面积　　　　　　　　　　表 5-10

| 防雷建筑物的类别 | 材料 | 截面积（mm²） |
|---|---|---|
| 一类、二类、三类 | 铜 | 6 |
| | 铝 | 10 |
| | 钢 | 16 |

交流设备保护接地，应设置 PE 干线，采用裸铜排，截面按表 5-11 选择，敷设在建筑电气（强电）竖井中，引到各个楼层。在每一楼层，接近用电设备的地方设置一辅助等电位铜排，用绝缘子支撑铜排，与防雷系统隔离。设备外壳及设备附近非带电导体用 6mm² 及以上铜芯黄绿色绝缘线连接到辅助等电位铜排上，PE 干线下端与总等电位铜排连接。

铜排截面积（mm²）　　　　　　　　　　表 5-11

| 相导体的截面积 | 相应保护导体的最小截面积 |
|---|---|
| $S \leqslant 16$ | $S$ |
| $16 < S \leqslant 35$ | 16 |
| $35 < S \leqslant 400$ | $S/2$ |
| $400 < S \leqslant 800$ | 200 |
| $S > 800$ | $S/4$ |

4）等电位接地网

一般用直径 $\phi$10mm 的圆钢或 -10mm×4mm 的扁钢焊接成接地网，网孔不应小于 4mm。布置应尽量均匀，使接地网范围内电位尽量相近，在故障时同时触及两点不致造成电击。

5）等电位联结和接地的区别

等电位联结和接地的区别如图 5-82 所示。

### 5.3.3　质量标准

1. 主控项目应符合的规定及验收标准

（1）建筑物等电位联结的范围、形式、方法、部位及联结导体的材料和截面积应符合设计要求。

施工中核对设计文件、观察检查并查阅隐蔽工程检查记录、核查产品质量证明文件、材料进场验收记录，需对建筑物所有等电位联结进行检查。

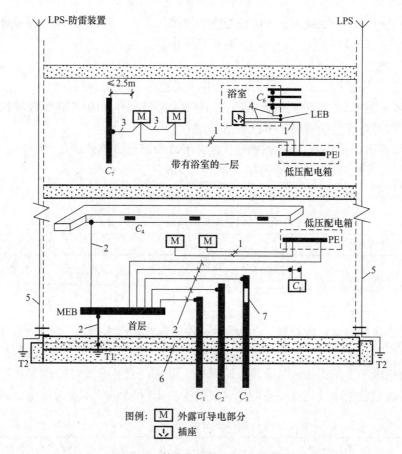

图 5-82　等电位联结和接地的区别

1—PE 线（与供电线共管敷设）；2—MEB 连接线；3—辅助等电位联结线；4—局部等电位联结线；5—防雷引下线；

6—基础钢筋；7—绝缘线；$C_1$—进入建筑物的金属给水或排水管；$C_2$—进入建筑物的金属暖气管；

$C_3$—进入建筑物带有绝缘段的金属燃气管；$C_4$—空调管；$C_5$—暖气管；

$C_6$—进入浴室的金属管道；$C_7$—在外露可导电部分伸臂范围内的装置外可导电部分；

MEB—总等电位联结端子板；LEB—局部等电位线连接端子板；T1—基础接地板；T2—防雷及防静电接地板

（2）需做等电位联结的外露可导电部分或外界可导电部分的连接应可靠。采用焊接时，应符合 5.1.3 中的有关规定；采用螺栓连接时，应符合 5.1.3 的有关规定，其螺栓、垫圈、螺母等应为热镀锌制品，且应联结牢固。

采用观察检查的方法，按总数的 10% 进行抽查，且不得少于 1 处。

2. 一般项目应符合的规定及验收标准

（1）需等电位联结的卫生间内金属零部件或零件的外界可导电部分，应设置专用接线螺栓与等电位联结导体连接，并应设置标识；连接处螺母应紧固、防松零件应齐全。

采用观察检查和手感检查的方法，按连接点总数的 10% 进行抽查，且不得少于 1 处。

（2）当等电位联结线采用焊接时，焊接处焊接应饱满并有足够的机械强度，不得有夹渣、咬肉、裂纹、虚焊、气孔等缺陷，焊接处的药皮应清除干净，并应刷沥青做防腐处理。

（3）当等电位联结导体在地下暗敷设时，其导体间的连接不得采用螺栓压接。

施工中观察检查并查阅隐蔽工程检查记录，需对所有暗敷设的等电位联结导体进行检查。

（4）明敷设等电位联结线支持件间距应均匀、水平直线间距宜为 0.5～1.0m，垂直部分宜为 1.5～3.0m，转弯部分宜为 0.3m；

（5）等电位联结线跨越建筑物变形缝时，应有补偿措施。

## 习　　题

1. 简述接闪杆、接闪带、接闪网等接地闪器的安装方法。

2. 简述人工接地体安装方法及要求。

3. 建筑电气工程中，为什么要采用等电位联结？

4. 在测试接地电阻时，发现接地电阻值超过设计要求。你认为可能是哪些原因引起的？并提出整改建议。

5. 请阐明等电位联结的导通性测试的做法。

6. 在信息线路安装完成后，发现有较强的干扰信号产生。请你分析可能的原因，并提出整改建议。

# 第6章 建筑设备管理系统安装与质量控制

习近平总书记在党的二十大报告中指出："协同推进降碳、减污、扩绿、增长，推进生态优先、节约集约、绿色低碳发展"。这句话是对统筹做好"碳达峰、碳中和"工作提出的明确要求，也是实现"双碳"目标的战略路径和重点任务。人类生产活动耗能的30%来自建筑耗能，并且随着建筑面积的不断扩大，这一比例也在不断增加。建筑是碳排放大户，建筑低碳发展已成为我国实现"双碳"目标的关键。

建筑电气设备在建筑工程总耗能中的占很大比例，建筑设备管理系统可实现以节能运行为中心的能量管理自动化，实现对建筑设备运行优化管理及提升建筑用能功效，并达到绿色建筑的建设目标，是建筑低碳发展的重要实现手段。

【我们要准确理解可持续发展理念，坚持以人民为中心，协调好经济增长、民生保障、节能减排，在经济发展中促进绿色转型、在绿色转型中实现更大发展。】

——习近平在亚太经合组织工商领导人峰会上作的主旨演讲

【到2025年，城镇新建建筑全面建成绿色建筑，建筑能源利用效率稳步提升，建筑用能结构逐步优化，建筑能耗和碳排放增长趋势得到有效控制，基本形成绿色、低碳、循环的建设发展方式，为城乡建设领域2030年前碳达峰奠定坚实基础。】

——住房和城乡建设部《"十四五"建筑节能与绿色建筑发展规划》

建筑设备管理系统（Building Management System，BMS）是智能建筑中一个重要的组成部分，包括建筑设备监控系统（Building Automation System，BAS或BA）和建筑能效监管（或建筑能耗监测）系统，对建筑设备监控系统和建筑能效监管等实施综合管理，确保建筑设备运行稳定，安全及满足物业管理的需求，实现对建筑设备运行优化管理及提升建筑用能功效，达到绿色建筑的建设目标。

由于建筑物的类别和使用功能、被监控设备的实际需求和建设投资规模等因素的不同，很难对监控系统工程的设计和实施作出统一的规定。同时被监控设备分属于供暖通风与空气调节、建筑电气和给水排水等不同专业，为解决系统设计时与相关专业交叉配合的问题，特别强调应与单位建设工程中各专业进行同步设计和施工。

## 6.1 建筑设备管理系统的施工准备

建筑设备管理系统的施工安装应以经批准的工程技术文件为依据，工程技术文件应包括施工图、施工组织计划、设计变更通知单和工程变更洽商记录。施工前应做好各项准备工作，包括技术准备、材料设备准备、机具仪器人力准备、施工环境检查准备等。

### 6.1.1 建筑设备管理系统安装的作业条件

（1）线槽、预埋管路、接线盒、预留孔洞的规格、数量、位置符合规范与设计要求。

（2）已完成弱电竖井的建筑施工。

（3）中央控制室内土建装修施工完毕，温度、湿度达到使用要求。

（4）空调机组、冷却塔及各类阀门等安装完毕，并应预留好设计文件中要求的控制信号接入点。

（5）暖通水管道、变配电设备等安装完毕，并应预留好设计文件中要求的控制信号接入点。

（6）接地端子箱安装完毕。

### 6.1.2　技术准备

技术准备应符合下列规定：

（1）施工前应对监控系统施工单位与相关各施工单位的工作范围和分工界面进行确认，并应明确各相关方的工作分工及配合内容，施工方与其他机电各方施工单位的工作范围、工作内容，以及工作界面的划分、协调和配合要求应由发包人确认并授权；

（2）应核对被监控设备，且应满足监控系统接入的条件、通信和控制的要求，包含设备专业控制原理要求是否满足要求，管道、阀门和阀门驱动器之间是否匹配且满足控制要求，电气专业控制箱和配电箱是否满足监控要求，电梯是否具备监测条件以及自成控制单元的设备的数字通信接口和通信协议是否满足监控要求；

（3）施工单位应编制施工组织设计和专项施工方案，并应报监理工程师批准；

（4）应对施工人员进行安全教育和包括熟悉施工图、施工方案及有关资料等技术交底工作，并应按表 6-1 填写施工技术交底记录。

施工技术交底记录表　　　　　　　　　　　　　　　　　表 6-1

| 工程名称 | | 单位工程 | |
|---|---|---|---|
| 分部工程 | | 施工图名称 | |
| 合同编号 | | 施工图编号 | |
| 任务单编号 | | 施工班组 | |
| 交底内容 | 技术： | | |
| | 质量： | | |
| | 产品保护： | | |
| | 安全： | | |
| 出席人员签字 | | | |
| | 班（组）长：<br>（签字）<br>　　　　年　月　日 | | 交底人：<br>（签字）<br>　　　　年　月　日 |

### 6.1.3　材料、设备准备

材料、设备准备应符合下列规定：

（1）材料、设备应附有产品合格证、质检报告，设备应有产品合格证、质检报告、说明书等；进口产品应提供原产地证明和商检证明、质量合格证明、检测报告及安装、使用、维护说明书的中文文本；

（2）检查线缆、设备的品牌、产地、型号、规格、主要尺寸、数量、外观及性能参数等均应符合设计要求，设备外形应完整，不得有变形、脱漆、破损、裂痕及撞击等缺陷，设备柜内的配线不得有缺损、短线现象，配线标记应完善，内外接线应紧密，不得有松动现象和裸露导电部分，设备内部印制电路板不得变形、受潮，接插件应接触可靠，焊点应光滑发亮、无腐蚀和外接线现象，设备的接地应连接牢靠，且接触良好，填写进场检验记录，并封存线缆、器件样品；

（3）有源设备应通电检查，确认设备正常；

（4）电动阀的型号、材质应符合设计要求，经抽样试验，阀体强度、阀芯泄漏应满足产品说明书的规定；

（5）电动阀的驱动器输入电压、输出信号和接线方式应符合设计要求和产品说明书的规定；

（6）电动阀门的驱动器行程、压力和最大关闭力应符合设计要求和产品说明书的规定，必要时宜由第三方检测机构进行检测；

（7）温度、压力、流量、电量等计量器具（仪表）应按相关规定进行校验，必要时宜由第三方检测机构进行检测。

#### 6.1.4　机具、仪器与人力准备

机具、仪器与人力准备应符合下列规定：

（1）安装工具齐备、完好，电动工具应进行绝缘检查；

（2）施工过程中所使用的测量仪器和测量工具应根据国家相关法规进行标定；

（3）施工人员应持证上岗。

#### 6.1.5　施工环境准备

施工环境准备应符合下列规定：

（1）应做好智能建筑工程与建筑结构、建筑装饰装修、建筑给水排水及供暖、通风与空调，建筑电气和电梯等专业的工序交接和接口确认；

（2）施工现场应具备满足正常施工所需的用水、用电等条件；

（3）施工用电应有安全保护装置，接地可靠，并应符合安全用电接地标准；

（4）建筑物防雷与接地施工基本完成；

（5）建筑设备监控系统控制室、弱电间及相关设备机房土建装修完毕，机房应提供可靠的电源和接地端子排；

（6）空调机组、新风机组、送排风机、冷水机组、冷却塔、换热器、水泵、管道及阀门等应安装完毕；

（7）变配电设备、高低压配电柜、动力配电箱、照明配电箱等应安装完毕；

（8）给水、排水、消防水泵、管道及阀门等应安装完毕；

（9）电梯及自动扶梯应安装完毕。

## 6.2　建筑设备管理系统的安装

### 6.2.1　工艺流程

建筑设备管理系统安装工艺流程如图 6-1 所示。

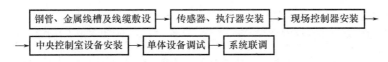

图 6-1　建筑设备管理系统安装工艺流程

### 6.2.2　建筑设备管理系统的安装与验收

1. 钢管、金属线槽及线缆敷设

钢管、金属线槽及线缆敷设除符合第 3 章中的有关规定外，线缆敷设还应符合以下要求。

（1）敷设线缆应合理安排，不宜交叉，并应固定牢靠，端部均应标明编号，字迹应清晰牢固，宜采用与设备标识一致的派生编号对各接线端点进行标识。敷设时应防止电缆之间及电缆与其他硬件之间的摩擦。

（2）在同一线槽内的不同信号、不同电压等级的电缆应分类布置。

（3）数条线槽分层安装时，电缆应按下列规定顺序从上至下排列：

1）仪表信号线路。

2）安全联锁线路。

3）仪表用交流或直流供电线路。

4）明敷设的仪表信号线路与具有强磁场和强静电场的电气设备之间的净距离宜大于 1.5m，当采用屏蔽电缆或穿金属保护管以及在线槽内敷设时宜大于 0.8m。

（4）接线前应根据线缆所连接的设备电气特性，检查线缆敷设及设备安装的正确性。

（5）应按施工图及产品的要求进行端子连接，并应保证信号极性的正确性。

（6）控制器箱内线缆应分类绑扎成束，交流 220V 及以上的线路应有明显的标记和颜色区分。

2. 传感器、执行器等的安装

传感器、执行器、现场直接数字控制器（DDC）等均属于现场控制设备。传感器包括温度、湿度、压力、压差、流量、液位传感器等。施工时要与相关专业配合，如在管道、设备上开孔，在设备内安装。设备安装完成后要注意保护。执行器包括各种风门、阀门驱动器。执行器安装在管道阀门、风道风门处。通过执行器对风门、阀门开度的调节。DDC 通常安装在被控设备机房中（如冷冻站、热交换站、水泵房、空调机房等）。最好就近安装在被控设备附近。

（1）传感器和执行器的安装应符合的规定

1）管道外贴式温度和流量传感器安装前，应先将管道外壁打磨光滑，测温探头与管壁贴紧后再加保温层和外敷层；

2）在非室温管道上安装的设备，应做好防结露措施；

3）安装位置不应破坏建筑物外观及室内装饰布局的完整性；

4）四管制风机盘管的冷热水管电动阀共用线应为零线。

现场直接数字控制器（DDC）箱体安装前，应根据施工图预先完成箱体内部接线。此外现场控制设备要具有设备标识，现场控制设备标识应符合下列规定：

1）应对包括控制器箱、执行器、传感器在内的所有设备进行标识；

2）设备标识应包括设备的名称和编号；

3）标识物材质及形式应符合建筑物的统一要求，标识物应清晰、牢固；

4）对于有交流 220V 及以上线缆接入的设备应另设标识。

施工安装完毕后，应形成文档记录，设备安装记录应按表 6-2 的规定。

设备安装记录表 表 6-2

| 控制器箱（DDC）编号 | | | 施工图号 | | |
|---|---|---|---|---|---|
| 序号 | 设备名称（型号） | 设备编号 | 制造厂 | 安装情况 | 备注 |
|  |  |  |  |  |  |
|  |  |  |  |  |  |
|  |  |  |  |  |  |
|  |  |  |  |  |  |
|  |  |  |  |  |  |
|  |  |  |  |  |  |
|  |  |  |  |  |  |
|  |  |  |  |  |  |
|  |  |  |  |  |  |
|  |  |  |  |  |  |
|  |  |  |  |  |  |
|  |  |  |  |  |  |
|  |  |  |  |  |  |
|  |  |  |  |  |  |
|  |  |  |  |  |  |
| 说明 | | | | | |
| 施工技术员：<br><br>年 月 日 | | 质量检查员：<br><br>年 月 日 | | 施工班（组）长：<br><br>年 月 日 | |

（2）温度、湿度传感器的安装

1）温度、湿度传感器安装要求

室内外温、湿度传感器的安装（图 6-2、图 6-3）除要符合设计的规定和产品说明要求外，还应符合下列要求：

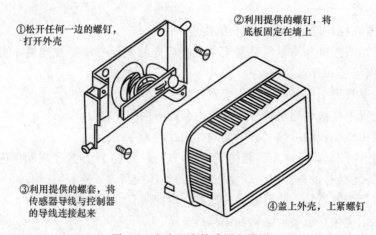

①松开任何一边的螺钉，打开外壳
②利用提供的螺钉，将底板固定在墙上
③利用提供的螺套，将传感器导线与控制器的导线连接起来
④盖上外壳，上紧螺钉

图 6-2　室内温度传感器安装图

① 不应安装在阳光直射的地方，应远离有较强振动、电磁干扰、潮湿的区域。

② 温、湿度传感器应尽可能远离窗、门和出风口的位置，与之距离不小于 2m。室内温、湿度传感器的安装位置如图 6-4 所示。

③ 应安装在对应空调设备温度调节区域范围内，不同区域的温控器不应安装在同一位置；室内温度传感器的与其他开关并列安装时，高度差应小于 1mm；在同一室内非并列安装时，高度差应小于 5mm。

④ 并列安装的传感器，距地高度应一致，室内的传感器安装高度为 1.4m，高度差不应大于 1mm；同一区域内安装的传感器高度允许偏差不大于 5mm。

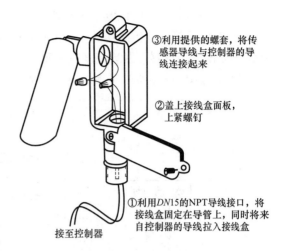

③利用提供的螺套，将传感器导线与控制器的导线连接起来

②盖上接线盒面板，上紧螺钉

①利用 DN15 的 NPT 导线接口，将接线盒固定在导管上，同时将来自控制器的导线拉入接线盒

接至控制器

图 6-3　室外温度传感器安装图

⑤ 温、湿度传感器应安装在便于调试、维修的地方。

⑥ 温度传感器至现场控制器之间的连接应符合设计要求，应尽量减少因接线引起的误差，对于镍温度传感器的接线电阻应小于 $3\Omega$，$1k\Omega$ 铂温度传感器的接线总电阻应小于 $1\Omega$。

⑦ 室外湿度传感器安装应有遮阳罩，避免阳光直射，应有防风雨防护罩，远离风口、过道，避免过高的风速对室外湿度检测的影响。

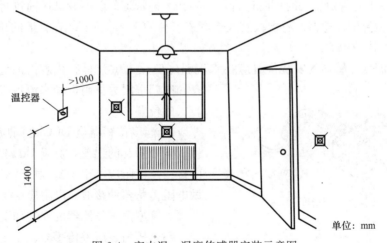

温控器　>1000

1400

单位：mm

图 6-4　室内温、湿度传感器安装示意图

2）风管型温、湿度传感器的安装

① 传感器应安装在风速平稳，能反映温、湿度的位置。

② 风管温、湿度传感器安装应在风管保温层完成后，安装在风管直管段或应避开风管死角的位置和蒸汽放空口位置。

③ 风管温度传感器应与管道相互垂直安装，轴线应与管道轴线垂直相交。

④ 温段小于管道口径的 1/2 时，应安装在管道的侧面或底部。

⑤ 风管型温度传感器应安装在便于调试、维修的地方。

⑥ 选用 RVV 或 RVVP2×1.0 线缆连接现场 DDC。

⑦ 在高电磁干扰区域应采用屏蔽线，传感器与电源线之间距离应大于 150mm。

⑧ 室内风管湿度传感器的安装位置宜距门、窗和出风口大于 2m；在同一区域内安装的室内温湿度传感器，距地高度应一致，高度差不应大于 10mm。

风管型温度传感器的安装如图 6-5 所示。

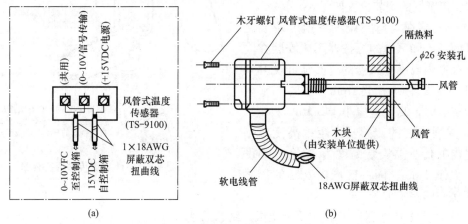

图 6-5　风管型温度传感器安装示意图

(a) 接线图；(b) 安装方法

3）水管温度传感器的安装

① 水管型温度传感器不宜在焊缝及其边缘上开孔和焊接安装。水管温度传感器的开孔与焊接应在工艺管道安装时同时进行，必须在工艺管道的防腐和试压前进行。

② 水管型温度传感器的感温段宜大于管道口径的 1/2，应安装在管道的顶部，安装在便于调试、维修的地方。

③ 水管温度传感器的安装位置应在水流温度变化灵敏和具有代表性的地方，不宜选择在阀门等阻力件附近和水流流束死角和振动较大的位置。

④ 温度传感器至 DDC 之间应尽量减少因接线电阻引起的误差，对于 1kΩ 铂温度传感器的接线总电阻应小于 1Ω。对于 NTC 非线性热敏电阻传感器的接线总电阻应小于 3Ω。

水管型温度传感器的安装如图 6-6 所示。

（3）压力、压差传感器、压差开关的安装

1）压力传感器的安装

压力传感器通常用来测量室内、室外、风管、水管的空气或水的压力。压力传感器的安装如图 6-7 所示，安装时应注意以下几点：

① 压力传感器应安装在便于调试、维修的位置。

② 风管型压力传感器应在风管保温层完成之后安装。

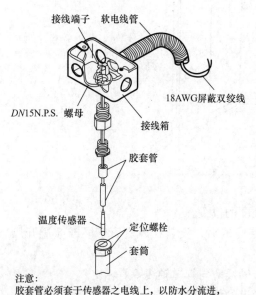

注意：
胶套管必须套于传感器之电线上，以防水分流进，避免传感器因而损坏。

图 6-6　水管型温度传感器安装图

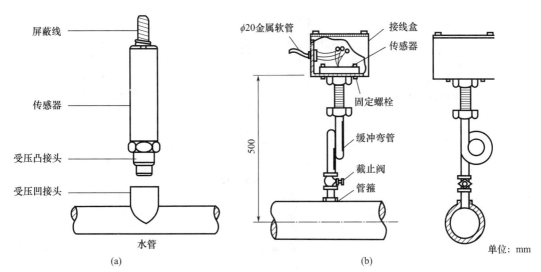

图 6-7　压力传感器安装

(a) 示意图（一）；(b) 示意图（二）

③ 风管型压力、压差传感器应安装在风管的直管段，如不能安装在直管段，则应避开风管内通风死角和蒸汽放空口的位置。

④ 水管型压力与压差传感器应在暖通水管路安装完毕后进行，其开孔与焊接工作必须在工艺管道的防腐、衬里、吹扫和压力试验前进行。

⑤ 水管型压力传感器不宜在焊缝及其边缘上开孔和焊接安装。水管压力传感器的开孔与焊接应在工艺管道安装时同时进行。必须在工艺管道的防腐和试压前进行。

⑥ 水管型压力、压差传感器宜安装在管道底部和水流流束稳定的位置，不宜安装在阀门等阻力部件的附件，水流流束死角和振动较大的位置。其直压段大于管道口径 2/3 时，可安装在管道顶部，小于管道口径 2/3 时，可安装在侧面或底部和水流流速稳定的位置。

水管型压力传感器，当介质为流体时，压力传感器应安装在低于测压点的位置，如图 6-8(a) 所示；当介质为蒸汽时，压力传感器应安装在高于侧压点的位置，如图 6-8(b) 所示；对于高温介质，应安装散热弯管避免高温损坏传感器，如图 6-8(c) 所示。

2）风压压差开关的安装

风压压差开关通常用来检测空调机过滤网堵塞、空调机风机运行状态。安装时应注意以下几点：

① 风压压差开关安装时，应注意安装位置，宜将压差开关的受压薄膜处于垂直位置。如需要，可使用 L 形托架进行安装，托架可用铁板制成。

② 风压压差开关的安装应在风管保温层完成之后进行。

③ 风压压差开关应安装在便于调试、维修的地方。安装完成后距地不应小于 0.5m。

④ 风压压差开关安装完毕后应做密闭处理。且不应影响空调器本体的密封性。

⑤ 导线敷设可选用 DG20 电线管及接线盒，并用金属软管与压差开关连接。

⑥ 风压压差开关应避开蒸汽排放口。

⑦ 风压压差开关安装时，应注意压力的高、低。过滤网前端接高压端、过滤网后端接低压端。空调机风机的出风口接高压端、空调机风机的进风口接低压端，如图 6-9 所示。

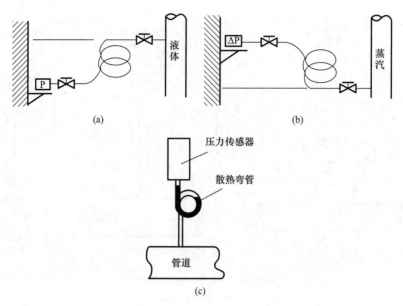

图 6-8　水管压力传感器安装示意图

（a）流体介质；（b）蒸汽介质；（c）高温介质

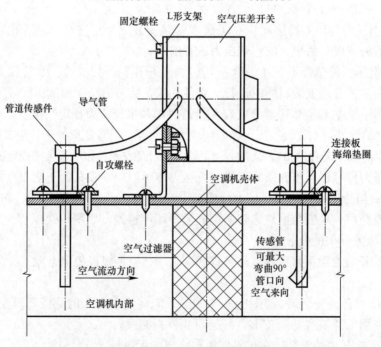

图 6-9　风压压差开关安装示意图

3）水压压差开关的安装

水压压差开关通常用来检测管道水压差，如测量分、集水器之间的水压差，用其压力差来控制旁通阀的开度。安装时应注意以下几点：

① 水压压差开关应安装在管道顶部，便于调试、维修的位置。

② 水压压差开关不宜在焊缝及其边缘上开孔和焊接安装。水压压差开关的开孔与焊接应在工艺管道安装时同时进行。必须在工艺管道的防腐和试压前进行。

③ 水压压差开关的开孔与焊接应在室内，室外压力传感器宜安装在远离风口、过道的地方，以免高速流动的空气影响测量精度。

④ 水压压差开关宜选在管道直管部分，不宜选在管道弯头、阀门等阻力部件的附近，水流流束死角和振动较大的位置。水压压差开关安装应有缓冲弯管和截止阀，最好加装旁通阀。

（4）流量传感器的安装

流量传感器用来测量系统流量，常用的流量传感器有电磁式、涡轮式和超声式三种。电磁式流量传感器是基于电磁感应定律的流量测量仪表。涡轮式流量传感器是基于涡轮转速的流量测量仪表，超声波流量计是基于超声测速的流量测量仪表。

1）电磁流量计的安装

电磁流量计的安装应注意以下几点。

① 电磁流量计不应安装在有较强的交直流磁场或有剧烈振动的位置。

② 电磁流量计外壳、被测流体及管道连接法兰之间应做等电位联结，并应接地。

③ 在垂直的管道上安装时，流体流向应自下而上；在水平的管道上安装时，两个测量电极不应在管道的正上方和正下方位置。

④ 电磁流量计应安装在直管段，但其长度与大部分其他流量仪表相比要求较低，如图 6-10 所示。$90°$弯头、T 形管、同心异径管、全开闸阀后通常认为只要离电磁流量计电极中心线（不是传感器进口端连接面）5 倍直径（$5D$）长度的直管段，不同开度的阀则需 $10D$；下游直管段为（$2\sim3$）$D$ 或无要求；但要防止蝶阀阀片伸入到传感器测量管内。各标准或检定规程所提出上下游直管段长度亦不一致，要求比通常要求高。这是由于为保证达到当前 0.5 级精度仪表的要求。

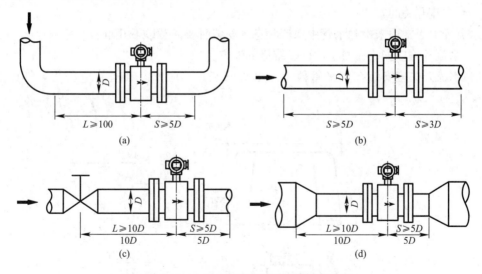

图 6-10 电磁流量计直管段安装示意图

（a）弯管前、后直管段长度要求；（b）水平管前、后直管段长度要求；

（c）阀门下游前、后直管段长度要求；（d）扩口管前、后直管段长度要求

2）涡轮式流量计的安装

① 涡轮式流量计应水平安装，流体的流动方向必须与流量计所示的流向标志一致。

② 涡轮式流量计应安装在直管段，流量计的安装位置距阀门、管道缩径、弯管距离不应小于 10 倍的管道内径，流量计的后端应有长度为 5 倍管道内径的直管段。如传感器前后的管道中安装有阀门和弯头等影响流量平稳的设备，则直管段的长度还需相应增加。

③ 涡轮式流量计应安装在温度传感器测温点的上游，距温度传感器 6～8 倍管径的位置。

④ 涡轮式流量计应安装在测压点上游并距测压点 3.5～5.5 倍管内径的位置。

⑤ 涡轮式流量计应安装在便于维修并避免管道振动的场所。

3）超声波流量计的安装

① 应安装在直管段上，并宜安装在管道的中部。

② 被测管道内壁不应有影响测量精度的结垢层和涂层。

（5）空气质量传感器的安装

空气质量传感器用来检测室内 $CO_2$、CO 或其他有害气体含量。输出信号为 0～10V 电压信号或是继电器输出的开/关信号。空气质量传感器安装在能真实反映被监测空间的空气质量状况的地方。安装时应注意以下几点：

1）探测气体相对密度小的空气质量传感器应安装在房间的上部，安装高度不宜小于 1.8m；

2）探测气体相对密度大的空气质量传感器应安装在房间的下部，安装高度不宜大于 1.2m；

3）风管式空气质量传感器应安装在风管管道的水平直管段，应避开风管内通风死角；

4）探测气体相对密度小的风管式空气质量传感器应安装在风管的上部；

5）探测气体相对密度大的风管式空气质量传感器应安装在风管的下部；

6）空气质量传感器应安装在便于调试、维修的地方。

（6）水流开关的安装

水流开关通常用来检测水管中水流状态。安装时要注意以下几点。

1）水流开关应安装在便于调试、维修的地方。

2）水流开关应安装在水平管段上，垂直安装。不应安装在垂直管段上，如图 6-11 所示。

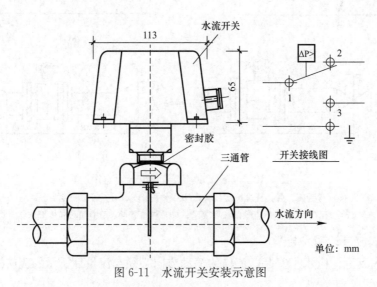

图 6-11　水流开关安装示意图

3）水流开关不宜在焊缝及其边缘上开孔和焊接安装。水流开关的开孔与焊接应在工艺管道安装时同时进行，必须在工艺管道的防腐和试压前进行。

4）水流开关应垂直安装在水平管段上。水流开关上标识的箭头方向应与水流方向一致，水流叶片的长度应大于管径的 1/2。

（7）防冻开关的安装

防冻开关用来保护空调机盘管，防止意外冻坏。安装时应注意以下几点：

1）防冻开关的探测导线应安装在热交换盘管出风侧。

2）探测导线应缠绕在盘管上，并应接触良好；探测导线展开后，不得打结，表面不得有断裂或破损，折返点宜采用专用附件固定。

（8）电量变送器的安装

电量变送器把电压、电流、频率、有功功率、无功功率、功率因数和有功电能等电量转换成 4～20mA 或 0～10V 信号输出。安装时要注意以下几点：

1）被测回路加装电流互感器，互感器输出电流范围应符合电流变送器的电流输入范围。

2）变送器接线时，应严防电压输入端短路和电流输入端开路。

3）变送器的输出应与现场 DDC 输入通道的特性相匹配。

（9）风机盘管温控器、电动阀的安装

1）风机盘管电动阀安装

① 风机盘管电动阀阀体水流箭头方向应与水流实际方向一致；

② 风机盘管电动阀应安装于风机盘管的回水管上；

③ 风机盘管电动阀与回水管连接应有软接头，以免风机盘管的振动传到系统管线上；

④ 四管制风机盘管的冷热水管电动阀共用线应为零线。

2）风机盘管温控器安装

① 温控开关与其他开关并列安装时，距地面高度应一致，高度差不应大于 1mm；与其他开关安装于同一室内时，高度差不应大于 5mm；温控开关外形尺寸与其他开关不一样时，以底边高度为准。

② 温控开关输出电压应与风机盘管电动阀的工作电压相匹配。

③ 客房节能系统中风机盘管温控系统应与节能系统连接。

（10）电动阀、电磁阀安装

1）电动调节阀的安装

电动调节阀通常用来调节系统流量。电动调节阀通常由阀体和阀门驱动器组成。阀门驱动器以电动机为动力，依据现场 DDC 输出的 0～10V DC 电压或 4～20mA 电流控制阀门的开度。阀门驱动器按输出方式可分直行程、角行程和多转式 3 种类型，分别同直线移动的调节阀、旋转的蝶阀、多转式调节阀配合工作。安装时应注意以下几点：

① 电动调节阀应在工艺管道安装时同时进行。必须在工艺管道的防腐和试压前进行。

② 电动调节阀应垂直安装于水平管道上，尤其对大口径电动阀不能有倾斜。

③ 电动调节阀一般安装在回水管上。

④ 电动调节阀阀体上的水流方向应与实际水流方向一致。

⑤ 电动调节阀旁一般应装有旁通阀和旁通管路。

⑥ 电动调节阀应有手动操作机构，手动操作机构应安装在便于操作的位置。

⑦ 电动调节阀阀位指示装置安装在便于观察的位置。

⑧ 电动调节阀安装应留有检修空间，如图 6-12 所示。

⑨ 电动调节阀的行程、关阀的压力、阀前/后压力必须满足设计和产品说明书的要求。

电动调节阀允许的安装方式示意图，如图 6-13（a）所示，不允许的安装方式示意图，如图 6-13（b）

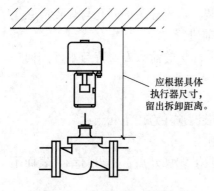

图 6-12　电动调节阀检修空间

所示。电动调节阀的安装如图 6-14 所示。

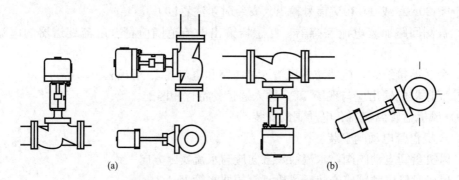

图 6-13　电动调节阀安装示意图
（a）允许的安装方式；（b）不允许的安装方式

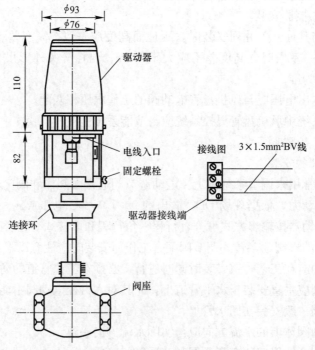

图 6-14　电动调节阀的安装

2）电磁阀安装

电磁阀是利用线圈通电后，产生电磁吸力，提升活动铁芯，带动阀塞运动，控制阀门开/关。电磁阀开/关控制无刷电机、变速器等机械转动部件，因此，它可靠性强，响应速度快。安装时应注意以下几点：

① 电磁阀应在工艺管道安装时同时进行，必须在工艺管道防腐和试压前进行。

② 电磁阀体上箭头的指向应与水流方向一致，并应垂直安装于水平管道上。

③ 电磁阀一般安装在回水管上。

④ 阀门执行机构应安装牢固、传动应灵活，且不应有松动或卡塞现象。

⑤ 电磁阀旁应装有旁通阀和旁通管路。

⑥ 电磁阀应有手动操作机构，手动操作机构应安装在便于操作的位置。

⑦ 有阀位指示装置的阀门，其阀位指示装置应面向便于观察的位置。

⑧ 电磁阀安装应留有检修空间。

⑨ 电磁阀的行程、关阀的压力、阀前后压力必须满足设计和产品说明书的要求。

⑩ 电磁阀阀门驱动器的输入电压、工作电压应与 DDC 的输出相匹配。

（11）电动风阀安装

电动风阀用来调节控制系统风量、风压。电动风阀由风阀和风阀驱动器组成。风阀驱动器根据风阀的大小来选择。电动风阀提供辅助开关和反馈电位器，能实时显示风阀的开度。安装时应注意以下几点：

1）风阀执行器与风阀轴的连接应固定牢固；

2）风阀的机械机构开闭应灵活，且不应有松动或卡塞现象；

3）风阀执行器不能直接与风门挡板轴相连接时，可通过附件与挡板轴相连，但其附件装置应保证风阀执行器旋转角度的调整范围；

4）风阀驱动器应与风阀轴垂直安装。风阀执行器的输出力矩应与风阀所需的力矩相匹配，风阀驱动器的输出力矩必须满足风阀转动的需要；

5）风阀执行器的开闭指示位应与风阀实际状况一致，风阀执行器宜面向便于观察的位置；

6）风阀驱动器的工作电压、输入电压应与 DDC 的输出相匹配。

3. 现场控制器箱安装

（1）现场控制器箱的安装位置宜靠近被控设备电控箱。

（2）现场控制器箱应安装牢固，不应倾斜；安装在轻质墙上时，应采取加固措施。

（3）现场控制器箱的高度不大于 1m 时，宜采用壁挂安装，箱体中心距地面的高度不应小于 1.4m。

（4）现场控制器箱的高度大于 1m 时，宜采用落地式安装，并应制作底座。

（5）现场控制器箱侧面与墙或其他设备的净距离不应小于 0.8m，正面操作距离不应小于 1m。

（6）现场控制器箱接线应按照接线图和设备说明书进行，配线应整齐，不宜交叉，并应固定牢靠，端部均应标明编号。

（7）现场控制器箱体门板内侧应贴箱内设备的接线图。

（8）现场控制器应在调试前安装，在调试前应妥善保管并采取防尘、防潮和防腐蚀措施。

4. 控制中心设备安装

（1）控制中心设备的安装要求

控制中心设备包括：控制台、网络控制器、服务器、工作站等，安装应符合下列规定：

1）控制台规格型号应符合设计要求，应安装与监控系统运行相关的软件，且操作系统、防病毒软件应设置为自动更新方式，软件安装后，监控计算机应能正常启动、运行和退出，在网络安全检验后，监控计算机可在网络安全系统的保护下与互联网相联，并应对操作系统、防病毒软件升级及更新相应的补丁程序；

2）控制台安装位置应符合设计要求，安装应平稳牢固，且应便于操作维护；

3）控制台内机架、配线、接地应符合设计要求；

4）网络控制器宜安装在控制台内机架上，安装应牢固；

5）服务器、工作站、打印机等设备应按施工图纸要求进行安装，布置应整齐、稳固；

6）控制中心设备的电源线缆、通信线缆及控制线缆的连接应符合设计要求，理线应整齐，并应避免交叉、做好标识。

构成建筑设备管理系统的各设备子系统，如变配电系统，空调系统（包括变频式空调控制器、冷热源系统等），电梯系统，照明系统，给水排水系统，消防系统，安保系统等的硬件接口（如适配器卡等），通信线缆，信息传输及通信方式等确定必须相互匹配。它们的软、硬件产品的品牌、版本、型号、规格、产地和数量应符合设计及产品技术标准要求，并符合双方签订的技术协议要求。通信接口应符合智能建筑统一规划的要求，就是各子系统的信息接口、协议等应符合国家标准。在订货时统一预留，各子系统的供应商应共同遵守，承诺技术协议，为集成创造条件。图 6-15 是一种控制中心布局示意图。它与其他系统合置在一起，仅供参考。

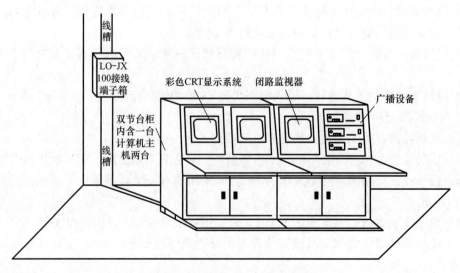

图 6-15　控制中心的布局示意图

（2）控制中心设备的子系统通信接口的要求

控制中心设备的子系统通信接口应符合下列规定：

1）智能建筑中设备子系统是针对不同专业要求开发的，信息交互界面和通信接口千差万别，种类繁多，协议各不相同，但为使建筑设备管理系统正常运行，必须做到信息交互、综合和共享。所以应该按现行标准执行并考虑将来标准的要求。

2）建筑设备管理系统通信硬件接口应与其他子系统硬件接口，信息传输，通信方式相匹配。

① 数据信息，各计算机设备之间数据传输速率及其格式；

② 视频信号包括电视和监视用摄像机信号；

③ 音频信号包括电话与广播信号；

④ 控制与监视信号，即 AO，AI，DO，DI 及脉冲、逻辑信号等的量程，接点容量方面的匹配；

⑤ 其他专业受建筑设备管理系统集成控制各类设计的主要技术，及提供设备的主要技术参数之间的匹配。

3）检查、确认系统应用软件界面。

① 各子系统之间应用软件界面。如 BMS 中 BA 系统可以具备 FA，SA 的两次监控功能，则除了 BA 与 FA，SA 之间具备硬件接口外，BA 系统还具备两次监控的软件。

② 系统设备和子系统的应用软件的接口界面软件，如各供应商（冷冻机、锅炉、供电设备）将其设备的遥控，遥测和运行信号通过硬件和标准接口的数据通信方式向外传输，则子系统应用软件必须有一套与此相适应的接口界面软件。

③ 新老界面。为保护原有设备不受损失，子系统应具备进行二次开发软件的功能。

5. 系统调试

（1）调试准备

1）建筑设备管理系统调试前应具备的条件：

① 建筑设备监控系统的全部设备包括现场的各种阀门、执行器、传感器等全部安装完毕，线路敷设和接线全部符合图纸及设计要求，并自检合格。

② 建筑设备监控系统的受控设备及其自身的系统安装、调试完毕，且合格；同时其他设备或系统的测试数据必须满足自身系统的工艺要求，具备相应的测试记录。

③ 完成与被监控设备相连管道的清洁、吹扫、耐压和严密性检验等工作，管道上各分支管路的流量分配达到设计工况要求；被监控设备投入正常运行前，应对被监控设备的内、外部环境进行清洁卫生工作，且被监控设备的运行状态和性能参数应能达到设计要求，例如冷冻站的供水温度、压力和流量等参数可达到设计要求。与被监控设备相连的管道系统一般包括风、水、气、汽等，由主管道、分支管道以及安装在管道系统上的附件（节流阀和手动调节阀等）组成。管道系统投入使用前，应通过手动调节保证各分支管路的流量（如空调系统的风量）分配达到设计工况要求，并提供检测报告。

④ 检测建筑设备监控系统设备与各联动系统设备的数据传输符合设计要求。

⑤ 确认按设计图纸、产品供应商的技术资料、软件和规定的其他功能和联锁、联动程序控制的要求。

2）建筑设备管理系统调试前应根据设计文件编制调试大纲，调试大纲应包括下列内容：

① 项目概况。

② 调试质量目标为了监控功能达到设计要求，包括主要或关键参数如控制精度和响应时间等指标。

③ 调试范围和内容。

④ 主要调试工具和仪器仪表，调试用仪器仪表的性能参数应满足设计要求，其校准期限应在有效期内。

⑤ 调试进度计划。

⑥ 人员组织计划应明确调试负责人和调试成员的工作分工。

⑦ 关键项目的调试方案。关键项目一般指下列几类调试内容：

A. 调试过程中涉及人员和设备安全的调试项目，如人员的高空作业和制冷机组的远程控制启停等；

B. 控制程序复杂、对将来系统使用效果起重要作用的调试项目；

C. 采用新技术、新材料、新工艺的调试项目。

调试方案应包括模拟干扰量（或负荷）变化的方法、主要测试手段和测试工器具、数据整理与分析方法等内容。

⑧ 调试质量保证措施。

⑨ 调试记录表格。

3）建筑设备管理系统的调试工作内容和主要步骤

① 系统校线调试建筑设备管理系统的线缆一般包括通信线缆、控制线缆和供电线缆，校线调试应对全部线缆的接线进行测试，包括线缆两端接头的连接和线缆的导通性能等。

② 单体设备调试单体设备包括监控机房设备（人机界面和数据库等）、控制器、各类传感器和各类执行器（电动阀和变频器等）。

③ 网络通信调试网络通信包括监控机房之间、监控计算机与网络设备和控制器之间、监控系统与被监控设备自带控制单元之间、监控系统与其他智能化系统之间的通信。

④ 各被监控设备的监控功能调试根据项目的具体情况，被监控设备一般包括供暖通风及空气调节、给水排水、供配电、照明、电梯和自动扶梯等。其监控功能应根据设计要求逐项调试，包括监测、安全保护、远程控制、自动启停和自动调节等，需要注意模拟全年运行可能出现的各种工况。

⑤ 管理功能调试管理功能包括：用户操作权限管理功能；与其他智能化系统通信和集成；与智能化集成系统的通信和集成。

⑥ 调试工作应形成书面记录，调试记录和根据调试记录整理的调试报告是日后进行验收、保养、维护的重要文档资料。其中，控制器线缆测试记录和单点调试记录的内容和格式可见现行国家标准《智能建筑工程施工规范》GB 50606—2010 的规定。网络通信调试记录、被监控设备监控功能调试记录、监控机房设备调试记录和与其他智能化系统关联功能调试记录的内容和格式可见现行行业标准《建筑设备监控系统工程技术规范》JGJ/T 334—2014 的规定。

⑦ 监控系统调试结束后，应模拟全年运行中可能出现的各种工况，对被监控设备的监控功能和系统管理功能进行自检，在自检全部合格后，进行分项工程验收。

系统的调试要根据设计全面了解整个系统的功能和性能指标。且调试工作应在所有设备（楼宇机电设备、自控设备）安装完毕，楼宇机电设备试运行工作状况良好，而且满足各自系统的工艺要求的情况下进行。

（2）传感器、DDC、驱动器的调试

传感器、DDC 作为 BA 系统的基础单元，其性能的好坏直接影响系统的性能。要确保系统的稳定、可靠、高质量地运行，必须加强对传感器、DDC 性能检测。

1）数字量传感器检测

常用数字量传感器有压差开关、防霜冻开关等。

① 按设备和设计要求输入相应气压、水压，检查相应的压差传感器输出是否符合设备性能和设计要求。

② 按设备和设计要求输入相应空气温度，检查防霜冻开关输出是否符合设备性能和设计要求。

2）模拟量传感器检测

常用模拟量传感器有温度传感器、湿度传感器、压力传感器、压差传感器及流量传感器等。

① 按设备说明书要求输入相应温度空气，检查室内、风管空气温度传感器的输出是否满足设备性能和设计要求。

② 按设备说明书要求输入相应温度水，检查水管温度传感器的输出是否满足设备性能和设计要求。

③ 按设备说明书要求输入相应湿度的空气，检查湿度传感器的输出是否满足设备性能和设计要求。

④ 按设备说明书要求输入相应液体流量，检查流量传感器的输出是否满足设备性能和设计要求。

⑤ 按设备说明书要求输入相应电压、电流、频率、功率因数和电量，检查相应变送器的输出是否满足设备性能和设计要求。注意严防电压型传感器的电压输入端短路和电流型传感器的输入端开路。

上述检测可以在工程现场进行也可以在实验室完成。

3）DDC 输入输出检测

① 开关量输入检测（运行、故障状态）。模拟开关量输入，检测现场 DDC 输出并在上位机记录。检测开关量输入的次数、时间、地址是否准确。

② 脉冲信号输入检测。按设备和设计要求模拟输入相应脉冲宽度、相应脉冲幅度、相应脉冲频率的开关量信号，检查现场 DDC 输出并在上位机记录。检查上位机记录与实际输入是否一致。

③ 现场 DDC 开关量输入检测。连接现场被控设备干触点，改变干触点状态，检查上位机显示、记录与实际输入是否一致。

④ 现场 DDC 开关量输出检测。在上位机用程序方式或手动方式设置数字量输出点，检查被设置 DDC 数字输出点的输出状态是否准确。检测接口电压、电流是否满足设备性能和设计要求。

⑤ 模拟量输入检测。按设备说明书要求输入相应（如 $0\sim10V$，$0\sim20mA$ 等），检查 DDC 输出端的电压和电流是否符合设计要求。

⑥ 现场 DDC 模拟量输出检测。在系统中变化温度、湿度、压力、压差、流量逐个检查 DDC 输出的电压和电流是否符合设计要求。

4）驱动器的检测

驱动器检测前，首先用手动方式检查驱动器工作是否正常，机械传动是否灵活，是否满行程可调。手动方式检查驱动器工作正常后，连接电动水阀、电动风阀、电动蒸汽阀，手动方式通过驱动器的传动检查阀门运动状况是否符合设备性能和设计要求。

根据驱动器驱动的要求，输入相应的电压或电流，检测电动水阀、电动风阀、电动蒸汽阀的开度是否符合设备性能和设计要求。

在系统中变化温度、湿度、压力、压差、流量逐个检查相应的电动水阀、电动风阀、电动蒸汽阀的开度是否符合设备性能和设计要求。

（3）机房冷热源设备的调试

机房冷热源设备的调试应在冷水机组、冷、热水泵、冷却水泵、冷却塔等设备都能正常工作的情况下进行。

1）检查机房冷热源设备的所有检测点是否符合设计点表的要求，接口设备是否符合DDC接口要求。检查所有传感器、执行器、水阀的安装、接线是否正确，接线是否符合设计图纸的要求。

2）手动启/停每一台冷、热水泵、冷却水泵、冷却塔风机，检查上位机显示、记录与实际工作状态是否一致。

3）手动输入每一台冷、热水泵、冷却水泵、冷却塔风机故障信号，检查上位机显示、记录与实际工作状态是否一致。

4）在上位机控制每台冷、热水泵、冷却水泵、冷却塔风机的启/停。检查上位机的控制是否有效。

5）模拟一台冷、热水泵、冷却水泵、冷却塔风机故障，故障设备应停止运行，备用水泵、风机应能自动启动投入运行。

6）关闭分水器输出部分阀门，降低系统负荷，检测分水器、集水器的压力差，检测旁通阀门的开度，是否符合设计的要求。检测流量计的流量变化、检测冷、热机组的运行变化是否满足设计要求。

7）模拟冷却水的回水温度变化，检测冷却塔风机的运行状态是否符合设计要求。

8）检测机房冷热源设备是否按设计和工艺要求的顺序自动投入运行和自动关闭。

9）冷热源系统的群控调试应符合下列规定：

① 自动控制模式下，系统设备的启动、停止和自动退出顺序应符合设计和工艺要求；

② 应能根据冷、热负荷的变化自动控制冷、热机组投入运行的数量；

③ 模拟一台机组或水泵故障，系统应能自动启动备用机组或水泵投入运行；

④ 应能根据冷却水回水温度变化自动控制冷却塔风机投入运行的数量及控制相关电动水阀的开关；

⑤ 应能根据供/回水的压差变化自动调节旁通阀；

⑥ 水流开关状态的显示应能判断水泵的运行状态；

⑦ 应能自动累计设备启动次数、运行时间，并应自动定期提示检修设备；

⑧ 建筑设备监控系统应与冷水机组控制装置通信正常，冷水机组各种参数应能正常采集。

（4）空调及通风系统的调试

空调及通风系统包括新风、空调机机组、风机盘管和送排风机等，其调试应在新风、空调机机组、风机盘管、送排风机单机运行正常的情况下进行。

1）新风、空调机机组的调试应符合下列规定：

① 检测温、湿度、风压等模拟量输入值，数值应准确。风压开关和防冻开关等数字量输入的状态应正常，并应做记录；

② 改变数字量输出参数，相关的风机、电动风阀、电动水阀等设备的开、关动作应正常。改变模拟量输出参数，相关的风阀、电动调节阀的动作应正常及其位置调节应跟随变化，并应做记录；

③ 当过滤器压差超过设定值，压差开关应能报警；

④ 模拟防冻开关送出报警信号，风机和新风阀应能自动关闭，并应做记录；

⑤ 应能根据二氧化碳浓度的变化自动控制新风阀开度；

⑥ 新风阀与风机和水阀应能自动联锁控制；

⑦ 手动更改湿度设定值，系统应能自动控制加湿器的开关；

⑧ 系统应能根据季节转换自动调整控制程序。

2）风机盘管的调试应符合下列规定：

① 改变温度控制器的温度设定值和模式设定，风机和电动水阀应正常工作；

② 风机盘管控制器与现场控制器联调时，现场控制器应能修改温度设定值、控制启停风机和监测运行参数等。

3）送排风机的调试应符合下列规定：

① 机组应能按控制时间表自动控制风机启停；

② 应能根据一氧化碳、二氧化碳浓度及空气质量自动启停风机；

③ 排烟风机由消防系统和建筑设备监控系统同时控制时，应能实现消防控制优先方式。

（5）给水排水系统的调试

给水排水系统的调试应在所有的供水泵、排水泵、污水泵等设备都能正常工作的情况下进行。

1）检查给水排水系统的所有检测点是否符合设计要求，是否符合 DDC 接口要求，检查所有传感器、执行器安装、接线是否正确，接线是否符合设计图纸的要求。

2）手动启/停系统的每一台水泵，检查上位机显示、记录与实际工作状态是否一致。

3）手动输入系统每一台水泵的故障信号，检查上位机显示、记录与实际工作状态是否一致。

4）用上位机控制每台水泵的启/停。检查上位机的控制是否有效。

5）模拟一台水泵故障，停止运行，备用水泵能否自动启动投入运行。

6）模拟供水管道出水压力，检测变频器输出是否符合设计要求。

7）模拟水箱、污水池液位变化，检测水泵运行变化是否满足设计要求。

8）给水排水系统的调试应符合下列规定：

① 应对液位、压力等参数进行检测，对水泵运行状态的监控和报警进行测试，并应做记录；

② 应能根据水箱水位自动启停水泵。

9）给水排水系统的变配电系统的调试应符合下列规定：

① 检查工作站读取的数据和现场测量的数据，应对电压、电流、有功（无功）功率、功率因数、电量等各项参数的图形显示功能进行验证；

② 检查工作站读取的数据，应对变压器、发电机组及配电箱、配电柜等的报警信号进行验证。

（6）变配电系统的调试

1）检查变配电系统所有检测点是否符合设计要求，是否符合 DDC 接口要求。

2）检查所有 AI 类型检测点的量程（电压、电流）与变送器的量程范围是否相符，接线是否正确。

3）比较上位机电压、电流、有功功率、功率因数、电能显示读数与现场仪表显示读数，检测是否符合设计要求。

4）检查柴油发电机组的检测点是否符合设计要求，是否符合 DDC 接口要求。

5）手动启/停柴油发电机组，检查上位机显示、记录与实际工作状态是否一致。

6）手动输入柴油发电机组故障信号，检查上位机显示、记录与实际工作状态是否一致。

7）在上位机控制柴油发电机组的启/停。检查上位机的控制是否有效。

8）模拟主电路断电情况，在上位机监视柴油发电机组自启动的时间、开关设备动作、输出电压等指标是否符合设计要求。

（7）照明系统的调试

照明系统的调试应符合下列规定：

1）通过工作站控制照明回路，每个照明回路的开关和状态应正常，并应符合设计要求；

2）按时间表和室内外照度自动控制照明回路的开关应符合设计要求。

（8）电梯系统的调试

根据设计要求，工作站应对电梯的运行各项参数的图形显示功能进行验证。

1）启/停、上/下运行电梯，检查上位机显示、记录与实际工作状态是否一致。

2）用上位机控制电梯系统的每一部电梯启/停、上/下运行，检查上位机的控制是否有效。

（9）系统联调

1）系统的接线检查

按系统设计图样要求，检查主机与网络控制器、网关设备、分站、系统外部设备（包括 UPS 电源、打印设备）、通信接口（包括与其他子系统）之间的连接、传输线型号规格是否正确，通信接口的通信协议、数据传输格式、数据速率等是否符合设计要求。

2）系统通信检查

主机及其相应设备通电后，启动程序检查主机与本系统其他设备通信是否正常，确认系统内设备无故障。

3）系统监控性能的测试

① 在主机侧按监控点表和调试大纲的要求，对本系统的 DO、DI、AO、AI 等检测点进行抽样测试。

② 系统若有热备份系统，则应确认其中一机处于人为故障状态下，确认其备份系统运行正常并检查运行参数不变，确认现场运行参数不丢失。

③ 建筑设备监控系统服务器、工作站管理软件及数据库应配置正常，软件功能应符合设计要求；

④ 系统联动功能的测试。

A. 本系统与其他子系统采取硬连接方式联动，则按设计要求全部或分类对各监控点进行测试，并确认其功能是否满足设计要求。

B. 本系统与其他子系统采取通信方式连接，则按系统集成的要求进行测试。

根据系统调试情况填写系统调试记录，包括：网络通信调试记录、各被监控设备的监控功能调试记录、监控机房设备调试记录等。网络通信调试记录如表 6-3 所示。

**网络通信调试记录**　　　　表 6-3

| 项目名称 | | 项目地址 | |
| --- | --- | --- | --- |
| 调试单位 | | 项目经理 | |
| 调试人员 | | 调试日期 | |

网络结构描述：_____
其他说明：_____

| | 网络节点设备说明 | 调试记录 | 结论 |
| --- | --- | --- | --- |
| 1 | | | |
| 2 | | | |
| 3 | | | |
| 4 | | | |
| 5 | | | |
| 6 | | | |
| 7 | | | |
| 8 | | | |

| 调试人员：<br>（签字）<br>　　　　年 月 日 | 技术或质量负责人：<br>（签字）<br>　　　　年 月 日 | 项目经理：<br>（签字）<br>　　　　年 月 日 |
| --- | --- | --- |

被监控设备的监控功能调试记录如表 6-4 所示。

**被监控设备的监控功能调试记录**　　　　表 6-4

| 项目名称 | | 项目地址 | |
| --- | --- | --- | --- |
| 调试单位 | | 项目经理 | |
| 调试人员 | | 调试日期 | |

控制器编号：_____　控制器安装位置：_____
被监控设备：_____　被监控设备位置：_____
调试工具：_____
其他说明：_____

监控功能描述：

续表

调试方法及验证方案：

调试结论：

| 调试人员：<br>（签字）<br>　　　　年　月　日 | 技术或质量负责人：<br>（签字）<br>　　　　年　月　日 | 项目经理：<br>（签字）<br>　　　　年　月　日 |
|---|---|---|

监控机房设备包含人机界面和数据库等的调试记录如表 6-5 所示。

监控机房设备调试记录 表 6-5

| 项目名称 | | 项目地址 | |
|---|---|---|---|
| 调试单位 | | 项目经理 | |
| 调试人员 | | 调试日期 | |

监控机房设备描述：_____
监控机房位置：_____
其他说明：_____

| 管理功能分项 | | 调试记录 | 结论 |
|---|---|---|---|
| 1 | | | |
| 2 | | | |
| 3 | | | |
| 4 | | | |
| 5 | | | |
| 6 | | | |
| 7 | | | |
| 8 | | | |
| 9 | | | |

| 调试人员：<br>（签字）<br>　　　　年　月　日 | 技术或质量负责人：<br>（签字）<br>　　　　年　月　日 | 项目经理：<br>（签字）<br>　　　　年　月　日 |
|---|---|---|

6. 建筑设备管理系统工程验收

验收标准是业主、施工单位、监理单位，包括智能建筑验收机构共同遵守的标尺，是衡量智能建筑建设质量的客观准绳。

（1）建筑设备管理系统验收应具备下列条件

1）按经批准的工程技术文件施工完毕；

2）完成调试及自检，并出具系统自检记录；分项工程验收合格，并出具分项工程质量验收记录；

3）完成系统试运行，并出具系统试运行报告；

4）系统检测合格，并出具系统检测报告或系统检测记录；

5）完成技术培训，并出具培训记录。

（2）文件和记录应包括以下内容

1）工程合同技术文件

2）竣工图样，包括：设计说明、系统结构图、各子系统控制原理图、设备布置及管线平面图、控制系统配电箱电气原理图、相关监控设备电气端子接线图、中央控制室设备布置图、设备清单等。

3）系统设备产品说明书。

4）系统技术、操作和维护手册。

5）设备及系统测试记录，包括：设备测试记录、系统功能检查及测试记录、系统联动功能测试记录、系统试运行记录等。

6）其他文件，包括：系统设备出厂测试报告及进场验收记录、系统施工质量检查记录、相关工程质量事故报告表、工程设计变更表等。

（3）系统验收管理办法

建筑设备管理系统在通过工程验收后方可正式交付使用，未经工程竣工验收不应投入正式运行。当验收不合格时，应由工程承接单位整修返工，直至自检合格后再组织验收。

建筑设备管理系统子系统工程的验收可由监理、业主、施工单位联合验收，并将其纳入整个建筑智能化系统工程的整体验收，整体验收程序一般分为初验和复验。

1）建筑设备管理系统工程验收的组织应符合下列规定：

① 建设单位应组织工程验收小组负责工程验收；

② 工程验收小组的人员应根据项目的性质、特点和管理要求确定，并应推荐组长和副组长；验收人员的总数应为单数，其中专业技术人员的数量不应低于验收人员总数的 50%；

③ 建设单位项目负责人，总监理工程师，施工单位项目负责人和技术、质量负责人，设计单位工程项目负责人等，均应参加工程验收；验收小组应对工程实体和资料进行检查，并应做出正确、公正、客观的验收结论。

验收小组的工作应包括检查验收文件、抽检和复核系统检测项目、检查观感质量等内容。验收文件应包括竣工图纸、设计变更和洽商、设备材料进场检验记录及移交清单、分项工程质量验收记录、试运行记录、系统检测报告或系统检测记录、培训记录和培训资料等内容。

2）建筑设备管理系统验收结论与处理应符合下列规定：

① 验收结论应分为合格和不合格；

② 验收文件齐全、复核检测项目合格且观感质量符合要求时，验收结论应为合格，否则应为不合格；

③ 当验收结论为不合格时，施工单位应限期整改，直到重新验收合格；

④ 整改后仍无法满足设计要求的，不得通过验收。

### 6.2.3　质量标准

1. 主控项目

（1）传感器的安装需进行焊接时，应符合现行国家标准《现场设备、工业管道焊接工程施工规范》GB 50236—2011 有关规定；

（2）传感器、执行器接线盒的引入口不宜朝上，当不可避免时，应采取密封措施。

（3）传感器、执行器的安装应严格按照说明书的要求进行，接线应按照接线图和设备说明书进行，配线应整齐，不宜交叉，并应固定牢靠，端部均应标明编号。

（4）水管型温度传感器、水管压力传感器、水流开关、水管流量计应安装在水流平稳的直管段，应避开水流流束死角，且不宜安装在管道焊缝处。

（5）风管型温、湿度传感器、压力传感器、空气质量传感器应安装在风管的直管段且气流流束稳定的位置，且应避开风管内通风死角。

（6）仪表电缆电线的屏蔽层，应在控制室仪表盘柜侧接地，同一回路的屏蔽层应具有可靠的电气连续性，不应浮空或重复接地。

2. 一般项目

（1）现场设备（如传感器、执行器、控制箱柜）的安装质量应符合设计要求；

（2）控制器箱接线端子板的每个接线端子，接线不得超过两根；

（3）传感器、执行器均不应被保温材料遮盖；

（4）风管压力、温度、湿度、空气质量、空气速度等传感器和压差开关应在风管保温完成并经吹扫后安装；

（5）传感器、执行器宜安装在光线充足、方便操作的位置；应避免安装在有振动、潮湿、易受机械损伤、有强电磁场干扰、高温的位置；

（6）传感器、执行器安装过程中不应敲击、振动，安装应牢固、平正；安装传感器、执行器的各种构件间应连接牢固、受力均匀，并应做防锈处理；

（7）水管型温度传感器、水管型压力传感器、蒸汽压力传感器、水流开关的安装宜与工艺管道安装同时进行；

（8）水管型压力、压差、蒸汽压力传感器、水流开关、水管流量计等安装套管的开孔与焊接，应在工艺管道的防腐、衬里、吹扫和压力试验前进行；

（9）风机盘管温控器与其他开关并列安装时，高度差应小于 1mm，在同一室内，其高度差应小于 5mm；

（10）安装于室外的阀门及执行器应有防晒、防雨措施；

（11）用电仪表的外壳、仪表箱和电缆槽、支架、底座等正常不带电的金属部分，均应做保护接地；

（12）仪表及控制系统的信号回路接地、屏蔽接地应共用接地。

### 6.2.4 建筑设备管理系统的自检自评

1. 自检

建筑工程的实际施工质量是在施工单位的具体操作中形成的，检查验收工作实际上只是通过资料汇集和抽查进行的复核而已。施工中真正大量的检查是施工单位以自检的形式进行，并以评定的方式给出质量状态的结果。因此，施工单位的自检自评是检验批验收的基础，其自检评定结果是实际验收的依据。这里自检有三个层次：

第一层次：操作者在生产（施工）过程中通过不断地自检调整施工操作的工艺参数；

第二层次：班组质检员对生产过程中质量状态的检查；

第三层次：施工单位专职检验人员的检查和评定。

前两个检查层次是在生产第一线，以班组的非专职检验人员为主体进行的，主要以对施工质量控制的形式进行的。虽然不一定有检查的书面材料或记录，但却是真正形成实际质量的关键。因此，加强班组自检是保证施工质量的重要措施。

最后一个检查层次是由非生产基层的专职检验人员主导进行的。其比较客观和公正，检查的内容以施工操作已形成的质量状态为主，并且限于检验量不能过大，多半也只能是以抽样检查的形式进行。检查的结果一般要给出评定结论。只有评定为"合格"的产品或施工结果，才能交由非施工单位的监理（建设）方面加以确认而完成最基础的检验批的验收。

自检评定"不合格"的产品或施工结果，应返回生产班组返工、返修。待自检评定合格后才能提交验收。但如果自检不严密，则也有可能在检验批的检查中通不过验收而返工、返修。这样，质量缺陷如果产生，可能在生产（施工）单位自检过程中即已发现并交付返修；也可能在检验批检查时发现而返工。施工质量的缺陷基本上可以消灭在萌芽状态，避免带入施工后期而造成更大范围的损失。

自检是对所有项目进行全数检查，监控系统施工安装完成后，应对完成的分项工程逐项进行自检，并应在自检全部合格后，再进行分项工程验收。

2. 检测

系统检测前应编制检测方案，并应包括下列内容：工程名称和概况；检测依据；检测项目、抽样数量和检测结果的判定方法；检测仪器和人员配备；时间安排。检测的依据包括业主委托合同、工程设计文件、产品技术文件和相关标准规范等。检测项目包括涉及不同被监控设备的各项监控功能和系统管理功能；抽样数量和判定方法有所不同。

（1）监控系统检测应符合下列规定

1）应检查系统功能与设计的符合性，并应按监测、安全保护、远程控制、自动启停、自动调节和管理功能等类别分别检测；

2）安全保护和管理功能的内容应全数检测，其他监控功能应根据被监控设备的种类和数量确定抽样检测的比例和数量；

3）宜检查安装的设备、材料及其随带文件与设计的符合性；

4）检查管线和现场设备的安装质量和安装位置；

5）检测内容全部符合设计要求的应判定为检测项目合格。

（2）系统检测的要求

1）系统检测的核心就是核查各项监测功能和管理功能符合设计要求。关于传感器、执行器和控制器等设备的检测，这里没作规定，因为考虑到设备厂商的出厂合格证和随带文件等可以证明；而设备运输过程中是否损坏，在施工过程的设备进场阶段已有检查，所以系统检测时不规定对设备本身性能的检测。

2）安全保护功能涉及设备和人员安全，管理功能中的用户及其操作权限的分配涉及系统的运行安全，所以需要全数检测。

3）检测监测功能时，应在监测点的位置通过物理或模拟的方法改变被监测对象的状态，检查人机界面上监测点的数值更新周期、延迟时间和显示精度等。

物理的方法是指改变传感器所在环境的物理参数值来检查系统性能的方法，例如，将传感器置于标准恒温箱中，检查传感器的测量值和人机界面显示值等与恒温箱的实际温度偏差，确认传感器的测量误差和显示更新速度等是否满足设计要求。模拟的方法是指不改变传感器所在环境的物理参数，而是通过标准电压或电流信号源来模拟传感器的模拟信号输出，或者通过发送通信帧来模拟数字传感器的输出，来检查系统性能的方法。由于物理的方法能够检测包括传感器性能在内的系统整体性能，所以应是优先采用的方法，只有当条件不允许采用物理方法时，才可以采用模拟的方法。

4）检测安全保护功能时，应修改触发安全保护动作的阈值，或在监测点的位置通过物理或模拟的方法改变被监测对象的状态使其达到触发安全保护动作的数值，检查相关联锁动作报警动作的正确性和延迟时间等。

5）检测远程控制功能时，应通过人机界面发出设备动作指令，检查相应现场设备动作的正确性和延迟时间。

远程控制功能的检测可以一人在人机界面处发出指令，另外一人在相应的被监控设备现场处检查其是否按照指令动作及动作结果是否满足要求。对于有设备状态反馈的监控系统，还要通过检查人机界面上的设备状态反馈来确认远程控制功能是否满足要求。需要注意调整被监控设备的手动/自动转换开关状态。

6）检测自动启停功能时，应通过人机界面发出启停指令或修改时间表的设定，检查相关被监控设备的启停顺序或设定时间的启停动作。

7）检测自动调节功能时，应通过人机界面改变被监控参数的设定值或在监测点的位置通过物理或模拟的方法改变被监控参数的监测数值检查调节对象的动作方向和被调参数的变化趋势。

自动调节功能不仅是监控系统正常运行、实现舒适室内环境的保障，更是实现节能功效的基础，所以自动调节功能的检测非常重要，这也是以往检测中常被忽略的内容。检查内容应包括室内温湿度等环境参数控制逻辑的控制效果。考虑到检测阶段建筑并未投入使用，空调负荷未达到设计值、空调冷热源可能也并未投入使用，因此，在检测阶段对于控制逻辑的控制精度、稳定时间和超调量等控制性能不要求检测，而只要求检查调节设备，如水阀和风机等的调节动作方向是否满足自动控制功能设计要求即可。

8）数据记录与保存的检测应符合下列规定：

① 应根据功能设计要求的数据点数量、记录周期、保存时长，计算所需要的存储介质的容量，并检查实际存储介质的配置；

② 应检查将数据库的数据输出到外部存储介质的功能。

运行数据是评价系统性能，进行节能诊断的基础，所以运行数据必须记录并保存一定时间。对系统记录功能的检查内容，包括数据库里数据项是否全面、多长时间保存一条数据记录、数据记录的分辨率是否满足要求、存储介质的空间是否足够保存设计要求的保存时长等。

9）监控系统的检测结论与处理应符合下列规定：

① 检测结论应分为合格和不合格；

② 主控项目有一项及以上不合格的，系统检测结论应判定为不合格；一般项目有两项及以上不合格的，系统检测结论应判定为不合格；

③ 系统检测不合格时，应限期对不合格项进行整改，并应重新检测；且重新检测时，抽检应加大抽样数量，直至检测合格。

3. 系统检测验收要求

（1）主控项目检测要求

1）空调冷热源和水系统的监控功能内容应全数检测。

2）空调机组、新风机组和通风机应按每类设备数量的 20％抽样检测，且不得少于 5 台；不足 5 台时应全数检测。

3）变风量空调末端和风机盘管应按 5％抽样检测，且不得少于 10 台；不足 10 台时应全数检测。

4）给水排水设备应按 50％抽样检测，且不得少于 5 组；不足 5 组时应全数检测。

5）供配电设备的监测功能检测数量应符合下列规定：

① 高低压开关运行状态、变压器温度、应急发动机组工作状态、储油罐油量、报警信号、柴油发电机、不间断电源和其他应急电源，应全数检测；

② 其他供配电参数应按 20％抽样检测，且不得少于 20 点；不足 20 点时应全数检测。

6）照明应按被监控回路总数的 20％抽样检测，且不得少于 10 个回路；总回路数少于 10 个的，应全数检测。

7）电梯与自动扶梯应全数检测。

8）能耗监测的检测应符合下列规定：

① 燃料消耗量、耗电量、补水量、热/冷量、蒸汽量、热水量等总耗量的传感器，应全数检测；

② 燃料消耗量、耗电量、补水量、热/冷量、蒸汽量、热水量的分支路传感器，应按 15％抽样检测，且不得少于 10 只，不足 10 只时应全数检测。

9）管理功能的检测应符合下列规定：

① 应采用不同权限的用户登录，分别检查该用户具有权限的操作和不具有权限的操作；

② 当监控系统与互联网连接时，应检测安全保护技术措施；

③ 当监控系统设计采用冗余配置时，应模拟主机故障，检查冗余设备的投切；

④ 应检查数据的统计、报表生成和打印等功能。

10）当监控系统与智能化集成系统及其他智能化系统有关联时，应全数检测监控系统提供的接口。

（2）一般项目检测要求

1）当监控系统设计具有自诊断、自动恢复和故障报警功能时，应分别切断和接通系统网络，检查相关动作。

2）当监控系统设计具有信息管理功能时，应检查各设备性能规格、安装位置与连接关系、运行时间和维修记录等相关信息的记录。

3）当监控系统设计有可扩展性时，应检查系统及设备的扩展能力。

4）当监控系统配置中采用通用控制器时，应检查其应用软件的在线修改功能，并应符合下列规定：

应按通用控制器的 5％抽样检测，且不得少于 10 台；不足 10 台时应全数检测；而应在控制器通信连接不变的条件下，进行应用软件中设置参数的修改，检查程序的重新载入功能。

4. 服务器、工作站的检验

服务器、工作站的检验应符合下列规定：

（1）检查服务器、工作站、网络控制器及附属设备安装应符合设计图纸要求；

（2）在工作站上观察现场各项参数的变化、状态数据应不断被刷新；

（3）通过工作站控制模拟输出量或数字输出量，现场执行机构或受控对象应动作正确、有效；

（4）模拟现场控制器的输入侧故障时，在工作站应有报警故障数据登录，并应发出声响提示；

（5）模拟服务器、工作站失电，重新恢复送电后，服务器、工作站应能自动恢复全部监控管理功能；

（6）服务器设置软件应对进行操作的人员赋予操作权限和角色；

（7）软件功能齐全，人机界面应汉化，操作应方便、直观；

（8）服务器应能以报表、图形及趋势图方式打印设备运行的时间、区域、编号和状态的信息。

5. 现场控制器的检验

现场控制器的检验应符合下列规定：

（1）现场控制器箱安装应规范、合理、便于维护；

（2）模拟制造服务器、工作站停机状态下，现场控制器应能正常工作；

（3）改变被控设备的设定值，其相应执行机构动作的顺序/趋势应符合设计要求；

（4）模拟制造现场控制器失电，重新恢复送电后，控制器应能自动恢复失电前设置的运行状态；

（5）模拟制造现场控制器与服务器通信网络中断，现场设备应能保持正常的自动运行状态，且工作站应有控制器离线故障报警信号；

（6）启停被控设备，相关设备及执行机构动作的顺序应符合设计要求；

（7）现场控制器时钟应与服务器时钟保持同步。

6. 传感器、执行器的检验

传感器、执行器的检验应符合下列规定：

（1）检查现场的传感器、执行器安装，应规范、合理、便于维护；

（2）检查工作站所显示的数据、状态应与现场的读数、状态一致；

（3）检查执行器的动作或动作顺序应与设计的工艺相符；

（4）应检查调节阀门的零开度状态；

（5）当参数超过允许范围时，应产生报警信号；

（6）在工作站控制执行器，应能正常动作。

7. 冷热源系统的群控检验

冷热源系统的群控检验应符合下列规定：

（1）冷热源系统应能实现负荷调节、预定时间表自动启停和节能优化控制；

（2）改变时间程序或通过工作站自动启停冷热源系统，机组应按联动控制顺序正常运行；

（3）检查系统应能通过调节旁通阀，保持集水器和分水器之间的压差稳定在设计允许范围内；

（4）在工作站上应能显示冷热源系统设备的运行参数，并应自动记录。

8. 空调与通风系统的检验

空调与通风系统的检验应符合下列规定：

（1）在工作站显示的温湿度测量值与便携式温湿度现场测量值应一致；

（2）应检查风压差开关、防冻开关等状态，手动改变设定值，核对报警信号的准确性；

（3）应检查风机、水阀、风阀的工作状态、控制稳定性、响应时间、控制效果等；

（4）在工作站改变时间表，检测系统应具有自动启停功能；

（5）在工作站改变温、湿度设定值，记录温度控制过程，应检查联动控制程序的正确性、系统稳定性，系统响应时间以及控制效果，并应检查系统运行的历史记录；

（6）应模拟故障，包括过滤器压差开关报警、风机故障报警、温度传感器超限报警，在工作站检测报警信号的正确性和反应时间；

（7）应对送、排风机的运行状态进行监控，并可按空气环境参数要求自动控制启停；

（8）应对空调与通风系统进行消防联动试验，火灾报警系统报警时，空调与通风系统的运行应符合相关规范及设计要求。

9. 给水排水系统的检验

给水排水系统的检验应符合下列规定：

（1）通过工作站应能远程监控启停控制、运行状态、故障报警及液位等给水排水设备，并应做记录；

（2）模拟提高水位或降低水位，液位开关正常动作，并应能按照控制工艺联动水泵启动或停止。

10. 变配电系统的检验

变配电系统的检验应符合下列规定：

（1）应对变配电系统电压、电流、有功（无功）功率、功率因数、电量等参数测量值与工作站读取数据对比，进行准确性和真实性检查；

（2）应对高、低压开关柜、变压器、发电机组的工作状态和故障进行监测；

（3）工作站上各参数的动态图形应能准确地反应参数变化。

11. 公共照明系统的检验

公共照明系统的检验应符合下列要求：

（1）应以室外光照度、时间表等为控制依据，对照明设备进行监控并检查控制动作的正确性；

（2）应检查通过工作站对所有照明回路的控制功能。

12. 电梯、自动扶梯系统的检验

电梯、自动扶梯系统的检验应符合下列规定：

（1）在工作站上应设置显示电梯当前所在位置、运行状态与故障报警电梯动态模拟图；

（2）检查工作站监测电梯系统的运行参数，并应与实际状态核实。

13. 系统实时性、可靠性检验

系统实时性、可靠性检验应符合下列规定：

（1）使用秒表等检测仪器记录报警信号反应时间、检测系统采样速度和响应时间，应满足设计要求；

（2）使系统中的一个或多个现场控制器失电，工作站应输出正确的报警；

（3）模拟服务器、工作站掉电，通信总线及现控制器应能正常工作，不得影响受控设备正常运行。

# 习　　题

1. 建筑设备管理系统的施工准备工作有什么要求？

2. 建筑设备管理系统的施工过程包括哪些内容？

3. 建筑设备管理系统的温度传感器的安装有什么要求？

4. 建筑设备管理系统的湿度传感器的安装有什么要求？

5. 建筑设备管理系统的压差开关安装有什么要求？

6. 建筑设备管理系统的压力传感器安装有什么要求？

7. 建筑设备管理系统的空气质量传感器安装有什么要求？

8. 建筑设备管理系统的水流开关安装有什么要求？

9. 建筑设备管理系统的流量传感器安装有什么要求？

10. 建筑设备管理系统的电动调节阀安装有什么要求？

11. 建筑设备管理系统的电动风阀安装有什么要求？

12. 建筑设备管理系统的传感器、DDC、驱动器的检测方法是什么？

13. 建筑设备管理系统的机房冷热源设备的调试方法是什么？

14. 建筑设备管理系统的新风、空调机机组的调试方法是什么？

15. 建筑设备管理系统对空调和通风系统主要检测哪些功能？主要的检测点是什么？检测合格的标准是什么？

16. 简述工作站软件安装后的测试检查内容。

17. 建筑设备管理系统的给水排水系统的调试方法是什么？

18. 建筑设备管理系统的变配电系统的调试方法是什么？

# 第7章 公共安全系统安装与质量控制

公共安全与防灾减灾是平安中国的重要内容，是国家治理体系和治理能力现代化的重要支撑。党的十八大以来，公共安全与防灾减灾科技创新工作不断取得新进展，应急救援效能显著提升，防灾减灾能力明显增强，安全生产水平稳步提高，科技支撑防范化解重大安全风险能力明显提升。但总体而言，我国公共安全与防灾减灾科技支撑能力，距离建设更高水平平安中国的要求仍有较大差距。因此，科技部、应急管理部为明确"十四五"期间公共安全与防灾减灾领域科技创新的总体思路、发展目标和重点任务，制定并颁布了《"十四五"公共安全与防灾减灾科技创新专项规划》。

**【国家安全是民族复兴的根基，社会稳定是国家强盛的前提。必须坚定不移贯彻总体国家安全观，把维护国家安全贯穿党和国家工作各方面全过程，确保国家安全和社会稳定。**

**提高公共安全治理水平。坚持安全第一、预防为主，建立大安全大应急框架，完善公共安全体系，推动公共安全治理模式向事前预防转型。推进安全生产风险专项整治，加强重点行业、重点领域安全监管。提高防灾减灾救灾和重大突发公共事件处置保障能力，加强国家区域应急力量建设。强化食品药品安全监管，健全生物安全监管预警防控体系。加强个人信息保护。】**

——习近平在中国共产党第二十次全国代表大会上作的报告

公共安全系统是智能建筑的主要子系统，其主要内容包括：安全技术防范系统、火灾自动报警系统和应急联动系统等。其中安全技术防范系统又包括：入侵报警系统、视频安防监控系统、电子巡查系统、访客对讲系统、火灾自动报警系统和应急联动系统等。子系统的设立是根据防范区域和需求、安全防范管理的需要确定的。

## 7.1 入侵报警系统设备的安装

### 7.1.1 入侵报警系统安装的作业条件

（1）施工方案已编制、审批完成。已进行施工图纸技术交底，施工要求明确。

（2）管理室内土建工程内装修完毕，门、窗、门锁装配齐全完整。

（3）与传输线路有关的道路（包括横跨道路）施工已完成。

（4）线缆沟、槽、管、盒、箱施工已完成。

### 7.1.2 入侵报警系统的安装与验收

1. 工艺流程

入侵报警系统的安装工艺流程如图7-1所示。

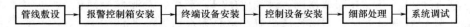

图7-1 入侵报警系统的安装工艺流程

2. 管线敷设

管线敷设除满足第 3 章的有关规定外，还应符合以下要求：

（1）传输方式的选择应根据系统规模、系统功能、现场环境和管理方式综合确定，宜采用专用有线传输方式。

（2）控制信号电缆应采用铜芯，其芯线的截面积在满足技术要求的前提下，不应小于 $0.5\text{mm}^2$，穿导管敷设的电缆，芯线的截面积不应小于 $0.75\text{mm}^2$。

（3）电源线所采用的铜芯绝缘电线、电缆芯线的截面积不应小于 $1.0\text{mm}^2$，耐压不应低于 300V/500V。

（4）信号传输线缆应敷设在接地良好的金属导管或金属线槽内。

3. 报警控制箱安装

（1）报警控制箱安装高度以设计要求为准，当设计无要求时，宜安装于较隐蔽或安全的地方，底边距地面不低于 1.4m。

（2）暗装报警控制箱时，面板应与建筑装饰面配合严密。严禁采用电焊或气焊将箱体与预埋管口焊接。

（3）明装报警控制箱时，先将引线与箱内导线用端子做过渡压接，然后将端子放回接线箱。找准标高进行钻孔，埋入胀管螺栓进行固定。要求箱底与墙面平齐。

（4）线管不便于直接敷设到位时，线管出线口与设备接线端子之间必须采用金属软管连接，不得将线缆直接裸露，金属软管长度不大于 1m。

（5）报警控制箱的交流电源应单独敷设，严禁与信号线或低压直流电源线穿在同一管内。

4. 终端设备安装

（1）各类探测器的安装，应根据所选产品的特性及警戒范围的要求进行安装。

（2）周界入侵探测器的安装，防区要交叉、盲区要避免，并应符合产品使用和防护范围的要求。

（3）探测器底座和支架应固定牢靠。

（4）导线连接应采用可靠方式，外接部分不得外露，并留有适当余量。

（5）入侵探测器盲区边缘与防护目标间的距离不应小于 5m。

（6）入侵探测器的设置宜远离影响其工作的电磁辐射、热辐射、光辐射、噪声、气象方面等不利环境，当不能满足要求时，应采取防护措施。

（7）入侵探测器的灵敏度应满足设防要求，并应可进行调节。

（8）采用室外双束或四束主动红外探测器时，探测器最远警戒距离不应大于其最大射束距离的 2/3。

（9）门磁、窗磁开关应安装在普通门、窗的内上侧；无框门、卷帘门可安装在门的下侧。

（10）紧急报警按钮的设置应隐蔽、安全并便于操作，并应具有防触发、触发报警自锁、人工复位等功能。

（11）室外探测器的安装位置应在干燥、通风、不积水处，并应有防水、防潮措施。

（12）磁控开关宜装在门或窗内，安装应牢固、整齐、美观。

（13）振动探测器安装位置应远离电机、水泵和水箱等振动源。

（14）红外对射探测器安装时，接收端应避开太阳直射光，避开其他大功率灯光直射，应顺光方向安装。探测器收、发装置相互正对，且中间不得有遮挡物。红外对射探测器安装注意事项如图 7-2 所示。

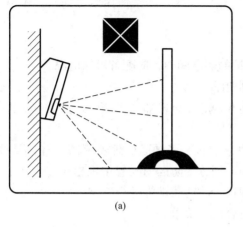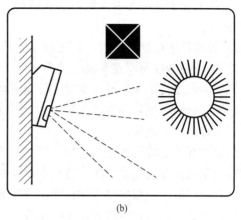

(a)　　　　　　　　　　　　　　　　(b)

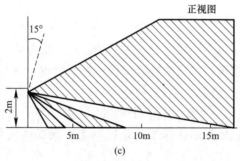

(c)

图 7-2　红外对射探测器安装的注意事项

(a) 警戒区内不要有高大遮挡物；(b) 请勿将探测器直接对准太阳；(c) 探测器警戒距离

5. 控制设备安装

（1）入侵报警探测器的设置与选择应符合下列规定：

1）入侵报警探测器宜安装在具有安全防护的弱电间内或管理室内，应配备可靠电源；

2）入侵报警探测器盲区边缘与防护目标间的距离不应小于 5m；

3）入侵报警探测器的设置宜远离影响其工作的电磁辐射、热辐射、光辐射、噪声、气象方面等不利环境，当不能满足要求时，应采取防护措施；

4）被动红外探测器的防护区内，不应有影响探测的障碍物；

5）入侵报警探测器的灵敏度应满足设防要求，并应可进行调节；

6）复合入侵报警探测器，应被视为一种探测原理的探测装置；

7）在入侵报警探测器防护区内发生入侵事件时，系统不应产生漏报警，平时宜避免误报警；

8）采用室外双束或四束主动红外入侵报警探测器时，入侵报警探测器最远警戒距离不应大于其最大射束距离的 2/3；

9）门磁、窗磁开关应安装在普通门、窗的内上侧；无框门、卷帘门可安装在门的下侧；

10）紧急报警按钮的设置应隐蔽、安全并便于操作，并应具有防误触发、触发报警自锁、人工复位等功能。

（2）控制器的设置与选择应符合下列规定：

1）控制器的主电源引入线，应直接与消防电源连接，严禁使用电源插头。主电源应有明显标志。

2）控制器的接地应牢固，并有明显标志。

3）现场报警控制器宜安装在具有安全防护的弱电间内，应配备可靠电源。

（3）显示记录设备的设计安装应符合下列要求：

系统应显示和记录发生的入侵事件、时间和地点；重要部位报警时，系统应对报警现场进行声音或图像复核。

目前大部分矩阵切换控制主机、数字硬盘录像机、多画面处理器等都带有报警接口，可实现简单的报警及联动功能，但与专业级的可划分多防区的报警主机相比，还有不足之处。工程设计时，应根据建筑物性质、系统规模、功能需求等进行选择。

（4）安装控制台摆放整齐，安装位置应符合设计要求。

6. 细部处理

（1）管线部位。

1）敷设在竖井内和穿越不同防火分区管线的孔洞，应有防火封堵。

2）桥架、管线经过建筑物的变形缝处应设置补偿装置，线缆应留余量。

3）线管及接线盒应可靠接地，当采用联合接地时，接地电阻不应大于1Ω。

（2）入侵报警系统的信号传输应符合下列规定。

1）传输方式的选择应根据系统规模、系统功能、现场环境和管理方式综合确定；宜采用专用有线传输方式；

2）控制信号电缆应采用铜芯，其芯线的截面积在满足技术要求的前提下，不应小于0.50mm²；穿导管敷设的电缆，芯线的截面积不应小于0.75mm²；

3）电源线所采用的铜芯绝缘电线、电缆芯线的截面积不应小于1.0mm²，耐压不应低于300V/500V；

4）信号传输线缆应敷设在接地良好的金属导管或金属槽盒内。

（3）当采用无线报警系统时，应符合下列规定。

1）安全技术防范系统工程中，当不宜采用有线传输方式或需要以多种手段进行报警时，可采用无线传输方式；

2）无线报警的发射装置，应具有防拆报警功能和防止人为破坏的实体保护壳体；

3）以无线报警组网方式为主的安防系统，应有自检和对使用信道监视及报警功能。

无线安防报警系统可用作特殊需要场合或作为有线报警系统的一种补充手段。其形式可有多种，如无线报警系统、无线通信机、移动电话等。

（4）机房部位。

1）系统应具有自检功能及设备防拆报警和故障报警功能。

2）在探测器防护区内发生入侵事件时，系统不应产生漏报警，平时宜避免误报警。

3）系统应显示和记录发生的入侵事件、时间和地点，重要部位报警时，系统应对报警现场进行声音或图像复核。

4）系统宜按时间、区域、部位任意编程设防和撤防。

7. 系统调试

（1）在计算机管理主机上安装入侵报警系统管理软件，并进行初始化设置。

（2）分别对各报警控制器进行地址编码，储存于计算机管理主机内，并进行记录。

（3）对探测器进行盲区检测、防动物功能检测、防拆功能检测、信号线开路或短路报警功能检测、电源线被剪的报警功能检测、现场设备接入率及完好率测试等。

（4）检查探测器的探测范围、灵敏度、误报警、漏报警、报警状态后的恢复、防拆保护等功能与指标，检查结果应符合设计要求。

（5）检查报警联动功能，电子地图显示功能及从报警到显示、录像的系统反应时间，检查结果应符合设计要求。

（6）检查控制器的本地、异地报警、防破坏报警、布撤防、报警优先、自检及显示等功能。

（7）应配合安全防范系统联调，检测报警信息传输及报警联动控制功能。

### 7.1.3　质量标准

1. 主控项目

（1）探测器的盲区检测、防动物功能检测。

（2）探测器的防破坏功能检测包括报警器的防拆功能、信号线开路或短路报警功能、电源线被剪的报警功能。

（3）探测器灵敏度检测。

（4）系统控制功能检测包括系统的撤防、布防功能，关机报警功能，系统后备电源自动切换功能等。

（5）系统通信功能检测应包括报警信息的传输、报警响应功能的检测。

（6）现场设备的接入率及完好率检测。

（7）系统的联动功能检测包括报警信号对现场相关照明系统的触发、对监控摄像机的自动启动、视频安防监控与视频画面的自动调入、相关出入口的自动启闭、录像设备的自动启动等。

（8）报警系统管理软件（含电子地图）功能检测。

（9）报警系统报警事件存储记录的保存时间应满足管理要求。

（10）系统功能和软件全部检测，功能符合设计要求为合格，合格率为100％时为系统功能检测合格。

（11）系统保护接地的接地电阻不应大于$1\Omega$。

2. 一般项目

（1）终端设备安装应牢固可靠。

（2）箱内线缆应排列整齐，分类绑扎成束，并留有适当余量。

（3）箱、盒内应清洁无杂物，且设备表面无划痕及损伤。

## 7.2　视频安防监控系统的安装

视频安防监控系统包括前端设备、传输设备、处理/控制设备和记录/显示设备4部分。

前端设备由摄像机、镜头、防护罩、云台、支架、解码箱等组成。

处理/控制设备由监视器、长时间录像机、矩阵切换控制器、主控键盘、视频分配器、画面分割器、时序切换器计算机硬盘录像等组成，通常安装在机架或控制台上。

### 7.2.1 作业条件

（1）施工方案已编制、审批完成。

（2）施工前，应组织施工人员熟悉图纸、方案及专业设备使用说明书，并进行有针对性地培训及安全、技术交底。

（3）控制室内、弱电竖井、建筑物其他公共部分及外围的线缆沟、槽、管、箱、施工完毕。

（4）与传输线路有关的道路（包括横跨道路）施工已完成。

（5）土建装修及浆活全部完成，机柜的基础槽钢设置完成。

### 7.2.2 视频安防监控系统的安装与验收

1. 工艺流程

视频安防监控系统安装的工艺流程如图 7-3 所示。

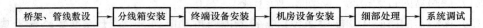

图 7-3　视频安防监控系统安装的工艺流程

2. 桥架、管线敷设

桥架、管线敷设除符合第 3 章中的有关规定外，还应符合下列要求：

（1）敷设光缆前，应对光纤进行检查；光纤应无断点，其衰耗值应符合设计要求。

（2）核对光缆的长度，并应根据施工图的敷设长度来选配光缆。配盘时应使接头避开河沟、交通要道和其他障碍物；架空光缆的接头应设在杆旁 1m 以内。

（3）敷设光缆时，其弯曲半径不应小于光缆外径的 20 倍。光缆的牵引端头应做好技术处理，可采用牵引力自动控制性能的牵引机进行牵引。牵引力应加于加强芯上，其牵引力不应超过 150kg，牵引速度宜为 10m/min，一次牵引的直线长度不宜超过 1km。

（4）光缆敷设完毕，应检查光纤有无损伤，并对光缆敷设损耗进行抽测。确认没有损伤时，再进行接续。

（5）架空光缆应在杆下设置伸缩光缆余兜，其数量应根据所在冰凌负荷区级别确定，对重负荷区宜每杆设一个；中负荷区 2～3 根宜设一个；轻负荷区可不设，但中间不得绷紧。光缆余兜的宽度宜为 1.52～2m；深度宜为 0.2～0.25m。

（6）光缆架设完毕，应将余缆端头用塑料胶带包扎，盘成圈置于光缆预留盒中；预留盒应固定在杆上。地下光缆引上电杆，必须采用钢管保护。

（7）管道光缆敷设时，无接头的光缆在直道上敷设应由人工逐个入孔同步牵引。预先做好接头的光缆，其接头部分不得在管道内穿行；光缆端头应用塑料胶带包好，盘成圈放置在托架高处。

（8）光缆的接续应由受过专门训练的人员操作，接续时应采用光功率计或其他仪器进行监视，使接续损耗达到最小；接续后应做好接续保护，并安装好光缆接头护套。

（9）光缆敷设后，宜测量通道的总损耗，并用光时域反射计观察光纤通道全程波导衰减特性曲线，在光缆的接续点和终端应做永久标志。

3. 分线箱安装

(1) 暗装箱体面板应与建筑装饰面配合严密。严禁采用电焊或气焊将箱体与预埋管口焊接。

(2) 分线箱安装高度设计有要求时以设计要求为准，设计无要求时，底边距地面不低于 1.4m。

(3) 明装壁挂式分线箱、端子箱或声柱箱时，先将引线与箱内导线用端子做过渡压接，然后将端子放回接线箱。找准标高进行钻孔，埋入胀管螺栓进行固定，要求箱底与墙面平齐。

(4) 解码器箱一般作为现场摄像机附件。安装在吊顶内时，应预留检修口；室外安装时应有良好的防水性，并做好防雷接地措施。

(5) 当传输线路超长需用放大器时，放大器的安装位置应符合设计要求，并具有良好的防水、防尘性。

(6) 线管不便于直接敷设到位时，线管出线口与设备接线端子之间必须采用金属软管连接，不得将线缆直接裸露，金属软管长度不大于 1m。

4. 终端设备安装

主要包括摄像机、镜头、防护罩、云台、支架及解码箱等。

(1) 摄像机的安装

1) 摄像机宜安装在监视目标附近不易受外界损伤的地方，安装位置不应影响现场设备运行和人员正常活动，安装的高度，室内宜距地面 2.5～5m 或吊顶下 0.2m 处；室外应距地面 3.5～10m，并不得低于 3.5m。

2) 摄像机及其配套装置，如镜头、防护罩、支架、雨刷器等设备，安装应灵活牢固，注意防破坏，并与周边环境相协调。摄像机及其配套装置的安装如图 7-4 所示。

摄像机墙上安装时必须有固定支架支撑，且支架应安装牢固，不应晃动。支架应能承受摄像机、防护罩、电动云台等设备的重量。当电动云台转动时，支架不应有晃动。

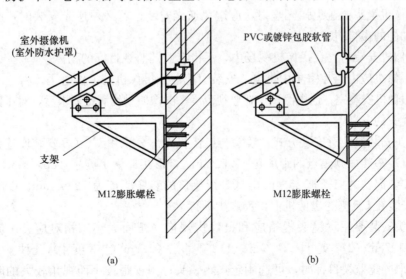

图 7-4　摄像机及其配套装置安装

(a) 室外墙壁暗管安装；(b) 室外墙壁明管安装

3）摄像机在吊顶上吸顶安装时，应用吊架、吊杆，尽量避免利用吊顶龙骨安装，吊架、吊杆固定在顶板上，如图 7-5 所示。

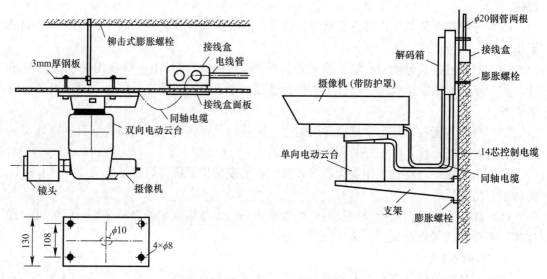

图 7-5　摄像机在墙上、吊顶上安装示意图

4）摄像机安装前应逐个通电进行检测和粗调，在摄像机处于正常工作状态后，方可安装。

5）电梯厢内的摄像机的电缆（视频、电源）应与电梯电缆同时生产，电梯厢内摄像机应安装在电梯厢顶部、电梯操作器的对角处，并应能监视电梯箱内全景。

6）从摄像机引出的电缆应留有 1m 的余量，不得影响摄像机的转动。摄像机的电缆和电源线均应固定。

7）摄像机在装修工程结束后，系统调试、正式运行前再安装。

8）摄像机镜头要避免强光直射，应避免逆光安装；若必须逆光安装时，应选择具有逆光补助功能的摄像机。

9）摄像机安装时，在摄像机视场内，不得有遮挡监视目标的物体。

10）摄像机应由监控室集中供电。安装时应注意摄像机的工作电压。

11）摄像机安装完，通电测试。在监视范围、图像质量均满足要求后，对摄像机固定。

（2）镜头的安装

1）镜头安装要注意安装方式：镜头与摄像机大部分采用 C、CS 安装座连接，C 形接口从镜头安装基准面到焦点的距离是 17.52mm。C 形接口为 1 英寸（25.4mm）32 牙螺纹座，镜头安装部位的口径是 25.4mm，CS 形接口的装座距离为 12.52mm。C 座镜头通过线圈可以安装在 CS 座的摄像机上，反之则不行。

2）镜头安装要注意镜头规格应和摄像机规格（靶面大小）相对应。一般有 2.5cm（1 英寸）、1.7cm（2/3 英寸）、1.3cm（1/2 英寸）、0.8cm（1/3 英寸）几种。

3）摄取固定监视目标时，可选用定焦距镜头；当视距较小而视角较大的时，可选用广角镜头；当视距较大时，可选用远望镜头；当需要改变监视目标的观察视角或视角范围较大时，宜选用变焦距镜头。

4）选用定焦距镜头焦距在一定范围内一般可以调整，只要将镜头前座左右两颗"六角螺栓"松开，将"内环"往内、外移动。镜头焦距便得到调整，最后再将"六角螺栓"锁紧。

5）根据现场实际情况可选用手动光圈镜头、自动光圈镜头。室内因为照明条件比较固定，多用手动光圈镜头，室外光照变化较大宜用自动光圈镜头。

（3）防护罩安装

1）应该根据摄像机的工作环境和摄像机配用的不同镜头选择不同的防护罩。

2）室内型防护罩通常用于防尘和隐蔽作用。

3）室外型防护罩主要为了防晒、防雨、防尘、防冻、防结露等。防护罩的附属设备包括雨刷器、防霜器、加热器和风扇等。

4）为了隐蔽和美观的要求，常采用球形和半球形防护罩，如图7-6所示。

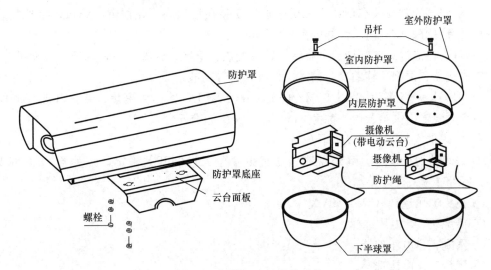

图7-6　摄像机防护罩的安装

（4）云台安装

云台是安装在支架上支撑摄像机运动的工作台，云台分手动云台和电动云台。

手动云台在摄像机安装时调整好角度，然后加以固定。电动云台分单向电动云台（水平）和双向（水平、垂直）电动云台。云台选用要考虑的参数有：承重、转动角度、转动速度及供电电压等。

1）承重。

① 室内云台承载室内摄像机和室内防护罩，重量较轻，一般选用8kg载重。

② 室外云台承载室外摄像机和室外防护罩，重量较重，一般选用10kg以上载重。

③ 摄像机和防护罩应安装在云台的回转中心。

④ 云台安装完应通电试验，上、下、左、右旋转灵活，所有线缆不应影响云台转动。

2）转动角度。

① 云台的回转范围分水平旋转角度和垂直旋转角度两个指标。

② 水平旋转角度决定了云台的水平回旋范围，一般在0°～350°。

③ 垂直转动则有±35°、±45°、±75°等。水平及垂直转动的角度大小可通过限位开

关进行调整。

④ 球型摄像机内置云台垂直转动可达 360°，即可上下翻转。

3）转动速度。

① 水平旋转速度一般在 $3°/s \sim 10°/s$，垂直在 $4°/s$ 左右。

② 球型摄像机内置云台水平扫描速度可达 $0.5°/s \sim 125°/s$；垂直扫描速度为 $0.5°/s \sim 60°/s$。可做 360°连续旋转，并具有预置功能。

4）供电电压。

供电电压目前常见的有交流 24V 和 220V 两种。安装时一般也由控制室集中供电，也可现场取电。

5）云台一般安装在吊架、支架上。

（5）解码器安装

1）解码器通常安装在现场摄像机附近，安装在吊顶内，要预留检修口，室外安装时要选用具有良好的密封防水性能的室外解码器。

2）解码器通过总线实现云台旋转，镜头变焦、聚焦、光圈调整，灯光、摄像机开关，防护罩清洗器、雨刷，辅助功能输入、位置预置等功能。

3）解码器一般多为 220V 50Hz 输入，$6 \sim 12$V DC 输出供聚焦、变焦和改变光圈速度，另有电源输出供给云台，都为 24V AC/50Hz 标准云台。

4）解码器安装时需完成以下 6 项工作：

① 解码器地址设定。解码器地址通常由 8 位二进制开关确定，开关置 OFF 时为 0（零），ON 时为 1。

② 镜头电压选择（6V、10V）。

③ 摄像机 DC 电压选择。

④ 雨刷工作电压选择。

⑤ 云台工作电压选择。

⑥ 辅助功能输入。

5）线缆选择如下：

① 通信总线：RVVP2×1.5mm²；

② 摄像机电源：RVS2×0.5mm²；

③ 云台电源：RVS5×0.5mm²；

④ 镜头：RVS（4~6）×0.5mm²；

⑤ 灯光控制：RVS2×1.0mm²；

⑥ 探头电源：RVS2×1.0mm²；

⑦ 报警信号输入：RVS2×0.5mm²；

⑧ 解码器电源：RVS2×0.5mm²。

5. 机房设备安装

（1）机架安装应符合的要求

1）机架安装位置应符合设计要求，当有困难时可根据电缆地槽和接线盒位置作适当调整。

2）机架的底座应与地面固定。有防静电地板的控制室，监视器机架通过地板下的角铁支架与地面固定。

3）机架安装应竖直平稳，垂直偏差不得超过1‰。

4）几个机架并排在一起，面板应在同一平面上并与基准线平行，前后偏差不得大于3mm；两个机架中间缝隙不得大于3mm。对于相互有一定间隔而排成一列的设备，其面板前后偏差不得大于5mm。

5）机架内的设备、部件的安装，应在机架定位完毕并加固后进行，安装在机架内的设备应牢固、端正。

6）机架上的固定螺栓、垫片和弹簧垫圈均应按要求紧固，不得遗漏。

（2）控制台安装应符合的规定

1）控制台位置应符合设计要求。

2）控制台应放竖直，台面水平。内部接线牢靠、符合设计要求。

3）控制台底座应与地面固定；有防静电地板的控制室，控制台底座通过地板下的角铁支架与地面固定。

4）附件完整，无损伤，螺栓紧固，台面整洁无划痕。

5）台内接插件和设备接触应可靠，安装应牢固；内部接线应符合设计要求，无扭曲脱落现象。

6）所有连接线缆应从机架、控制台底部引入，线路离开机架和控制台时，应在距拐弯点10mm处成捆绑，根据线路的数量应每隔100～200mm捆绑一次。当为活动地板时，线路在地板下可灵活布放，并应理直，线路两端应留适度余量，并标示明显的永久性标识。

（3）监视器安装应符合的规定

1）监视器可装设在固定的机架和柜上，也可装设在控制台操作柜上。当装在柜内时，应采取通风散热措施。

2）监视器的安装位置应使屏幕不受外来光直射，当有不可避免的光时，应加遮光罩遮挡。

3）监视器的外部可调节部分，应暴露在便于操作的位置，并可加保护盖。

6.细部处理

（1）线缆绑扎部位

1）对于插头处的线缆绑扎应按布放顺序进行绑扎，防止电缆互相缠绕，电缆绑扎后应保持顺直，水平电缆的扎带绑扎位置高度应相同，垂直线缆绑扎后应能保持顺直，并与地面垂直。

2）选用扎带时应视具体情况选择合适的扎带规格，尽量避免使用多根扎带连接后并扎，以免绑扎后强度降低。扎带扎好后应将多余部分齐根平滑剪齐，在接头处不得带有尖刺。

3）电缆绑扎成束时，一般是根据线缆的粗细程度来决定两根扎带之间的距离。扎带间距应为电缆束直径的3～4倍。

4）绑扎成束的电缆转弯时，扎带应扎在转角两侧，以避免在电缆转弯处用力过大造成断芯的故障。

5）机柜内电缆应由远及近顺次布放，即最远端的电缆应最先布放，使其位于走线区的地层，布放时应尽量避免线缆交错。

（2）控制室部位

1）一级和二级公共广播系统的监控室（或机房）的电源应设专用的空气开关（或断

路器），且宜由独立回路供电，不宜与动力或照明公用同一供电回路。

2）引入、引出房屋的电（光）缆，在出入口处应加装防水罩，向上引入、引出的电（光）缆，在出入口处还应做滴水弯，其弯度不得小于电（光）缆的最小弯曲半径。电（光）缆沿墙上下引入、引出时应设支持物。电（光）缆应固定（绑扎）在支持物上，支持物的间距不宜大于 1m。

3）控制室内光缆的敷设，在电缆走道上时，光端机上的光缆宜预留 10m；余缆盘成圈后应妥善放置。光缆至光端机的光纤连接器的耦合工艺，应严格按有关要求进行。

4）视频监控系统的控制功能、监视功能、显示功能、回放功能、报警联动功能和图像丢失报警功能的检测。

7. 系统调试

（1）调试摄像机的监控范围、聚焦、环境照度与抗逆光效果等，使图像清晰度、灰度等级达到系统相关技术指标。

（2）调整云台和镜头的遥控功能，达到有效工作范围，排除遥控延迟和机械冲击不良现象。

（3）调整视频切换控制主机的操作程序、图像切换、云台镜头遥控、字符叠加等功能，保证工作正常，满足设计要求。

（4）检查与调试监视图像与回放图像应清晰、有效、至少应达到可用图像水平。

（5）检查摄像机与镜头的配合、控制和功能部件，应保证工作正常。

（6）图像显示画面上应叠加摄像机位置、时间、日期等字符，字符应清晰、明显。

（7）电梯轿厢内摄像机图像画面应叠加楼层等标识，电梯成员图像应清晰。

（8）当本系统与其他系统进行集成时，应检查系统与集成系统的联网接口及该系统的集中管理和集成控制能力。

（9）应检查视频型号丢失报警功能。

（10）数字视频系统图像还原性和延时等应符合设计要求。

（11）安全防范综合管理系统的文字处理、动态报警信息处理、图表和图像处理、系统操作应在同一套计算机系统上完成。

（12）当系统具有报警联动功能时，调试与检查自动开启摄像机电源，自动切换音视频到指定监视器、自动实时录像等功能。系统应叠加摄像时间、摄像机位置（含电梯楼层显示）的标识符，并显示稳定。当系统需要灯光联动时，应检查灯光打开后图像质量是否达到设计要求。

（13）黑光和星光摄像，要试验夜间无光源和低照度光源环境的图像效果，必须满足设计功能。

### 7.2.3 质量标准

1. 主控项目

（1）系统主要设备安装应安装牢固、接线正确，并应采取有效的抗干扰措施。

（2）检查系统的互联互通，子系统之间的联动应符合设计要求。

（3）监控中心系统记录的图像质量和保存时间应符合设计要求。

（4）监控中心接地应做等电位连接，接地电阻应符合设计要求。

（5）网络摄像机的 IP 段划分和编码应符合设计要求，逐一规划。

（6）人像识别准确率满足设计要求。

2. 一般项目

（1）各设备、器件的端接应规范。

（2）视频图像应无干扰纹。

（3）室外设备应有防雷保护接地，应设置线路浪涌保护器。

（4）室外的交流供电线路、控制信号线路应有金属屏蔽层并穿钢管埋地敷设，钢管两端应可靠接地。

（5）室外摄像机应置于避雷针或其他接闪导体有效保护范围之内。

（6）摄像机立杆接地极防雷接地电阻应小于 10Ω。

（7）设备的金属外壳、机柜、控制台、外露的金属管、槽、屏蔽线缆外层及浪涌保护器接地端等均应最短距离与等电位连接网络的接地端子连接。

（8）电视墙、控制台安装的允许偏差项目如表 7-1 所示。

电视墙、控制台安装的允许偏差　　　　　　　　　　表 7-1

| 项目 | 允许偏差（mm） | | 检验方法 |
| --- | --- | --- | --- |
| | 国标、行标 | 企标 | |
| 电视墙、控制台安装的垂直偏差 | ≤1.5/1000 | ≤1.5/1000 | 尺量 |
| 并立电视墙正面的前后偏差 | ≤2 | ≤2 | 尺量 |
| 两台电视墙（或控制台）中间缝隙 | ≤2 | ≤2 | 尺量 |

# 7.3　电子巡查系统安装与验收

### 7.3.1　电子巡查系统的设置与安装

（1）该系统可独立设置，也可以与出入口控制系统或入侵报警系统联合设置。

（2）该系统应能编制保安人员巡查软件，在预先设定的巡查图中，用读卡器或其他方式，对巡查保安人员的行动、状态进行监督和记录。在线式巡查系统的保安人员在巡查发生意外情况时，可以及时向安防监控中心报警。

（3）该系统设备选择与设置应满足下列要求：

1）对于新建建筑，可根据实际情况选用在线式或离线式巡查系统；

2）对于住宅小区，宜选用离线式巡查系统；

3）对于已建的建筑物，宜选用离线式巡查系统；

4）对巡查实时性要求高的建筑物，宜选用在线式电子巡查系统；

5）巡查站点应设置在建筑物出入口、楼梯前室、电梯前室、停车库（场）、重点防范部位附近、主要通道及其他需要设置的地方。巡查站点设置的数量应根据现场情况确定；

6）巡查站点识读器的安装位置宜隐蔽，安装高度距地宜为 1.3～1.5m。

（4）在线式电子巡查系统较为复杂，需要在土建施工时同步进行敷管布线。每个电子巡查站点需要穿 RVS（或 RVV）4×0.75mm² 铜芯塑料线。巡查站距地 1.4m 安装。

离线式电子巡查系统无需穿管布线，系统设置灵活方便。每个电子巡查站点设置一个信息钮。信息钮有唯一的地址信息。巡查站距地 1.4m 安装。

设有门禁系统的安防系统，通常可用门禁读卡器用作电子巡查站点。

（5）有线巡查信息开关或无线巡查信息钮，应按设计要求安装在各出入口或其他需要巡查的站点上，其高度离地面宜 1.3～1.5m 处。有线巡查系统管线安装、硬件可靠性以及使用方便性往往不及无线式巡查系统，因此，后者推广应用较快。有线巡查系统图及巡更点设置示意图如图 7-7 所示。

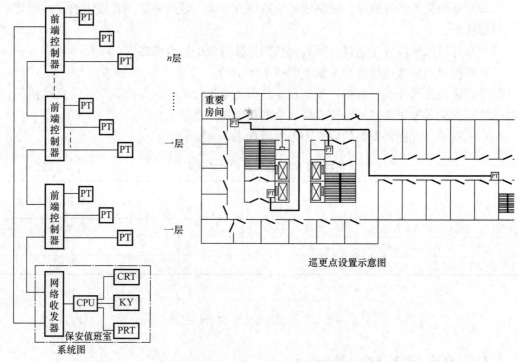

图 7-7　有线巡查系统图及巡更点设置示意图

（6）在线电子式巡查系统的最大特点是实时性。独立设置的在线式电子巡查系统，应与安全管理系统联网，并接受安全管理系统的管理与控制。在线式电子巡查系统，应具有在巡查过程发生意外情况及时报警的功能。在线式电子巡查系统宜独立设置，可作为出入口控制系统或入侵报警系统的内置功能模块而与其联合设置，配合识读器或钥匙开关，达到实时巡查的目的。

离线式电子巡查系统应采用信息识读器或其他方式，对巡查行动、状态进行监督和记录。巡查人员应配备可靠的通信工具或紧急报警装置。

**7.3.2　电子巡查系统的调试**

（1）调试系统组成部分各设备，均应正常工作。

（2）读卡式巡查系统应保证确定为巡查用的读卡机在读巡查卡时正确无误，检查实时巡查是否和计划巡查相一致，若不一致能发出报警。

（3）采用巡查信息钮（开关）的信息应正确无误，数据能及时收集、统计、打印。

**7.3.3　电子巡查系统功能的检测**

1. 一般要求

电子巡查系统的检测应包括巡查设置功能、记录打印功能、管理功能等，一般要求如下：

（1）电子巡查系统功能应按设计要求逐项检测。

（2）电子巡查信息识读器等设备抽检的数量不应低于 20％，且不应少于 3 台，数量少于 3 台时全部检测。

（3）抽检结果全部符合设计要求的，应判定系统检测合格。

2. 电子巡查系统检验项目、检验要求及测试方法

（1）巡查设置功能校验

在线式的电子巡查系统应能设置保安人员的巡查程序，应能对保安人员巡逻的工作状态（是否准时、是否遵守顺序等）进行实时监督、记录。当发生保安人员不到位时，应有报警功能。当与入侵探测系统、出入口控制系统联动时，应保证对联动设备的控制准确、可靠。

（2）记录打印功能校验

应能记录打印执行器编号、执行时间，与设置程序的比对等信息。

（3）管理功能校验

应能有多级系统管理密码，对系统中的各种状态均有记录。

（4）其他项目校验

具体工程中具有的而以上功能中未涉及的项目，其校验要求应符合相应标准、工程合同及设计任务书的要求。

### 7.3.4　电子巡查系统的抽查与验收

（1）对照正式设计文件和工程检验报告，复核系统具有的巡查时间、地点、人员和顺序等数据的显示、归档、查询、打印等功能。

（2）复核在线式电子巡查系统，应具有即时报警功能。

## 7.4　访客对讲系统的安装

### 7.4.1　门禁系统的安装

1. 门禁系统的作业条件

（1）施工方案已编制、审批完成。已进行施工图纸技术交底，施工要求明确。

（2）土建工程内部装修已完毕，门、窗、门锁安装齐全。

（3）线缆沟、槽、管、盒、箱施工已完成。

2. 门禁系统的安装与验收

（1）工艺流程

门禁系统安装的工艺流程如图 7-8 所示。

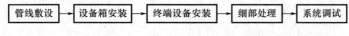

图 7-8　门禁系统安装的工艺流程

（2）管线敷设

管线敷设除符合第 3 章的有关规定外，还应符合下列要求：

1）识读设备与控制器之间的通信用信号线宜采用多芯屏蔽双绞线。

2）门磁开关及出门按钮与控制器之间的通信用信号线，线芯最小截面积不宜小于 0.5mm²。

3）控制器与管理主机之间的通信用信号线宜采用双脚铜芯绝缘导线，其线径根据传输距离而定，线芯最小截面积不宜小于 0.5mm²。

4）控制器与执行设备之间的绝缘导线，线芯最小截面积不宜小于 0.75mm²。

（3）设备箱安装

1）设备箱安装高度以设计要求为准，在设计无要求时，宜安装于较隐蔽或安全的地方，底边距地面不低于 1.4m。

2）暗装设备箱时，面板应与建筑装饰面配合严密。严禁采用电焊或气焊将箱体与预埋管口焊接。

3）明装设备时，先将引线与箱内导线用端子做过渡压接，然后将端子放回接线箱。找准标高进行钻孔，埋入胀管螺栓进行固定，要求箱底与墙面平齐。

4）线管不便于直接敷设到位时，线管出线口与设备接线端子之间必须采用金属软管连接，不得将线缆直接裸露，金属软管长度不大于 1m。

5）设备箱的交流电源应单独敷设，严禁与信号线或低压直流电源线穿在同一管内。

（4）终端设备安装

1）识读设备的安装位置应避免强电磁辐射辐射源、潮湿、有腐蚀性等恶劣环境。

2）控制器、读卡器不应与大电流设备共用电源插座。

3）控制器宜安装在弱电间等便于维护的地点。

4）读卡器类设备完成后应加防护结构面，并应能防御破坏性攻击和技术开启。

5）控制器与读卡机间的距离不宜大于 50m。

6）配套锁具安装应牢固，启闭应灵活。

7）使用人脸、眼纹、指纹、掌纹等生物识别技术进行识读的出入口控制系统设备的安装应符合产品技术说明书的要求。

8）电源容量要选择在正常工作状态下满足最大负载的要求。工作电压不应超过 50V。

9）当电压故障时无须考虑安全及安防问题的情况下，可通过变压器直接使用市电，对于电气干扰较严重的环境，须考虑净化电源。

10）供电电源位置应放置于受控区内并有门控防护。

11）电源必须是通过保险永久性连接而不是通过接插件连接。

12）低压电缆不能与供电线缆在同一入口进入供电电源箱内。

13）当供电电源故障时，如果要求系统要连续工作，则需选用备用电源，备用电源容量应不小于使系统连续工作的用户要求的时间数量。

14）当出入口控制系统的设备或线缆有暴露在建筑物室外的情况下，应设计防雷保护。

15）工作接地线应采用铜芯绝缘导线或电缆，接地电阻不大于 4Ω。

16）安装电磁锁、电控锁、门磁前，应核对锁具、门磁的规格、型号、是否与其安装的位置、标高、门的种类和开关方向匹配。

17）电磁锁、电控锁、门磁等设备安装时，应预先在门框、门扇对应位置开孔。

①电磁锁安装：电控门锁的选择应根据门的材质、门的开启方向等。门禁控制系统

的读卡器距地 1.4m 安装。安装时应根据锁的类型、安装位置、安装高度、门的开启方向等。

首先将电磁锁的固定平板和衬板分别安装在门框和门扇上，然后将电磁锁推入固定平板的插槽内，即可用螺钉固定，按图连接导线。如图 7-9 所示。有的磁卡门锁内设置电池，不需外接导线，在现场安装即可。阴极式及直插式电控门锁通常安装在门框上，在主体施工时在门框外侧门锁安装高度处预埋穿线管及接线盒，锁体安装要与土建工程配合。

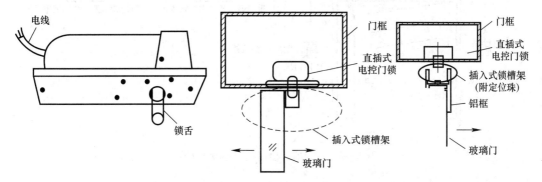

图 7-9 直插式电控门锁安装示意图

在门扇上安装电控门锁时，需要通过电合页进行导线的连接，门扇上电控门锁与电合页之间可预留软塑料管，在主体施工时在门框外侧电合页处预埋导线管及接线盒，导线选用 RVS2×1.0mm$^2$，连接应采用焊接或接线端子连接如图 7-10 所示。电磁门锁是经常用的一种门锁，选用安装电磁门锁要注意门的材质、门的开启方向及电磁门锁的拉力。图 7-11 为电磁门锁的安装示意图。

② 读卡器、出门按钮等设备的安装位置和标高应符合设计要求。如无设计要求，读卡器和出门按钮的安装高度宜为 1.4m，与门框水平距离宜为 100mm，如图 7-12 所示。

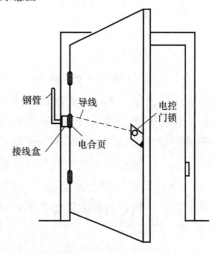

图 7-10 电控门锁与电合页安装示意图

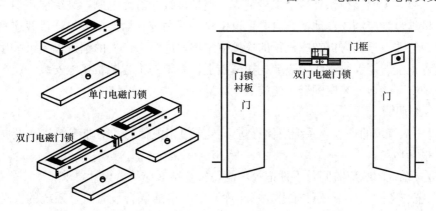

图 7-11 电磁门锁安装示意图

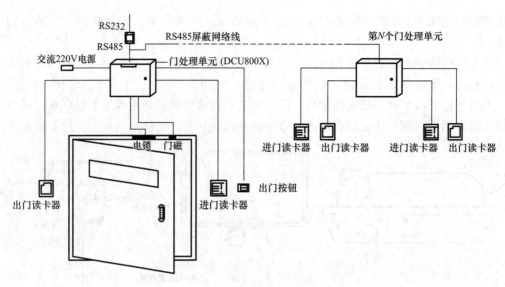

图 7-12　读卡器、出门按钮等设备安装

③ 使用专用机螺钉将读卡器固定在安装预埋盒上，固定应牢固可靠，面板端正，紧贴墙面，四周无缝隙。

（5）细部处理

1）控制器部位

① 门禁控制器应安装牢固，不得倾斜，并应有明显标志。安装在轻质隔墙上，应采取加固措施。引入门禁控制器的电缆或电线，配线应整齐、避免交叉，并应固定牢固电缆芯线和所配导线的部位均应标明编号，以便在需要时能够快速找到并使用相应的线路；端子板与每个接线端，接线不得超过两根；电缆芯和导线应留有不小于 20cm 余量；导线应绑扎成束；导线引入线穿线后，在进线管处应封堵。

② 门禁控制器的主电源引入线应直接与电源连接，严禁用电源插头，主电源应有明显标志；门禁控制器的接地牢固，并有明显标志。

2）机房部位

管理室内接地母线的路由、规格应符合设计要求。施工时应符合下列规定：接地母线的表面应完整，无明显损伤和残余焊接剂渣，铜带母线光滑无毛刺，绝缘层不得有老化龟裂现象；接地母线应铺放在地槽或电缆走道中央，并固定在槽架的外侧，母线应平整，不得有歪斜、弯曲。母线与机架或机顶的连接应牢固；电缆走道上的铜带母线可采用螺栓固定，电缆走道上的铜绞线母线，应绑扎在横挡上；系统的工程防雷接地安装，应严格按照设计要求施工，接地安装应配合土建施工同时进行。

（6）系统调试

1）每一次有效的进入，系统应储存进入人员的相关信息，对非有效进入及胁迫进入应有异地报警功能。

2）检查系统的响应时间及事件记录功能，检查结果应符合设计要求。

3）系统与考勤、计费及目标引导（车库）等一卡通联合设置时，系统的安全管理应符合设计要求。

4）调试出入口控制系统与报警、电子巡查系统间的联动或集成功能。调试出入口控制系统与火灾自动报警系统间的联动功能，联动和集成功能应符合设计要求。

5）检查系统与智能化集成系统的联网接口，接口应符合设计要求。

6）设备调试

① 系统安装完成后，先把一路门禁读卡器信号接入主机，然后单独检测该路门禁读卡器的情况，有无漏报、误报情况发生。这一路检测没问题后再接入另一路，如此这样，把每一路都单独检测一遍，确认无误后再把所有线路接齐。

② 管理人员可以根据使用人员的权限分别授权，如部分人员可以在任意时间进出任意的地点，普通人员只能凭授权卡在授权时间内进出授权范围。当所有门禁点的正常开启和非法开启时，查看控制中心电脑是否有记录。

③ 中心电脑因故障或其他原因不能和控制器连接，控制器是否可以独立记录所控制门点的相关信息，当中心电脑连接后，所有信息是否可以自动上传，是否可以保证信息记录的完整性。

7）功能检测

① 系统主机在离线情况下，门禁控制器独立工作的准确性、实时性和储存信息的功能。

② 系统主机与门禁控制器在线控制时，门禁控制器工作的准确性、实时性和储存信息的功能。

③ 系统主机与门禁控制器在线控制时，系统主机和门禁控制器之间的信息传输及数据加密功能。

④ 检测断电后，系统启用备用电源应急工作的准确性、实时性、信息的存储和恢复能力。

⑤ 通过系统主机、门禁控制器及其控制器终端，使用电子地图实时监控出入控制点的人员，并防止重复迂回出入的功能及控制开闭的功能。

⑥ 系统对处理非法进入系统、非法操作、硬件失效等任何类型信息及时报警的能力。

⑦ 门禁控制系统工作站应保存至少1个月（或按合同规定）的存储数据记录。

8）软件检测

① 演示软件的所有功能，以证明软件能与任务书要求一致。

② 根据需求说明书中规定的性能要求，包括精度、时间、适应性、稳定性、安全性以及图形化界面友好程度，对所验收的软件依次进行测试，或检查已有的测试结果。

③ 在软件测试的基础上，对被验收的软件进行综合评审，给出综合评价，包括：软件设计与需求的一致性、程序和软件设计的一致性、文档描述与程序的一致性、完整性、准确性和标准化程度等。

3. 质量标准

（1）主控项目

1）门禁系统设备导线的压接必须牢固可靠，线号正确齐全，导线规格符合设计要求。

2）保护接地的接地电阻不应大于1Ω。

3）系统功能和软件全部检测，功能符合设计要求为合格，合格率为100％时系统功能检测合格。

4）门禁系统与消防电动报警系统联动测试，必须 100% 合格。

（2）一般项目

1）终端设备安装应牢固可靠。

2）箱内线缆应排列整齐，分类绑扎成束，并留有适当余量。

3）箱、盒内应清洁无杂物，且设备表面无划痕及损伤。

### 7.4.2 对讲系统的安装

1. 对讲系统的作业条件

（1）施工方案已编制、审批完成。已进行施工图纸技术交底，施工要求明确。

（2）土建工程内部装修已完毕，门、窗、门锁安装齐全。

（3）线缆沟、槽、管、盒、箱施工已完成。

2. 对讲系统的安装与验收

（1）工艺流程

对讲系统安装的工艺流程如图 7-13 所示。

图 7-13　对讲系统安装的工艺流程

（2）管线敷设

管线敷设除应执行第 3 章中相关规定外，还应符合下列要求：

1）信号线不能与大功率电力线平行，更不能穿在同一管内。如因环境所限，要平行走线，则要远离 50cm 以上。

2）弱电控制箱的交流电源应单独走线，不能与信号线和低压直流电源线穿在同一管内，交流电源线的安装应符合电气安装标准。

3）使用导线，其额定电压应大于线路的工作电压；导线的绝缘应符合线路的安装方式和敷设的环境条件。导线的横截面积应能满足供电和机械强度的要求。

4）配线时应尽量避免导线有接头。如必须用接头的，其接头必须采用压线或焊接，导线连接和分支处不应受机械力的作用。空在管内的导线，在任何情况下都不能有接头，必要时尽可能将接头放在接线盒探头接线柱上。

（3）设备箱安装

1）设备箱安装高度以设计要求为准，在设计无要求时，宜安装于较隐蔽或安全的地方，底边距地面不低于 1.4m。

2）暗装设备箱时，面板应与建筑装饰面配合严密。严禁采用电焊或气焊将箱体与预埋管口焊接。

3）明装设备时，先将引线与箱内导线用端子做过渡压接，然后将端子放回接线箱。对准标高进行钻孔，埋入胀管螺栓进行固定，要求箱底与墙面平齐。

4）线管不便于直接敷设到位时，线管出线口与设备接线端子之间必须采用金属软管连接，不得将线缆直接裸露，金属软管长度不大于 1m。

5）设备箱的交流电源应单独敷设，严禁与信号线或低压直流电源线穿在同一管内。

（4）终端设备安装

1）设备的安装位置应避免强电磁辐射辐射源、潮湿、有腐蚀性等恶劣环境。

2）控制器宜安装在弱电间等便于维护的地点。

3）门口主机一般采用嵌入式安装，安装高度应保证摄像头的有效视角范围。

4）（可视）对讲主机（门口机）可安装在单元防护门上或墙体主机预埋盒内，（可视）对讲主机操作面板的安装高度离地不宜高于1.5m，操作面板应面向访客，便于操作。

5）调整可视对讲主机内置摄像机的方位和视角于最佳位置，对不具备逆光补偿的摄像机，宜做环境亮度处理。

6）（可视）对讲分机（用户机）安装位置宜选择在住户室内的内墙上，安装应牢固，其高度离地1.4~1.6m。

7）联网型（可视）对讲系统的管理机宜安装在监控中心内，或小区出入口的值班室内，安装应牢固、稳定。

（5）细部处理

1）前端部位

① 在单元楼调试时，先把门口主机和最底层保护器/解码器及室内机的所有接线连接好，同时将分机的房号按照使用说明编号；送电调试这层系统的工作情况，确认门口主机及底层线路和设备是否属于正常。

② 在单元楼的调试过程中，必须从底层开始一层一层地网上调试，即把第一层调试完后，再进行第二层的调试，依次一直往上调试，直到整个单元调试完毕且能正常工作。

2）机房部位

管理室内接地母线的路由、规格应符合设计要求，施工时应符合下列规定：

接地母线的表面应完整，无明显损伤和残余焊剂渣，铜带母线光滑无毛刺，绝缘层不得有老化、龟裂现象；

接地母线应铺放在地槽或电缆走道中央，并固定在架槽的外侧，母线应平整，不得有歪斜、弯曲。母线与机架或机顶的连接应牢固；

电缆走道上的铜带母线可采用螺栓固定，电缆走道上的铜绞线母线应绑扎在横挡上；

对讲系统的工程防雷接地安装，应严格按设计要求施工。接地安装，应配合土建施工同时进行。

（6）系统调试

1）接线前，将已敷设的线缆再次进行对地与线间绝缘摇测，合格后按照设备接线图进行设备断接。

2）对讲主机采用专用接头与线缆进行连接，且压接牢固。设备及电缆屏蔽层应接好保护地线，接地电阻值不应大于$1\Omega$。

3）分别对户内分机进行地址编码，并存储于管理主机内，同时进行记录。

4）安装完毕，对所有设备进行通电调试，检测各户内分机与管理主机、与楼门口主机，管理主机与楼门口主机间的通话和图像效果，并检测开锁与分机报警功能，检查户内分机的编号是否正确。

5）对讲时声音清楚、声级应不低于80dB。

3. 质量标准

（1）主控项目

1）检查主机（管理主机、楼门主机）与户内分机的通信准确。

2) 检查楼门主机与户内分机及电锁强行进入的报警功能，报警应准确、及时。

3) 检查主机与户内分机的开锁功能，开锁动作应准确、可靠。

4) 检查失电后系统启动备用电源应急工作的准确性、实时性和信息的存储、恢复能力。

5) 软件检测：根据说明书中规定的性能要求，包括时间、适应性、稳定性以及图形化界面友好程度，对软件逐项进行系统功能测试。

6) 保护接地的接地电阻值不应大于 $1\Omega$。

7) 导线的压接必须牢固可靠，线号正确齐全，导线规格符合设计要求。

（2）一般项目

1) 终端设备安装应牢固可靠。

2) 箱内线缆应排列整齐，分类绑扎成束，并留有适当余量。

3) 箱、盒内应清洁无杂物，且设备表面无划痕及损伤。

# 7.5 火灾自动报警与消防联动控制系统的安装

### 7.5.1 作业条件

（1）预埋管路、接线盒、地面线槽及预留孔洞符合设计要求。

（2）主机房内土建、装饰作业完工，抗静电地板安装完毕，温度、湿度达到使用要求。

（3）机房内接地端子箱安装完毕。

（4）施工单位必须是公安消防监督机关认可的单位，并受其监督。

### 7.5.2 火灾自动报警与消防联动控制系统安装与验收

1. 工艺流程

火灾自动报警及消防联动控制系统安装工艺流程如图 7-14 所示。

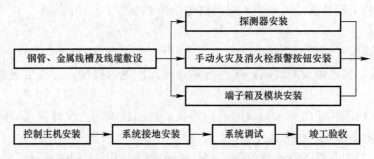

图 7-14 火灾自动报警及消防联动控制系统安装工艺流程

2. 火灾自动报警与消防联动控制系统安装与验收

（1）钢管、金属线槽及线缆敷设

钢管、金属线槽及线缆敷设除符合第 3 章中有关规定外，火灾自动报警系统中钢管和金属线槽敷设及穿线还应满足下列要求：

1) 火灾自动报警系统线缆敷设等应根据《火灾自动报警系统设计规范》GB 50116—2013 的规定，对线缆的种类、电压等级进行检查。

2）对每回路的导线用 250V 的兆欧表测量绝缘电阻，其对地绝缘电阻值不应小于 20MΩ。

3）不同类型、不同系统、不同电压等级的消防报警线路不应穿入同一根管内或线槽的同一槽孔内。

4）埋入非燃烧体的建筑物、构筑物内的电线保护管与建筑物、构筑物墙面的距离不应小于 30mm。

5）如因条件限制，强电和弱电线路同一竖井时，应分别布置在竖井的两侧。

6）在建筑物的吊顶内必须采用金属管、金属线槽。金属线槽和钢管明配时，应按设计要求采取防火保护措施。

7）暗装消火栓配管时应从侧面进线，接线盒不应放在消火栓箱的后侧。

8）管线与线槽的接地应符合设计要求和有关规范的规定。

9）火灾自动报警系统的传输线路应采用铜芯绝缘线或铜芯电缆，阻燃耐火性能符合设计要求，其电压等级不应低于交流 250V。

10）火灾报警器的传输线路应选择不同颜色的绝缘导线，探测器的"＋"线为红色，"－"线应为蓝色，其余线应根据不同用途采用其他颜色区分。但同一工程中相同用途的导线颜色应一致，接线端子应有标号。

（2）火灾探测器的安装

1）火灾探测器安装应符合图纸设计要求。

2）探测器宜水平安装，当必须倾斜安装时，倾斜角不应大于 45°。

3）探测器的底座应固定可靠，在吊顶上安装方式，如图 7-15 所示。

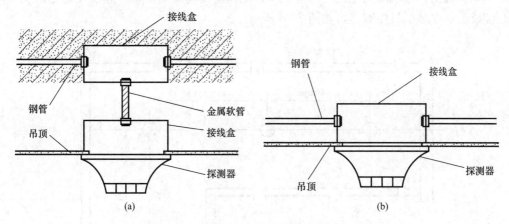

图 7-15　工艺流程探测器在吊顶上安装方法
(a) 方法（一）；(b) 方法（二）

4）探测器的连接导线必须可靠压接或焊接，当采用焊接时不得使用带腐蚀性的助焊剂，外接导线应有 0.15m 的余量，入端处应有明显标志。

5）探测器确认灯应面向便于人员观察的主要入口方向。

6）探测器底座的穿线孔宜封堵，安装时应采取保护措施（如装上防护罩）。

7）在电梯井、升降机井设置探测器时其位置宜在井道上方的机房顶棚上。

8）探测器至墙壁、梁边的水平距离，不应小于 0.5m，如图 7-16 所示。

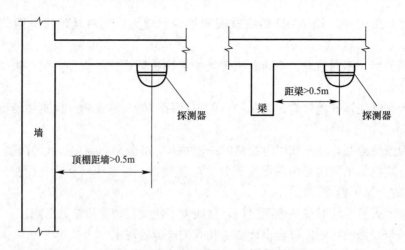

图 7-16 探测器在距墙、距梁安装位置图

9）点型探测器至墙壁、梁边的水平距离，不应小于 0.5m。点型探测器周围 0.5m 内，不应有遮挡物。

图 7-17 探测器装于有空调房间时的位置示意

10）在空调机房内，探测器应安装在离送风口 1.5m 以上的地方，离多孔送风顶棚孔口的距离不应小于 0.5m，如图 7-17 所示。

11）在宽度小于 3m 的内走道的顶棚设置探测器时应居中布置。感温探测器的安装间距不应超过 10m，感烟探测器安装间距不应超过 15m。探测器至端墙的距离，不应大于探测器安装间距的一半，建议在走道的交叉和汇合区域上，安装 1 只探测器，如图 7-18 所示。

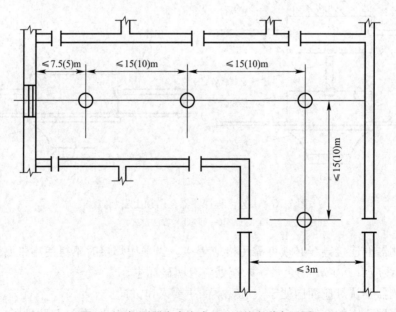

图 7-18 探测器在宽度小于 3m 的走道布置图

12）对于房间顶棚有梁的情况，由于梁对烟的蔓延会产生阻碍，因而使火灾探测器的

保护面积受到影响。如果梁间区域的面积较小，梁对热气流（或烟气流）形成障碍，并吸收一部分热量，因而火灾探测器的保护面积必然下降。为补偿这一影响，工程中是按梁的高度情况加以考虑的。

①　当梁凸出顶棚的高度小于 0.2m 时，在顶棚上设置感烟、感温火灾探测器，可以忽略梁对火灾探测器保护面积的影响；

②　当梁凸出顶棚高度在 0.2~0.6m 时，设置的感烟、感温火灾探测器应按图 7-19 和表 7-2 来确定梁的影响和一只火灾探测器能够保护的梁间区域的个数（"梁间区域"指的是高度在 0.2~0.6m 之间的梁所包围的区域）；

③　当梁突出顶棚高度超过 0.6m 时，则被其隔开的部分需单独划为一个探测区域；

④　当梁间净距离小于 1m 时，可视为平顶棚。

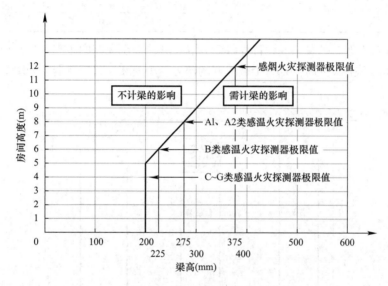

图 7-19　不同高度的房间梁对探测器设置的影响

按梁间区域面积确定一只火灾探测器能够保护的梁间区域的个数　　　表 7-2

| 探测器的保护<br>面积(m²) | 梁隔断的梁间区域<br>面积 $Q$(m²) | 一只探测器保护的梁间区域的<br>个数(个) |
|---|---|---|
| 感温探测器 | 20 | |
| | $Q>12$ | 1 |
| | $8<Q\leqslant12$ | 2 |
| | $6<Q\leqslant8$ | 3 |
| | $4<Q\leqslant6$ | 4 |
| | $Q\leqslant4$ | 5 |
| | 30 | |
| | $Q>18$ | 1 |
| | $12<Q\leqslant18$ | 2 |
| | $9<Q\leqslant12$ | 3 |
| | $6<Q\leqslant9$ | 4 |
| | $Q\leqslant6$ | 5 |

| 探测器的保护面积(m²) | 梁隔断的梁间区域面积 $Q$(m²) | | 一只探测器保护的梁间区域的个数(个) |
|---|---|---|---|
| 感烟探测器 | 60 | $Q>36$ | 1 |
| | | $24<Q\leqslant36$ | 2 |
| | | $18<Q\leqslant24$ | 3 |
| | | $12<Q\leqslant18$ | 4 |
| | | $Q\leqslant12$ | 5 |
| | 80 | $Q>48$ | 1 |
| | | $32<Q\leqslant48$ | 2 |
| | | $24<Q\leqslant32$ | 3 |
| | | $16<Q\leqslant24$ | 4 |
| | | $Q\leqslant16$ | 5 |

13）房间被书架、贮藏架或设备等阻断分隔，其顶部至顶棚的距离（$h_1$）或距梁的距离（$h_2$）小于房间净高的 5％时，则每个被隔开的部分至少安装一只探测器，如图 7-20 所示。

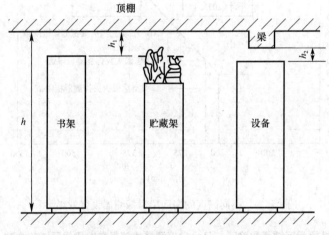

图 7-20　房间有书架、设备等分隔时探测器布置图

14）当屋顶有热屏障时，点型感烟火灾探测器下表面至顶棚或屋顶的距离，应符合表 7-3 的规定。

锯齿形屋顶和坡度大于 15°的人字形屋顶，应在每个屋脊处设置一排点型探测器，探测器下表面至屋顶最高处的距离应符合表 7-3 的规定。

点型感烟火灾探测器下表面至顶棚或屋顶的距离　　　　　　　　　　表 7-3

| 探测器安装高度 $h$(m) | 点型感烟火灾探测器下表面至顶棚或屋顶的距离 $d$(mm) | | | | | |
|---|---|---|---|---|---|---|
| | 顶棚或屋顶坡度 $\theta$ | | | | | |
| | $\theta\leqslant15°$ | | $15°<\theta\leqslant30°$ | | $\theta>30°$ | |
| | 最小 | 最大 | 最小 | 最大 | 最小 | 最大 |
| $h\leqslant6$ | 30 | 200 | 200 | 300 | 300 | 500 |
| $6<h\leqslant8$ | 70 | 250 | 250 | 400 | 400 | 600 |
| $8<h\leqslant10$ | 100 | 300 | 300 | 500 | 500 | 700 |
| $10<h\leqslant12$ | 150 | 350 | 350 | 600 | 600 | 800 |

15）探测器宜水平安装，如需倾斜安装时，倾斜角不应大于 45°，当屋顶坡度 θ 大于 45°时，应用木台或类似方法安装探测器，如图 7-21 所示。

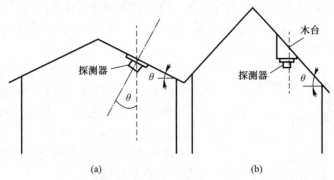

图 7-21　探测器的安装角度（θ 为屋顶的法线与垂直方向的交角）

(a) θ＜45°；(b) θ＞45°

16）可燃气体探测器的安装位置和安装高度应根据所探测气体的性质而定：

① 当探测器的可燃气体比空气重时，探测器安装在下部。可燃气体探测器应安装在距燃气灶 4m 以内，距离地面应为 0.3m。

② 当探测器的可燃气体比空气轻时，探测器安装在上部。当梁高大于 0.6m 时，探测器应安装在有燃气灶梁的一侧。

③ 在室内梁上设置可燃气体探测器时，探测器与顶棚距离应在 0.3m 以内。

17）红外光束探测器的安装应符合以下要求：

① 发射器和接收器应安装在一条直线上，并保持发射面和接收面相互平行。

② 光线通路上应避免出现运动物体，不应有遮挡物。

③ 相邻两组红外光束感烟探测器水平距离应不大于 14m，探测器距侧墙的水平距离不应大于 7m，且不应小于 0.5m。

④ 探测器光束距顶棚一般为 0.3～0.8m，且不得大于 1m。

⑤ 探测器发出的光束应与顶棚水平，远离强磁场，避免阳光直射，底座应牢固地安装在墙上。

18）缆式探测器的安装应符合以下要求：

① 缆式探测器用于监测室内火灾时，可敷设在室内的顶棚上，其线路距顶棚的垂直距离应小于 0.5m。如图 7-22 所示。

② 热敏电缆安装在电缆托架或支架上时，要紧贴电力电缆或控制电缆的外护套，呈正弦波方式敷设。

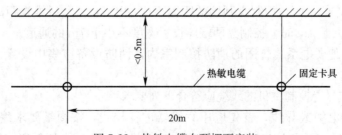

图 7-22　热敏电缆在顶棚下安装

③ 热敏电缆敷设在传送带上时，可借助 M 形吊线直接敷设于被保护传送带的上方及侧面。

④ 热敏电缆安装于动力配电装置上时，应与被保护物有良好的接触。

⑤ 热敏电缆敷设时应用固定卡具固定牢固，严禁硬性折弯、扭曲，防止护套破损。必须弯曲时，弯曲半径应大于 20cm。

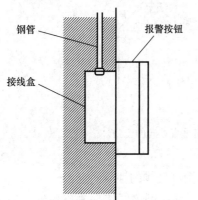

钢管

报警按钮

接线盒

图 7-23 手动报警按钮的安装方法

（3）手动火灾及消火栓报警按钮的安装

1）手动火灾报警按钮应设置在明显和便于操作的部位。当采用壁挂方式安装时，其底边距地高度宜为 1.3～1.5m，且应有明显的标志。如图 7-23 所示。

2）手动火灾报警按钮安装位置和高度应符合设计要求，安装牢固且不应倾斜。

3）每个防火分区应至少设置一个手动火灾报警按钮。从一个防火分区内的任何位置到最近的一个手动火灾报警按钮的步行距离不应大于 30m。

4）手动火灾报警按钮宜设置在疏散通道或出入口处。

5）消火栓报警按钮应安装在消火栓箱内，安装应平整、牢固，接线必须符合使用要求，接线正确，控制可靠。

（4）端子箱及模块安装

1）端子箱应根据设计要求的位置用金属膨胀螺栓明装，且安装时应端正牢固，不得倾斜。

2）用对线器对线缆进行编号，将导线留有一定的余量，分数绑扎。

3）压线前应对导线的绝缘电阻进行摇测，合格后方可压线。

4）控制箱内的模块应按设备制造商和设计的要求安装配线，要求合理布置，且安装应牢固端正，并有标识。

（5）消防控制主机安装

1）消防控制主机安装应符合下列要求：

① 机柜底座宜高出地面 0.1～0.2m，一般用槽钢作为基础，基础槽钢应先除锈，并刷防锈漆，安装时用水平尺、小线找好平直度，然后用螺栓固定牢固。基础槽钢应接地可靠。

② 机柜按设计要求进行排列，根据柜的固定孔距在基础槽钢上钻孔，安装时从一端开始逐台就位，用螺栓固定，用小线找平找直后再将各螺栓紧固。

③ 控制设备前操作距离，单列布置时不应小于 1.5m，双列布置时不应小于 2m，在有人值班经常工作的一面，控制盘到墙的距离不应小于 3m，盘后维修距离不应小于 1m，控制盘排列长度大于 4m 时，控制盘两端应设置宽度不小于 1m 的通道。

④ 与建筑其他弱电系统合用的消防控制室内，消防设备应集中设置，并应与其他设备间有明显间隔。

2）引入火灾报警控制主机的线缆应符合下列要求：

① 对引入的电缆或导线，首先应用对线器进行校线，按图纸要求编号。摇测线间、线对地等绝缘电阻，不应小于 20MΩ。摇测全部合格后按不同电压等级、用途、电流类别

分别绑扎成束引导端子板，按接线图进行压线，每个接线端子接线不应超过两根。多股线应烫锡，导线应留有不小于 0.2m 的余量。

② 线缆标识应清晰准确，不易褪色；配线应整齐，避免交叉，固定牢固。

③ 导线引入线完成后，在进线管处应封堵。

④ 控制主机主电源引入线应直接与消防电源连接，严禁使用接头连接，主电源应有明显标志。

3）控制主机的接地应牢固，并有明显标志。

（6）火灾声光报警和事故广播的安装

1）火灾自动报警系统应设置火灾声光警报器，并应在确认火灾后启动建筑内的所有火灾声光警报器。未设置消防联动控制器的火灾自动报警系统，火灾声光警报器应由火灾报警控制器控制；设置消防联动控制器的火灾自动报警系统，火灾声光警报器应由火灾报警控制器或消防联动控制器控制。公共场所宜设置具有同一种火灾变调声的火灾声警报器；具有多个报警区域的保护对象，宜选用带有语音提示的火灾声警报器；学校、工厂等各类日常使用电铃的场所，不应使用警铃作为火灾声警报器。火灾声警报器设置带有语音提示功能时，应同时设置语音同步器。

2）同一建筑内设置多个火灾声警报器时，火灾自动报警系统应能同时启动和停止所有火灾声警报器的工作。火灾声警报器单次发出火灾警报时间宜为 8～20s。同时设有消防应急广播时，火灾声警报器与消防应急广播交替循环播放。

3）集中报警系统和控制中心报警系统应设置消防应急广播。消防应急广播系统的联动控制信号应由消防联动控制器发出。当确认火灾后，应同时向全楼进行广播，选用功放的功率应满足所有同事启动扬声器的工作要求，不需设置备用功放。

4）消防应急广播的单次语音播放时间宜为 10～30s，应与火灾声警报器分时交替工作，可采取 1 次声警报器播放、1 次或 2 次消防应急广播播放的交替工作方式循环播放。

5）在消防控制室应能手动或按预设控制逻辑联动控制选择广播分区、启动或停止应急广播系统，并应能监听消防应急广播。在通过传声器进行应急广播时，应自动对广播内容进行录音，在此期间应联动停止火灾声警报。消防控制室内应能显示消防应急广播的广播分区的工作状态。消防应急广播与普通广播或背景音乐广播合用时，应具有强制切入消防应急广播的功能。

6）火灾事故广播的配线，应按疏散楼层或报警区域进行划分分路。各分路应设有显示信号与保护控制装置。

7）火灾事故广播线路应独立敷设，不应和其他线路（包括火警信号、联动控制等线路）同管或同槽盒敷设。

8）火灾事故广播馈线电压不宜大于 100V，各楼层宜设置馈线隔离变压器。

（7）消防供电系统的安装

消防联动控制的设备包括：灭火设施、防排烟设施、电动防火卷帘、电动防火门、水幕、消防电梯、非消防电源的断电控制等。电气安装施工的任务，就要保证这些设备获得安全可靠的供电与准确无误的控制。

1）系统供电系统设备安装

① 消防用电按一、二级负荷供电的建筑，当采用自备发电设备作备用电源时，自备

发电设备应设置自动和手动启动装置。当采用自动启动方式时，应能保证在 30s 内供电。

② 火灾自动报警系统应设置交流电源和蓄电池备用电源。火灾自动报警系统的交流电源应采用消防电源，备用电源可采用火灾报警控制器和消防联动控制器自带的蓄电池电源或消防设备应急电源。当备用电源采用消防设备应急电源时，火灾报警控制器和消防联动控制器应采用单独的供电回路，并应保证在系统处于最大负载状态下不影响火灾报警控制器和消防联动控制器的正常工作。

③ 消防控制室图形显示装置、消防通信设备等的电源，宜由 UPS 电源装置或消防设备应急电源供电。

④ 火灾自动报警系统主电源不应设置剩余电流动作保护和过负荷保护装置。

⑤ 消防设备应急电源输出功率应大于火灾自动报警及联动控制系统全负荷功率的 120%，蓄电池组的容量应保证火灾自动报警及联动控制系统在火灾状态同时工作负荷条件下连续工作 3h 以上。

⑥ 消防用电设备应采用专用的供电回路，其配电设备应设有明显标志。其配电线路和控制回路宜按防火分区划分。

2）系统供配电线路中的导线选择与线路敷设

① 线路中的导线应选用耐压不低于交流 500V 的铜芯电线或铜芯电缆。

② 超高层建筑内的电力、照明、控制等线路，应采用阻燃型电线和电缆。重要消防设备（如消防水泵、消防电梯、防排烟风机等）的供电回路，应采用防火型电缆。

③ 火灾自动报警系统的传输线，当采用绝缘电线时，应采取穿管（金属管或不燃、难燃型硬质、半硬质塑料管）或封闭式槽盒进行保护。

④ 消防联动控制、自动灭火控制、通信、应急照明、事故广播等线路，应穿金属管保护，并宜暗敷在非燃烧体结构内，其保护层厚度不宜小于 3cm。当必须采用明敷时，则应对金属管采取防火保护措施。当采用具有非延燃性绝缘和护套的电缆时，可以不穿金属保护管，但应将其敷设在电缆竖井内。

⑤ 不同电压、不同电流类别、不同系统的线路、不可共管或槽的同一槽孔内敷设。

⑥ 横向敷设的报警系统传输线路，若采用穿管布线，则不同防火分区的线路不可共管敷设。

⑦ 弱电线路的电缆宜与强电线路的电缆竖井分别设置。若因条件限制，必须合用一个电缆竖井时，则应将弱电线路与强电线路分别布置在竖井两侧。

⑧ 从槽盒、接线盒等处引至火灾探测器的底座盒，控制设备的接线盒、扬声器箱等的线路，应穿金属软管保护。

⑨ 横向敷设在建筑物内的暗敷管，管径不宜大于 DN25，水平或垂直敷设在顶棚内或墙内的暗敷管，管径不宜大于 DN40。

⑩ 火灾探测器的传输线路，宜采用不同颜色的绝缘导线（同一工程的相同线别采用同一种颜色的绝缘导线），接线端子应有标号。

⑪ 配线中使用的非金属管材、槽盒及其附件，均应采用不燃或非延燃性材料制成。

（8）应急照明系统的安装

应急照明系统的安装除符合第 4 章中的有关规定外，还应注意以下问题：

1）应急照明控制器、集中电源、应急照明配电箱的安装应符合下列规定：

① 应安装牢固，不得倾斜；

② 在轻质墙上采用壁挂方式安装时，应采取加固措施；

③ 落地安装时，其底边宜高出地（楼）面 100～200mm；

④ 设备在电气竖井内安装时，应采用下出口进线方式。

应急照明控制器或集中电源的蓄电池（组），需进行现场安装时，应核对蓄电池（组）的规格、型号、容量，并应符合设计文件的规定，蓄电池（组）的安装应符合产品使用说明书的要求。

应急照明控制器主电源应设置明显的永久性标识，并应直接与消防电源连接，严禁使用电源插头；应急照明控制器与其外接备用电源之间应直接连接。

集中电源的前部和后部应适当留出更换电池（组）的作业空间。

2）应急照明控制器、集中电源和应急照明配电箱的接线应符合下列规定：

① 引入设备的电缆或导线，配线应整齐，不宜交叉，并应固定牢靠；

② 线缆芯线的端部，均应标明编号，并与图纸一致，字迹应清晰且不易褪色；

③ 端子板的每个接线端，接线不得超过 2 根；

④ 线缆应留有不小于 200mm 的余量；

⑤ 导线应绑扎成束；

⑥ 线缆穿管、槽盒后，应将管口、槽口封堵。

（9）系统接地安装

1）工作接地应采用铜芯绝缘导线或电缆，不得利用镀锌扁铁或金属软管。

2）由消防控制室引至接地体的工作接地线，在通过墙壁时，应穿入钢管或其他坚固的保护管。

3）消防控制设备的外壳及基础应可靠接地，接入接地端子箱。

4）消防控制室一般应根据设计要求设置专用接地装置作为工作接地。当采用独立工作接地时电阻应小于 4Ω；当采用联合接地时，接地电阻应小于 1Ω。

5）控制室引至接地体的接地干线应采用一根不小于 16mm² 的绝缘铜线或独芯电缆，穿入保护管后，两端分别压接在控制设备工作接地板和室外接地体上。当采用联合接地时，应采用专用接地干线，由消防室的接地板引至接地体。专用接地干线应采用截面积不小于 25mm² 的塑料铜芯线或电缆两根。

6）消防控制室的工作接地板引至各消防控制设备和火灾报警控制器的工作接地线应采用不小于 4mm² 铜芯绝缘线穿入保护管构成一个零电位的接地网络，以保证火灾报警设备的工作稳定可靠。

7）接地装置施工过程中应分不同阶段作电气接地装置引检、接电阻摇测、平面示意图等质量检查记录。

8）工作接地线与保护接地线必须分开，保护接地导体不得利用金属软管。

9）接地装置施工完毕后，应及时做隐蔽工程验收。

（10）系统调试

1）调试前施工人员应向调试人员提交竣工图、设计变更记录、施工记录（包括隐蔽工程验收记录），检验记录（包括绝缘电阻、接地电阻测试记录）、竣工报告等相关资料。

2）调试负责人必须由有资格的专业技术人员担任。其资格审查由公安消防监督机构负责。

3）火灾自动报警系统调试，应分别对探测器、区域报警控制器、集中报警控制器、火灾报警装置和消防控制设备等逐个进行单机通电检查，正常后方可进行系统调试。

4）火灾自动报警系统通电后，应按现行国家标准《火灾报警控制器》GB 4717—2005 的有关要求对报警控制器进行下列功能检查：火灾报警自检功能；消声、复位功能；故障报警功能；火灾有限功能；报警记忆功能；电源自动转换和备用电源的自动充电功能；备用电源的欠压和过压报警功能。

5）检查火灾自动报警系统的主电源和备用电源，其容量应分别符合现行有关国家标准的要求，在备用电源连续充放电 3 次后，主电源和备用电源应能自动转换。

6）应采用专用的检查仪器对探测器逐个进行试验，其动作应准确无误。

7）应分别用主电源和备用电源供电，检查火灾自动报警系统的各项控制功能和联动功能。

8）火灾自动报警系统应在连续运行 120h 无故障后，填写调试报告。

（11）竣工验收

1）火灾报警系统安装调试完成后，由施工单位、建设单位对工程质量、调试质量、施工资料进行检查，发现质量问题应及时解决处理，直至达到符合设计和规范要求为止。

2）预检全部合格后，施工单位应请建设单位、设计单位、监理单位等，对工程进行竣工验收检查，无误后办理竣工验收单。

3）建设单位或由建设单位委托施工单位请建筑消防设施技术检测单位进行检测，由检测单位提交检测报告。

4）以上工作全部完成后，由建设单位向公安消防监督机构提交验收申请，递交有关资料，请公安消防监督机构进行消防工程验收。

### 7.5.3 质量标准

1. 主控项目

（1）系统提供的接口功能符合设计要求；

（2）火灾报警系统工程实施的质量控制、系统检测和工程验收应符合现行国家标准《火灾自动报警系统施工及验收标准》GB 50166—2019 的规定。

（3）进场的设备与材料必须有质量合格证明和检验报告；

（4）探测器、模块、报警按钮等类别、型号、位置、数量、功能等应符合设计要求；

（5）消防电话插孔型号、位置、数量、功能等应符合设计要求；

（6）火灾应急广播位置、数量、功能等应符合设计要求，且应能在手动或警报信号触发的 10s 内切断公共广播，播出火警广播。

（7）火灾报警控制器功能、型号应符合设计要求，并应符合现行国家标准《火灾自动报警系统施工及验收标准》GB 50166—2019 的有关规定。

（8）火灾自动报警系统与消防设备的联动应符合设计要求；

（9）火灾自动报警系统的施工过程和质量控制应符合现行国家标准《火灾自动报警系统施工及验收标准》GB 50166—2019 的有关规定。

2. 一般项目

（1）探测器、模块、报警按钮等安装应牢固、配件齐全，不应有损伤变形和破损；

（2）探测器、模块、报警按钮等导线连接应可靠压接或焊接，并应有标志，外接导线应留余量；

（3）探测器安装位置应符合保护半径、保护面积要求。

# 习　　题

1. 入侵报警系统的前端设备在安装时应注意什么？
2. 视频安防监控系统摄像机的安装应注意什么？
3. 门禁控制系统电控门锁的选择应注意什么？举例说明。
4. 火灾探测器的安装应注意什么？
5. 火灾报警控制系统的管线在敷设时应注意什么？
6. 火灾报警控制系统中消防广播与公共广播的切换方法是什么？
7. 火灾报警系统接地装置的安装有什么要求？

# 第8章　信息设施系统安装与质量控制

习近平总书记在党的二十大报告中提出："坚持以人民为中心的发展思想""增进民生福祉，提高人民生活品质"。随着社会的进步和科学技术的发展，人们对信息通信需求日益增长，特别是进入以信息为资源的信息化社会，信息资源已成为与材料和能源同等重要的战略资源。随着信息量的增加和信息形式的多样化，人们对信息的需求更大、要求更高，信息已成为社会组成的主要部分，信息业务已深入到社会的各个方面，渗透到人们的工作和生活之中。同时，习近平总书记在党的二十大报告中还提出："加快构建新发展格局，着力推动高质量发展""质量强国"作为国家发展的首要任务，把握质量好坏尤为重要。其中，报告提出要"加强建设网络强国、数字中国"。建筑是信息社会中的一个环节、一个信息小岛、一个节点，加快建筑的信息化是实现网络强国与数字中国的必然要求。建筑物信息设施系统可满足建筑物的应用与管理对信息通信的需求，可形成建筑物公共通信服务综合基础条件的系统，因此，建筑物信息设施系统是提高人民生活品质和实现网络强国与数字强国的重要途径。

**【坚持把发展经济的着力点放在实体经济上，推进新型工业化，加快建设制造强国、质量强国、航天强国、交通强国、网络强国、数字中国。】**

——习近平在中国共产党第二十次全国代表大会上作的报告

信息设施系统由对语音、数据、图像和多媒体等各类信息进行接收、交换、传输、存储、检索和显示等综合处理的多种类信息设备系统组成，其主要作用是支持建筑物内语音、数据、图像信息的传输，提供实现建筑物业务及管理等应用功能的信息通信基础设施，确保建筑物与外部信息通信网的互联及信息畅通，满足公众对各种信息日益增长的需求。

信息设施系统的功能应符合下列要求：

（1）应为建筑物的使用者及管理者创造良好的信息应用环境。

（2）应根据需要对建筑物内外的各类信息，予以接收、交换、传输、存储、检索和显示等综合处理，并提供符合信息化应用功能所需的各种类信息设备系统组合的设施条件。

智能建筑信息设施系统宜包括通信接入系统、电话交换系统、信息网络系统、综合布线系统、室内移动通信覆盖系统、卫星通信系统、有线电视系统、广播系统、会议系统、信息导引及发布系统、时钟系统和其他相关的信息通信系统。本书主要介绍综合布线系统和有线电视系统的安装与质量控制。

## 8.1　综合布线系统的安装

### 8.1.1　作业条件

（1）应编制综合布线工程施工方案，并经审核通过。

（2）施工人员应经过理论培训与实际施工操作的培训。

（3）结构工程中预留地槽、过墙管、孔洞的位置尺寸、数量均应符合设计规定。

（4）交接间、设备间、工作区土建工程已全部竣工。房屋内装饰工程完工，地面、墙面平整、光洁，门的高度和宽度应不妨碍设备和器材的搬运，门锁和钥匙齐全。

（5）设备间铺设活动地板时，板块铺设严密坚固，每平方米水平允许偏差不应大于2mm，地板支柱牢固，活动地板防静电措施的接地应符合设计和产品说明要求。

（6）交接间、设备间提供可靠的施工电源和接地装置。

（7）交接间、设备间的面积、环境温度、湿度均应符合设计要求和相关规定。

（8）交接间、设备间应符合安全防火要求，预留孔洞采取防火措施，室内无危险物的堆放，消防器材齐全。

### 8.1.2　施工准备

综合布线工程经过调研，确定方案后，下一步就是工程的实施，而工程实施的第一步就是开工前的准备工作，施工准备工作是保证综合布线工程顺利施工、全面完成各项技术指标的重要前提，是一项有计划、有步骤、有阶段性的工作。准备工作不仅在施工前，而且贯穿于施工的全过程。

1. 施工准备工作的要求

施工准备工作要求做到以下几点：

（1）设计综合布线实际施工图。确定布线的走向位置。供施工人员、督导人员和主管人员使用。

（2）备料。网络工程施工过程需要许多施工材料，这些材料有的必须在开工前就备好料，有的可以在开工过程中备料。主要有以下几种：

1）光缆、双绞线、插座、信息模块、服务器、稳压电源、集线器、交换机等落实购货厂商，并确定提货日期；

2）不同规格的塑料槽板、PVC防火管、蛇皮管、自攻螺栓等布线用料就位；

3）如果集线器、交换机等设备是集中供电，则准备好导线、铁管和制订好电气设备安全措施（供电线路必须按民用建筑标准规范进行）；

4）制定施工进度表（要留有适当的余地，施工过程中意想不到的事情，随时可能发生，并要求立即协调）。

（3）向工程单位提交开工报告。

为保证工程的全面开工，在工程开工前除按分部工程的惯例做好施工条件的检查和施工技术组织准备外，还应做好环境、器材及测试仪表工具的检验。

2. 环境检查

（1）工作区、电信间、设备间等建筑环境检查应符合下列规定：

1）工作区、电信间、设备间及用户单元区域的土建工程应已全部竣工。房屋地面应平整、光洁，门的高度和宽度应符合设计文件要求。

2）房屋预埋槽盒、暗管、孔洞和竖井的位置、数量、尺寸均应符合设计文件要求。

3）铺设活动地板的场所，活动地板防静电措施及接地应符合设计文件要求。

4）暗装或明装在墙体或柱子上的信息插座盒底距地高度宜为300mm。

5）安装在工作台侧隔板面及邻近墙面上的信息插座盒底距地宜为1000mm。

6）CP集合点箱体、多用户信息插座箱体宜安装在导管的引入侧及便于维护的柱子及承重墙上等处，箱体底边距地高度宜为 500mm；当在墙体、柱子上部或吊顶内安装时，距地高度不宜小于 1800mm。

7）每个工作区宜配置不少于 2 个带保护接地的单相交流 220V/10A 电源插座盒。电源插座宜嵌墙暗装，高度应与信息插座一致。

8）每个用户单元信息配线箱附近水平 70～150mm 处，宜预留设置 2 个单相交流 220V/10A 电源插座，每个电源插座的配电线路均装设保护电器，配线箱内应引入单相交流 220V 电源。电源插座宜嵌墙暗装，底部距地高度宜与信息配线箱一致。

9）电信间、设备间、进线间应设置不少于 2 个单相交流 220V/10A 电源插座盒，每个电源插座的配电线路均装设保护器。设备供电电源应另行配置。电源插座宜嵌墙暗装，底部距地高度宜为 300mm。

10）电信间、设备间、进线间、弱电竖井应提供可靠的接地等电位联结端子板，接地电阻值及接地导线规格应符合设计要求。

11）电信间、设备间、进线间的位置、面积、高度、通风、防火及环境温、湿度等因素应符合设计要求。

（2）建筑物进线间及入口设施的检查应符合下列规定：

1）引入管道的数量、组合排列以及与其他设施，如电气、水、燃气、下水道等的位置及间距应符合设计文件要求；

2）引入缆线采用的敷设方法应符合设计文件要求；

3）管线入口部位的处理应符合设计要求，并应采取排水及防止有害气体、水、虫等进入的措施。

（3）机柜、配线箱、管槽等设施的安装方式应符合抗震设计要求。

### 8.1.3　综合布线系统安装与验收

1. 施工过程中的注意事项

综合布线系统施工过程中要注意的事项如下：

（1）施工现场督导人员要认真负责，及时处理施工进程中出现的各种情况，协调处理各方意见。

（2）如果现场施工碰到不可预见的问题，应及时向工程单位汇报，并提出解决办法供工程单位当场研究解决，以免影响工程进度。

（3）对工程单位计划不周的问题，要及时妥善解决。

（4）对工程单位新增加的点要及时在施工图中反映出来。

（5）对部分场地或工段要及时进行阶段检查验收，确保工程质量。

（6）制订工程进度表。

在制订工程进度表时，要留有余地，还要考虑其他工程施工时可能对本工程带来的影响，避免出现不能按时完工、交工的问题。因此，建议使用工作间施工表、督导指派任务表，如表 8-1 和表 8-2 所示。督导人员对工程的监督管理则依据表 8-1、表 8-2 进行。

工程施工结束时的注意事项如下：

（1）清理现场，保持现场清洁、美观；

（2）对墙洞、竖井等交接处要进行修补；

（3）各种剩余材料汇总，并把剩余材料集中放置一处，并登记其还可使用的数量；

工作间施工表　　　　　　　　　　　　表8-1

| 楼号 | 楼层 | 房号 | 联系人 | 电话 | 备注 | 施工、测试日期 |
|---|---|---|---|---|---|---|
|  |  |  |  |  |  |  |
|  |  |  |  |  |  |  |
|  |  |  | ⋮ |  |  |  |
|  |  |  |  |  |  |  |
|  |  |  |  |  |  |  |

注：此表一式4份，领导、施工、测试、项目负责人各一份。

督导指派任务表　　　　　　　　　　　表8-2

| 施工名称 | 质量与要求 | 施工人员 | 难度 | 验收人 | 完工日期 | 是否返工处理 |
|---|---|---|---|---|---|---|
|  |  |  |  |  |  |  |
|  |  |  |  |  |  |  |
|  |  |  |  |  |  |  |
| …… | …… | …… | …… | …… | …… | …… |

（4）总结材料。

总结材料主要有：

1）开工报告；

2）布线工程图。

工程施工过程包括线缆敷设、配线设备安装、信息插座端接和光纤连接几个重要环节。

2. 工艺流程

综合布线系统施工工艺流程如图8-1所示。

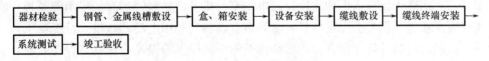

图8-1　综合布线系统施工工艺流程

3. 器材检验应符合的规定

对工程所用线缆和连接件的规格、程式、数量、质量，进行检查。无出厂检验证明材料或与设计不符，不得在工程中使用。

（1）施工前应对所用器材进行外观检查，检查其型号规格、数量、标志、标签、产品合格证、产品技术文件资料，有关器材的电气性能、机械性能、使用功能及有关特殊要求，应符合设计规定。无出厂检验证明材料或与设计不符，不得在工程中使用。

（2）电缆电气性能抽样测试，应符合产品出厂校验要求及相关规范规定。

（3）光纤特性测试应符合产品出厂校验要求及相关规范规定。

4. 钢管、金属线槽安装

（1）钢管、金属线槽安装应符合的规定

1）地下通信管道和人（手）孔所使用器材的检查及室外管道的检验，应符合现行国家标准《通信管道工程施工及验收标准》GB/T 50374—2018 的有关规定；

2）各种型材的材质、规格、型号应符合设计文件的要求，表面应光滑、平整，不得变形、断裂；

3）金属导管、桥架及过线盒、接线盒等表面涂覆或镀层应均匀、完整，不得变形、损坏；

4）室内管材采用金属导管或塑料导管时，其管身应光滑、无伤痕，管孔无变形，孔径、壁厚应符合设计文件要求；

5）金属管槽应根据工程环境要求做镀锌或其他防腐处理。塑料管槽应采用阻燃型管槽，外壁应具有阻燃标记；

6）各种金属件的材质、规格均应符合质量要求，不得有歪斜、扭曲、飞刺、断裂或破损；

7）金属件的表面处理和镀层应均匀、完整，表面光洁，无脱落、气泡等缺陷。

（2）金属管的铺设

1）金属管的加工应符合下列要求：

① 为了防止在穿电缆时划伤电缆，管口应无毛刺和尖锐棱角。

② 为了减小直埋管在沉陷时管口处对电缆的剪切力，金属管口宜做成喇叭形。

③ 金属管在弯制后，不应有裂缝和明显的凹瘪现象。弯曲程度过大，将减小金属管的有效管径，造成穿设电缆困难。

④ 金属管的弯曲半径不应小于所穿入电缆的最小允许弯曲半径。

⑤ 镀锌管锌层剥落处应涂防腐漆，可增加使用寿命。

2）金属管切割套丝，在配管时应根据实际需要长度，对管子进行切割。管子的切割可使用钢锯、管子切割刀或电动机切管机，严禁用气割。

管子和管子连接，管子和接线盒、配线箱的连接，都需要在管子端部进行套丝。焊接钢管套丝，可用管子绞板（俗称代丝）或电动套丝机。硬塑料管套丝，可用圆丝板。套丝时，先将管子在管子压力上固定压紧，然后再套丝。若利用电动套丝机，可提高工效。套完丝后，应随时清扫管口，将管口端面和内壁的毛刺用锉刀锉光，使管口保持光滑，以免割破线缆绝缘护套。

3）金属管弯曲，在敷设金属管时应尽量减少弯头。每根金属管的弯头不应超过 3 个，直角弯头不应超过 2 个，并不应有 S 形弯出现。弯头过多，会造成穿电缆困难。对于较大截面的电缆不允许有弯头。

当实际施工中不能满足要求时，可采用内径较大的管子或在适当部位设置拉线盒，有利于线缆的穿设。

金属管的弯曲一般都用弯管器进行。先将管子需要弯曲部位的前段放在弯管器内，焊缝放在弯曲方向背面或侧面，以防管子弯扁，然后用脚踩住管子，手扳弯管器进行弯曲，并逐步移动弯管器，可得到所需要的弯度，弯曲半径应符合下列要求：

① 明敷时，一般不小于管道外径的 6 倍；只有一个弯时，可不小于管道外径的 4 倍；

整排钢管在转弯处，宜弯成同心圆的弯儿。

② 暗敷时，不应小于管道外径的6倍，敷设于地下或混凝土楼板内时，不应小于管道外径的10倍。

为了穿线方便，水平敷设的金属管路超过下列长度并弯曲过多时，中间应增设拉线盒或接线盒，否则应选择大一级的管径。

管道无弯曲时，长度可达45m；管道有1个弯时，直线长度可达30m；管道有2个弯时；直线长度可达20m；管道有3个弯时；直线长度可达12m；当管道直径超过50mm时，可用弯管机或热搣法。暗管管口应光滑，并加有绝缘套管，管口伸出部位应为25～50mm。

4）金属管的接连应符合下列要求。金属管连接应牢固，密封应良好，两管口应对准。套接的短套管或带螺纹的管接头的长度不应小于金属管外径的2.2倍。金属管的连接采用短套接时，施工简单方便；采用管接头螺纹连接则较为美观，保证金属管连接后的强度。无论采用哪一种方式均应保证连接牢固、密封。

金属管进入信息插座的接线盒后，暗埋管可用焊接固定，管口进入盒的露出长度应小于5mm。明设管应用锁紧螺母或管帽固定，露出锁紧螺母的丝扣为2～4扣。

引至配线间的金属管管口位置，应便于与线缆连接。并列敷设的金属管管口应排列有序，便于识别。

5）金属管的铺设方式

金属管的铺设包括暗敷设和明敷设两种，具体要求如表8-3所示。

金属管暗敷设和明敷设的要求      表8-3

| 铺设方式 | 铺设要求 |
|---|---|
| 暗敷设 | (1) 预埋在墙体中间的金属管内径不宜超过50mm，楼板中的管径宜为15～25mm，直线布管30m处设置暗线盒。<br>(2) 敷设在混凝土、水泥地面里的金属管，其地基应坚实、平整、不应有沉陷，以保证敷设后的线缆安全运行。<br>(3) 金属管连接时，管孔应对准，接缝应严密，不得有水和泥浆渗入。管孔对准无错位，以免影响管路的有效管理，保证敷设线缆时穿设顺利。<br>(4) 金属管道应有不小于0.1%的排水坡度。<br>(5) 建筑群之间金属管的埋设深度不应小于0.8m；在人行道下面敷设时，不小于0.5m。<br>(6) 金属管内应安置牵引线或拉线。<br>(7) 金属管的两端应有标记，表示建筑物、楼层、房间和长度 |
| 明敷设 | 金属管应用卡子固定。这种固定方式较为美观，且在需要拆卸时方便拆卸。金属的支持点间距，有要求时应按照规定设计。无设计要求时不应超过3m。在距接线盒0.3m处，用管卡将管子固定。在弯头的地方，弯头两边也应用管卡固定 |

光缆与电缆同管敷设时，应在暗管内预置塑料子管。将光缆敷设在子管内，使光缆和电缆分布放。子管的内径应为光缆外径的2.5倍。

（3）金属槽的铺设

金属桥架多由厚度为0.4～1.5mm的钢板制成。与传统桥架相比，具有结构轻、强度高、外形美观、无需焊接、不易变形、连接款式新颖、安装方便等特点，是敷设线缆的理想配套装置。建筑内各种缆线敷设方式及部位如图8-2所示，轻型金属线槽组合安装如图8-3所示。

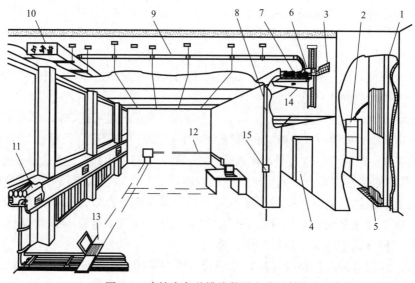

图 8-2　建筑内各种缆线敷设方式及部位

1—竖井内电缆桥架；2—竖井内配线设备；3—竖井电缆引出（入）孔洞及其封堵；4—竖井（上升房）防火门；
5—上升孔洞及封堵；6—电缆桥架；7—线缆束；8—暗配管路；9—顶棚上明配管路；10—顶棚上布线槽道；
11—窗台布线通道；12—明配线槽（管）；13—暗配线槽；14—桥架托臂；15—接线盒

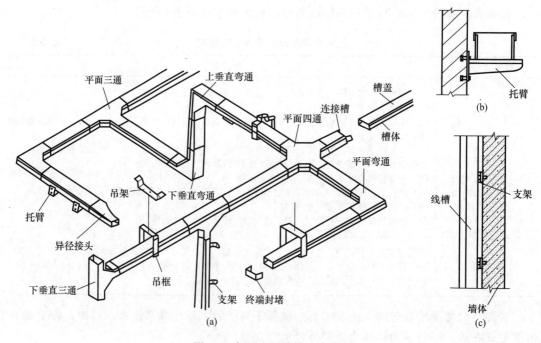

图 8-3　轻型金属线槽组合安装

（a）整体安装示意图；（b）托臂安装示意图；（c）线槽靠墙安装示意图

　　金属桥架分为槽式和梯式 2 类。槽式桥架是指由整块钢板弯制成的槽形部件；梯式桥架是指由侧边与若干个横挡组成的梯形部件。桥架附件是用于直线段之间，直线段与弯通之间连接所必需的连接固定或补充直线段、弯通功能部件。支、吊架是指直接支承桥架的部件。它包括托臂、立柱、立柱底座、吊架以及其他固定用支架，地面内暗装金属线槽的组合安装见图 8-4。

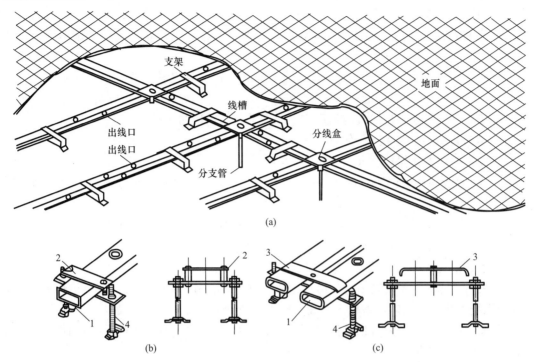

图 8-4　地面内暗装金属线槽的组合安装

（a）地面内暗装金属线槽组装示意图；（b）单线槽支架安装；（c）双线槽支架安装

1—线槽；2—支架单压板；3—支架双压板；4—卧脚螺栓

为了防止金属桥架腐蚀，其表面可采用电镀锌、烤漆、喷涂粉末、热浸镀锌、镀镍锌合金纯化处理或采用不锈钢板。可根据工程环境、重要性和耐久性，选择适宜的防腐处理方式。一般腐蚀较轻的环境可采用镀锌冷轧钢板桥架；腐蚀较强的环境可采用镀镍锌合金纯化处理桥架，也可采用不锈钢桥架。综合布线中所用线缆的性能，对环境有一定的要求。为此，在工程中常选用有盖无孔型槽式桥架（简称槽盒）。

1）槽盒的安装应在土建工程基本结束以后，与其他管道（如风管、给水排水管）同步进行，也可比其他管道稍迟一段时间安装。但尽量避免在装饰工程结束以后进行安装，造成敷设线缆的困难。槽盒安装应符合下列要求：

① 槽盒安装位置应符合施工图规定，左右偏差视环境而定，最大不超过 50mm。

② 槽盒水平度每米偏差不应超过 2mm。

③ 垂直槽盒应与地面保持垂直，并无倾斜现象，垂直度偏差不应超过 3mm。

④ 槽盒节与节间用接头连接板拼接，螺栓应拧紧。两槽盒拼接处水平偏差不应超过 2mm。

⑤ 当直线段桥架超过 30m 或跨越建筑物时，应有伸缩缝。其连接宜采用伸缩连接板。

⑥ 槽盒转弯半径不应小于其槽内的线缆最小允许弯曲半径的最大者。

⑦ 盖板应紧固。并且要错位盖槽板。

⑧ 支吊架应保持垂直、整齐牢固、无歪斜现象。

为了防止电磁干扰，宜用辫式铜带把槽盒连接到其经过的设备间，或楼层配线间的接地装置上，并保持良好的电气连接。

2）水平子系统线缆敷设支撑保护要求

① 预埋金属槽盒支撑保护要求：

A. 在建筑物中预埋槽盒可为不同的尺寸，按一层或二层设备，应至少预埋两根，槽盒截面高度不宜超过 25mm。

B. 槽盒直埋长度超过 15m 或在槽盒路由交叉、转弯时宜设置拉线盒，以便布放线缆和维护。

C. 接线盒盖应能开启，并与地面齐平，盒盖处应采取防水措施。

D. 槽盒宜采用金属引入分线盒内。

② 设置槽盒支撑保护要求：

A. 水平敷设时，支撑间距一般为 1.5～2m，垂直敷设时固定在建筑物构件上的间距宜小于 2m。

B. 金属槽盒敷设时，在下列在槽盒接头处、间距 1.5～2m、离开槽盒两端口 0.50m 处、转弯处等情况下设置支架或吊架。

C. 塑料槽盒底固定点间距一般为 1m。

③ 在活动地板下敷设线缆时，活动地板内净空不应小于 150mm。如果活动地板内作为通风系统的风道使用时，地板内净高不应小于 300mm。

④ 采用公用立柱作为吊顶支撑柱时，可在立柱中布放线缆。立柱支撑点宜避开沟槽和槽盒位置，支撑应牢固。

⑤ 在工作区的信息点位置和线缆敷设方式未定的情况下，或在工作区采用地毯下布放线缆时，在工作区宜设置交接箱，每个交接箱的服务面积约为 80cm²。

⑥ 不同种类的线缆布放在金属槽盒内，应同槽分室（用金属板隔开）布放。

⑦ 采用格形楼板和沟槽相结合时，敷设线缆支槽保护要求：

A. 沟槽和格形槽盒必须沟通。

B. 沟槽盖板可开启，并与地面齐平，盖板和信息插座出口处应采取防水措施。

C. 沟槽的宽度宜小于 600mm。

3）干线子系统的线缆敷设支撑保护要求

① 线缆不得布放在电梯或管道竖井中。

② 干线通道间应沟通。

③ 弱电间中线缆穿过每层楼板孔洞宜为方形或圆形。长方形孔尺寸不宜小于 300mm× 100mm，圆形孔洞处应至少安装 3 根圆形钢管，管径不宜小于 100mm。

④ 建筑群干线子系统线缆敷设支撑保护应符合设计要求。

（4）PVC 塑料管的铺设

PVC 管一般是在工作区暗埋槽盒，操作时要注意两点：一是管道转弯时，弯曲半径要大，便于穿线；二是管道内穿线不宜太多，要留有 50％以上的空间。

（5）塑料槽的铺设

塑料槽的规格有多种，在第 3 章中已作了叙述，这里就不再赘述。塑料槽的铺设从理性上讲类似金属槽，但操作上还有所不同。具体表现为 3 种方式：

1）在顶棚吊顶打吊杆或托式桥架。

2）在顶棚吊顶外采用托架桥架铺设。

3）在顶棚吊顶外采用托架加固定槽铺设。

采用托架时，一般在 1m 左右安装一个托架。固定槽时一般 1m 左右安装固定点。

固定点是指把槽固定的地方，根据槽的大小安装建议如下：

1）25cm×20cm～25cm×30cm 规格的槽，一个固定点应有 2～3 个固定螺栓，并水平排列。

2）25cm×30cm 以上的规格槽，一个固定点应有 3～4 固定螺栓，呈梯形状，使槽受力点分散分布。

3）除了固定点外应每隔 1m 左右，钻 2 个孔，用双绞线穿入，待布线结束后，把所布的双绞线捆扎起来。

水平干线、垂直干线布槽的方法是一样的，差别是横布槽和竖布槽。在水平干线与工作区交接处，不易施工时，可采用金属软管（蛇皮管）或塑料软管连接。塑料线槽的敷设方法如图 8-5 所示。

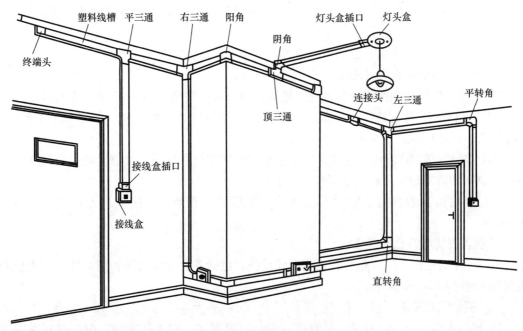

图 8-5　塑料线槽敷设法

（6）槽管大小选择的计算方法

根据工程施工的经验，对槽、管的选择可采用式（8-1）的简易公式计算：

$$n = \frac{槽（管）截面积}{线缆截面积} \times 70\% \times (40\% \sim 50\%) \qquad (8-1)$$

式中　　　　　$n$——表示用户所要安装的多少条线（已知数）；

槽（管）截面积——表示要选择的槽管截面积（未知数）；

线缆截面积——表示选用的线缆面积（已知数）；

70%——表示布线标准规定允许的空间；

40%～50%——表示线缆之间浪费的空间。

5. 盒、箱安装应符合的规定

（1）信息插座安装

信息插座在端接前应已装好，如图 8-6 所示。

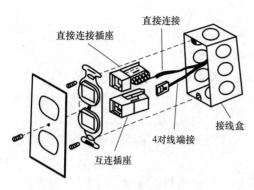

图 8-6　信息插座的装配

信息插座没有自身的阻抗。如果连接不好，可能要增加链路衰减及近端串扰。所以，安装和维护综合布线的人员，必须先进行严格培训，掌握安装技能。具体安装要求如下：

1）安装在活动地板或地面上，应固定在接线盒内，插座面板有直立和水平等形式，接线盒盖可开启，并应严密防水、防尘。接线盒盖面应与地面平齐。

2）安装在墙体上，宜高出地面 300mm，若地面采用活动地板时，应加上活动地板内净高尺寸。

3）信息插座底座的固定方法以施工现场条件而定，宜采用配套螺栓安装方式。

4）固定螺栓需拧紧，不应产生松动现象。

5）信息插座应有标签，以颜色、图形、文字表示所接终端设备类型。

6）安装位置应符合设计要求。

7）信息插座模块化的插针与电缆连接有两种方式：按照 T568B 标准布线的接线和按照 T568A（ISDN）标准接线，信息插座模块化插针与线对分配不同。在同一个工程中，最好只用一种连接方式。否则，就应标注清楚。

屏蔽双绞电缆的屏蔽层与连接件端接处的屏蔽罩须可靠接触。线缆屏蔽层应与连接件屏蔽罩 360°圆周接触，接触长度不宜小于 10mm。

（2）交接箱或暗线箱宜暗设在墙体内，预留墙洞安装，箱底高出地面宜为 500～1000mm。

6. 设备安装应符合的规定

所谓设备是指配线架（柜）和相应配线设备，包括各种接线模块和接插件。配线柜的线缆布线连接如图 8-7 所示。

（1）机架安装要求

1）机架安装完毕后，水平、垂直度应符合厂家规定。如无厂家规定时，垂直度偏差不应大于 3mm。

2）机架上的各种零件不得脱落或碰坏。漆面如有脱落应予以补漆，各种标志完整清晰。

3）机架的安装应牢固、应按设计图的防振要求进行加固。

4）安装机架面板、架前应留有 1.5m 空间、机架背面离墙距离应大于 0.8m，以便于安装和施工。

5）壁挂式机柜底距地面宜为 300～800mm。

（2）配线设备机架安装要求

1）采用下走线方式、架底位置应与电缆上线孔相对应。

2）各直列垂直倾斜误差不应大于 3mm，底座水平误差不应大于 2mm。

3）接线端子各种标识应齐全。

4）交接箱或暗线箱宜暗设在墙体内。预留墙洞安装时，箱底高出地面宜为 500～1000mm。

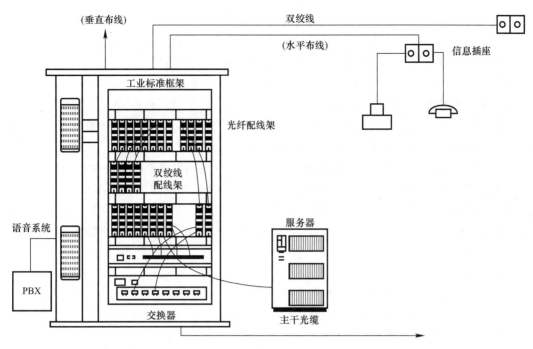

图 8-7　标准机柜连接分布

（3）各类接线模块安装要求

1）模块设备应完整无损，安装就位、标识齐全。

2）安装螺栓应拧牢固，面板应保持在一个水平面上。

（4）接地要求

安装机架，配线设备及金属钢管、槽道、接地体，保护接地导线截面、颜色应符合设计要求，并保持良好的电气连接，压接处牢固可靠。

7. 线缆敷设

金属管和电缆桥架的敷设应遵从建筑电气施工规范的要求并符合设计规定。智能建筑物内通信系统、计算机系统、楼宇设备控制系统、电视监控系统、广播与卫星电视系统、火灾报警系统等信号及控制线缆在同一路由敷设时，应采用金属槽盒按室分离布放，金属槽盒应可靠接地。各系统线缆间距及槽盒接地应符合设计要求。

（1）缆线敷设一般应符合下列要求

1）缆线布放前应核对型号规格、程式、路由及位置与设计规定相符。

2）缆线的布放应平直、不得产生扭绞，打圈等现象，不应受到外力的挤压和损伤。

3）缆线在布放前两端应贴有标签，以表明起始和终端位置，标签标识应清晰、端正和正确。

4）电源线、信号电缆、对绞电缆、光缆及建筑物内其他弱电系统的缆线应分离布放。各缆线间的最小净距应符合设计要求。

5）缆线布放时应有冗余。在交接间，设备间对绞电缆预留长度，一般为 0.5～1.0m；工作区为 0.1～0.3m；光缆在设备端预留长度一般为 3～5m；有特殊要求的应按设计要求预留长度。

6）缆线的弯曲半径应符合下列规定：

① 非屏蔽 4 对对绞电缆的弯曲半径应至少为电缆外径的 4 倍，在施工过程中应至少为 8 倍。

② 屏蔽对绞电缆的弯曲半径应至少为电缆外径的 6～10 倍。

③ 主干对绞电缆的弯曲半径应至少为电缆外径的 10 倍。

④ 水平双绞电缆一般有总屏蔽（缆芯屏蔽）和线对屏蔽两种方式。干线双绞电缆只采用总屏蔽方式。屏蔽方式不同，电缆的结构也不一样。所以，在屏蔽电缆敷设时，弯曲半径应根据屏蔽方式在 6～10 倍于电缆外径中选用。

⑤ 光缆的弯曲半径应至少为光缆外径的 15 倍，在施工过程中应至少为 20 倍。

7）缆线布放，在牵引过程中，吊挂缆线的支点相隔间距不应大于 1.5m。

8）布放缆线的牵引力，应小于缆线允许张力的 80%，对光缆瞬间最大牵引力不应超过光缆允许的张力。在以牵引方式敷设光缆时，主要牵引力应加在光缆的加强芯上。线缆最大允许拉力为：

① 一根 4 对双绞电缆，拉力为 100N(10kg)；

② 二根 4 对双绞电缆，拉力为 150N(15kg)；

③ 三根 4 对双绞电缆，拉力为 200N(20kg)；

④ $n$ 根 4 对双绞电缆，拉力为 $n \times 50 + 50$(N)。

不管多少根线对电缆，最大拉力不能超过 40kg，速度不宜超过 15m/min。

9）缆线布放过程中为避免受力和扭曲，应制作合格的牵引端头。如果用机械牵引时，应根据缆线牵引的长度，布放环境，牵引张力等因素选用集中牵引或分散牵引等方式。

10）布放光缆时，光缆盘转动应与光缆布放同步，光缆牵引的速度一般为 15m/min。光缆出盘处要保持松弛的弧度，并留有缓冲的余量，又不宜过多，避免光缆出现背扣。

11）对绞电缆与电力电缆最小净距应符合表 8-4 规定，对绞电缆与其他管线最小净距应符合表 8-5 规定，对绞电缆与配电箱、变电室、电梯机房、空调机房之间最小净距应符合表 8-6 规定。

**对绞电缆与电力线最小净距（mm）** 表 8-4

| 条件 | 最小净距 | | |
|---|---|---|---|
| 电力线缆规格 | 380V，<2kVA | 380V，2～5kVA | 380V，>5kVA |
| 对绞电缆与电力电缆平行敷设 | 130 | 300 | 600 |
| 有一方在接地的金属线槽或钢管中 | 70 | 150 | 300 |
| 双方均在接地的金属线槽或钢管中② | 10① | 80 | 150 |

① 当 380V 电力电缆小于 2kVA，双方都在接地的线槽中，且平行长度不大于 10m 时，最小间距可为 100mm。
② 双方都在接地的线槽中，系指两个不同的线槽，也可在同一线槽中用金属板隔开。

**对绞电缆与其他管线最小净距（m）** 表 8-5

| 管线种类 | 平行净距 | 垂直交叉净距 |
|---|---|---|
| 防雷引下线 | 1.00 | 0.30 |
| 保护地线 | 0.05 | 0.02 |
| 热力管（不包封） | 0.50 | 0.50 |
| 热力管（包封） | 0.30 | 0.30 |
| 给水管 | 0.15 | 0.02 |
| 燃气管 | 0.30 | 0.02 |

| 机房名称 | 最小净距 | 机房名称 | 最小净距 |
|---|---|---|---|
| 配电箱 | 1 | 电梯机房 | 2 |
| 变电室 | 2 | 空调机房 | 2 |

（2）预埋线槽和暗管敷设缆线应符合的规定

1）敷设管道的两端应有标志，标示出房号、序号和长度。

2）管道内应无阻挡，管口应无毛刺，并安置牵引线或拉线。

3）敷设暗管宜采用钢管或阻燃硬质（PVC）塑料管。布放双护套缆线和主干缆线时，直线管道的管径利用率应为 50％～60％，弯管道为 40％～50％，暗管布放 4 对对绞电缆时，管道的截面利用率应为 25％～30％。预埋线槽宜采用金属线槽，线槽的截面利用率不应超过 40％。

4）光缆与电缆同管敷设时，应在暗管内预置塑料子管，将光缆设在子管内，使光缆和电缆分开布放，子管的内径应为光缆外径的 1.5 倍。

（3）设置电缆桥架和线槽敷设缆线应符合的规定

1）电缆桥架宜高出地面 2.2m 以上，桥架顶部距顶棚或其他障碍物不应小于 100mm。桥架宽度不宜小于 100mm，桥架内横断面的填充率不应超过 50％。

2）电缆桥架内缆线垂直敷设时，在缆线的上端和每间隔 1.5m 处，应固定在桥架的支架上，水平敷设时，直线部分间隔距离在 3～5m 处设固定点。在缆线的距离首端、尾端、转弯中心点处 300～500mm 处设置固定点。

3）电缆线槽宜高出地面 2.2m。在吊顶内设置时、槽盖开启面应保持不小于 800mm 的垂直净空，线槽截面利用率不应超过 50％。

4）布放线槽缆线可以不绑扎，槽内缆线应顺直，尽量不交叉、缆线不应溢出线槽、在缆线进出线槽部位，转弯处应绑扎固定。垂直线槽布放缆线应每间隔 1.5m 处固定在缆线支架上。

5）在水平、垂直桥架和垂直线槽中敷设缆线时，应对缆线进行绑扎。4 对对绞电缆以 24 根为束，25 对或以上主干对绞电缆、光缆及其他信号电缆应根据缆线的类型、缆径、缆线芯数分束绑扎。绑扎间距不宜大于 1.5m，扣间距应均匀、松紧适度。

（4）顶棚内敷设缆线时，应考虑防火要求缆线敷设，应单独设置吊架，不得布放在顶棚吊架上，宜放置在金属线槽内布线。缆线护套应阻燃、缆线截面选用应符合设计要求。

（5）在竖井内采用明配管、桥架、金属线槽等方式敷设缆线，并应符合以上有关条款要求。竖井内楼板孔洞周边应设置 50mm 的防水台，洞口用防火材料封堵严实。

（6）路由选择

两点间最短的距离是直线，但对于布线来说，它不一定就是最好、最佳的路由。在选择最容易布线的路由时，要考虑施工和操作方便。

若要把"25 对"线缆从一个配线间牵引到另一个配线间，采用直线路径，要经过顶棚布线，路由中要多次分割，钻孔才能使线缆穿过并吊起来；而另一条路由是将线缆通过一个配线间的地板，然后再通过一层悬挂的顶棚，再通过另一个配线间的地板向上，如图 8-8 所示。

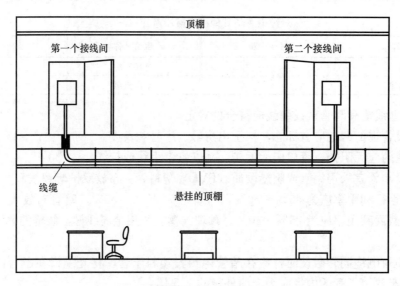

图 8-8 路由选择

如果第一次所做的布线方案并不是很好,则可以选择另一种布线方案。但在某些场合,又没有更多的选择余地。例如:一个潜在的路径可能被其他的线缆塞满了,第二路径要通过顶棚,也就是说,这两种路径都是不希望的。因此,考虑较好的方案是安装新的管道,但由于成本费用问题,用户又不同意,这时,只能采用布明线,将线缆固定在墙上和地板上。总之,如何布线要根据建筑结构及用户的要求来决定。选择好的路径时,布线设计人员要考虑以下几点。

1) 了解建筑物的结构

对布线施工人员来说,需要彻底了解建筑物的结构,由于绝大多数的线缆是走地板下或顶棚内,故对地板和吊顶内的情况了解得要很清楚。就是说,要准确地知道,什么地方能布线,什么地方不宜布线并向用户方说明。

现在绝大多数的建筑物设计是规范的,并为强电和弱电布线分别设计了通道,利用这种环境时,也必须了解走线的路由,并用粉笔在走线的地方做出标记。

2) 检查拉(牵引)线

在一个现存的建筑物中安装任何类型的线缆之前,必须检查有无拉线。拉线是某种细绳,它沿着要布线缆的路由(管道)安放好,必须是路由的全长。绝大多数的管道安装者要给后继的安装者留下一条拉线,使布线缆容易进行,如果没有,则考虑穿接线问题。

3) 确定现有线缆的位置

如果布线的环境是一座旧楼,则必须了解旧线缆是如何布放的,用的是什么管道(如果有的话),这些管道是如何走的。了解这些,有助于为新的线缆建立路由。在某些情况下能使用原来的路由。

4) 提供线缆支撑

根据安装情况和线缆的长度,要考虑使用托架或吊杆槽,并根据实际情况决定托架吊杆,使其加上结构物的质量也不至于超重。

5) 拉线速度的考虑

拉线缆的速度,从理论上讲,线的直径越小,则拉线的速度愈快。通常采取慢速而又平稳的拉线方法，而不是快速的拉线。原则是：快速拉线会造成线的缠绕或被绊住。

6）最大拉力

拉力过大，线缆变形，将引起线缆传输性能下降。线缆最大允许的拉力如下：

一根 4 对线电缆，拉力为 100N；两根 4 对线电缆，拉力为 150N；3 根 4 对线电缆，拉力为 200N；N 根线电缆，拉力为 $N \times 5 + 50$N；不管多少根线对电缆，最大拉力不能超过 400N。

8. 缆线终端安装

（1）缆线终端的一般要求

1）缆线在终端前，必须检查标签颜色和数字含义，并按顺序终端。

2）缆线中间不得产生接头现象。

3）缆线终端应符合设计和厂家安装手册要求。

4）对绞电缆与插接件连接应认准线号、线位色标，不得颠倒和错接。

（2）对绞电缆芯线终端应符合下列要求

1）终端时，每对对绞线应尽量保持扭绞状态，非扭绞长度对于 5 类线不应大于 13mm；6 类线不大于 10mm。

2）剥除护套均不得刮伤绝缘层，应使用专用工具剥除。不要单独地拉和弯曲线缆"对"，而应对剥去外皮的线缆"对"一起紧紧地拉伸和弯曲。去掉电缆的外皮长度够端接用即可。对于终接在连接件上的线对应尽量保持扭绞状态，非扭绞长度，3 类线必须小于 25mm；5 类线必须小于 13mm，最大暴露双绞长度为 4～5cm，最大线间距为 14cm。如图 8-9 所示。

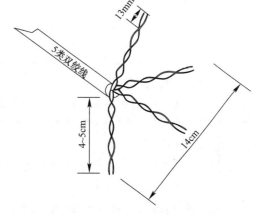

图 8-9　5 类双绞电缆开绞长度

3）对绞电缆与 RJ45 信息插座的卡接端子连接时，应按先近后远，先下后上的顺序进行卡接。

4）对绞电缆与接线模块（IDC，RJ45）卡接时，应按设计和厂家规定进行操作。

5）屏蔽对绞电缆的屏蔽层与接插件终端处屏蔽罩可靠接触，缆线屏蔽层应与接插件屏蔽罩 360°圆周接触，接触长度不宜小于 100mm。

6）对绞线在信息插座（RJ45）相连时，必须按色标和线对顺序进行卡接。插座类型，色标和编号应符合图 8-10 规定。T568A 线序为：白绿、绿、白橙、蓝、白蓝、橙、白棕、棕，T568B 线序为：白橙、橙、白绿、蓝、白蓝、绿、白棕、棕。

（3）光缆芯线终端安装

1）光缆芯线终端应符合下列要求

① 采用光纤连接盒对光缆芯线接续、保护，光纤连接盒可为固定和抽屉两种方式。在连接盒中光纤应能得到足够的弯曲半径。

② 光纤熔接或机械连接处应加以保护和固定，使用连接器以便于光纤的跳接。

③ 连接盒面板应有标志。

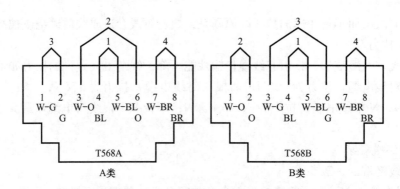

图 8-10　8 位模块式通用插座连接

G(Green)—绿；BL(Blue)—蓝；BR(Brown)—棕；W(White)—白；O(Orange)—橙

④ 跳线软纤的活动连接器在插入适配器之前应进行清洁，所插位置符合设计要求。

⑤ 光纤接续损耗值，应符合表 8-7 的规定。

光纤接续损耗（dB）　　　　　　　　　　　　　表 8-7

| 光纤类别 | 多模 | | 单模 | |
|---|---|---|---|---|
| | 平均值 | 最大值 | 平均值 | 最大值 |
| 熔接 | 0.15 | 0.30 | 0.15 | 0.30 |
| 机械接续 | 0.15 | 0.30 | 0.20 | 0.30 |

2）光纤连接技术

光纤与光纤的相互连接，称为光纤的接续。光纤与光纤的连接常用的技术有两种：一种是拼接技术，另一种是端接技术。下面来介绍这两种接续技术。

① 光纤拼接技术

它是将两段断开的光纤永久性地连接起来。这种拼接技术又有两种。一种是熔接技术，另一种是机械拼接技术。

A. 光纤熔接（Fusion Splicing）技术

光纤熔接技术是用光纤熔接机进行高压放电使待接续光纤端头熔融，合成一段完整的光纤。这种方法接续损耗小（一般小于 0.1dB），而且可靠性高，是目前最普遍使用的方法。

B. 光纤机械拼接技术

机械拼接技术也是一种较为常用的拼接方法，它通过一根套管将两根光纤的纤芯校准，以确保连接部位的准确吻合。机械拼接有两项主要技术：一是单股光纤的微截面处理（Single Fibre Capillary）技术，二是抛光加箍技术（Polished Ferrule）。

② 光纤的端接

A. 光纤端接技术

光纤端接与拼接不同，它是使用光纤连接器件对于需要进行多次拔插的光纤连接部位的接续，属于活动性的光纤互连，常用于配线架的跨接线以及各种插头与应用设备、插座的连接等场合，对管理、维护、更改链路等方面非常有用。其典型衰减为 1dB/接头。

光纤端接主要要求插入损耗小、体积小、装拆重复性好、可靠性好及价格便宜。

光纤连接器的结构种类很多，但大多用精密套筒来对直纤芯，以降低损耗。综合布线选用的光纤连接器和适配器应适用于不同类型的光纤的匹配，并使用色码来区分不同类型的光纤。

光纤连接器有 ST 型、SC 型，还有 MIC 型和 ESCON 型几种。

ST 型光纤连接插头用于光纤的端接，此时光缆中只有单根光导纤维（而非多股的带状结构），并且光缆以交叉连接或互连的方式连至光电设备上。在所有的单工终端应用中，综合布线均使用 ST 型光纤连接器。当该连接器用于光缆的交叉连接方式时，光纤连接器置于 ST 型光纤连接器耦合器中，而耦合器则平装在光纤互连装置（LIU）或光纤交叉连接分布系统中。

MIC 型是一种双工连接器。它通常接在 FDDI 光缆跳线的两端，用于将 FDDI 装置连接在带有 FDDI/ST 耦合器的设备和信息插座中，并且可用于 FDDI 网的闭环连接或交叉连接。

B. 光纤端接方法

光纤端接比较简单，下面以 ST 型光纤连接器为例，说明其端接方法。

光纤连接器的端接是将两条半固定的光纤通过其上的连接器与此模块嵌板上的耦合器互连起来。做法是将两条半固定光纤上的连接器从嵌板的两边插入其耦合器中。对于交叉连接模块来说，光纤连接器的端接是将一条半固定光纤上的连接器插入嵌板上耦合器的一端中，此耦合器的另一端中插入光纤跳线的连接器；然后，将光纤跳线另一端的连接器插入要交叉连接的耦合器的一端，该耦合器的另一端中插入要交叉连接的另一条半固定光纤的连接器。交叉连接就是在两条半固定的光纤之间使用跳线作为中间链路，使管理员易于管理或维护线路。

ST 型光纤连接器端接的步骤如下：

第一步：清洁 ST 型光纤连接器。拿下 ST 型光纤连接器头上的黑色保护帽，用沾有试剂丙醇酒精的棉签轻轻擦拭连接器头。

第二步：清洁耦合器。摘下光纤耦合器两端的红色保护帽，用沾有试剂的丙醇酒精杆状清洁器穿过耦合器孔擦拭耦合器内部以除去其中的碎片，如图 8-11 所示。

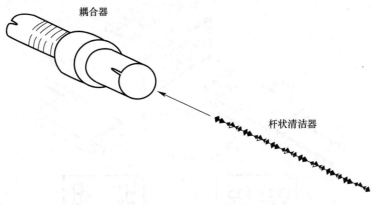

图 8-11　用杆状清洁器去除碎片

第三步：使用罐装气，吹去耦合器内部的灰尘，如图 8-12 所示。

第四步：将 ST 型光纤连接器插到一个耦合器中。将光纤连接器头插入耦合器的一端，

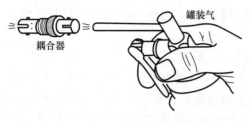

图 8-12　用罐装气吹除耦合器中的灰尘

耦合器上的凸起对准连接器槽口，插入后扭转连接器以使其锁定。如经测试发现光能量损耗较高，则需摘下连接器并用罐装气重新净化耦合器，然后再插入 ST 型光纤连接器。在耦合器的两端插入 ST 型光纤连接器，并确保两个连接器的端面在耦合器中接触，如图 8-13 所示。

注意：每次重新安装时，都要用罐装气吹去耦合器的灰尘，并用沾有试剂的丙醇酒精的棉花签擦净 ST 型光纤连接器。

图 8-13　将 ST 型光纤连接器插入耦合器

第五步：重复以上步骤，直到所有的 ST 型光纤连接器都插入耦合器为止。

注意：若一次来不及装上所有的 ST 型光纤连接器，则连接器头上要盖上黑色保护帽，而耦合器空白端或未连接的一端（另一端已插上连接器头的情况）要盖上红色保护帽。

C. 光纤端接极性

每一条光纤传输通道包括两根光纤，一根接收信号，另一根发送信号，即光信号只能单向传输。如果收对收，发对发，光纤传输系统肯定不能工作。那么如何保证正确的极性就是在综合布线中所需要考虑的问题。ST 型通过繁冗的编号方式来保证光纤极性，SC 型为双工接头，在施工中对号入座就完全解决了极性这个问题。

综合布线采用的光纤连接器配有单工和双工光纤软线。在水平光缆或干线光缆终接处的光缆侧，建议采用单工光纤连接器，在用户侧，采用双工光纤连接器，以保证光纤连接的极性正确。用双工光纤连接器时，需用锁扣插座定义极性，如图 8-14 所示。

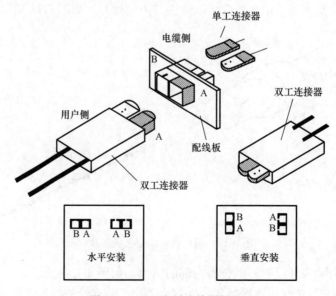

图 8-14　双工光纤连接器的配置

用单工光纤连接器时，对连接器应做上标记，表明它们的极性，如图 8-15 所示。

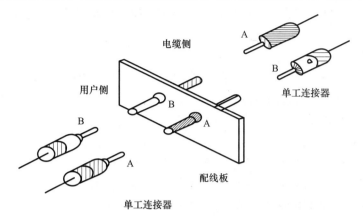

图 8-15 单工光纤连接器的配置

当用一个混合光纤连接器（BFOC/2.5-SC）代替两个单工耦合器时，需用锁扣插座定义极性。

双工光纤连接器（SC）耦合器连接的配置，应有它们自己的锁扣插座，如图 8-14 所示。单工光纤连接器（BFOC/2.5）与耦合器连接的配置，标记如图 8-15 所示。混合光纤连接器与耦合器混合互连的配置，如图 8-16 所示。

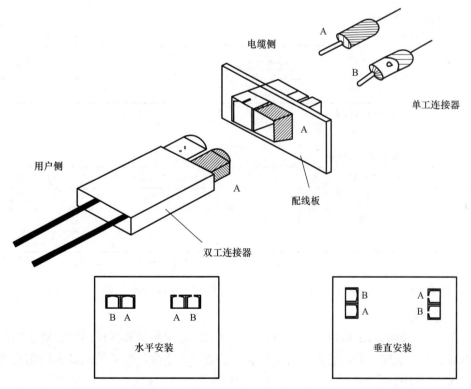

图 8-16 混合光纤连接器的配置

（4）各类跳线的端接

1）各类跳线缆线和插件间接触应良好，接线无误，标志齐全。跳线选用类型应符合系统设计要求。

2）各类跳线长度应符合设计要求，一般对绞电缆不应超过 5m，光缆不应超过 10m。

9. 系统测试

（1）测试内容。

综合布线系统工程系统调试，包括缆线、信息插座及接线模块的测试。主要包括：

1）工作间到设备间的连通状况；

2）主干线连通状况；

3）跳线测试；

4）信息传输速率、衰减、距离、接线图、近端串扰等。

各项测试应有详细记录，以作为竣工资料的一部分。有关电气性能测试记录格式如表 8-8 所示。电气性能测试仪表的精度应达到表 8-9 规定的要求。

**综合布线系统工程电气性能测试记录表** 表 8-8

| 序号 | 编号 | | | 内容 | | | | | | | 记录 |
|---|---|---|---|---|---|---|---|---|---|---|---|
| | | | | 电缆系统 | | | | | 光缆系统 | | |
| | 地址号 | 缆线号 | 设备号 | 长度 | 接线图 | 衰减 | 近端串扰 | 屏蔽电缆屏蔽层接续情况 | 衰减 | 反射 | |
| 1 | 测试日期 | | | | | | | | | | |
| 2 | 测试人员 | | | | | | | | | | |
| 3 | 测试仪表型号 | | | | | | | | | | |
| 4 | 处理情况 | | | | | | | | | | |

**电气性能测试仪表精度表** 表 8-9

| 序号 | 性能参数 | 1～100MHz | |
|---|---|---|---|
| 1 | 随机噪声最低值 | $65\sim15\log(f/100)$（dB） | 注 1 |
| 2 | 剩余近端串扰 | $55\sim15\log(f/100)$（dB） | 注 1 |
| 3 | 平衡输出信号 | $37\sim15\log(f/100)$（dB） | 注 1 |
| 4 | 共模抑制 | $37\sim15\log(f/100)$（dB） | 注 1 |
| 5 | 动态精确度 | ±0.75dB | 注 1，2 |
| 6 | 长度精确度 | ±1m±4% | — |
| 7 | 回损 | 15dB | — |

注：1. 表中 $f$ 表示频率，单位为"MHz"，对表中计算值低于 75dB 时，第 1、2 项可以不测量；在低于 60dB，第 3、4、5 项可以不测量。

2. 以表中第 5 项内容，从 0～10dB 的近端串扰极限值优于至 60dB 时的值。

（2）测试分类。

综合布线系统的测试可以分为三类：验证测试、鉴定测试和认证测试。对于测试仪器的选用基本上也是这三类，它们之间在功能上虽会有些重叠，但每类测试所使用的测试仪器各有其特定目的。

1）验证测试

验证测试是在施工过程中及验收之前，由施工者对所铺设的传输链路进行施工连通测试，测试重点检验传输链路连通性，发现问题及时处理和对施工后的链路参数进行预测，做到工程质量心中有数，以便验收顺利通过。例如每完成一个楼层后，对该水平线及信息插座进行测试。

验证测试仪器具有最基本的连通测试功能（如接线图测试），解决缆线连接是否正确，测试缆线及连接部件性能，包括开路、短路。有些测试仪器还有附加功能，测试缆线长度或对故障定位。验证测试仪器应在现场环境中随工使用，操作简便。

根据所使用的电缆测试仪（例如 DSP40000）或用单端电缆测试仪（例如 F620）进行随工测试及阶段施工情况测试，规范中指明了有基本链路和信道两种测试连接方法。

测试连接图可按基本链路测试连接方法连接，单端测试只连接测试仪主机，不需要接测试仪远端单元。

基本链路是指布线工程中固定链路部分，包括最长的 90m 水平电缆和在两端分别接有一个连接点。信道测试连接方式，用来测试端到端的链路，包括用户终端连接线在内的整体信道性能。

2）鉴定测试

鉴定测试仪不仅具有验证测试仪的功能，而且还要有所加强。鉴定测试仪最主要的一个能力就是判定被测试链路所能承载的网络信息量的大小。TIA-570-B 标准中规定，链路鉴定通过测试链路来判定布线系统所能够支持的网络应用技术（例如 100Base-Tx，火线等）。例如有两根链路但不知道它们的传输能力，链路 A 和链路 B 都通过了接线图验证测试；然而，鉴定测试会告诉你链路 A 最高只能支持 10Base-T，链路 B 却能支持千兆以太网。鉴定测试仪能生成测试报告，可用于安装布线系统时文档备案和管理。这类测试仪有一个独特的能力就是可以诊断常见的可导致布线系统传输能力受限制的线缆故障，该功能远远超出了验证测试仪的基本连通性测试。

鉴定测试仪的功能介于验证测试仪和认证测试仪的功能之间。相比验证测试仪功能强大许多，他们的设计目的是操作者只需要较少的培训就可以判断布线系统是否可以"工作"如果不能"工作"原因是什么，但无论如何它们在功能上与认证测试仪都是无法相比的，也是不可能替代认证测试仪的。

3）认证测试

认证测试是线缆置信度测试中最严格的。认证测试仪在预设的频率范围内进行许多种测试，并将结果同 TIA 或 ISO 标准中的极限值相比较。这些测试结果可以判断链路是否满足某类或某级（例如超 5 类，6 类，D 级）的要求。此外，验证测试仪和鉴定测试仪通常是以通道模型进行测试，认证测试仪还可以测试永久链路模式。永久链路模型是综合布线时最常用的安装模式。另外，认证测试仪通常还支持光缆测试，提供先进的图形终端能力并提供内容更丰富的报告。认证测试的测试内容主要包括：

A. 对缆线传输信道包括布线系统工程的施工、安装操作、缆线及连接硬件质量等方面综合布线系统的整体指标，按标准所要求的各项参数、指标进行逐项测试和比较判断是否达到某类或某级（例如超五类、六类、D 级）和国家或国际标准的要求。认证测试是缆线置信度测试中最严格的。

B. 认证测试分为基本测试项目和任选测试项目，对于五类线系统基本测试项目有：长度、接线图、衰减、近端串音损耗。任选项目有衰减对串扰比、环境噪声干扰强度、传播时延、回波损耗、特性阻抗、直流环路电阻等。这些内容根据工程的规模、用户的要求及测试的功能条件进行选择。

C. 超五类 D 级系统、六类以上布线系统测试内容应按照 ANSI/EIA/TIA 委员会发布的 568B《综合布线铜缆双绞线 6 类线标准》和国际标准《信息技术-用户基础设施结构化布线》（ISOIEC11801：2000＋）标准要求的测试内容进行测试。

D. 三类大对数电缆（垂直主干线）的测试内容，按照《综合布线系统工程验收规范》GB/T 50312—2016 中规定执行。

（3）测试仪表应能测试 3 类、4 类、5 类、超 5 类、6 类对绞电缆。

（4）测试仪表对于一个信息插座的电气性能测试时间宜在 20～50s 之间。

（5）测试仪表应有输出端口，以将所有测试数据加以存贮，并随时输出至计算机和打印机进行维护管理。

（6）电缆、光缆测试仪表应经过计量部门校验，并取得合格证后，方可在工程中使用。

（7）测试程序。

由数据终端，语音终端开始检查，信息出口、水平缆线、楼层配线架、主配线架、垂直缆线、计算机机房、电话交换机房，经过全面的调试前检查确认无误，然后对子系统逐一进行调试，各子系统经过调试检测符合规定允许开通时，再进行系统综合调试，经测试后传输速率等技术参数符合规定，便可交付使用。

10. 综合布线系统工程竣工验收

综合布线工程的竣工验收必须经过严格的传输通道参数测试，它是鉴定综合布线工程各建设环节质量的手段，测试资料也必须作为验收文件存档。

由电缆和相关连接件组成的信息传输通道，从工程的角度来说，测试可以分为两类：电缆传输链路验证测试与电缆传输通道认证测试。电缆传输链路验证测试一般是在施工的过程中由施工人员边施工边测试，以提高施工的质量和速度，保证所完成的每一个连接的正确性。通常这种测试只注重综合布线的连接性能，而对综合布线电气特性并不关心。电缆传输通道认证测试是指由工程的建设单位（甲方）或建设单位的委托方对综合布线工程质量依照某一个标准进行逐项的比较，以确定综合布线是否全部达到设计要求。这种测试包括连接性能测试和电气性能测试，向用户证明他们所做的投资得到了应有的质量保证。

综合布线测试人员应注意以下几点：

（1）选定测试仪，认真阅读随机的说明书，掌握正确的操作方法。

（2）熟悉综合布线系统图、施工图，了解该综合布线的用途以及设计要求、测试的标准，如通道/基本链路、电缆类型、测试标准等，并根据这些情况设置测试仪。

（3）测试：在发现故障时及时更正并重新进行测试。

（4）测试报告输出与整理：通常测试仪会自动生成对被测电缆的测试报告，有的测试仪还可以生成总结摘要报告。这些报告可以输入到微机，然后进行汉化处理。但由于认证的测试是十分严格的过程，有些情况下，不允许对测试结果进行修改，必须从测试仪直接送往打印机打印输出，所以，多数情况下综合布线认证报告是以英文原文的方式打印归档的。

综合布线工程验收，按工程进度可分为：工程验收准备、工程验收检查、工程竣工验收三个阶段，工程验收准备由施工单位会同建设单位进行。工程验收检查和工程竣工验收由行业技术主管单位会同有关部门进行。

1）工程验收准备

工程竣工后，施工单位提交技术监督部门计量认证以前，将工程竣工技术资料一式三份提交给建设单位。

综合布线工程竣工技术资料应包括以下内容：

① 竣工图纸。它包括系统图和施工图。系统图和施工图分别包括施工中变更的部分。施工图包括各楼层布局图、路径图和信息端口分布图。

② 设备、器材明细表。它包括施工变更部分。

③ 安装技术记录。它包括随施工进程的验收记录和隐蔽工程签证。

④ 施工变更记录。它包括工程变更设计或采取相关措施，以及由设计、施工、建设或监理等部门共同洽商的记录。

⑤ 测试报告。

A. 电缆传输通道测试报告内容：电缆测试仪类型、精度及校准性；电缆通道的电缆及相关连接件类型；电缆通道测试参数（包括接线图、长度、误差和近端串扰等，每条通道都要测试；配线架（柜）接地电阻，每个配线架都要测试，或者设计时特殊规定的测试内容）。

B. 光纤传输通道测试报告内容：光纤测试仪型号及其精度；光纤类型及光纤连接器类型（光纤是单模还是多模；光纤连接器是 ST 型还是 SC 型，是单工还是双工的）；光纤通道测试参数；光纤连续性和光纤通道衰减，每条通道都要测试。

2）工程竣工验收项目及内容

综合布线系统工程竣工验收项目及内容如表 8-10 所示。

综合布线系统工程竣工验收项目及内容　　　　　　　　　　表 8-10

| 阶段 | 验收项目 | 验收内容 | 验收方式 |
|---|---|---|---|
| 一、施工前检查 | 环境要求 | (1) 土地施工情况：地面、墙面、门、电源插座及接地装置；<br>(2) 土建工艺：机房面积、预留孔洞；<br>(3) 施工电源；<br>(4) 地板铺设 | 施工前检查 |
| | 器材检验 | (1) 外观检查；<br>(2) 形式、规格、数量；<br>(3) 电缆电气性能测试；<br>(4) 光纤特性测试 | 施工前检查 |
| | 安全、防火要求 | (1) 消防器材；<br>(2) 危险物的堆放；<br>(3) 预留孔洞防火措施 | 施工前检查 |
| 二、设备安装 | 交接间、设备间、设备机柜、机架 | (1) 规格、外观；<br>(2) 安装垂直、水平度；<br>(3) 油漆不得脱落；<br>(4) 各种螺栓必须紧固；<br>(5) 抗振加固措施；<br>(6) 接地措施 | 随工检验 |

续表

| 阶段 | 验收项目 | 验收内容 | 验收方式 |
|---|---|---|---|
| 二、设备安装 | 配线部件及8位模块式通用插座 | (1) 规格、位置、质量;<br>(2) 各种螺栓必须拧紧;<br>(3) 标志齐全;<br>(4) 安装符合工艺要求;<br>(5) 屏蔽层可靠连接 | 随工检验 |
| 三、电、光缆布放（楼内） | 电缆桥架及线槽布放 | (1) 安装位置正确;<br>(2) 安装符合工艺要求;<br>(3) 符合布放缆线工艺要求;<br>(4) 接地 | 随工检验 |
| | 缆线暗敷（包括暗管、线槽、地板等方式） | (1) 缆线规格、路由、位置;<br>(2) 符合布放缆线工艺要求;<br>(3) 接地 | 隐蔽工程签证 |
| 四、电、光缆布放（楼间） | 架空缆线 | (1) 吊线规格、架设位置、装设规格;<br>(2) 吊线垂度;<br>(3) 缆线规格;<br>(4) 卡、挂间隔;<br>(5) 缆线的引入符合工艺要求 | 随工检验 |
| | 管道缆线 | (1) 使用管孔孔位;<br>(2) 缆线规格;<br>(3) 缆线走向;<br>(4) 缆线的防护设施的设置质量 | 隐蔽工程签证 |
| | 埋式缆线 | (1) 缆线规格;<br>(2) 敷设位置、深度;<br>(3) 缆线的防护设施的设置质量;<br>(4) 回土夯实质量 | 隐蔽工程签证 |
| | 隧道缆线 | (1) 缆线规格;<br>(2) 安装位置，路由;<br>(3) 土建设计符合工艺要求 | 隐蔽工程签证 |
| | 其他 | (1) 通信线路与其他设施的距离;<br>(2) 进线室安装、施工质量 | 随工检验或隐蔽工程签证 |
| 五、缆线终结 | 8位模块式通用插座 | 符合工艺要求 | 随工检验 |
| | 配线部位 | 符合工艺要求 | |
| | 光纤插座 | 符合工艺要求 | |
| | 各类跳线 | 符合工艺要求 | |
| 六、系统测试 | 工程电气性能测试 | (1) 连接图;<br>(2) 长度;<br>(3) 衰减;<br>(4) 近端串音（两端都应测试）;<br>(5) 设计中特殊规定的测试内容 | 竣工检验 |
| | 光纤特性测试 | (1) 衰减;<br>(2) 长度 | 竣工检验 |

| 阶段 | 验收项目 | 验收内容 | 验收方式 |
|---|---|---|---|
| 七、工程总验收 | 竣工技术文件 | 清点、交接技术文件 | 竣工检验 |
| | 工程验收评价 | 考核工程质量，确认验收结果 | |

3）工程竣工验收测试

工程竣工验收包括整个工程质量和传输性能。工程质量以现场检查方式进行；传输性能必须用测试仪器进行测试。双绞电缆测试仪器，应分别满足 ANSI/EIA/TIA 委员会发布的《现场测试非屏蔽双绞线（UTP）电缆布线系统传输性能技术规范》TSB-67 中的要求。光纤链路：水平子系统部分，可选一个工作波长，从一个方向测试光衰减；干线子系统部分，应选两个工作波长，从一个方向测试光衰减。竣工验收测试主要包括：

① 电缆传输通道性能测试

用二级精度的测试仪器按 10% 的比例进行抽查测试，所测数据应符合电缆传输通道的性能要求。被抽样的信息点及干线线对数量应不少于 100 个（对）。

② 光纤传输通道性能测试

用已校准的光纤测试仪器对光纤布线通道，进行全部测试。所测数据应符合光纤传输通道的性能要求。

③ 接地电阻测量

接地电阻值应符合设计要求。

4）竣工技术文件

竣工技术文件要做到内容齐全、数据准确、外观整洁。

在验收过程中发现不合格的项目，应由验收部门查明原因，分清责任，提出解决办法。

5）工程移交

工程竣工后，应移交下列资料：

① 修改后的竣工图；

② 原材料出厂质量合格证明和抽查记录；

③ 工程测试报告；

④ 隐蔽工程验收检查记录；

⑤ 配线表。

### 8.1.4　质量标准

1. 保证项目

（1）综合布线所使用的设备器件、盒、箱缆线、连接硬件等安装应符合相应产品厂家和国家有关规范的规定。

（2）防雷、接地电阻值应符合设计要求，设备金属外壳及器件、缆线屏蔽接地线截面，色标应符合规范规定，接地端连接导体应牢固可靠。

（3）综合布线系统发射干扰波的电场强度限值要求应符合欧洲标准 EMC（电磁兼容性）测试标准，《信息技术设备无线电干扰特性限值和测量方法》EN 550222 和《信息技术设备的无线电骚扰限值和测量方法》CISPR 22 标准中的相关规定。

（4）综合布线系统应能满足设计对数据系统和语音系统传输速率，传输标准等系统设计要求和规范规定。

检验方法：观察检查或使用仪器设备进行测试检验。

2. 基本项目

（1）综合布线系统设备间、交接间、缆线管线、金属线槽、各种器件、信息插座的安装应符合设计要求和规范规定。布局合理，排列整齐、缆线连接正确、压接牢固。

（2）连接硬件符合设计要求、标记和色码清晰、性能标志设置正确。

（3）电气及防护、接地、抗电磁干扰、防静电、防火、防毒、环境保护应符合规范规定。

检验方法：观察检查或使用仪器设备进行测试检验。

3. 允许偏差项目

（1）综合布线系统链路传输的最大衰减限值，包括两端的连接硬件、跳线和工作区连接电缆在内，应符合表 8-11 的规定。

最大衰减值表　　　　　　　　　　　　　　　　　　表 8-11

| 频率(MHz) | 最大衰减值(dB) | | | |
|---|---|---|---|---|
| | A 级 | B 级 | C 级 | D 级 |
| 0.1 | | | | |
| 1.0 | | | | 2.5 |
| 4.0 | | | | 4.8 |
| 10.0 | | | 3.7 | 7.5 |
| 16.0 | 16 | 5.5 | 4.6 | 9.4 |
| 20.0 | | 5.8 | 10.7 | 10.5 |
| 31.25 | | | 14.0 | 13.1 |
| 62.5 | | | | 18.4 |
| 100.0 | | | | 23.2 |

注：要求将各点连成曲线后，测试的曲线全部应在标准曲线的限值范围之内。

（2）综合布线系统任意两线对之间的近端串音衰减限值，包括两端的连接硬件、跳线和工作区连接电缆在内（但不包括设备连接器），应符合表 8-12 规定。

线对间最低近端串音衰减限值表　　　　　　　　　　表 8-12

| 频率(MHz) | 最大衰减值(dB) | | | |
|---|---|---|---|---|
| | A 级 | B 级 | C 级 | D 级 |
| 0.1 | | | | |
| 1.0 | | | | 54 |
| 4.0 | | | 39 | 45 |
| 10.0 | | 40 | 29 | 39 |
| 16.0 | 27 | 25 | 23 | 36 |
| 20.0 | | | 19 | 35 |
| 31.25 | | | | 32 |
| 62.5 | | | | 27 |
| 100.0 | | | | 24 |

（3）综合布线系统中任一电缆接口处的回波损耗值，应符合表 8-13 的规定。

回波损耗值 表 8-13

| 频率(MHz) | 最小回波损耗值(dB) | |
|---|---|---|
| | C 级 | D 级 |
| 1≤f≤10 | 18 | 18 |
| 10≤f≤16 | 15 | 15 |
| 16≤f≤20 | — | 15 |
| 20≤f≤100 | — | 10 |

（4）综合布线系统链路衰减与近端串音衰减的比率（ACR），应符合表 8-14 的规定。

链路衰减与近端串音衰减的比率（ACR） 表 8-14

| 频率(MHz) | 最小 ACR 限值（dB） |
|---|---|
| | D 级 |
| 0.1 | — |
| 1.0 | — |
| 4.0 | 40 |
| 10.0 | 35 |
| 16.0 | 30 |
| 20.0 | 28 |
| 31.25 | 23 |
| 62.5 | 13 |
| 100.0 | 4 |

（5）综合布线系统分级和传输距离限值应符合表 8-15 的规定。

分级和传输距离限值 表 8-15

| 系统分级 | 最高传输频率 | 对绞电缆传输距离(m) | | | | 光缆传输距离(m) | |
|---|---|---|---|---|---|---|---|
| | | 100Ω 3 类 | 100Ω 4 类 | 100Ω 5 类 | 150Ω 4-100MHz | 多模 | 单模 |
| A | 100kHz | 2000 | 3000 | 3000 | 3000 | — | — |
| B | 1MHz | 200 | 260 | 260 | 400 | — | — |
| C | 16MHz | 100 | 150 | 160 | 250 | — | — |
| D | 100MHz | — | — | 100 | 150 | — | — |
| 光缆 | 100MHz | — | — | — | — | 2000 | 3000 |

（6）综合布线系统光缆波长窗口的各项参数，应符合表 8-16 的规定。

光缆波长窗口参数（nm） 表 8-16

| 光纤模式、标称波长 | 下限 | 上限 | 基准试验波长 | 谱线最大宽度 |
|---|---|---|---|---|
| 多模 | 790 | 910 | 850 | 50 |
| 多模 | 1285 | 1330 | 1300 | 150 |
| 单模 | 1288 | 1339 | 1310 | 10 |
| 单模 | 1525 | 1575 | 1550 | 10 |

注：多模光纤：芯线标称直径为 $62.5\mu m/125\mu m$ 或 $50\mu m/125\mu m$；并应符合《通信用多模光纤 第 1 部分：A1 类多模光纤特性》GB/T 12357.1—2015 规定的 A1b 或 A1a 光纤；850nm 波长时最大衰减为 3.5dB/km（20℃）；最小模式宽带为 200MHz-km（20℃）；1300nm 波长时最大衰减为 1dB/km（20℃）；最小模式宽带为 500MHz-km（20℃）。

（7）综合布线系统的光缆，在满足设计参数的条件下，光纤链路可允许的最大传输距离，应符合表 8-17 的规定。

光纤链路允许最大传输距离表　　　　　表 8-17

| 光缆应用类别 | 链路长度 (m) | 多模衰减值(dB) | | 单模衰减值(dB) | |
|---|---|---|---|---|---|
| | | 850(nm) | 1300(nm) | 1310(nm) | 1550(nm) |
| 配线（水平）子系统 | 100 | 2.5 | 2.2 | 2.2 | 2.2 |
| 干线（垂直）子系统 | 500 | 3.8 | 2.6 | 2.7 | 2.7 |
| 建筑群子系统 | 1500 | 7.4 | 3.6 | 3.6 | 3.6 |

（8）综合布线系统多模光纤链路的最小光学模式带宽，应符合表 8-18 的规定。

多模光纤链路的光学模式带宽表　　　　　表 8-18

| 标称波长(nm) | 最小光学模式带宽表(MHz) |
|---|---|
| 850 | 100 |
| 1300 | 250 |

（9）综合布线系统光纤链路任一接口的光学反射衰减限值，应符合表 8-19 的规定。

光纤链路的光回波损耗值表　　　　　表 8-19

| 光纤模式，标称波长 (nm) | 最小回波损耗值 (dB) | 光纤模式，标称波长 (nm) | 最小回波损耗值 (dB) |
|---|---|---|---|
| 多模 850 | 20 | 多模 1310 | 26 |
| 多模 1300 | 20 | 多模 1550 | 26 |

（10）综合布线系统的缆线与设备之间的相互连接应注意阻抗匹配和平衡与不平衡的转换适配。特性阻抗的分类应符合 $100\Omega$、$150\Omega$ 两类标准，其允许偏差值为 $\pm15\Omega$（适用于频率大于 1MHz）。

## 8.2　卫星接收与有线电视系统的安装

有线电视系统宜向用户提供多种电视节目源。应采用电缆电视传输和分配的方式，对需提供上网和点播功能的有线电视系统宜采用双向传输系统。传输系统的规划应符合当地有线电视网络的要求。根据建筑物的功能需要，应按照国家相关部门的管理规定，配置卫星广播电视接收和传输系统。应根据各类建筑内部的功能需要配置电视终端。本节主要针对有线电视、卫星电视、闭路电视和共用天线系统安装工程。

### 8.2.1　作业条件

（1）随土建结构封顶时，屋面防水、装饰装修前，预埋卫星接收天线基础和预埋管已完成。

（2）随土建结构砌墙时，预埋管和用户盒、箱已完成。

（3）土建内部装修油漆工程全部施工完成。

（4）前端机房内设备安装，应在下列条件具备后，开始施工：机房内土建装修完毕，架空地板（或抗静电地板）施工完毕。AC220V 设备电源供电及 AC380V 设备动力（天线电机）供电管、线、箱全部施工完毕。暗装机箱的箱体稳装完毕。进入机房的馈线及其管路、线槽已敷设完毕，并引入到机房的机柜的位置下面。机房的空调、照明、检修插座等配属设施施工完毕。机房内预留专用的接地端子，用于机房设备接地。

### 8.2.2　施工准备

**1. 一般规定**

施工准备要求做到以下几点：

（1）建设单位应在施工前完成工程开工报批手续；

（2）建设单位应向施工单位提供施工现场及毗邻区域内供水、排水、供电、供气、供热、通信和广播电视等地下管线资料、气象和水文观测资料，以及相邻建筑物、构筑物及地下工程等相关资料；

（3）建设单位应配合施工单位完成施工勘察及临时设施等现场准备工作；

（4）施工单位应配合建设单位完成图纸会审和设计交底；

（5）施工单位应编制施工组织设计并报建设单位审核；

（6）施工单位应在开工前备齐与施工有关的技术文件、标准和图集等资料；

（7）施工单位对施工现场采取的消防措施应符合现行国家标准《建设工程施工现场消防安全技术规范》GB 50720—2011 的有关规定；

（8）施工现场采取的安全防护措施应符合现行国家标准《施工企业安全生产管理规范》GB 50656—2011 的有关规定。

**2. 机房设备安装及布线施工准备**

（1）机房建筑资料应检查下列内容：

1）机房建筑结构竣工文件，重点检查进出机房管线通道工程竣工文件；

2）机房建筑分部工程质量验收记录；

3）供配电系统技术文件；

4）机房建筑物公共接地网验收资料和建筑防雷资料，重点检查公共接地网接地电阻测试等资料；

5）消防安全设施工程验收资料。

（2）机房环境应检查下列内容：

1）机房面积、高度、楼板荷载、通风、防尘、防水、环境温湿度及噪声条件；

2）机房预埋线槽、暗管、孔洞和竖井等基础设施的位置、数量和尺寸；

3）机房线缆管道与电气、给水排水及燃气等其他管道的间距；

4）机房引入的电源质量；

5）机房的防雷接地、防静电措施；

6）机房消防设施。

**3. 线缆敷设施工准备**

（1）线缆敷设应符合下列规定：

1）施工单位在工程实施前应核实过桥、过河、穿堤、穿越道路（高速公路、国道、省道）、交越地下管线以及修建临时管道等的报建和审批手续；

2）施工前应核对线缆的规格、型号和盘长；

3）施工人员应具备有效的通信联络手段；

4）施工人员应采取戴安全帽、穿绝缘鞋、戴绝缘手套等安全防护措施；施工作业前应用试电工具检查电力杆、吊线钢绞线、线缆、抱箍、支架和人（手）孔托架等导体部分，应无漏电。

（2）直埋线缆、管道敷设施工准备应符合下列规定：

1）有线电视直埋线缆、管道与其他建筑物设施的最小净距应符合表 8-20 的规定。净距达不到表 8-20 要求时，需与有关部门协商，并应采取保护措施。

有线电视直埋线缆、管道与其他建筑设施的最小净距      表 8-20

| 其他建筑设施名称 | 平行净距（m） | 交越净距（m） |
|---|---|---|
| 通信管道边线（不包括人孔） | 0.75 | 0.25 |
| 非同沟直埋线缆 | 0.50 | 0.25 |
| 埋式电力电缆（35kV 以下） | 0.50 | 0.50 |
| 埋式电力电缆（35kV 及以上） | 2.00 | 0.50 |
| 给水管（管径小于 300mm） | 0.50 | 0.50（0.15） |
| 给水管（管径 300～500mm） | 1.00 | 0.50（0.15） |
| 给水管（管径大于 500mm） | 1.50 | 0.50（0.15） |
| 高压油管、天然气管 | 10.00 | 0.50（0.15） |
| 热力、排水管 | 1.00 | 0.50（0.15） |
| 燃气管（压力小于 300kPa） | 1.00 | 0.50（0.15） |
| 燃气管（压力为 300kPa 及以上） | 2.00 | 0.50（0.15） |
| 架空线杆及拉线 | 1.50 | — |
| 其他通信线路 | 0.50 | — |
| 排水沟 | 0.80 | 0.50 |
| 房屋建筑红线或基础 | 1.00 | — |
| 树木（市内、村镇大树、果树、行道树） | 0.75 | — |
| 树木（市外大树） | 2.00 | — |
| 水井、坟墓、粪坑、积肥池、沼气池、氨水池等 | 3.00 | — |

2）应核对地下管道和人（手）孔工程的工程验收资料；

3）进入人孔作业前，应符合有限空间作业要求，应按先通风、再检测、后作业的原则，检测的时间不得早于作业开始前 30min；

4）穿缆管孔和子孔孔位应符合设计文件的要求；

5）核查管孔应通畅；

6）人（手）孔作业前，井口周围应放置施工围挡。

4. 设备和器材进场验收

（1）进场设备和器材应检查下列内容：

1）标志（生产厂家名称或代号、产品型号、执行标准或经备案的企业标准的编号、生产许可证标记和编号等）；

2）列入《中华人民共和国实行生产许可证制度的产品目录》产品的认证；

3）列入《中华人民共和国实施强制性产品认证的产品目录》产品的认证；

4）列入《广播电视设备器材入网认定产品目录》产品的认证；

5）进口设备和器材的产地证明和商检、海关验关证明。

（2）检查进场设备和器材的产地、数量、型号和规格，应符合设计文件的要求。

（3）检查进场设备和器材的质量合格证明、检测报告、安装使用说明和维护、实验技术条件说明，进口设备和器材应附上述资料的中文版。

### 8.2.3 卫星接收与有线电视系统的安装与验收

1. 工艺流程

卫星接收与有线电视系统安装工艺流程见图8-17。

2. 站址选择

（1）接收现场要满足开阔空旷的条件，应避开接收电波传输方向上的遮挡物和周围的金属构件，并避开一些可能造成干扰的因素，例如：高压电力线、电梯机房、飞机航道、微波干扰带、工业干扰等，且不要离公路太近。

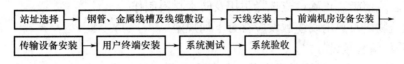

图8-17 卫星接收与有线电视系统安装工艺流程

（2）架设天线高度应尽量提高，可避开周围高大建筑物产生的阴影区，并可提高接收电平，有利于改善系统的载噪比。

（3）卫星接收天线安装位置亦可选择在无遮挡的地面，既可利用建筑物阻挡微波干扰路径，又可以降低卫星接收天线在屋顶的风荷载，提高系统安装的安全性。

（4）站址的位置要适中，宜选择在整个系统的中心位置，以便向四周辐射敷设干线，减少干线的传输长度。且前端机房与天线接收站的距离应小于50m。

（5）在安装天线前，应采用测试天线和场强仪对现场进行勘测，选择接收图像品质最佳的位置及安装高度。

3. 线缆敷设

（1）线缆敷设程序应符合下列规定

建筑物内线缆敷设应在核对暗管系统的竣工验收资料后穿缆施工。

（2）线缆敷设应符合下列规定

1）施工前应核对线缆的规格、型号和盘长；

2）线缆最小弯曲半径应符合表8-21的规定；

**线缆最小弯曲半径** 表8-21

| 线缆类型 | | 最小弯曲半径(mm) |
|---|---|---|
| 同轴电缆 | | 15D |
| 对绞电缆 | 非屏蔽4对对绞电缆 | 4D |
| | 屏蔽4对对绞电缆 | 6D～10D |
| 室内、外光缆 | | 15D/15H |
| 微型自承式通信用室外光缆 | | 10D/10H，且不小于30mm |
| 管道入户光缆，蝶形引入、室内布线光缆 | G.652D 光纤 | 10D/10H，且不小于30mm |
| | G.657A 光纤 | 5D/5H，且不小于15mm |
| | 6.657B 光纤 | 5D/5H，且不小于10mm |

注：D为线缆外径，H为缆芯处扁形护套短轴的高度。

3）光缆敷设施工前应配盘；

4）光缆盘敷设顺序宜按出厂盘号顺序依次安排；

5）敷设线缆时的牵引力应限定在线缆允许的范围内；

6）光缆接头处的预留缆长及各类线长应符合设计文件的要求；

7）连接设备之间的线缆不应有接头；

8）预留光缆应使用盘绕架收集；

9）盘缆最小弯曲半径应符合表 8-21 的规定；

10）线缆两端应有标志，应包括线缆编号、两端设备及接口等信息；

11）人（手）孔内线缆应有标志；

12）标志应清晰、正确，应选择耐用及防水材料制作。

（3）建筑物内及户内线缆敷设应符合下列规定

1）宜采用暗管敷设方式；

2）建筑物内及户内线缆敷设安装时的最小弯曲半径应符合表 8-21 的规定；

3）当线缆穿越建筑物墙壁时，应打孔并埋设穿墙管，穿越外墙的墙孔应内高外低，线缆在进入建筑物前应制作回水弯；当线缆需打孔进入建筑物时，应选择其门窗侧墙；

4）建筑物内线缆布线完成后，穿缆孔应封堵严密；

5）户内光缆成端处光纤应做标志。

（4）暗管敷设应符合下列规定

1）当暗管采用金属材料时，其截面利用率应为 25%～30%；当暗管采用钢管或阻燃聚氯乙烯硬质材料时，直线暗管的管径利用率应为 50%～60%，弯管道的管径利用率应为 40%～50%；

2）线缆在暗管内不应有接头；

3）当暗管内用带线敷设线缆时，应将带线与线缆的加强构件相连。

（5）明线敷设应符合下列规定

1）线缆在楼内应采用线卡卡固方式沿墙面上方敷设；

2）卡子间的距离不应大于 500mm。

（6）户内电缆敷设应符合下列规定

1）户内电缆与户内电源线的安装间距不应小于 300mm，且不应将两者同暗管、同线槽、同出线盒、同设备箱安装；

2）暗管敷设时，应将电缆沿预埋管孔引至户内有线电视终端盒上；

3）明线敷设时，应将电缆在设计文件要求的位置打孔进入户内，并引至电视终端盒上。

4. 机房设备安装及布线

（1）机房设备安装程序应符合下列规定

1）应确定设备机柜的基础安装牢固，并符合设计文件的要求后，再安装设备机柜；

2）工艺设备应按产品技术要求试验调整，并应检查确认后安装到机柜上；

3）应确定机房接地装置符合设计文件的要求后，再与机柜设备连接；

4）应确认信号线缆连接的两端设备符合设计文件的要求后进行连接；

5）应确认工艺设备负荷和供电容量符合设计文件的要求后，连接工艺设备电源线并加电试运行；

6）子系统设备应经过试运行，各项技术指标符合设计文件的要求后，进行系统联调，运行平稳后再连接到有线电视网络。

（2）机房内等电位的连接工作应在设备安装前完成。

（3）机架（柜）安装应符合下列规定：

1）安装位置应符合设计文件的要求；

2）金属框架应做等电位连接并接地，且有标志；

3）各类配件应安装齐全、牢固；

4）机架（柜）应固定在机房地面上；当采用活动地板时，应加装机架（柜）基础，机架（柜）基础应与机房地面连接固定，机架（柜）安装固定在基础上，基础高度应与活动地板的高度一致，机架（柜）之间宜采用固定螺栓连接；

5）安装垂直度偏差不应大于 10mm；当成列安装时，整列机架（柜）前面板应在同一平面上，偏差不应大于 5mm；并列安装的机架（柜）应相互靠拢，间距不应大于 3mm；

6）机架（柜）上的各种零件应安装完整，漆面脱落应予补漆；

7）机架（柜）内的端子板应安装牢固，序号、标志应规范清楚；

8）机架（柜）安装固定后，应固定机柜的前后门和侧板。

（4）桥架安装应符合下列规定：

1）金属桥架的安装位置应正确，符合设计文件的要求；

2）金属桥架应进行等电位连接并接地；

3）当金属桥架间连接板的两端不跨接接地线时，应设置不少于两个有防松螺母或防松垫圈的连接固定螺栓；

4）桥架转弯处的弯曲半径应满足线缆最小弯曲半径的要求；

5）当桥架穿过楼板洞、墙洞或建筑变形缝时，应加装固定装置，线缆敷设完毕后，孔洞应采用阻燃材料封堵；

6）桥架水平安装应与机架（柜）列保持平行，偏差不得超过 50mm，水平度偏差不应大于 2mm/m；

7）桥架垂直安装应与地面保持垂直，垂直度偏差不应大于 3mm；

8）机房内的桥架宜一次安装齐全；

9）楼层之间的垂直金属桥架宜安装在弱电竖井内；

10）桥架上的各种零（配）件应安装完整，漆面脱落应补漆；螺栓应拧紧，同类螺栓露出螺母的长度应一致；

11）当设计无要求时，桥架水平安装支架应牢固、均匀，支架间距应为 1.5～3.0m，紧固支架的螺母位于桥架外侧；当铝合金走线架与钢支架固定时，应采取相互间绝缘的防电化腐蚀措施；

12）桥架宜通过连接件与机房建筑物主要受力构件连接成一体。

（5）沟内和桥架内布线应符合下列规定：

1）布放线缆的规格、路由和位置应符合设计文件的要求。

2）交、直流电源的馈电电缆应分开敷设。

3）信号线缆与电力电缆应分开敷设，信号线缆与电力电缆平行敷设的最小间距应符合现行国家标准《数据中心基础设施施工及验收规范》GB 50462—2015 的有关规定。

4）线缆敷设安装后的最小弯曲半径应符合表 8-21 的规定。

5）当布放线缆时，不应有扭绞、踩踏压扁、护层断裂和表面严重划伤等现象。

6）线缆在两个端接设备之间不应有接头。

7）线缆在桥架内应排放整齐，不得交错，不得上下穿越；线缆垂直敷设或大于 45°倾斜敷设时，在线缆的上端和每间隔 1.5m 处应固定在桥架的支架上；水平敷设时，在线缆的首尾、转弯及每间隔 5～10m 处应与桥架绑扎固定。

8）在水平、垂直桥架中敷设线缆时，应对线缆进行绑扎。应根据线缆的类别、数量、缆径、线缆芯数分束绑扎；绑扎间距不宜大于 1.5m，间距应均匀，不宜绑扎过紧或使线缆受到挤压。

9）线缆两端应有标志，内容为线缆编号、两端设备及接口等信息；标志应清晰、正确、不褪色，并应选择不易损坏材料制作。

（6）光纤跳线布线应符合下列规定：

1）桥架内光纤跳线转弯处的最小弯曲半径应符合表 8-21 的规定；

2）光纤跳线与接入设备的连接应紧密；

3）光纤跳线在桥架上敷设应加套管或使用线槽保护；无保护部分宜采用活扣扎带绑扎，绑扎松紧适宜；光纤跳线应自然顺直，应无扭绞现象；

4）光纤跳线上方不应有重物压迫。

（7）信号电缆布线应符合下列规定：

1）机架内信号电缆布放应顺直规整，出线位置应准确、预留弧长一致，应均匀绑扎；

2）信号电缆转弯处应均匀圆滑，对绞电缆及同轴电缆的弯曲半径应符合表 8-21 的规定。

（8）设备电源线布线应符合下列规定：

1）电源线应采用整条电缆线料，中间不应有接头；

2）电源线敷设转弯处应放松，均匀圆滑；塑包电源线及其软电缆的弯曲半径不应小于电缆外径的 6 倍；

3）电源线插头应与插座规格匹配，连接应牢固；

4）电源线布放应自然顺直，应无明显扭绞和交叉；

5）电源线应绑扎均匀，松紧适度；线缆两端应有明显标志。

（9）工艺设备安装应符合下列规定：

1）机架内工艺设备安装应符合设计文件的要求；

2）工艺设备与机架加固应符合设备装配要求；

3）工艺设备安装应牢固，排列整齐；插接模块应插接自然，接触良好，并应锁定紧固装置；

4）当机柜有未放置设备的空插槽时，应采用盲板封堵前面板；

5）工艺设备加电前检查项目应符合下列规定：

① 列架、机架及各种配线架应接地良好；

② 各类信号线、电源线应布放正确，与设备连接应牢固可靠；

③ 检查工艺设备的各种选择开关，应置于指定位置；

④ 检查工艺设备的各级保险熔丝，规格应符合要求。

6）应按操作程序逐级加电；当出现异常时，应及时切断电源；

7）机架上的工艺设备安装后，不安装设备的机位应安装隔板；

8）工艺设备安装完成后应做好标志。

5. 线路节点设备和器材安装

设备安装前，应核对安装位置、进出线缆的接口，并按设备安装工艺要求正确安装。设备安装应采取防潮、防雨、防霉和防腐蚀措施。设备及其附件的安装应牢固、安全，安装位置应便于测试、检修和更换。线缆最小弯曲半径应符合表 8-21 的规定。

（1）线路节点设备安装应符合下列规定：

1）安装方式、位置应符合设计文件的要求；

2）设备不应置于管道人（手）孔中；

3）线缆应与设备端子连接牢固，设备插接模块和插接件应连接牢固可靠；

4）设备引入引出线缆应设置回水弯，并应固定牢靠；

5）应在设备箱内预留线缆，并应盘留整齐；

6）设备外壳应有接地装置，接地体和接地引入线的安装位置、材料、规格、长度、间距、埋深和接地电阻应符合设计文件的要求；

7）设备输出端口空载时应终接匹配电阻；

8）供电应符合设备要求，在安装前应进行通电试验；

9）电源线在室外敷设时应使用保护套管；

10）逐级加电，当出现异常时应及时切断电源。

（2）光缆交接箱的安装应符合下列规定：

1）光缆及尾纤、跳纤、适配器在箱内的安装位置和固定方式应符合设计文件的要求；

2）当安装在墙壁时，箱体应选择坚固的墙体，安装高度应符合设计文件的要求；

3）当落地安装时，箱体安装应牢固、安全、可靠；箱体的安装位置、安装高度、防潮措施应符合设计文件的要求；

4）光缆交接箱配件应安装齐全，且牢固无损坏；

5）箱内的光缆和成端尾纤应排放整齐，绑扎牢固；箱内的跳纤应排放整齐顺畅，不应相互纠缠；

6）光缆交接箱应安装接地线，接地电阻应符合设计文件的要求。

（3）分支器、分配器和用户端口安装应符合下列规定：

1）当分支器、分配器固定在吊线上时，输入输出电缆应预留回水弯；

2）分支器、分配器空载端口应终接匹配电阻；

3）明装用户端口应采用膨胀螺栓固定，暗装用户端口应采用面板螺栓固定于底座上；

4）分支器、分配器和用户端口外观应干净整洁，标志清楚，安装端正；

5）用户端口底边距房屋地面不应小于 300mm，并应与其他电器插座和接线盒高度一致。

（4）楼道配线箱和家居配线箱安装应符合下列规定：

1）楼道配线箱和家居配线箱的规格和安装位置应符合设计文件的要求；

2）箱体应采用膨胀螺栓固定，箱体安装应牢靠、不晃动，并应无明显歪斜；

3）楼道配线箱应明装于弱电竖井内，或嵌装于建筑物公共区域墙体内；

4）家居配线箱体下底边距地面高度宜为 300mm；

5）家居配线箱的电源供给应符合设计要求。

6. 卫星接收与有线电视系统工程测试

有线电视网络工程的系统检测工作宜由第三方检测机构实施，并应出具相应的检测报告。有线电视网络光缆传输系统的检测应符合现行行业标准《有线数字电视光链路技术要求和测量方法》GY/T 300—2016 的有关规定。用户端口数量在 10 万个以上时，应选10～15 个测试点；用户端口数量为 10 万个以下时，应选 6～10 个测试点。测试点抽样应符合下列规定：

① 应选择用户较密集的区域；

② 应选择传输距离相对较长和较短点；

③ 应选择放大级数相对较多点；

④ 应选择不同光节点所覆盖的测量点；

⑤ 应选择噪声、失真及干扰影响具有代表性的点。

（1）检测准备

有线电视网络工程的检测应在分项分部工程完成后进行，设计文件、施工记录应齐全。检测前应编制检测技术方案、落实信号源条件、划定检测范围和选取系统测试点。

（2）图像主观评价

数字图像主观评价评定等级应采用 5 级损伤制评定，5 级损伤制评分分级应符合表 8-22的规定。信号主观评价的方法应符合下列规定：

1）输入前端的信号源质量不得低于 4.5 分，或采用标准信号发生器代替；

2）系统应处于正常工作状态；

3）电视接收机应符合现行国家标准《彩色电视广播接收机通用规范》GB/T 10239—2011 的相关规定；

4）观看位置和条件应符合现行国家标准《数字电视接收设备图像和声音主观评价方法》GB/T 22123—2008 的相关规定；

5）评价人员不宜少于 9 名，评价人员应在前端对信号源进行主观评价，然后在选取的测试点视听，独立评价打分，并应取平均值作为评价结果；

6）应按表 8-22 中的项目进行主观评价，每个频道的得分值均不应低于 4 分。

**5 级损伤制评分分级**　　　　　　　　　　　　　　　　　表 8-22

| 图像质量损伤的主观评价 | 评分分级 |
|---|---|
| 图像上不觉察有损伤或干扰存在 | 5 |
| 图像上有稍可觉察的损伤或干扰，但并不令人讨厌 | 4 |
| 图像上有明显察觉的损伤或干扰，令人感到讨厌 | 3 |
| 图像上损伤或干扰较严重，令人相当讨厌 | 2 |
| 图像上损伤或干扰极严重，不能观看 | 1 |

（3）电气性能检测

电气性能检测指标和方法应符合下列规定：

1）下行模拟电视信号电气性能指标、检测信号条件、检测方法应符合现行行业标准《有线电视系统测量方法》GY/T 121—1995 的有关规定；下行数字电视信号电气性能指标、检测信号条件、检测方法应符合现行行业标准《有线数字电视系统技术要求和测量方法》GY/T 221—2006 的有关规定；

2）采用 5～65MHz 进行上行传输的通道电气性能指标、检测信号条件、检测方法应符合现行行业标准《HFC 网络上行传输物理通道技术规范》GY/T 180—2001 的有关规定。

7. 卫星接收与有线电视系统的工程验收

有线电视网络工程质量验收划分为单位工程验收、分部工程验收和分项工程验收。各分部、分项工程应进行随工检验和验收，并应进行记录。随工检验应由施工单位、建设单位或监理单位共同进行，并应在验收记录上签字。应按规定程序和内容进行检测，确认达到设计要求的单位工程应判定为竣工验收合格。参与竣工验收各单位代表应签署竣工验收文件，建设单位项目负责人与施工单位项目负责人应办理工程交接手续。单位工程质量验收合格后，建设单位应将工程竣工验收报告和有关文件存档。

（1）验收工作组织

分项工程应在施工单位自检的基础上，由建设单位或监理单位组织施工单位项目专业技术负责人进行验收。分部（子分部）工程应在各分项工程验收合格的基础上，由施工单位向建设单位提出报验申请，由建设单位或监理单位组织施工单位、监理和设计等有关单位项目负责人组成验收组进行验收。单位（子单位）工程完工后，由施工单位向建设单位提出报验申请，由建设单位组织施工单位、监理单位、设计单位等项目负责人进行验收。对返工后检验项目的处理应符合下列规定：

1）返工后的检验项目，应重新进行质量验收；

2）经第三方检测单位检测鉴定能达到设计要求的检验项目，应判定为验收合格；

3）经第三方检测单位检测鉴定达不到设计要求，但经原设计单位核算认为能保证使用要求的检验项目，可判定为验收通过；

4）经返修或加固处理的分项、分部（子分部）工程，虽然改变外形尺寸但仍能满足使用要求，可按技术处理方案和协商文件进行验收；

5）通过返修后仍不能满足使用要求的分部（子分部）工程、单位（子单位）工程，应判定为不合格。

（2）验收工作实施

1）工程初验应符合下列规定

① 应在施工完毕并经自检及预检合格的基础上进行；

② 应对安装工艺、系统电气特性和工程档案等进行全面质量检测；

③ 应对隐蔽工程签证记录进行审查，并可对部分工程实体进行抽查；

④ 初验项目应在审查竣工技术文件的基础上按表 8-23～表 8-26 的内容进行检查和抽验；

机房设备安装及布线分部工程验收项目　　　　　　　　　　表 8-23

| 序号 | 子分部工程 | 分项工程 | 检查方式 |
|---|---|---|---|
| 1 | 机架（柜）、桥架<br>安装工程 | 机架（柜）安装固定 | 按工程量大于或等于<br>10%的比例抽验 |
| | | 机架（柜）金属框架接地 | |
| | | 桥架接地 | |
| | | 桥架安装固定 | |

| 序号 | 子分部工程 | 分项工程 | 检查方式 |
|---|---|---|---|
| 2 | 机房布线工程 | 沟内和桥架内布线 | 按工程量大于或等于10%的比例抽验 |
| | | 光纤跳线布线 | |
| | | 信号电缆布线和成端 | |
| | | 设备电源线布线 | |
| 3 | 机房工艺设备安装工程 | 设备安装固定 | 按工程量大于或等于10%的比例抽验 |
| | | 设备加电 | |
| 4 | 机房设备防雷和接地工程 | 机房防雷装置安装 | 按工程量大于或等于15%的比例抽验 |
| | | 机房设备接地线安装 | |

**线缆敷设分部工程验收项目** 表 8-24

| 序号 | 子分部工程 | 分项工程 | 检查方式 |
|---|---|---|---|
| 1 | 建筑物内及户内线 | 暗管线缆敷设 | 按工程量大于或等于5%的比例抽验 |
| | | 明线线缆敷设 | |
| | | 户内电缆敷设 | |
| 2 | 光缆成端和接续工程 | 光配线架光缆成端 | 按工程量大于或等于5%的比例抽验 |
| | | 光缆接续 | |
| 3 | 电缆终接工程 | 同轴电缆终接 | 按工程量大于或等于5%的比例抽验 |
| | | 对绞电缆终接 | |

**线路节点设备和器材安装分部工程验收项目** 表 8-25

| 序号 | 子分部工程 | 分项工程 | 检查方式 |
|---|---|---|---|
| 1 | 线路节点设备安装工程 | 线路节点设备安装 | 按工程量大于或等于10%的比例抽验 |
| 2 | 线路器材安装工程 | 光缆交接箱安装 | 按工程量大于或等于10%的比例验收 |
| | | 分支器、分配器和用户端口安装 | 按工程量大于或等于5%的比例抽验 |
| | | 楼道配线箱和家居配线箱安装 | 按工程量大于或等于5%的比例抽验 |

**信号系统电气性能验收项目** 表 8-26

| 序号 | 项目 | 抽样原则 | 检查方式 |
|---|---|---|---|
| 1 | 模拟信号电气性能指标 | (1) 5~862MHz 内的频道;<br>(2) 典型频道;<br>(3) 兼顾高、中、低频段 | (1) 每台分配放大器每个输出端口下抽取两个用户端口作为测试点;<br>(2) 抽取距放大器传输距离较长及较短的用户端口测试点;<br>(3) 每个光节点下的测试点总数不少于5个 |
| 2 | 数字信号电气性能指标 | | |

⑤ 初验中发现的问题应由施工单位进行整改;

⑥ 工程初验完成后应出具工程初验报告。

2）工程系统试运行应符合下列规定：

① 工程经初验后，建设单位应按试运行周期安排工程系统试运行；

② 工程系统试运行应由维护部门进行试运行期维护，发现问题应由责任单位返修；

③ 试运行时间不宜少于 3 个月。

3）工程终验应符合下列规定：

① 工程试运行结束后，建设单位应组织设计、监理、施工和接收等单位进行工程终验；

② 工程终验应针对工程初验和工程试运行期间检查出的工程质量问题和整改情况进行检查或抽检，并对工程遗留问题出具处理意见；

③ 工程终验应对工程质量、工程档案和投资结算等内容进行评价，并出具书面评价结论。

### 8.2.4 质量标准

1. 主控项目

（1）客观测试

客观测试应测试卫星接收电视系统的接收频段、视频系统指标及音频系统指标，还应测量有线电视系统的终端输出电平，测试结果应符合设计要求。

（2）主观评价

1）模拟信号的有线电视系统主观评价应符合表 8-27 的规定。

**模拟电视主要技术指标**　　　　　　　　　　　　　　　　表 8-27

| 序号 | 项目名称 | 测试频道 | 主观评测标准 |
| --- | --- | --- | --- |
| 1 | 系统载噪比 | 系统总频道的 10%，且不少于 5 个，不足 5 个全检，且分布于整个工作频段的高、中、低段 | 无噪波，即无"雪花干扰" |
| 2 | 载波互调比 | 系统总频道的 10%，且不少于 5 个，不足 5 个全检，且分布于整个工作频段的高、中、低段 | 图像中无垂直、倾斜或水平条纹 |
| 3 | 交扰调制比 | 系统总频道的 10%，且不少于 5 个，不足 5 个全检，且分布于整个工作频段的高、中、低段 | 图像中无移动、垂直或斜图案，即无"窜台" |
| 4 | 回波值 | 系统总频道的 10%，且不少于 5 个，不足 5 个全检，且分布于整个工作频段的高、中、低段 | 图像中无沿水平方向分布在右边一条或多条轮廓线，即无"重影" |
| 5 | 色/亮度时延差 | 系统总频道的 10%，且不少于 5 个，不足 5 个全检，且分布于整个工作频段的高、中、低段 | 图像中色、亮信息对齐，即无"彩色鬼影" |
| 6 | 载波交流声 | 系统总频道的 10%，且不少于 5 个，不足 5 个全检，且分布于整个工作频段的高、中、低段 | 图像中无上下移动的水平条纹，即无"滚道"现象 |
| 7 | 伴音和调频广播的声音 | 系统总频道的 10%，且不少于 5 个，不足 5 个全检，且分布于整个工作频段的高、中、低段 | 无背景噪声，如咝咝声、哼声、蜂鸣声和串音等 |

2）图像质量的主观评价应符合表 8-28 的规定。

图像质量的主观评价评分       表 8-28

| 评分值（等级） | 图像质量主观评价 |
| --- | --- |
| 5 分（优） | 图像质量极佳，十分满意 |
| 4 分（良） | 图像质量好，比较满意 |
| 3 分（中） | 图像质量一般，尚可接受 |
| 2 分（差） | 图像质量，质量差，勉强能看 |
| 1 分（劣） | 图像质量低劣，无法看清 |

2. 一般项目

（1）对于基于 HFC 或同轴传输的双向数字电视系统的上行及下行指标应符合设计要求。

（2）数字信号的有线电视系统主观评价的项目和要求应符合表 8-29 所示的规定。

数字信号的有线电视系统主观评价的项目和要求       表 8-29

| 项目 | 技术要求 |
| --- | --- |
| 图像质量 | 图像清晰，色彩鲜艳，无马赛克或图像停顿 |
| 声音质量 | 对白清晰，音质无明显失真，不应出现明显的噪声和杂音 |
| 唇音同步 | 无明显的图像滞后或超前于声音的现象 |
| 节目频道切换 | 节目频道切换时不能出现严重的马赛克或长时间黑屏现象；节目切换平均等待时间应小于 2.5s，最大不应超过 3.5s |
| 字幕 | 清晰，可识别 |

# 习　题

1. 综合布线常用哪些线缆？它们与其他智能化系统同一路敷设时应注意什么？
2. 简述综合布线系统施工放线缆时应注意哪些事项？
3. 综合布线系统配线设备安装应注意什么？
4. 综合布线系统信息插座的安装应注意什么？
5. 简述光纤连接的几种方法。
6. 简述综合布线系统按工程进度验收的几个阶段。
7. 何为综合布线系统的验证测试？何为综合布线系统的认证测试？
8. 何为基础链路？何为通道（用户链路）？两者有何区别？
9. 综合布线系统验收时，用测试仪表对线缆参数进行检验。发现其返端串扰指标不合格。请分析可能的原因并提出改进意见。

# 第 9 章　装配式建筑电气安装与质量控制

　　装配式建筑是用预制部品部件在工地装配而成的建筑。发展装配式建筑，有助于提高工程质量安全、降低资源能源消耗、减少扬尘噪声污染和建筑垃圾、缩短工期提高效益。住房和城乡建设部发布的《"十四五"建筑业发展规划》（以下简称为"规划"）明确提出，"十四五"时期，我国要初步形成建筑业高质量发展体系框架，建筑市场运行机制更加完善，工程质量安全保障体系基本健全，建筑工业化、数字化、智能化水平大幅提升，建造方式绿色转型成效显著，加速建筑业由大向强转变。"规划"要求，要大力发展装配式建筑。构建装配式建筑标准化设计和生产体系，推动生产和施工智能化升级，扩大标准化构件和部品部件使用规模，提高装配式建筑综合效益。完善适用不同建筑类型装配式混凝土建筑结构体系，加大高性能混凝土、高强钢筋和消能减震、预应力技术集成应用。推动智能建造与新型建筑工业化协同发展的政策体系和产业体系基本建立，装配式建筑占新建建筑的比例达到30％以上，打造一批建筑产业互联网平台，形成一批建筑机器人标志性产品，培育一批智能建造和装配式建筑产业基地。同时，要加快建筑机器人研发和应用，加强新型传感、智能控制和优化、多机协同、人机协作等建筑机器人核心技术研究，研究编制关键技术标准，形成一批建筑机器人标志性产品。积极推进建筑机器人在生产、施工、维保等环节的典型应用，重点推进与装配式建筑相配套的建筑机器人应用，辅助和替代"危、繁、脏、重"施工作业。

　　到 2035 年，建筑业发展质量和效益大幅提升，建筑工业化全面实现，建筑品质显著提升，企业创新能力大幅提高，高素质人才队伍全面建立，产业整体优势明显增强，"中国建造"核心竞争力世界领先，迈入智能建造世界强国行列。

　　【构建装配式建筑标准化设计和生产体系，推动生产和施工智能化升级，扩大标准化构件和部品部件使用规模，提高装配式建筑综合效益。完善适用不同建筑类型装配式混凝土建筑结构体系，加大高性能混凝土、高强钢筋和消能减震、预应力技术集成应用。完善钢结构建筑标准体系，推动建立钢结构住宅通用技术体系，健全钢结构建筑工程计价依据，以标准化为主线引导上下游产业链协同发展。积极推进装配化装修方式在商品住房项目中的应用，推广管线分离、一体化装修技术，推广集成化模块化建筑部品，促进装配化装修与装配式建筑深度融合。大力推广应用装配式建筑，积极推进高品质钢结构住宅建设，鼓励学校、医院等公共建筑优先采用钢结构，培育一批装配式建筑生产基地。】

——《"十四五"建筑业发展规划》

## 9.1　装配式建筑基本概念

### 9.1.1　装配式建筑的定义与基本特征

1. 装配式建筑的定义

装配式建筑是指把传统建造方式中的大量现场作业工作转移到工厂进行，在工厂加工制作好的建筑部品、部件，如楼板、墙板、楼梯、阳台、空调板等，运输到建筑施工现场，通过可靠的连接方式在现场装配安装而成的建筑。装配式建筑主要包括装配式混凝土结构、装配式钢结构及装配式木结构等建筑。发展装配式建筑是房屋建造方式的重大变革，也是建筑业落实绿色发展理念的重要举措。其目的是通过技术创新、产品创新、管理创新、机制创新，实现建筑业的绿色化、工业化、信息化转型发展。

2. 装配式建筑基本特征

装配式建筑集中体现了工业化建造方式，其基本特征主要体现在：标准化设计、工厂化生产、装配化施工、一体化装修和信息化管理五个方面。

（1）标准化设计：标准化设计是装配式建筑所遵循的设计理念，是工程设计的共性条件，主要是采用统一的模数协调和模块化组合方法，各建筑单元、构配件等具有通用性和互换性，满足少规格、多组合的原则，符合适用、经济、高效的要求。

（2）工厂化生产：采用现代工业化手段，实现施工现场作业向工厂生产作业的转化，形成标准化、系列化的预制构件和部品，完成预制构件、部品精细制造的过程。

（3）装配化施工：在现场施工过程中，使用现代机具和设备，以构件、部品装配施工代替传统现浇或手工作业，实现工程建设装配化施工的过程。

（4）一体化装修：一体化装修是指建筑室内外装修工程与主体结构工程紧密结合，装修工程与主体结构一体化设计，采用定制化部品部件实现技术集成化、施工装配化，施工组织穿插作业、协调配合。

（5）信息化管理：以 BIM 信息化模型和信息化技术为基础，通过设计、生产、运输、装配、运维等全过程信息数据传递和共享，在工程建造全过程中实现协同设计、协同生产、协同装配等信息化管理。

装配式建筑的"五化"特征是有机的整体，是一体化的系统思维方法，是"五化一体"的建造方式。在装配式建筑的建造全过程中通过"五化"的表征，全面、系统地反映了工业化建造的主要环节和组织实施方式。

### 9.1.2 装配式建筑与传统建造方式的区别

装配式建筑是以建筑为最终产品的经营理念，采用一体化、工业化的建造方法，建立了对整个项目实行整体策划、全面部署、协同运营的管理方式。而传统的建造方式是以现场手工湿作业为主，设计与生产、施工脱节，运营管理碎片化，追求各自承包商的效益效率。装配式建筑与传统建造方式相比实现了房屋建造方式的创新和变革，全面提高建筑工程的质量、安全、效率和效益。装配式建筑与传统建造方式之间的区别如表 9-1 所示。

装配式建筑与传统建造方式之间的区别　　　　　　　　　　　　　表 9-1

| 内容 | 传统建造方式 | 装配式建筑 |
|---|---|---|
| 设计阶段 | 不注重一体化设计；设计专业协同性差；设计与施工相脱节 | 标准化、一体化设计；信息化技术协同设计；设计与施工紧密结合 |
| 施工阶段 | 现场施工湿作业、手工操作为主；工人综合素质低、专业化程度低 | 设计施工一体化、构件生产工厂化；现场施工装配化、施工队伍专业化 |
| 装修阶段 | 以毛坯房为主；采用二次装修 | 集成定制部品、现场快捷安装；装修与主体结构一体化设计、施工 |
| 验收阶段 | 竣工分部、分项工程抽检 | 全过程质量检验、验收 |

| 内容 | 传统建造方式 | 装配式建筑 |
|---|---|---|
| 管理阶段 | 以包代管、专业化协同弱；依赖进城务工人员劳务市场分包；追求设计与施工各自效益 | 工程总承包管理模式；全过程的信息化管理；项目整体效益最大化 |

## 9.2　装配式建筑电气系统的安装

### 9.2.1　装配式建筑电气系统的特点和适用范围

装配式建筑相比于传统建筑，最主要的特点是将施工阶段的工作提前到了设计阶段解决，将设计模式由"设计→现场施工→提出更改→设计变更→现场施工"这种模式转变为"设计→工厂加工→现场安装"的新模式。这种模式不但对设计提出了更高的要求，对施工也提出了新的要求。因此，为满足装配式建筑的建设需要，提高建筑电气工程的设计水平和施工安装质量，推动装配式建筑建造技术的应用，对装配式建筑电气的安装应符合国家建筑标准设计图集《装配式建筑电气设计与安装》20D804 的有关规定。

结合装配式建筑的特点，在电气设计时需要考虑管材预埋、管线敷设与结构形式的结合、管件本身与精装修的结合以及电气系统的使用年限和管材寿命等。随着绿色建造方式的倡导以及节材节能方面的环境保护要求，相对于主体结构的长寿命，电气系统应考虑使用年限、管材寿命及管线如何更换等问题。

装配式建筑电气系统，可以应用于住宅建筑、公共建筑、工业建筑等。根据不同的结构体系，可以采用电气管线预留预埋、管线分离、模块化设计等方式实现电气系统的标准化、模数化、一体化设计与安装。本书主要针对装配式建筑电气系统的安装，重点是装配式建筑区别于传统建筑的特殊做法。

### 9.2.2　装配式建筑电气系统安装

1. 装配式建筑电气系统安装的一般原则

装配式建筑采用集成设计方式，即建筑结构系统、外维护系统、设备与管线系统、内装系统一体化的设计。装配式建筑电气系统主要是解决电气管线与主体结构的关系、管线与构件的关系、管线与装修的关系以及管线与管线的关系。因此，其电气系统的设计和安装应围绕这几种关系，在符合国家和地方现行相关规范、标准和规程的要求外，还应满足现行装配式建筑设计与安装的相关技术和工法要求，并且在技术性、经济性上符合我国目前实际需求。装配式建筑电气系统安装一般原则如下：

（1）电气设备管线施工前按设计图纸核对设备及管线相应参数，同时应对预制结构构件等预埋套管、预留孔洞及开槽的尺寸、定位进行校核后方可施工。

（2）电气设备管线需要与预制结构构件连接时宜采用预留埋件的安装方式。当采用其他安装固定法时，不得影响钢结构构件的完整性与结构的安全性。

（3）电气设备与管线宜与主体结构相分离，应方便维修更换，且不应影响主体结构安全。

（4）电气设备与管线宜采用集成化技术、标准化设计，当采用集成化新技术、新产品时应有可靠依据。

（5）电气设备和管线设计应与建筑设计同步进行，预留预埋应满足结构专业相关要求，构件中预埋管线、预埋件、预留沟（槽、孔、洞）的位置应准确，不得在安装完成后的预制构件上剔凿沟槽、打孔开洞等。穿越楼板管线较多且集中区域可采用现浇楼板。楼地面内的管道与墙体内的管道有连接时，应与构件安装协调一致，保证位置准确。

（6）部品与配管连接、配管与主管道连接及部品间连接应采用标准化接口，且应方便安装使用维护。

（7）电气与智能化管线宜结合装配式装修在架空层、吊顶、隔墙空腔内敷设。

（8）当大型机电设备、机电管等安装在预制构件上时，应采用预埋件固定。

（9）机电设备、机电管穿越楼板和墙体时，应采取防水、防腐、防火、隔声、密封等措施，防火封堵应符合现行国家标准《建筑设计防火规范（2018年版）》GB 50016—2014的有关规定。

（10）当建筑设备管线与构件采用预埋件固定时，应可靠连接，管卡应固定在构件允许范围内，安装建筑设备的墙体应满足承重要求。设备与管线的抗震设计应符合现行国家标准《建筑机电工程抗震设计规范》GB 50981—2014的有关规定。

2. 装配式建筑电气系统安装的主要内容

装配式建筑电气安装主要包括电气设备及电气导管安装；防雷及接地安装；电气设备及电气导管安装包括预制构件上的电气设备安装；预制构件内电气导管安装；预制构件内电气导管与其他部位导管的连接；轻质内隔墙上的电气设备及导管安装；集成卫生间预留电气接口。防雷及接地安装主要针对装配式混凝土建筑的外部防雷装置的接闪器、引下线、外墙上各种金属设施的防雷及接地大样图等。

（1）电气设备

1）在预制构件上设置的家居配电箱、家居配线箱和控制器应做到布置合理，定位准确建筑中的家居配电箱、家居配线箱和控制器是每户或每个功能单元的电源和信号源头的分配所在，其中有大量的电气进出管线。故应该按照相关规范，选择安全可靠、便于维修维护的位置来安放这些电气设备。

对于装配式建筑，家居配电箱、家居配线箱和控制器宜尽可能避免安装在预制墙体上。当无法避让时，应根据建筑的结构形式合理选择这些电气设备的安装形式及进出管线的敷设形式。当设计要求箱体和管线均暗埋在预制构件时，还应在墙板与楼板的连接处预留出足够的操作空间，以方便管线连接的施工。为方便和规范构件制作，在预制墙体上预留的箱体和管线应遵照预制墙体的模数，在预制构件上准确和标准化定位，如电源插座和信息插座的间距、插座的安装高度等要求应在设计说明中予以明确。

① 设备箱在预制墙板上暗装

对于装配式混凝土结构建筑，设备箱应不宜暗装在预制墙板内，当不具备其他安装条件时可参照图9-1。图中叠合板和预制墙板厚度由设计确定。

设备箱安装尺寸（$a \times b \times c$）及安装高度（$H$）由设计确定，预留安装空间时应与结构专业配合，$d_1$和$d_2$为配电箱敲落孔中心间距。图9-1中电气导管可选PC（硬塑料导管）、JDG（套接紧定式钢导管）或KJG（可弯曲金属导管），预埋根数及管径由工程设计确定。导管连接头与导管适配，做法如图9-2所示。

当设备箱引上管线需与楼板下吊顶内水平导管连接时，可将顶部操作空间内导管连接头换为弯头或接线盒，与水平导管连接。

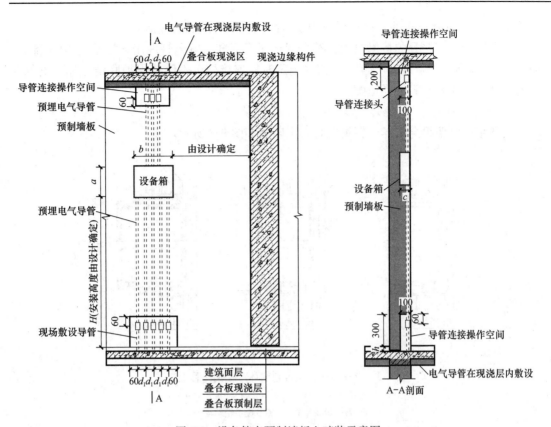

图 9-1　设备箱在预制墙板上暗装示意图

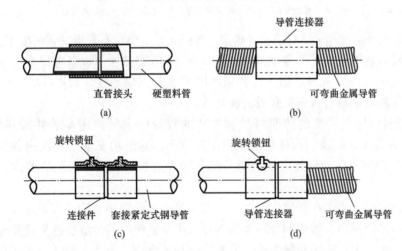

图 9-2　电气导管连接示意图

（a）硬塑料导管（PC）直管连接；（b）可弯曲金属导管（KJG）连接；

（c）套接紧定式钢导管（JDG）直管连接；（d）套接紧定式钢导管（JDG）与可弯曲金属导管（KJG）连接

　　硬塑料导管连接时，先将管子插入段清理干净，在插入端外壁周围抹上专用 PVC 胶水后将管子插入套管内，插入后不得随意转动，1min 后管材套接完成。

　　套接紧定式钢导管连接处，两侧连接的管口应平整、光滑、无毛刺、变形等缺陷。管材端口分别插入连接件内应紧贴凹槽外，接触应紧密，且两侧应定位，应将旋转锁旋转

90°固定牢固。管路连接处宜涂抹以电力复合酯或采取有效的封堵措施。

当金属导管连接处的接触电阻值符合现行国家标准《电缆管理用导管系统 第 1 部分：通用要求》GB/T 20041.1—2015 的相关规定时，连接处可不跨接保护联结导体。电气导管连接件规格应和导管管径适配。

② 设备箱在骨架组合墙体（轻钢龙骨）上暗装

设备箱在骨架组合墙体（轻钢龙骨）上暗装如图 9-3 所示。

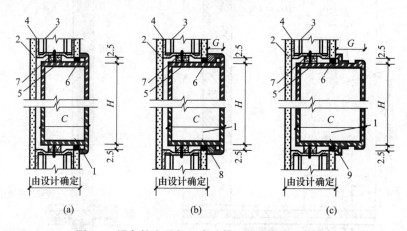

图 9-3 设备箱在骨架组合墙体（轻钢龙骨上暗装）

(a) 方案（一）；(b) 方案（二）；(c) 方案（三）

$H$—设备箱高度；$C$—设备箱厚度

1—设备箱；2—石膏壁板；3—竖向龙骨；4—加强龙骨；5—自攻螺钉；

6—建筑密封膏；7—闭孔海绵橡胶条；8—木框；9—铝合金压条

图中设备箱外形尺寸 $H$、$C$ 由设计确定，加强龙骨需要在石膏板安装前施工。图 9-3(a) 方案适用于设备箱厚度 $C$ 小于隔墙厚度；图 9-3(b) 方案适用于设备箱厚度 $C$ 大于隔墙厚度，$G \leqslant 40$；图 9-3(c) 方案适用于设备箱厚度 $C$ 大于隔墙厚度，$40 < G < 170$。铝合金压条及木框采用胶粘剂与石膏壁板和设备箱粘接。

2）在预制构件上设置的照明灯具和插座的数量应满足使用需求并做到精确定位。灯具和插座的接线盒在顶制构件上的预留位置应不影响结构安全。建筑内各功能单元照明灯具和插座的数量，应满足各功能单元的使用要求和相关设计规范的要求，此处不再赘述。

装配式建筑中，通常在楼梯、阳台、空调板等部位采用预制构件。但随着预制化率在装配式建筑中逐渐提高，楼板和分隔墙等部位采用预制构件的做法也越来越普遍。

以楼板为例，楼板采用预制构件，分为全预制和叠合楼板两种做法。采用全预制楼板时，电气的接线盒和管线应全部预埋在结构预制构件内。采用叠合楼板时，电气的接线盒应预埋在结构预制构件内，电气管线则通常敷设在叠合楼板的现浇层内，这样电气接线盒和管线的连接就只能在叠合楼板的现浇层内实现了，故要求在叠合楼板预制构件中预埋的电气接线盒采用深型接线盒，如图 9-4 所示。在叠合楼板底部灯位（或探测器等）处，预埋深型灯线盒，其高度应大于叠合楼板预制部分厚度 40mm，并保证导管接续口在叠合楼板现浇层内。

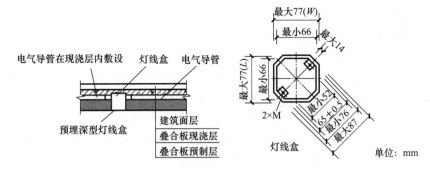

图 9-4  叠合板内深型灯线盒安装

注：图中 2×M 表示螺纹孔，适用 M4 螺钉。

装配式建筑的墙板，现多采用全预制构件和现浇式一体化成型墙体两种方式。在墙体上预留接线盒的位置应遵照构架模数，并满足电气规范和使用要求。电气的管线应预埋在构件内。装配式建筑的预制内墙板、外墙板门窗过梁钢筋锚固区对结构安全尤为重要，故不应在上述区域内预留接线盒。

（2）电气管线设计

1）电气、电信主干线应集中设在共用部位，便于维修维护。

出于维修、管理、安全等因素的考虑，配电干线、弱电干线应集中设在共用部位。实际工程中，通常将配电干线、弱电干线集中设在电气管井内。

由于装配式建筑的主体结构多为整体预制的大型混凝土或钢构件，难以将配电干线、弱电干线分散敷设在这些构件内，管线施工难度加大，因此配电干线、弱电干线要尽可能与装配式结构主体分离，竖向主干线宜集中设置在建筑公共区域的电气管井内。

装配式建筑的电气管井在选址时，应避免设置于采用预制楼板（如楼梯半平台等）区域内，从而减少在预制构件中预埋大量导管的现象产生。

2）电气管线及其敷设要求

装配式建筑中电气管线可采用在架空地板下、内隔墙及吊顶内敷设，如受条件限制必须采用暗敷设时，宜优先选择在叠合楼板的叠合层或建筑找平层中暗敷。

电气线路布线可采用金属导管或塑料导管，但需直接连接的导管应采用相同的管材。明敷的消防配电线路应穿金属导管保护，且金属导管应采取防火保护措施。导管壁厚应满足相关规范的要求。

线缆保护导管暗敷时，外护层厚度不应小于 15mm；消防配电线路暗敷时，应穿管并应敷设在不燃烧结构内且保护层厚度不应小于 30mm。

在预制构件中暗敷的管线不应影响结构安全，例如管线不应敷设在预制构件的接缝处。水平接缝和竖向接缝是装配式结构的关键部位，为保证水平接缝和竖向接缝有足够的传递内力的能力，竖向电气管线不应设置在预制柱内，且不宜设置在预制剪力墙内。当竖向电气管线设置在预制剪力墙或非承重预制墙板内时，应避开剪力墙的边缘构件范围，并应统一设计，将预留管线标示在预制墙板深化图上。

3）管线连接和施工要求

装配式建筑中，电气管线的接口应采用标准化的接口。预制构件内导管的连接技术在满足预制构件的连接方式的同时，还应做到安全可靠、方便简洁。故电气导管的连接技术还应该做进一步的研究和提高。

《建筑电气工程施工质量验收规范》GB 50303—2015 中对于目前常见的各种管材的连接，给出的要求比较详细。

需要特别强调，装配式建筑中沿叠合楼板、预制墙体预埋的电气灯头盒、接线管及其管路与现浇相应电气管路连接时，应在其连接处预留接线足够空间，便于施工接管操作，连接完成后再用混凝土浇筑预留的孔洞。

引至高位安装盒（壁挂式空调插座、灯具、开关、探测器等）的水平导管，在顶部叠合楼板现浇层内敷设；引至低位安装盒（电源插座、信息插座、求助按钮等）的水平导管在地面叠合楼板现浇层内敷设。

抗震设防烈度为 6 度及 6 度以上地区的建筑机电工程必须进行抗震设计。

① 电气导管在叠合板内安装

电气导管在叠合板内安装如图 9-5 所示。水平电气导管在叠合板内安装，导管接续口应位于现浇层内。电气导管通过楼板孔洞时，其孔隙应采用等同建筑构件耐火等级的材料进行防火封堵。

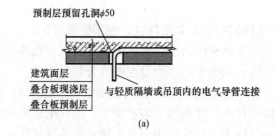

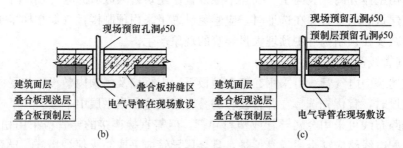

图 9-5　电气导管在叠合板内安装

(a) 叠合板内电气导管穿预制层；(b) 电气导管穿叠合板方法（一）；(c) 电气导管穿叠合板方法（二）

② 电气导管穿叠合梁敷设

电气导管穿叠合梁的敷设如图 9-6 所示。

图 9-6(a) 适用于电气导管在楼板下明敷设，水平穿叠合梁的做法；图 9-6(b) 适用于电气导管竖向穿叠合梁的做法。图中孔洞或套管应避开结构钢筋，其中心线距顶或梁边的距离（$h$）由设计确定。此外，电气导管通过孔洞时，其孔隙应采用等同建筑构件耐火等级的材料进行防火封堵。

③ 预制墙板内接线盒及导管的安装

预制墙板内接线盒及导管安装立面示意图如图 9-7 所示。

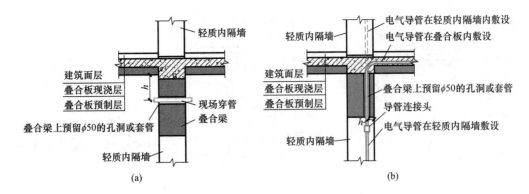

图 9-6　电气导管穿叠合梁敷设

（a）电气导管水平穿叠合梁敷设；（b）电气导管竖向穿叠合梁敷设

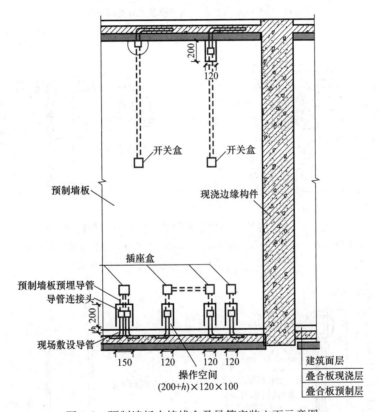

图 9-7　预制墙板内接线盒及导管安装立面示意图

图 9-7 中建筑面层、叠合板和预制墙板厚度、接线盒安装高度由设计确定。图中示例了接线盒在线路终端、线路中间及导管在插座盒间水平连接的三种安装方式。图中虚线表示在预制墙板内预埋的导管或接线盒，实线为现场敷设的导管。

④ 电气导管在轻质条板隔墙（实心）内敷设

电气导管在轻质条板隔墙（实心）内敷设方法如图 9-8～图 9-10 所示。

在轻质条板隔墙上开槽、开洞时，先定位，再用专用切割工具切割。完成后，应按照设计要求敷设导管和安装接线盒（插座盒、开关盒），做好定位和固定后，用水泥砂浆填平夯实，接线盒的表面应与墙面齐平。开槽的墙面可采用粘贴耐碱玻璃纤维网格

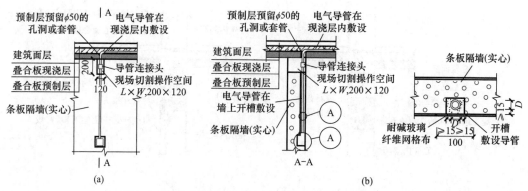

图 9-8　电气导管在轻质条板隔墙（实心）内敷设（一）

（a）条板隔墙（实心）与叠合楼板内电气导管的连接；（b）Ⓐ—电气导管在条板隔墙（实心）内竖向开槽敷设

D—条板隔墙（实心）内开槽敷设导管的外径

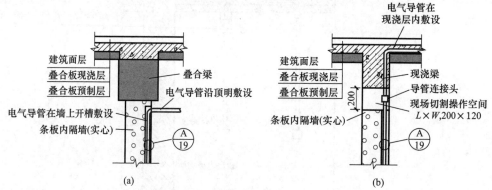

图 9-9　电气导管在轻质条板隔墙（实心）内敷设（二）

（a）电气导管沿顶明敷设引入内隔墙；（b）电气导管在内隔墙与现浇梁间的连接

注：$\frac{A}{19}$ 指图 9-8 中（b）

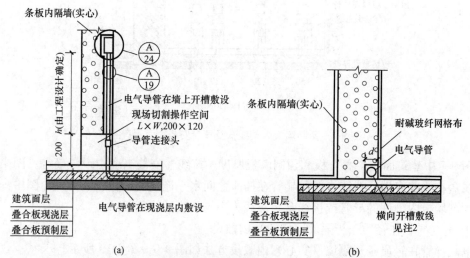

图 9-10　电气导管在轻质条板隔墙（实心）内敷设（三）

（a）电气导管沿地面叠合板暗敷设引至内隔墙做法；（b）电气导管沿内隔墙底部敷设

注：$\frac{A}{24}$、$\frac{A}{19}$ 指图 9-8 中（b）

布、无纺布或采用局部挂钢丝网等补强、防裂措施。图 9-10 中，PC 导管在穿出楼板地面的一段，应设置防机械撞击损伤的保护措施。在条板横向开槽时，开槽长度不应大于条板宽度的 1/2。电气导管在轻质实心条板隔墙内横向开槽宽度和深度如表 9-2 所示。

电气导管在轻质实心条板隔墙内横向开槽宽度和深度　　　表 9-2

| 公称直径(mm) | | 电气导管在轻质实心条板隔墙内横向开槽宽度和深度要求 | |
| --- | --- | --- | --- |
| PC、JDG | KJG | 开槽宽度(mm) | 开槽深度(mm) |
| 20 | 15 | ≥50 | $35 \leqslant d \leqslant$ 墙厚 2/5 |
| 25 | 20 | ≥55 | $40 \leqslant d \leqslant$ 墙厚 2/5 |

注：根据行业标准《建筑轻质条板隔墙技术规程》JGJ/T 157—2014 第 4.3.5 条要求：开槽深度不大于墙厚的 2/5，开槽宽度按所敷设管线的管径＋30mm 控制。

　⑤ 轻质条板隔墙（实心）内电气导管及接线盒安装

　轻质条板隔墙（实心）内电气导管及接线盒安装如图 9-11、图 9-12 所示。

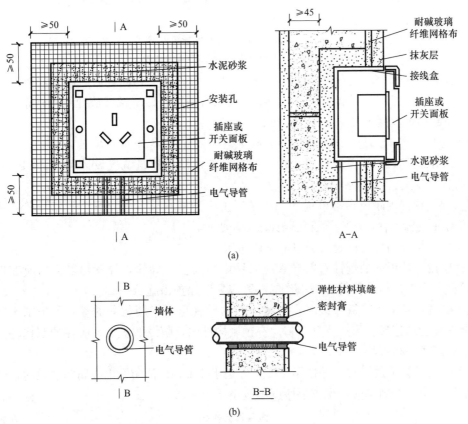

图 9-11　轻质条板隔墙（实心）内电气导管及接线盒安装（一）
(a) 墙内暗装接线盒安装详图；(b) 电气导管穿墙做法详图

　图 9-11(a) 中，应根据接线盒尺寸，使用专用工具开孔洞，孔洞内接线盒外侧采用水泥砂浆填平，接线盒周边使用胶粘剂粘贴耐碱玻璃纤维网格布做饰面层，待做完饰面层并达到设计强度后安装面板。

　图 9-12(a) 为电气导管在轻质条板隔墙（空心）上开槽敷设的做法。轻质条板隔墙（空心）上开槽、开洞时，先定位，再用专用切割工具切割。完成开槽、开洞后，应按照

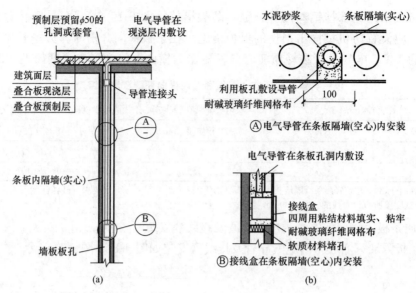

图 9-12　轻质条板隔墙（实心）内电气导管及接线盒安装（二）

（a）条板隔墙（实心）内与叠合板内电气导管连接做法；（b）局部详图

设计要求敷设导管、接线盒（插座盒、开关盒），做好定位和固定后，用水泥砂浆填平夯实，接线盒的表面应与隔墙面齐平。开槽的墙面可采用粘贴耐碱玻璃纤维网格布、无纺布或采用局部挂钢丝网等补强、防裂措施。

4）电气导管的选择

① 装配式建筑布线系统应符合现行国家标准《民用建筑电气设计标准》GB 51348—2019 的有关规定。

② 预制构件内暗设导管可选择中型及以上阻燃塑料管、套接紧定式钢导管、中型及以上可弯曲金属导管。电气导管代码如表 9-3 所示。

③ 现浇楼板内可弯曲金属导管应采用重型。

④ 埋设于楼板内的刚性塑料导管应采用中型及以上导管，导管温度应与所在地区气候相适应。在穿出楼板易受机械损伤的一段应采取保护措施。

⑤ 电气线路采用导管布线时，直接连接的导管尽量采用相同的管材。预制构件内导管与外部导管的连接应采用标准接口。在预制构件内暗敷设的支线，应在预制构件内预埋导管，在现场进行穿线。

⑥ 电气导管暗敷设时，外护层厚度不应小于 15mm；消防配电线路暗敷设时，应穿管并应敷设在不燃烧结构内，保护层厚度不应小于 30mm。

电气导管代码　　　　　　　　　　　　　　　　　　　表 9-3

| 产品代码 | 导管名称 | 适用管径 |
| --- | --- | --- |
| PC | 阻燃塑料管 | 外径 25mm 及以下 |
| JDG | 套接紧定式钢导管 | 外径 25mm 及以下 |
| KJG | 可弯曲金属导管 | 外径 25.2mm 及以下 |

注：本表依据国家建筑标准图集《建筑电气常用数据》19DX101-1 编制。

（3）防雷与接地

装配式混凝土结构建筑防雷接地系统的接地电阻值与非装配式混凝土结构建筑相比并

无特殊要求，与现行的国家标准的要求是一致的，而且通常也是采用共用接地系统。重点在于防雷接地系统的具体做法与非装配式混凝土结构建筑有所不同。装配式混凝土结构建筑大多是利用建筑物的钢筋作为防雷装置。目前，采用的连接措施还是比较传统的。

目前，在工程设计中通常采用下面的做法。装配式混凝土结构建筑屋面的接闪器、引下线及接地装置在可以避开装配式主体结构的情况下可参照非装配式混凝土结构建筑的常规做法；难以避开时，需利用装配式混凝土结构框架柱（或剪力墙边缘构件）内部满足防雷接地系统规格要求的钢筋作引下线及接地极，或在预制装配式结构楼板等相应部位预留孔洞或预埋钢筋、扁钢，并确保接闪器、引下线及接地极之间通长、可靠连接。

在防雷与接地系统安装时一般应遵循以下原则：

1）应优先利用装配式建筑结构构件内金属体做防雷引下线。作为专用防雷引下线的钢筋应上端与接闪器、下端与防雷接地装置可靠连接，结构施工时做明显标记。

2）装配式混凝土结构建筑的预制梁、板、柱、墙内的钢筋应通过现浇带内的钢筋互相连接。

3）当利用预制柱内的部分钢筋作为防雷专用引下线时，预制构件内作为引下线的钢筋，应在构件接缝处作可靠的电气连接，其连接处应预留施工空间及连接条件，连接部位应有明显标记。

4）当建筑外墙预制构件上的金属管道、栏杆、门窗、金属围护部（构）件、金属遮阳部（构）件等金属物需要做防雷连接时，应通过与相关预制构件内部的金属件与防雷装置连接成电气通路。

5）在建筑物外侧现浇结构体（包括现浇梁、柱、叠合板、叠合梁的现浇部分）上，用于安装预制构件的金属预埋件应与现浇结构体内钢筋做电气连接；预制构件上的金属连接件，应在构件生产时与其内部做专用引下线钢筋做可靠电气连接。

6）设置等电位联结的场所，各构件内的钢筋应做可靠的电气连接，并与等电位联结端子箱连通。

7）装配式钢结构建筑的防雷引下线和共用接地装置应充分利用钢结构自身作为防雷装置。接地端子应与建筑物本身的钢结构金属物连接。

8）装配式纯木结构建筑的外部防雷装置应采用专设接闪器、引下线和接地装置。接地装置宜围绕建筑物敷设成环形接地体。

9）所有人工防雷接地装置均应热镀锌，防雷、接地装置凡焊接处均应刷沥青防腐或采取其他防腐措施。

装配式混凝土结构建筑的实体柱等预制构件是在工厂加工制作的，由于预制柱等预制构件的长度限制，一根柱子需要若干段柱体连接起来，两段柱体对接时，一段柱体端部为套筒，另一段为钢筋，钢筋插入套筒后注浆，钢筋与套筒中间隔着混凝土砂浆，钢筋是不连续的。如若利用钢筋做防雷引下线，就要把两段柱体（或剪力墙边缘构件）钢筋用等截面钢筋焊接起来，达到贯通的目的。选择框架柱（或剪力墙边缘构件）内的两根钢筋做引下线时，应尽量选择靠近框架柱（或剪力墙）内侧，以不影响安装。

如不利用框架柱（或剪力墙边缘构件）内钢筋做防雷引下线，也可采用 $-25\text{mm} \times 4\text{mm}$ 扁钢做防雷引下线，两根扁钢固定在框架柱（或剪力墙）两侧，靠近框架柱（或剪力墙）引下并与基础钢筋焊接。

　　不管是利用框架柱（或剪力墙）内钢筋做引下线还是利用扁钢做引下线，都应在设有引下线的框架柱（或剪力墙）室外地面上 500mm 处，设置接地电阻测试盒，测试盒内测试端子与引下线焊接。此处应在工厂加工框架柱（或剪力墙）时做好预留。

　　此外，装配式混凝土结构建筑的外墙基本采用预制外墙技术，预制外墙上的金属门窗通常有两种做法：①门窗与外墙在工厂整体加工完成；②金属窗框与外墙一起加工完成，现场单独安装门窗部分。无论采用哪一种方式，当外窗需要与防雷装置连接时，相关的预制构件内部与连接处的金属件应考虑电气回路的连接或考虑不利用预制构件连接的其他方式，电气设计师在设计文件中应将做法予以明确。具体安装做法可参见《装配式建筑电气设计与安装》20D804。

　　3. 装配式建筑电气系统安装注意事项

　　（1）建筑设备管线施工前按设计图纸核对设备及管线相应参数，同时应对预制结构构件等预埋套管、预留孔洞及开槽的尺寸、定位进行校核后方可施工。

　　（2）建筑设备管线需要与预制结构构件连接时宜采用预留埋件的安装方式。当采用其他方法安装固定时，不得影响钢结构构件的完整性和结构的安全性。

　　（3）当建筑设备管线与构件采用预埋件固定时，应可靠连接，管卡应固定在构件允许范围内，安装建筑设备的墙体应满足承重要求。

　　（4）构件中预埋管线、预埋件、预留沟（槽、孔、洞）的位置应准确，不应在围护系统安装后凿剔。楼地面内的管道与墙体内的管道有连接时，应与构件安装协调一致，保证位置准确。

　　（5）预留套管应按设计图纸中管道的定位、标高同时结合装饰、结构专业，绘制预留套管图。预留预埋应在预制构件厂内完成，并进行质量验收。

　　（6）室内给水系统工程施工安装符合下列规定：

　　1）生活给水系统所用材料应达到饮用水卫生标准；

　　2）当采用给水分水器时，给水分水器与用水点之间的管道应一对一连接，中间不应有接口；

　　3）管道所用管材、配件宜使用同一品牌产品；

　　4）在架空地板内敷设给水管道时应设置管道支（托）架，并与结构可靠连接。

　　（7）消火栓箱应于预制构件上预留安装孔洞，孔洞尺寸各边大于箱体尺寸 20mm。箱体与孔洞之间间隙应采用防火材料封堵。并应考虑消火栓所接管道的预留做法。

　　（8）管道波纹补偿器、法兰及焊接接口不应设置在预制结构，如钢梁或钢柱的预留孔。

　　（9）在具有防火保护层的钢结构上安装管道或设备支吊架时，通常应采用非焊接方法固定；当必须采用焊接方法时，应与结构专业协调，被破坏的防火保护层应进行修补。

　　（10）沿叠合楼板、预制墙体预埋的电气灯头盒、接线盒及其管路与现浇相应电气管路连接时，墙面预埋盒下（上）宜预留接线空间，便于施工接管操作。

　　（11）智能化系统工程施工安装应符合下列规定：

　　1）电视、电话、网络等应单独布管，与强电线路的间距应大于 100mm，交叉设置间距大于 50mm；

　　2）防盗报警控制器与中心报警控制主机应通过专线或其他方式联网。

　　（12）管线施工完成后应做好成品保护。成品保护措施为：

1）装配式整体建筑设备及管道的零部件应放置在干燥环境下；

2）装配式整体建筑设备及管道的零部件堆放场地应做好防碰撞措施。

## 9.3　预制装配式住宅电气系统的安装

装配式住宅电气系统主要包括电气管线设计、电气设备安装、防雷接地三部分。

### 9.3.1　电气管线设计

1. 设计原则

装配式住宅预制构件的电气管线预留预埋应遵循以下原则：

（1）电气管线设计应符合国家相关规范要求。

（2）电气管线的敷设与连接应结合结构形式做到标准化、模块化。

（3）设计时应减少管线交叉、弯折，优化管线走向，避免多管线重叠，减少对结构高度的需求。

2. 设计要点

（1）预制剪力墙中敷设

剪力墙是结构的主要受力部位，电气管线敷设不应破坏结构的承重部件，管线敷设、接线盒安装均应避开结构钢筋。

设计时，根据构件配筋图，对电气管线走向及接线盒位置进行优化，合理利用钢筋间的缝隙布置电气管线与接线盒。预留操作口时，应将操作口的位置反提给结构专业，配合修改局部配筋。预制剪力墙中管线、线盒敷设安装大样如图 9-13 所示。

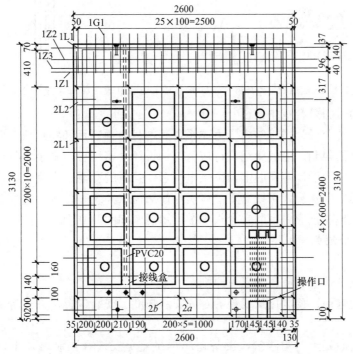

图 9-13　预制剪力墙中管线、线盒敷设

在预制剪力墙中电气预埋线管的材质应优先采用刚性熟塑料管；当强弱导管线敷设在一起无法满足间距要求时，应采用具有屏蔽作用的金属管。操作口应集中设置，同一构件同一侧的操作口不宜多于两个。

（2）预制叠合楼板中敷设

叠合楼板由叠合层和现浇层组合，叠合层厚度一般为 50～60mm，现浇层厚度一般为 70～80mm，利用这个结构特点，设计时将接线盒预埋在预制构件中，电气管线埋于现浇层中，减少叠合板的板型种类，叠合板中电气管线及接线盒关系如图 9-14 所示。

在设计过程中，需要对叠合板进行深化，将接线盒位置在构件深化图中根据使用需求对接线盒的位置进行定位，以便工厂生产。在满足使用需求及国家规范的前提下，接线盒的位置设置应不影响或少影响叠合楼板的种类。

（3）双面叠合剪力墙中敷设

电气管线在双面叠合剪力墙中敷设相比于普通预制剪力墙更方便，设计时将电气管线敷设在现浇层内，接线盒设置在预制层内，接线盒在构件中安装做法参考本节关于"预制剪力墙中敷设"的相关描述。电气管线在双面叠合剪力墙中安装示意图如图 9-15 所示。

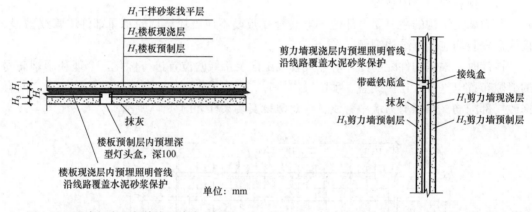

图 9-14　叠合板中电气管线及接线盒关系　　图 9-15　电气管线在双面叠合剪力墙中安装示意图

（4）预制预应力带肋叠合板中敷设

预制预应力带肋叠合板为楼板结构受力体系，其本身由预制板和肋组成，肋的存在对电气管线敷设有极大的限制。电气管线设计应与结构设计紧密结合，满足电气管线需求又不增加预制板类型。结构设计应在肋上预留供电气管线穿越的孔洞；高度及宽度应根据常见设计的最大值考虑。电气设计接线盒定位应满足使用需求并统一位置，电气管线敷设在现浇层。电气管线在预制预应力带肋叠合板中敷设示意图如图 9-16 所示。

### 9.3.2　电气设备安装

1. 设计原则

装配式住宅电气设备安装应遵循以下原则：

（1）设备箱（配电箱、智能化配线箱等）的安装高度、安装位置、方式等应满足相关规范要求。

（2）对于装配式混凝土结构建筑，设备箱应尽量避免安装在预制墙体上，若无法避免，应根据建筑的结构形式合理选择电气设备的安装方式。

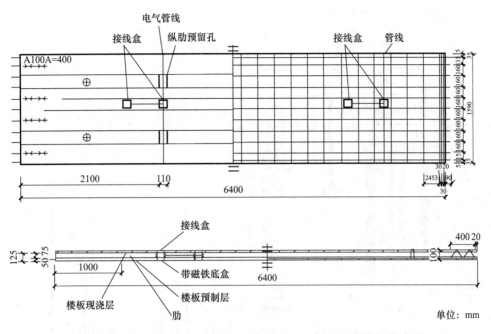

图 9-16　电气管线在预制预应力带肋叠合板中的敷设示意图

（3）预埋设备箱、设备箱预留洞及预埋套管的布置应紧密结合建筑结构专业，避开钢筋密集，结构复杂的区域。

2. 设计要点

电气设备在预制隔墙中安装：

配电箱在预制隔墙中安装，配电箱的位置预留比箱体尺寸略大的洞口，一般要求箱体左右距墙体 50～100mm，上下距墙体 150～200mm。配电箱进出线较多且施工不便，应沿箱体留洞进出线处增加安装操作口。强弱电箱安装操作口的尺寸根据进出该操作口的线管数量进行预留，一般按照操作口高度 250～300mm，深度 80～100mm 预留；操作口的宽度按照单个线盒（1～2 根线管）120mm 及实际线管情况预留。强弱电箱及出线较多的部位，操作口尺寸可适当增大，但应注意预留操作口宽度不应大于该安装操作口所在位置局部墙板宽度的 1/2。安装操作口的布置要紧密结合建筑结构专业，避开钢筋密集，结构复杂的区域。住户强弱电箱安装方式、预制构件顶部及底部操作口线管出口做法大样、操作口做法如图 9-17～图 9-19 所示。

### 9.3.3　防雷接地

装配式建筑结构形式、施工方式不同于普通建筑，而防雷装置需要大量利用结构的金属体，所以装配式建筑的防雷设计与传统建筑防雷设计方法会存在差异。在满足国家现行法律法规的相关规定的前提下，根据建筑物的施工方式、构造形式、加工特点采用相应的防雷措施，构件之间、构件与接地装置之间形成电气通路。

1. 设计原则

装配式建筑电气防雷与接地系统设计应遵循以下原则：

（1）应符合现有建筑物防雷设计国家标准、规范、章程的相关规定。

（2）装配式建筑的所有结构构件均应与防雷装置、接地装置形成电气通路。

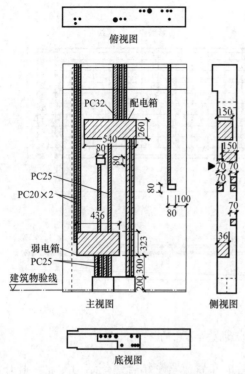

图 9-17  住户强弱电箱安装方式

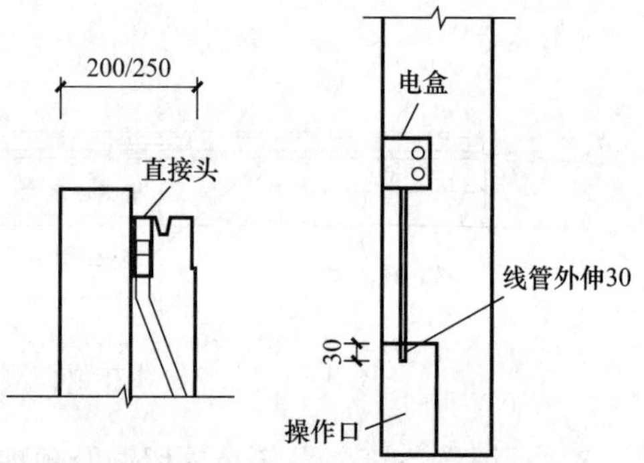

图 9-18  预制构件顶部及底部操作
口线管出口做法大样图

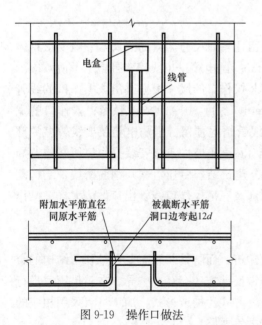

图 9-19  操作口做法

（3）装配式建筑的防雷与接地装置应优先采用结构构件内的钢筋、钢柱等金属体。

2. 设计要点

（1）装配式住宅预制女儿墙防雷接地

女儿墙顶部明装接闪带作为建筑物防直击雷的重要部件，明装接闪带与屋面暗敷接闪网、基础接地装置形成电气通路。设计时应根据现行国家标准《建筑物防雷设计规范》GB 50057—2010 的要求在适当位置设置引下线，同时预留安装引下线连接的条件。预制女儿墙接闪器及引下线做法如图 9-20 所示。

（2）装配式住宅预制剪力墙防雷接地

预制剪力墙体之间的横向连接采用现浇方式，用于固定和连接预制剪力墙，其间距满足接闪引下线间距要求，同时，该现浇带内纵向钢筋与叠合板、叠合梁现浇层的钢筋有可靠连接，满足电气连续性的要求，应优先利用其作为接闪引下线。但预制剪力墙竖向的结构连接方式为灌浆套筒连接，其竖向钢筋无法形成电气通路，本指南提供的做法是利用 25mm×4mm 镀锌扁钢连接竖向主筋和接闪带。预制剪力墙引下线竖向连接做法如图 9-21 所示。

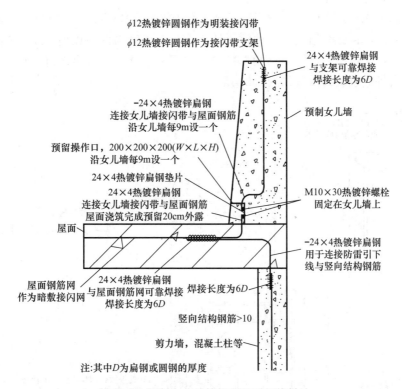

图 9-20　预制女儿墙接闪器及引下线做法

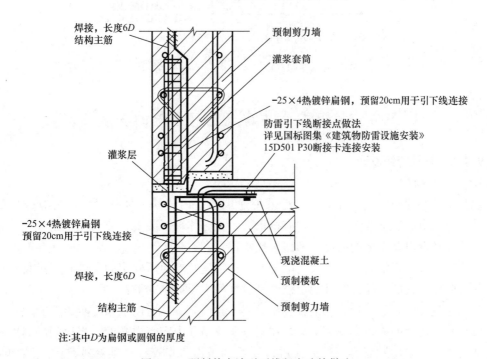

图 9-21　预制剪力墙引下线竖向连接做法

（3）预制外窗等电位联结

外窗金属结构是外立面突出金属物，遭受侧击雷的高危部位，预制金属门窗的等电位联结有多种方法，在此介绍其中一种常用的方法，在预制构件中预埋 25×4 热镀锌扁钢，通过不锈钢铆钉、热镀锌扁钢与预制构件的钢筋可靠连接，实现金属外窗的等电位连接。预制金属外窗等电位联结做法如图 9-22 所示。

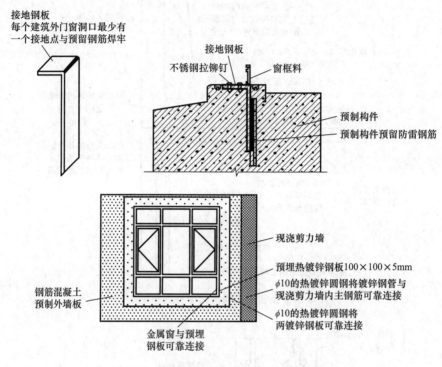

图 9-22　预制外窗中金属窗等电位联结做法

# 9.4　装配式公共建筑电气系统的安装

### 9.4.1　电气管线设计

1. 设计原则

装配式公共建筑电气设计中，广泛采用建筑和室内装修一体化设计，可有效做到建筑、结构、机电、装饰等专业之间的有机衔接。充分体现了装配式建筑施工工期短、施工方便、节能环保以及出色的强度质和耐久性等优点。

在装配式公共建筑的设计阶段，电气专业根据建筑专业所确定的室内布置进行点位设计，并对敷设管线的路径进行准确定位，其设计的主要原则如下：

（1）在设计时，竖向管线的设置宜相对集中敷设，满足后期维修更换的需求。

（2）水平管线的排布应减少交叉，在架空层或吊顶内穿管内敷设，当房间的高度不允许全部吊顶，可采用局部吊顶的方式进行管线的敷设，当管线必须穿越装配式结构主体时，应预留孔洞或保护管。

（3）当电气设备管线在楼板中敷设时，应做好管线的综合排布，同一位置严禁两根以上电气管线交叉敷设。

2. 设计要点

（1）顶棚吊顶敷设

采用吊顶作为装饰在公共建筑中应用比较广泛，在吊顶内敷设电气管线也比较方便。公共建筑吊顶内的电气管线多且复杂，对于净高的控制也更加严格。电气设计应该对管线进行合理的布置，减少专业内、专业外的管线交叉，与结构专业配合，合理利用梁上开孔的形式减少净高损失。

（2）利用装饰墙面敷设电气管线

公共建筑的装饰利用大量的装饰墙面，包括 GRC（玻璃纤维增强混凝土）、石材等，其与结构面层存在空腔，可敷设电气管线。在设计时只需对管线及接线盒位置进行定位，安装单位在墙面上预留与接线盒对应孔洞即可。

### 9.4.2　电气设备安装

1. 设计原则

（1）与传统建筑相比，装配式建筑采用了大量预制墙体，强弱电箱应避免安装在预制墙体上，当无法避免时，应根据建筑的构件配筋情况合理优化电气设备的安装位置、安装方式及相应电气管线的敷设形式，准确定位。

（2）当设计要求电气设备安装在预制构件上，应在墙板与楼板的连接处预留足够的操作空间，以方便现场施工。

（3）对于公共建筑，电气设备安装应合理利用隔墙材质、装修材料等，做到安装合理、方便、经济。

2. 设计要点

（1）电气设备在轻钢龙骨空腔中安装

采用轻钢龙骨，实现双层隔墙，隔墙内空腔中敷设电气管线，安装灯具、管线以及设备等。如图 9-23 所示。

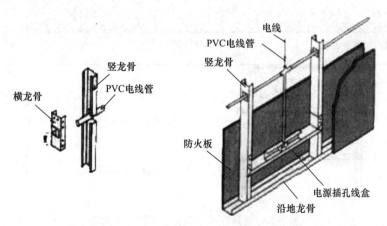

图 9-23　电气设备在轻钢龙骨隔墙空腔中安装

（2）电气设备在预制 ALC 条板中安装

ALC 加气混凝土条板、ALC 发泡陶瓷条板具有质量轻，防火、隔声、保温良好的性能，被广泛地用于建筑的隔墙，其具有剔槽方便的优点，设计与传统设计无异。其现场安装情况可参照 9.2.2 节所述内容。

（3）电气设备在 GRC 墙板中安装

玻璃纤维增强混凝土 GRC，常用于公共建筑柱子包裹，其与柱子间存在空腔。当电气设备需要安装在 GRC 内，可安装在其空腔内，并在 GRC 上设可开启的检修口。电气设备安装做法与明装并无太大差异。此外，对于在 GRC 墙板中安装电气设备时，应注意配合深化设计单位提前预留好安装支撑件的位置。

### 9.4.3 防雷接地

1. 设计原则

（1）防雷接地的设计应按《建筑物防雷设计规范》GB 50057—2010 等国家现行法律法规的相关规定，确定建筑的防雷等级，并设计相应的防雷设施。

（2）建筑外围的预制构件之间、预制构件与接闪网、基础接地之间必须形成电气通路。

2. 设计要点

（1）金属屋面与引下线的连接做法

金属屋面被大量地应用在大型的单层或多层公共建筑中，其材质一般为铝镁锰合金，厚度一般在 3mm 左右，可用作接闪器。金属屋面与防雷引下线的连接可通过屋面的金属体与引下线的金属体连接，作为接闪器的金属屋面、引下线、接地装置形成可靠的电气通路。金属屋面与防雷引下线连接做法如图 9-24 所示。

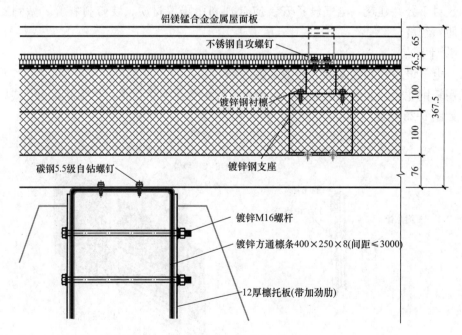

图 9-24 金属屋面与防雷引下线连接做法

（2）预制混凝土柱防雷引下线做法

预制混凝土柱与预制剪力墙之间结构的连接方式均属于灌浆套筒连接，其竖向钢筋不形成电气通路，不能用作防雷引下线。为形成电气通路，可参照图 9-21 预制剪力墙防雷引下线竖向连接做法，通过 25mm×4mm 热镀锌扁钢连接竖向钢筋，连接点敷设在结构现浇层中。预制混凝土柱的引下线是利用柱内对角的两根钢筋作为引下线，预制混凝土柱防雷引下线竖向连接做法如图 9-25 所示。

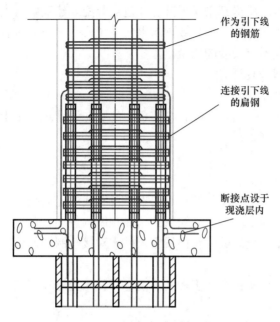

图 9-25　预制混凝土柱引下线竖向连接做法

（3）钢柱与基础接地网连接做法

钢结构被广泛地应用在各种公共建筑中，钢柱是钢结构建筑的重要组成部分，是重要的承重部件。电气防雷设计中，钢柱也是防雷系统的重要组成部分，钢柱可以直接用作防雷引下线的导体，其底座需要与基础接地网可靠连接。设计中，可利用钢柱底座的柱脚螺栓，辅接热镀锌扁钢或圆钢，与基础接地形成电气通路，做法可如图 9-26 所示。

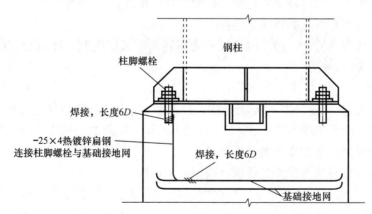

图 9-26　钢柱与基础接地连接做法

## 9.5　装配式建筑电气系统的安装质量控制

传统施工方法的工程质量主要依赖班组人员的素质，装配式建筑工程质量主要依赖流水线的数控智能控制系统与生产标准手册；以装配式干作业取代传统施工湿作业，工地现场工作环境也得到了很大的改善；装配式建筑通过适当的处理，使建筑的使用寿命得以延长，同时建筑物的整体品质得到全面提升。通过对装配式建筑电气安装过程中常见问题及原因的分析，并采取相应措施，可有效预防电气系统设计和安装过程中出现的问题，有利于提高装配式建筑电气系统安装的质量。

### 9.5.1 叠合梁线管预留偏位

1. 问题表现及影响

叠合梁中预埋的向上（向下）线管与墙板中的竖向线管对接不上，造成线管对接处偏移外露，影响墙面平整度。

2. 原因分析

（1）叠合梁吊装反向。

（2）现场施工人员不熟悉图纸及规范要求，没有找准竖向线管所在轴线，当预制梁下的隔墙不在预制梁中轴线上时，穿梁线管预留在预制构件的正确位置上，现场隔墙砌筑时依旧按梁体中轴线砌筑，导致隔墙竖向线管需外露对接预制构件预留孔洞。

3. 防治措施

（1）现场施工与工厂预留应在工程实施前进行技术交底和对接，确保叠合梁吊装就位后线管不错位。

（2）现场墙板安装应严格按照设计图纸进行。

### 9.5.2 叠合楼板现浇层预埋线管穿线困难

（1）问题表现及影响。

现浇层内预埋线管穿线困难或者无法穿线，导致后期楼板面需开槽重新布管。

（2）原因分析。

1）有杂物进入线管。

2）斜支撑安装使用自攻螺钉固定，导致螺钉损坏线管。

3）随意在预埋有管线的构件上钻孔。

4）现场对预埋线管进行组装时，没有考虑转角等弧度问题，导致预埋线管经常出现90°直角，造成现场穿线困难。

（3）防治措施。

1）线管敷设前，应检查管内有无杂物，敷设后，应及时将管口进行有效地封堵；不应使用水泥袋、破布、塑料膜等物封堵管口，应采用束节、木塞封口，必要时采用跨接焊封口。

2）使用预埋的环型钩作为固定斜支撑。

3）不得随意在有预埋线管的楼板（墙板）上钻孔。

（4）现场施工人员应提前考虑转角弧度问题，使用专用弯管器进行线管的弯折，避免线管出现过度弯折。

### 9.5.3 叠合楼板现浇层线管外露

1. 问题表现及影响

浇筑完混凝土楼面后，预埋的线管露出地面，影响楼板厚度及后期装修。

2. 原因分析

（1）线管交叉敷设层数过多，导致混凝土无法全部覆盖线管。

（2）线管随意敷设在桁架筋的上层。

（3）线管预留长度偏长，混凝土浇筑时，由于线管受到混凝土的压力产生线管受力变化，导致线管局部凸起。

3. 防治措施

（1）最多两根线管交叉叠合敷设，不能超过三层（含三层）。

（2）线管应紧贴叠合楼板，并从叠合楼板的桁架钢筋下敷设。

### 9.5.4　线盒预留错位

1. 问题表现及影响

灯位、开关、插座的线盒坐标偏移明显，导致后期重新开槽预埋线盒，影响装修质量。

2. 原因分析

（1）未按照图纸准确预留。

（2）线盒未做好有效固定，现场混凝土浇筑时，受力发生变化，导致线盒移位。

3. 防治措施

（1）灯位、开关、插座的线盒预埋的坐标应符合设计图纸要求，操作人员在定位时纵向、横向的交叉点要测量准确，考虑到实际施工的偏差，因此，要求在上下同一轴线的坐标偏差不应大于 30mm。管线及桥架需要竖向或横向穿越楼板墙板时，应根据管线及桥架的标高及水平位置定位开孔尺寸，桥架的预留开孔尺寸应大于实际桥架截面尺寸 100mm，并确保有足够的安装空间。

（2）在符合规范的前提下，在混凝土振捣前将箱体焊接在对应部位，可以在接线盒后增加铁丝，在振捣前预先绑扎在对应位置；对于预埋水导管线脱落的问题，可以增加"振捣前检查，振捣中观察，振捣后复查"的环节。

### 9.5.5　防侧击雷钢筋未贯通

1. 问题表现及影响

防侧击雷接地体没有焊接或搭接长度不够；PC 构件中，需满足防侧击雷设计要求的门套及窗套没有预埋扁钢。导致后期防雷检测时达不到规范及设计要求。

2. 原因分析

（1）工人没有按照设计及规范要求进行焊接，搭接长度不满足规范要求。

（2）工厂没有按照设计要求同步预埋扁钢。

3. 防治措施

（1）工人将预制构件中的扁钢与梁的主筋进行搭焊，焊接长度应不小于 6 倍直径且不少于 80mm，双面焊接，焊肉饱满，焊波均匀。

（2）工厂应按照设计及图纸要求同步预埋扁钢。

### 9.5.6　空调孔洞与给水排水立管相互干涉

1. 问题表现及影响

对紧贴立管的现浇剪力墙施工时，现场预留空调孔洞与立管穿楼板预留孔洞在同一轴线上，导致后期设备无法安装，影响后续施工进度。

2. 原因分析

（1）现场施工人员没有按照图纸准确预留，未考虑空调孔洞与立管的相互干涉问题。

（2）现场施工与工厂预留未在工程实施前进行技术交底和对接。

3. 防治措施

（1）现场预留施工人员应认真熟悉相关技术图纸，在预留立管及侧墙孔洞时，应注意相邻楼板及墙板的孔洞是否存在碰撞问题。发现存在碰撞隐患时，应及时与设计单位沟通作出相应调整。

（2）现场施工与工厂预留应在工程实施前进行技术交底和对接，当发现立管轴线与横向孔洞碰撞时，应及时组织技术沟通，作出规范允许内的适当微调，规避碰撞。

### 9.5.7 配电箱线管穿线错乱

1. 问题表现及影响

当在预制墙的墙体内安装户内配电箱及多媒体箱时，由于线管较多，经常会出现双层甚至少量三层线管并排敷设的问题，由于穿线不当，线路的进出线顺序混乱。

2. 原因分析

（1）施工人员在穿线过程中未按顺序有序穿线。

（2）施工人员为节省时间，存在将不同回路导线穿进同一根线管的情况。

（3）施工人员在预埋线管时随意插接，未做到合理有序。

3. 防治措施

现场施工人员按图施工，出现双层线管时，要对照设计图纸合理有序对接线管，线管穿线时，应严格按照施工图的线管穿线；采用不同的标签和颜色对不同回路的管线进行标识。

### 9.5.8 电气插座与给水排水立管相互干涉

1. 问题表现及影响

对紧贴立管的现浇剪力墙施工时，预留插座与立管楼板预留孔洞在同一轴线上，导致后期插座无法使用。

2. 原因分析

（1）现场施工人员没有按照图纸准确预留，未考虑插座底盒与立管的相互干涉问题。

（2）现场施工与工厂预留未在工程实施前进行技术交底和对接。

3. 防治措施

（1）现场预留施工人员应认真熟悉相关技术图纸，在预留立管孔洞时，应注意相邻墙板的插座底盒是否存在碰撞问题。发现存在碰撞隐患时，应及时与设计单位沟通作出相应调整。

（2）现场施工与工厂预留应在工程实施前进行技术交底和对接，当发现立管轴线与墙面底盒相互干扰时，应及时组织技术沟通，作出规范允许内的适当微调，规避碰撞。

### 9.5.9 局部等电位未连接

1. 问题表现及影响

户内预制隔墙局部等电位端子箱没有与楼板钢筋连接，导致户内卫生间等场所无法形成局部等电位，造成巨大安全隐患。

2. 原因分析

（1）端子箱下端预留扁钢没有与楼板钢筋进行焊接，搭接长度不满足规范要求。

（2）预制构件中没有预埋等电位端子箱。

3. 防治措施

（1）施工工人应严格按照施工图纸施工，发现问题及时对接设计单位，在不影响结构安全的基本原则下开槽连接。

（2）施工单位与工厂预埋应提前进行技术交底和沟通，在预制构件生产时，同步预埋等电位端子箱的接地连接钢筋。

### 9.5.10　预埋线管对接口松脱

1. 问题表现及影响

叠合楼板（或叠合梁）与墙板中预留的线管对接完成后，连接部分出现松脱，导致线管穿线困难。

2. 原因分析

（1）施工过程中线管的连接部分没有对接牢固。

（2）线管对接时，弯管轴线偏移，管口对接处不顺直且受力不均匀。

3. 防治措施

施工工人应严格按照施工工艺标准进行管线对接，线管不应有折扁、裂缝，管内无杂物，切断口应平整，管口应刮光，线管的连接应采用胶水粘结。禁止用管钳将管口夹扁、拗弯，当对接孔有一根以上的线管时，线管不应并排紧贴预埋，如施工中很难明显分开，可用小水泥块将其适当隔开。

### 9.5.11　卫生间排风口与外挂板预留孔洞偏位

1. 问题表现及影响

卫生间排气扇的排风口与外挂板预留排风孔洞出现定位偏差。

2. 原因分析

施工人员未按照图纸施工，没有预先定位外挂板预留孔洞的位置。

3. 防治措施

施工人员应按照图纸施工，对照预制外挂板留出排风孔洞的位置，现场预先砌筑时，确定排风孔洞的位置。

### 9.5.12　测试端子箱与接地钢筋对接偏位

1. 问题表现及影响

外挂板上的预留接地测试端子箱与墙内钢筋预留点位没有进行对接。

2. 原因分析

施工人员未按照图纸施工，没有在接地测试端子的连接钢筋处预先定位。

3. 防治措施

施工人员应按图施工，根据预制外挂板上接地测试端子箱的位置，现浇过程中准确预留接地的钢筋伸出点。

### 9.5.13　转换层预埋线管对接偏位

1. 问题表现及影响

首层预埋线管与吊装的墙板内的线管无法有效连接，导致首层铺设需要返工。

2. 原因分析

施工人员在对首层线管预埋时，没有按照图纸中的线管定位进行预埋。

3. 防治措施

施工人员应按图施工，根据图纸中的轴线标注，定位每根线管的出管位置，并采取固定措施，确保与墙板内的线管实现有效连接。

### 9.5.14 现浇层镀锌线管连接缺陷

1. 问题表现及影响

现场工人采用焊接方式连接镀锌薄皮线管，进而堵塞线管。

2. 原因分析

现场工人没有严格按照设计说明施工，采用焊接方式对预埋钢管进行连接后，由于管壁较薄，焊缝两边出现透气小孔，在现浇混凝土的压力下，混凝土会沿着孔洞堵塞整个线管。

3. 防治措施

严格按照设计说明施工，采用丝扣连接的方式连接预埋钢管，并在两边做卡子跨接地，导线截面不能小于 $4mm^2$ 的铜芯软线。

### 9.5.15 线管离楼板表面太近，造成保护层不足

1. 问题表现及影响

线管没有穿过桁架钢筋底部，造成线管的保护层不足，进而导致地面顺着线管方向出现裂缝。

2. 原因分析

(1) 现场对线管预埋时从桁架钢筋顶部穿过，地面面层在线管处过薄，地面内线管受压后，产生应力集中，使地面沿线管出现裂缝。

(2) 公共部位线管预埋排列过密，导致桁架钢筋底部的穿管空间不足。

3. 防治措施

(1) 现场施工应严格按照要求，线管统一预埋至桁架钢筋底部。

(2) 严格按照《电力工程电缆设计标准》GB 50217—2018 中的线管间距进行预埋。

### 9.5.16 防雷引下线没有贯通

1. 问题表现及影响

防雷引下线焊接不到位；剪力墙设计成 PC 构件时，利用受力钢筋作为引下线，没能确保连接的连续性。导致后期进行防雷检测时达不到规范及设计要求，重新埋设镀锌扁钢作为引下线。

2. 原因分析

(1) 工人没有按照设计及规范要求进行焊接，搭接长度不满足规范要求。

(2) 剪力墙设计成 PC 构件时，因受力钢筋的连接，无论采用套筒连接还是浆锚连接，都不能保证连接的连续性。

3. 防治措施

(1) 保证钢筋的焊接长度不小于 6 倍直径且不少于 80mm，双面焊接，焊肉饱满，焊波均匀。

(2) 剪力墙设计成 PC 构件时，不能将钢筋作为防雷引下线，应埋设镀锌扁钢作为防雷引下线，镀锌扁钢尺寸不小于 $25mm \times 4mm$。在预埋防雷引下线的构件中，构件中的扁钢要探出接头，引下线在现场焊接连接成一体，焊接点要做防锈处理。

### 9.5.17 电缆桥架、槽盒安装不规范

1. 问题表现及影响

电缆桥架及槽盒的配件采用现场加工生产，外形不美观，且质量得不到保证。

2. 原因分析

（1）电缆桥架、槽盒的三通、弯头等配件不是标准配件，而是采用现场加工件，且制作质量低劣。

（2）桥架、槽盒接地不规范。

3. 防治措施

（1）现场专业工长应仔细分析图纸，充分考虑现场情况，提出准确、详细的材料计划。

（2）制定切实可行的接地跨接方案。镀锌桥架的接地宜采用桥架连接片处螺栓加弹簧垫片的形式，喷塑桥架的接地宜在材料订货时，要求生产厂家制作好专用的接地端子。

### 9.5.18　桥架螺栓在板缝处松脱

1. 问题表现及影响

安装在板缝处的膨胀螺栓出现松动或松脱现象，造成设备桥架、风管没有形成有效的水平紧固，后期使用过程中出现振动和异响现象。

2. 原因分析

因板缝应力发生变化，膨胀螺栓的膨胀鼓包未紧贴周边建筑材料形成有效的紧固。

3. 防治措施

避开板缝处安装膨胀螺栓，安装完毕后检查是否牢固，靠近板沿处是否出现裂纹或松脱迹象。

### 9.5.19　线管并管

1. 问题表现及影响

在分户配电箱、多媒体箱处和管线密集处容易出现多根 PVC 管并列敷设的情况，线管之间没有预留合理间隙，影响后期与预制墙板中的线管对接。

2. 原因分析

线管数量较多，安装空间狭小，安装作业不细致。

3. 防治措施

预埋时注意预留一定间距，同步进行跟踪检查，发现并管时，立即进行现场整改。

习　　题

1. 什么是装配式建筑？
2. 装配式建筑的基本特征是什么？
3. 装配式建筑的系统构成有哪些？
4. 请说明装配式建筑与传统建造方式的主要区别是什么？
5. 装配式住宅电气系统设计的要点是什么？
6. 装配式公共建筑电气系统设计的要点是什么？

# 第10章　室外线路施工与质量控制

室外线路施工在建筑工程中具有非常重要的意义，不仅是为了满足建筑物的用电需求、确保供电的可靠性和安全性，还可以提高用电效率、减少用电安全隐患、美化城市环境等。因此，在进行建筑工程施工时，必须重视室外线路施工的重要性，确保工程质量和施工安全。线路施工是保证电力系统稳定性、可靠性和安全性的基础，线路施工的规范和严谨程度也直接关系到电力系统的经济性，甚至会直接关系到电力系统的现代化，可能导致电力系统的技术水平落后于时代的发展，从而影响电力系统的现代化进程。

目前，为贯彻新发展理念、构建新发展格局、推动高质量发展的内在要求，为推动碳达峰碳中和这一重大战略决策落地，切实保障"十四五"能源规划目标的实现，重点任务深入推进，重大工程有序建设，必须使能源需求得到有力保障。能源输送等基础设施也必须要适应新能源的大规模发展。因此，必须夯实能源供应保障基础，提升能源产业链供应链韧性和安全水平，以能源可靠供应支撑现代化国家建设。

**【推动能源清洁低碳高效利用，推进工业、建筑、交通等领域清洁低碳转型。深入推进能源革命，加强煤炭清洁高效利用，加大油气资源勘探开发和增储上产力度，加快规划建设新型能源体系，统筹水电开发和生态保护，积极安全有序发展核电，加强能源产供储销体系建设，确保能源安全。】**

——习近平在中国共产党第二十次全国代表大会上作的报告

## 10.1　电　缆　施　工

### 10.1.1　电缆线路施工的一般要求

1. 电缆敷设施工前应按下列规定进行逐一检查

（1）电缆沟、电缆隧道径等应符合设计要求；电缆通道畅通，排水良好；金属部分的防腐层完整；隧道内照明、通风符合设计要求。

（2）电缆的型号、电压等级、规格符合设计规定。

（3）电缆外观无损伤，绝缘良好；埋地电缆与水下电缆应试验并合格，外护套有导电层的电缆，应进行外护套绝缘电阻试验并合格。

（4）电缆放线架放置稳妥，钢轴的强度与长度应与电缆盘的重量和宽度相配合，电缆盘必须具有可靠的制动措施。如果施工过程中采用机械敷设电缆时，必须先调试好施工所用的牵引机和导向机构，并制定出防止机械力损伤电缆的防护措施。

（5）若在带电区域内敷设电缆，则应有可靠的安全措施给予保证。

（6）敷设前，应按设计图纸与现场实际路径计算每根电缆的长度，以便合理安排每盘电缆，减少电缆的中间接头。

（7）在敷设前24h内，应检查敷设现场的温度不得低于表10-1的规定值，否则必须采取措施。

电缆允许敷设最低温度　　　　　　　　　表 10-1

| 电缆类型 | 电缆结构 | 允许敷设最低温度(℃) |
|---|---|---|
| 油浸纸绝缘电力电缆 | 充油电缆 | −10 |
| | 其他油浸纸电缆 | 0 |
| 橡皮绝缘电力电缆 | 橡皮或聚氯乙烯护套 | −15 |
| | 裸铅套 | −20 |
| | 铅护套钢带铠装 | −7 |
| 塑料绝缘电力电缆 | — | 0 |
| 控制电缆 | 耐寒护套 | −20 |
| | 橡皮绝缘聚氯乙烯护套 | −15 |
| | 聚氯乙烯绝缘聚氯乙烯护套 | −10 |

2. 电缆线路敷设施工过程中，应遵守下列的规定

(1) 三相四线制系统，必须采用四芯电力电缆，不可采用三芯电缆加一根单芯电缆或以导线、电缆金属护套作中性线。

(2) 并联使用的电力电缆，应采用相同型号、规格及长度的电缆。

(3) 电力电缆在终端头与接头附近，均应留有一定的备用长度。

(4) 电缆敷设时，不应损坏电缆沟、隧道、电缆井和人井的防水层。

(5) 电缆敷设时，电缆应从盘的上端引出，不应使电缆在支架上及地面上被摩擦地拖拉。敷设时不可使铠装压扁、电缆绞拧、护层折裂等。在复杂条件下用机械敷设电缆时，应进行施工组织设计，确定敷设方法、线盘架设位置、电缆牵引方向、校核牵引力与侧压力、配备敷设人员与机具等。用机械敷设电缆的最大牵引强度，应符合有关规定，如充油电缆总拉力不应超过 27N。

(6) 电缆的最小弯曲半径，应符合表 10-2 的规定。

电缆最小弯曲半径　　　　　　　　　表 10-2

| 电缆形式 | | 电缆外径(mm) | 多芯 | 单芯 |
|---|---|---|---|---|
| 橡皮绝缘电力电缆 | 无铅包、钢铠护套 | | | 10D |
| | 裸线保护套 | | | 15D |
| | 钢铠护套 | | | 20D |
| 控制电缆 | 非铠装型、屏蔽型软电缆 | — | 6D | |
| | 铠装型、铜屏蔽型 | | 12D | — |
| | 其他 | | 10D | |
| 塑料绝缘电缆 | 无铠装 | | 15D | 20D |
| | 有铠装 | | 12D | 15D |
| 氧化镁绝缘刚性矿物绝缘电缆 | | <7 | | 2D |
| | | ≥7，且<12 | | 3D |
| | | ≥12，且<15 | | 4D |
| | | ≥15 | | 6D |
| 其他矿物绝缘电缆 | | | | 15D |

注：表中 D 为电缆外径。

(7) 电缆敷设时，应将电缆排列整齐，不宜交叉，并应按规定在一定间距上将其固定，同时还应及时装设标志牌。水平敷设的电缆，在电缆的首末两端及转弯处，电缆接头的两端处以及每隔 5～10m 处进行固定；垂直敷设或超过 45°倾斜敷设的电缆，在每个支架上以及桥架上每隔 2m 处进行固定；单芯电缆的固定位置，应按设计图纸的要求决定。电缆固定时应该注意到交流系统的单芯电缆或分相后的分相铅套电缆的固定夹具不可构成闭合磁路；裸铅（铝）套电缆的固定处，应加装软衬垫进行保护；护层有绝缘要求的电缆，在固定处应加装绝缘衬垫。

(8) 电缆各支持点间的距离，不应大于表 10-3 中所列的数据。

电缆支持点间的距离（mm）　　　　　　　　　表 10-3

| 电缆种类 | | 电缆外径 | 敷设方式 | |
| --- | --- | --- | --- | --- |
| | | | 水平 | 垂直 |
| 电力电缆 | 全塑型 | — | 400 | 1000 |
| | 除全塑型外的中低压电缆 | | 800 | 1500 |
| | 35kV 及以上高压电缆 | | 1500 | 2000 |
| | 铝合金带联锁铠装的铝合金电缆 | | 1800 | 1800 |
| 控制电缆 | | | 800 | 1000 |
| 矿物绝缘电缆 | | <9 | 600 | 800 |
| | | ≥9，且<15 | 900 | 1200 |
| | | ≥15，且<20 | 1500 | 2000 |
| | | ≥20 | 2000 | 2500 |

注：全塑型电力电缆水平敷设沿支架能把电缆固定时，支持点间的距离允许为 800mm。

(9) 电缆终端头、接头、拐弯处、夹层内、隧道及竖井的两端、人井内等地方应装设电缆标志牌。标志牌的规格应统一，挂装要牢固，并能防腐，字迹应清晰且不易脱落。标志牌上应注明：线路编号，电缆的型号、规格及起讫地点，并联使用的电缆应有顺序号。

(10) 黏性油浸纸绝缘最高点与最低点之间的最大位差，不应超过表 10-4 中的规定数值，否则应采用适应于高位差的电缆。

黏性油浸纸绝缘铅包电力电缆的最大允许敷设位差　　　　　　表 10-4

| 电压(kV) | 电缆护层结构 | 最大允许值敷设位差(m) |
| --- | --- | --- |
| 1 | 无铠装 | 20 |
| | 铠装 | 25 |
| 6～10 | 铠装或无铠装 | 15 |
| 35 | 铠装或无铠装 | 5 |

(11) 电缆进入电缆沟、隧道、竖井、建筑物、盘（柜）以及穿入管子时，出入口应封闭，管口应密封。

(12) 油浸纸绝缘电力电缆在切断后，应将端头立即铅封，塑料绝缘电缆应有可靠的防潮封端。

(13) 电力电缆的接头，对并列敷设的电缆，应使其接头位置相互错开，其净距不应小于 0.5m。对明敷电缆的接头，应用托板托置固定。对直埋电缆的接头，外面要有防止机械损伤的保护盒。保护盒位于冻土层内时，盒内应浇筑沥青。

### 10.1.2　电缆线路施工工艺流程

电缆施工时的敷设方法很多，有直埋敷设、排管内敷设、电缆沟或电缆隧道内敷设、架空敷设等。应根据电缆线路的长度、电缆数量、环境条件等综合决定。设计图样上一般指定敷设方式。

**1. 直埋敷设**

电缆直埋敷设是沿选定的路径挖掘地沟，然后将电缆埋设在地沟中。一般电缆根数较少且敷设距离较长的，多采用此法。电缆直埋敷设施工工艺流程如图 10-1 所示。

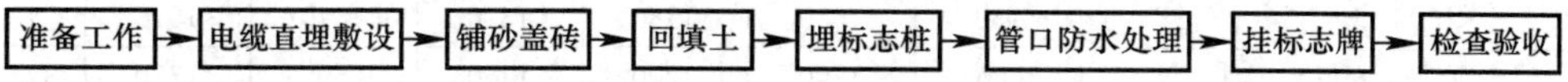

准备工作 → 电缆直埋敷设 → 铺砂盖砖 → 回填土 → 埋标志桩 → 管口防水处理 → 挂标志牌 → 检查验收

图 10-1　电缆直埋敷设施工工艺流程

电缆直埋敷设施工工艺应符合下列规定：

（1）应沿已选定的路线挖掘沟道，然后把电缆埋在地下沟道内；

1）电缆的线路路径上有可能使电缆受到机械损伤、化学作用、振动、热影响、虫鼠等的危害地段，应采取保护措施；

2）电缆表面距地面的距离不应小于 0.7m，穿越农田时不应小于 1m；在北方寒冷地区，电缆应埋于冻土层以下，当无法深埋时，应采取措施（如加套管）；

3）电缆之间、电缆与其他管道、道路、建筑物等之间的平行和交叉时的最小间距应符合表 10-5 规定；

**电缆与管道的最小净距离**　　　　　　　　　　　　　表 10-5

| 管道类别 | | 平行净距（mm） | 交叉净距（mm） |
|---|---|---|---|
| 一般工艺管道 | | 400 | 300 |
| 可燃或易燃易爆气体管道 | | 500 | 500 |
| 具有腐蚀性气体管道 | | 500 | 500 |
| 热力管道 | 有保温层 | 500 | 300 |
| | 无保温层 | 1000 | 500 |

4）电缆与铁路、公路、城市街道、厂区道路交叉时，应敷设在坚固的保护管内；管顶距障碍物不应小于 1m。管的两端伸出道路路基边 2m 深，伸出排水沟 0.5m；

5）直埋电缆的上下方需敷设不小于 100mm 厚的软土和砂层，并盖于混凝土保护管和砖，其覆盖宽度应超过电缆两侧各 50mm，可参照图 10-2 的做法；

电缆沟的宽度，取决于电缆的根数与散热的间距。表 10-6 列出了 10kV 及以下电力电缆与控制电缆敷设在同一电缆沟中时，电缆沟宽度与电缆根数的关系。

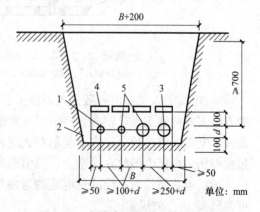

图 10-2　电缆直埋敷设电缆间的尺寸

1—控制电缆；2—沙或软土；3—35kV 电缆；

4—保护板；5—10kV 及以下电缆

电缆沟的宽度 *B*（mm） 表 10-6

| 10kV 及其以下电力电缆根数 | 控制电缆根数 | | | | | | |
|---|---|---|---|---|---|---|---|
| | 0 | 1 | 2 | 3 | 4 | 5 | 6 |
| 0 | — | 350 | 380 | 510 | 640 | 770 | 900 |
| 1 | 350 | 450 | 580 | 710 | 840 | 970 | 1100 |
| 2 | 550 | 600 | 780 | 860 | 990 | 1120 | 1250 |
| 3 | 650 | 750 | 880 | 1010 | 1140 | 1270 | 1400 |
| 4 | 800 | 900 | 1030 | 1160 | 1290 | 1420 | 1550 |
| 5 | 950 | 1050 | 1180 | 1310 | 1440 | 1570 | 1800 |
| 6 | 1120 | 1200 | 1200 | 1460 | 1590 | 1720 | 1850 |

电缆沟的深度，应使电缆表面距地面的距离不小于 0.7m。穿越农田时，不小于 1m。在寒冷地区，电缆应埋设于冻土层以下。直埋深度超过 1.1m 时，可以不考虑上部压力的机械损伤，在引入建筑物、与地下建筑物交叉及绕过地下建筑物处，可浅埋，但应采取保护措施（一般采用穿保护管的措施）。电缆沟的转弯处，应挖成圆弧形，以保证电缆弯曲半径所要求的尺寸。电缆接头的两端以及引入建筑物、引上电杆处，均须挖有贮放备用电缆的预留坑。

6）清理沟内杂物，在沟底铺上 100mm 厚的软土和砂层，准备敷设电缆；

7）电缆敷设可用人力拉引和机械牵引，当电缆较重时，宜采用机械牵引，当电缆较短较轻时，宜采用人力牵引；

8）电缆机械牵引，常用慢速卷扬机直接牵引，如图 10-3 所示；船牵引速度为 5～6m/min。在牵引过程中应确保滑轮稳固、电缆张力适当；电缆进出口和弯曲处，应采取外形压扁和外护套刮伤的防范措施；

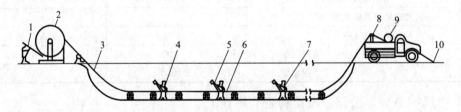

图 10-3　电缆机械牵引示意图
1—制动；2—电缆盘；3—电缆；4—滚轮监视人；5—牵引头监视人；
6—防捻器；7—滚轮监视人；8—张力计；9—卷扬机；10—锚碇装置

9）电缆的人工拉引一般是人力拉引、滚轮和人工相结合的方法，如图 10-4 所示。这种方法需要的施工人员较多，特别要注意的是人力分布要均匀合理，负荷适当，并要统一指挥。电缆展放过程中，在电缆轴两侧应有协助推盘及负责刹盘滚动的人员；为避免电缆拖拉损伤，可把电缆放在滚轴上，拉引电缆的速度要均匀；

10）电缆敷设时，应注意电缆的弯曲半径应符合产品技术文件要求，无明确要求时，可参照表 10-2 的规定；

11）电缆放在沟底时，边敷设边检查电缆是否受损。放电缆的长度不能控制得太紧，电缆的两端、中间接头、电缆井内、电缆过管处，垂直位差处均应留有适当的余度，并做波浪状摆放。

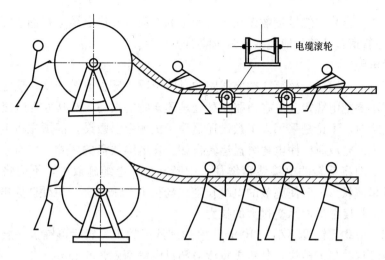

图 10-4　人工拉引电缆示意图

（2）铺沙盖砖应符合下列规定：

1）电缆敷设完毕后，应请建设单位，监理单位，施工单位的质量检查部门共同进行隐蔽工程验收；

2）隐蔽工程验收合格后，再在电缆上覆盖 100mm 的沙或软土，然后盖上保护板，板与板连接紧密，覆盖宽度应超过电缆两侧各 50mm，使用电缆盖板时，盖板应指向受电方向。

（3）埋设保护管

当电缆与铁路、公路交叉，电缆引入或引出建筑物，电缆引至电杆、设备及室内行人容易接近的地方以及其他可能受到机械损伤的地方，都必须埋设电缆保护管（或保护罩）。

保护管可采用钢管或者水泥管，管的内径不应小于电缆直径的 1.5 倍。而混凝土管、陶土管、石棉水泥管，还要求其内径不得小于 100mm。电缆管的加工，应要求其管口无毛刺、无尖锐棱角，管口应加工成喇叭形，电缆管在进行弯制时，不可有裂缝和显著的凹瘪现象，其弯扁程度不得大于管子外径的 10％；电缆管的弯曲半径不应小于所穿入电缆的最小允许弯曲半径。电缆穿管时还应符合下列规定：

1）电缆的保护管，每一根只准穿一根电缆，而单芯电缆不允许采用钢管作为保护管。

2）与道路交叉时所须敷设的电缆保护管，其两端应伸出道路路基两边各 2m。

3）在与城市街道交叉时所敷设的电缆保护管，其两端应伸出车道路面。

4）电缆管连接时的接缝应严密，不得有地下水和泥浆渗入。

5）当利用电缆的保护钢管做接地线时，应先焊好接地线。在管接头处，应先焊好跨接线。

6）金属电缆管应在外表涂防腐漆或沥青。每根电缆管的弯头不应超过 3 个，直角弯不应超过 2 个。

7）敷设混凝土管、陶土管、石棉水泥管等电缆管时，其埋设深度不应小于 0.7m，在人行道下面敷设时，不应小于 0.5m。电缆管应有不小于 0.1％的排水坡度。

（4）埋设隔热层

当电缆敷设时，出现与热力管道交叉或平行敷设的情况，则应尽量远离热力管道。但是，若无法避开两者允许的最小间距时，则应对平行段或在交叉点前后 1m 范围内做隔热处理。其主要方法是将电缆尽量敷设在热力管道的下面，并将电缆穿石棉水泥管（或其他措施），将热力管道包扎玻璃棉瓦（或装设隔热板）等。

（5）敷设电缆

将运到现场的电缆进行核算，按照线路的具体情况，配置电缆长度，确定中间接头的地方，应注意不要把电缆接头放在道路交叉处，建筑物的大门口及其他管道交叉的地方。

在施放电缆时，不论是采用人工敷设还是采用机械牵引敷设，都须先将电缆盘稳固地架设在放线架上。施放时应使电缆线盘运转自如。在电缆线盘的两侧，应有专人监视，以便在必要时立即将旋转的电缆线盘煞住，中断施放。电缆施放中，不应将电缆拉挺伸直，而应使其呈波状。一般使施放的电缆长度比沟长 1.5%～2%，以便防止电缆在冬季停止使用时不致因长度缩短而承受过大的拉力。

电缆的上、下均需铺设不小于 100mm 厚的细沙或软土，然后再铺盖一层用钢筋混凝土预制成的电缆保护板或砖块，其覆盖宽度应超过电缆两侧各 50mm。

（6）回填土

1）电缆敷设完毕，施工单位、建设单位、监理单位的质量检查部门应共同进行隐蔽工程验收，合格后方可覆盖填土。

2）填土应分层夯实，覆土要高出地面 150～200mm，以备松土沉陷。

3）回填土前，应清理积水。

（7）埋标志桩

1）电缆回填土后，做好电缆记录，并应在电缆拐弯、接头、交叉、进出建筑物等处设置明显方位标桩，标桩应明显地竖立在离地面 0.15m 的地面上，以便日后检修方便。

2）直线段每隔 50～100m 设标志桩，标志桩可以采用 C15 钢筋混凝土制作，并且标有"下有电缆"字样。

3）向一级负荷供电的同一路径的两路电源电缆，不可敷设在同一沟内。若无法分沟敷设时，则该两路电缆应采用绝缘和护套均为非延燃性材料的电缆，且应分别置于电缆沟的两侧。

4）电缆敷设在下列地段应留有适当的余量，以备重新封端用：过河两端留 3～5m；过桥两端留 0.3～0.5m；电缆终端留 1～1.5m。

5）电缆之间、电缆与其他管道、道路、建筑物等之间的平行或交叉时的最小净距，应符合表 10-7 的规定。

电缆之间，电缆与管道、道路、建筑物之间平行和交叉时的最小净距（m）    表 10-7

| 项目 | | 最小净距 | |
|---|---|---|---|
| | | 平行 | 交叉 |
| 电力电缆间及其与控制电缆间 | 10kV 及以下 | 0.10 | 0.50 |
| | 10kV 以上 | 0.25 | 0.50 |
| 控制电缆间 | | — | 0.50 |
| 不同使用部门的电缆间 | | 0.50 | 0.50 |
| 热管道（管沟）及热力设备 | | 2.00 | 0.50 |
| 油管道（管沟） | | 1.00 | 0.50 |
| 可燃气体及易燃液体管道（沟） | | 1.00 | 0.50 |

续表

| 项目 | | 最小净距 | |
|---|---|---|---|
| | | 平行 | 交叉 |
| 其他管道（管沟） | | 0.50 | 0.50 |
| 铁路路轨 | | 3.00 | 1.00 |
| 电气化铁路路轨 | 交流 | 3.00 | 1.00 |
| | 直流 | 10.0 | 1.00 |
| 公路 | | 1.50 | 1.00 |
| 城市街道路面 | | 1.00 | 0.70 |
| 杆基础（边线） | | 1.00 | — |
| 建筑物基础（边线） | | 0.60 | — |
| 排水沟 | | 1.00 | 0.50 |

注：1. 电缆与公路平行的净距，当情况特殊时可酌减；
　　2. 当电缆穿管或者其他管道有保温层等防护设施时，表中净距应从管壁或防护设施的外壁算起。

6）在电缆直埋敷设中，严禁将电缆直接平行地敷设在管道的上方或下方。对于电力电缆间、控制电缆间以及它们相互之间，不同使用部门的电缆间，当电缆采用穿管或用隔板隔开时，平行净距可降低为 0.1m；在交叉点前后 1m 范围内，电缆穿管或用隔板隔开时，其交叉净距可降为 0.25m。

7）电缆与建筑物平行敷设时，电缆应埋设在建筑物的散水坡外。电缆进入建筑物时，其所穿的保护管应超出建筑物散水坡 100mm。

8）电缆沿坡度敷设时，中间接头应保持水平。

9）铠装电缆和铅（铝）包电缆的金属外皮两端，金属电缆终端头以及保护钢管，必须进行可靠接地，接地电阻不应大于 10Ω。

（8）电缆进出建筑物管口防水处理应符合下列规定

1）直埋电缆进出建筑物处，室内电缆管口应高于室外地面；

2）电缆管口按设计要求或相应标准做好防水处理。

（9）挂标志牌应符合下列规定

1）标志牌规格应一致，并有防腐性能，挂装应牢固；

2）标志牌上应注明电缆编号、规格、型号、电压等级及起始位置。

2. 电缆梯架、托盘和槽盒内电缆敷设

电缆梯架、托盘和槽盒内电缆敷设工艺流程应符合图 10-5 的规定：

准备工作 → 电缆沿梯架、托盘和槽盒内敷设 → 水平敷设/垂直敷设 → 排列固定 → 挂标志牌 → 检查验收

图 10-5　电缆梯架、托盘和槽盒内电缆敷设工艺流程

梯架、托盘和槽盒内电缆敷设施工工艺应符合下列规定：

（1）电缆沿梯架、托盘和槽盒内敷设时，电缆牵引可用人力或机械牵引，见直埋电缆牵引方式。

（2）水平敷设应符合下列规定：

1）电缆沿桥架或托盘敷设时，应将电缆单层敷设，排列整齐；不得有交叉，拐弯处应以最大截面电缆允许弯曲半径为准，如表 10-2 所示。

2）不同等级电压的电缆应分层敷设，高压电缆应敷设在最上层。

3）同等级电压的电缆沿桥架敷设时，电缆水平净距不得小于电缆外径。

4）电缆敷设排列整齐，水平敷设的电缆，首尾两端、转弯两侧及每隔 5～10m 处设固定点。

（3）垂直敷设应符合下列规定：

1）垂直敷设电缆时，应自下而上敷设；敷设前，选好位置，架好电缆盘，电缆的向下弯曲部位用滑轮支撑电缆，在电缆轴附近和部分楼层应设制动和防滑措施；敷设时，同截面电缆应先敷设低层，再敷设高层。

2）自下而上敷设时，低层小截面电缆可用滑轮大麻绳人力牵引敷设；高层大截面电缆宜用机械牵引敷设，当采用机械敷设大截面电缆时，应在施工措施中确定敷设方法、线盘架设位置、电缆牵引方向；校核牵引力和侧压力，配备充足的敷设人员、机具和通信设备；侧压力和牵引力的常用计算公式应按照《电气装置安装工程 电缆线路施工及验收标准》GB 50168—2018 的规定计算。

（4）排列固定应符合下列规定：

1）电缆敷设排列整齐，间距均匀，不应有交叉现象。

大于 45°倾斜敷设的电缆每隔 2m 处设固定点；水平敷设的电缆，首尾两端、转弯两侧及每隔 5～10m 处设固定点。

2）对于敷设于垂直梯架、托盘和槽盒内的电缆，每敷设一根应固定一根，全塑型电缆的固定点为 1m，其他电缆固定点为 1.5m，控制电缆固定点为 1m。

3）敷设在竖井及穿越不同防火区的梯架、托盘和槽盒，按设计要求位置，做好防火封堵。

（5）挂标志牌应符合下列规定：

1）标志牌规格应一致，并有防腐性能，挂装应牢固；标志牌上应注明电缆编号、规格、型号、电压等级及起始位置；

2）沿电缆梯架、托盘和槽盒敷设的电缆在其两端、拐弯处、交叉处应挂标志牌，直线段应适当增设标志牌。

3. 排管内电缆敷设施工工艺应符合下列规定

排管内电缆敷设施工工艺流程应符合图 10-6 的规定：

准备工作 → 电缆穿管敷设 → 防火封堵 → 挂标志牌 → 检查验收

图 10-6　排管内电缆敷设工艺流程

电缆在排管内敷设的方式，适用于电缆数量不多（一般不超过 12 根），而道路交叉较多，路径拥挤，又不宜采用直埋或电缆沟敷设的地区。排管内电缆敷设施工工艺应符合下列规定：

（1）准备工作应符合下列规定：

1）金属导管不应熔焊连接；防爆导管不应采用倒扣连接，应采用防爆活接头，其结合面应紧密。管口平整光滑，无毛刺；

2）检查管道内是否有杂物，在敷设电缆前，应将杂物清理干净；

3）试牵引：经过检查后的管道，可用一段（长约 5m）的同样电缆作模拟牵引，然后观察电缆表面，检查磨损是否属于许可范围。

（2）穿管敷设应符合下列规定：

1）将电缆盘放在电缆人孔井口的外边，先用安装有电缆牵引头并涂有电缆润滑油的钢丝绳与电缆的一端连接，钢丝绳的另一端穿过电缆管道，如图 10-7 所示，拖拉电缆力量要均匀，检查电缆牵引过程中有无卡阻现象，如张力过大，应查明原因，问题解决后，继续牵引电缆；

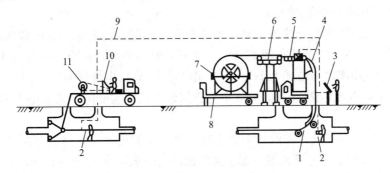

图 10-7　管道内敷设电缆牵引图

1—R 型护板；2—卷扬机停机按钮；3—卷扬机及履带牵引机控制台；4—滑轮组；
5—履带牵引机；6—敷设脚手架；7—手动电缆盘制动装置；8—电缆盘拖车；
9—卷扬机遥控及通信信号用控制电缆；10—卷扬机控制台；11—卷扬机

2）每管宜只穿 1 根电缆。

3）三相或单相交流单芯电缆不得单独穿于钢导管内。

4）电缆在管道内敷设时，电缆管分支、拐弯处均应按设计要求或规范要求设置电缆人孔井；在比较长的直线段上也应设置一定数量的电缆人孔井，以便于拉引电缆，人孔井间的距离不宜大于 150m。电缆人孔井的净空高度不应小于 1.8m，其上部人孔的直径不应小于 0.7m。

5）排管可采用混凝土管或石棉水泥管。排管孔的内径不应小于电缆外径的 1.5 倍，但电力电缆的管孔内径不应小于 90mm，控制电缆的管孔内径不应小于 75mm。

6）电缆在排管内敷设的施工中，应该先安装好电缆排管。安装时，应使排管有倾向人孔井侧不小于 0.5％的排水坡度，并在人孔井内设集水坑，以便集中排水。排管的埋深为排管顶部距地面不小于 0.7mm；在人行道下面，可不小于 0.5m。排管沟的底部在垫平夯实，并应敷设不少于 80mm 厚的混凝土垫层。

7）在选用的排管中，还应注意留足必要的备用管孔数，一般不得少于 1～2 孔。

（3）敷设电缆的电缆管，按设计要求的位置，有防火阻隔措施。

（4）挂标志牌应符合下列规定：

1）标志牌规格应一致，并有防腐性能，挂装应牢固；

2）标志牌上应注明电缆编号、规格、型号、电压等级及起始位置；

3）沿电缆管道敷设的电缆在其两端、人孔井内应挂标志牌。

4. 电缆沟或隧道内敷设

电缆沟内及电缆竖井内电缆敷设工艺流程应符合图 10-8 的规定。

图 10-8　电缆沟内及电缆竖井内电缆敷设工艺流程

当电缆与地下管网交叉不多，地下水位较低，无高温介质和熔化金属液体流入电缆线路敷设的地区，同一路径的电缆根数为 18 根及以下时，可以采用电缆沟敷设。多于 18 根时，应该采用电缆隧道敷设。电缆沟及电缆竖井内电缆敷设施工工艺应符合下列规定：

（1）准备工作应符合下列规定：

1）电缆在电缆沟内及竖井敷设前，土建专业已根据设计要求完成电缆沟及电缆支架的施工，电缆敷设在沟内壁的角钢支架上。电缆支架间平行距离电力电缆为 1m，控制电缆为 0.8m；垂直距离电力电缆为 1.5m，控制电缆为 1m；电缆层间距，10kV 及以下电缆为 150~250mm，控制电缆为 120mm；电缆支架最下层距沟底的距离不小于 50~100mm；如图 10-9 所示；

2）电缆在竖井内敷设，当设计无要求时，电缆支架最上层至竖井顶部或楼板的距离不小于 150~200mm；电缆支架最下层至竖井地面的距离不小于 50~100mm；

3）支架与预埋件焊接固定时，焊缝饱满；用膨胀螺栓固定时，选用螺栓适配，连接紧固，防松零件齐全；支架应横平竖直；

4）电缆牵引可用人力或机械牵引，见直埋或梯架、托盘和槽盒电缆牵引方式。

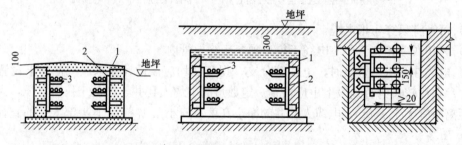

图 10-9　电缆在电缆沟内敷设示意图
1—接地线；2—支架；3—电缆

（2）电缆沿电缆沟及电缆竖井敷设应符合下列规定：

1）电缆敷设前，应验收电缆沟及电缆竖井，电缆沟的尺寸及电缆支架间距应符合设计要求，电缆沟内应清洁干燥，应有适量的积水坑；

2）电缆在支架上敷设时，应按电压等级排列，高压在上面，低压在下面，控制电缆在最下面。如两侧装设电缆支架，则电力电缆与控制电缆应分别安装在沟的两侧；

3）在支架上敷设时，电力电缆间距可为 35mm，但不小于电缆外径尺寸；不同等级电力电缆间及其与控制电缆间的最小净距为 100mm；

4）电缆支架间的距离应按设计规定施工，当设计无规定时，电缆间平行距离不小于 100mm，垂直距离为 150~200mm。

（3）电缆固定应符合下列规定：

1）垂直电缆敷设或大于 45°倾斜敷设的电缆在每个支架上固定；

2）交流单芯电缆或分相后的每相电缆固定用的夹具和支架，不形成闭合铁磁回路；

3）电缆排列整齐，少交叉；当设计无要求时电缆支持点间距不大于表 10-3 的规定；

4）设计无要求时，电缆与管道的最小净距，可参见表 10-5 的规定，且敷设在易燃易爆气体管道的下方。

（4）敷设电缆的电缆沟和竖井，按设计要求的位置，做好防火阻隔。

（5）敷设在电缆沟、隧道内带有麻护层的电缆，应将其麻护层剥除，并应对其铠装加以防腐。

（6）电缆敷设完毕后，应清除杂物，盖好盖板。

（7）电缆挂标志牌应符合下列规定：

1）标志牌规格应一致，并有防腐性能，挂装应牢固；

2）标志牌上应注明电缆编号、规格、型号、电压等级及起始位置；

3）沿电缆管道敷设的电缆在其两端、拐弯处、交叉处应挂标志牌，直线段应适当增设标志牌。

5. 预分支电力电缆敷设

预分支电力电缆敷设工艺流程应符合图 10-10 的规定。

施工准备 → 电缆附件安装 → 电缆垂直敷设 → 电缆在桥架、托盘和槽盒上安装 → 防火封堵 → 挂标志牌 → 检查验收

图 10-10　预分支电力电缆敷设工艺流程

预分支电力电缆敷设施工工艺应符合下列规定：

（1）预分支电力电缆附件安装应符合下列规定：

1）吊挂装置安装：预分支电力电缆装置的顶端支撑的方式有电缆夹紧装置和悬挂绝缘装置两种；悬挂绝缘装置也称为吊具或吊挂装置；电缆夹紧装置也称为钢丝网吊具；采用吊挂装置时，应由土建专业施工人员在现浇混凝土楼板上预埋好吊钩；采用钢丝网吊具时，需要在竖井内的墙上安装槽钢吊钩横担；预分支电缆吊具安装，如图 10-11 所示；预分支电力电缆，固定电缆的支架种类很多，均由厂家配套供应，有吊装固定单回路及多回路的主干电缆和分支电缆的 U 形槽钢支架，用 U 形槽钢管卡固定电缆；还有用角钢支架使用尼龙制作的电缆夹子（也称固定夹具）来夹紧固定电缆；也有的用扁钢做支架用固定夹具夹紧固定主干电缆和分支电缆。

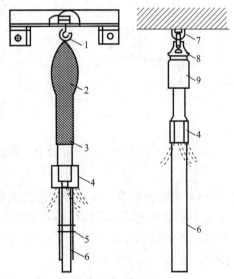

图 10-11　预分支电缆吊具

1—吊钩；2—钢丝网吊具；3—捆扎带；
4—分支接头；5—扎带；6—预制分支电力电缆；
7—预埋吊钩；8—U 形吊环；9—吊具或吊挂装置

2）电缆支持夹具：竖井内单回路及双回路多芯预制分支电力电缆，还需要在竖井的每层楼板处地面上安装支持夹具，用于固定电缆。

（2）预分支电力电缆垂直敷设应符合下列规定：

1）电缆吊装：当预分支电力电缆长度较小时，电缆系成圈绑扎供货，可以在竖井顶层由上向下人工放缆；在电缆穿过预留孔洞处更应注意不应出现致使表面严重划伤等缺陷；当预分支电力电缆系绑扎在电缆盘上供货时，电缆盘可在竖井顶部放置，通过滑轮向下放置电缆，但电缆盘应有制动装置；当电缆盘重量大搬运不十分方便时，也可以在底层地面处设置电缆盘，用卷扬机在竖井顶层通过滑轮由下向上牵引起吊电缆；预分支电力电缆的分支电缆是紧紧地绑在主干电缆上，待电缆顶端支撑安装完成和主干电缆固定好一部分后，才可将分支电缆绑扎解开，在安装时不应过分强拉分支电缆。

2）电缆固定：预制分支电力电缆的顶端支撑（也称悬吊装置）只是在垂直敷设情况下起吊挂电缆时使用，完成吊装工作后应立刻把电缆的主干电缆固定在已安装好在墙面上的支架上，吊环就不应再承受预制分支电力电缆的整体总重负荷；主干电缆固定，应在每个分支接头的上、下侧边缘 300mm 处加以固定；分支电缆的起端支架，应在距主干电缆中心 300mm 处固定，终端支架应在距分支电缆转弯处的弯头中心 300mm 处固定；分支电缆较长时，中间应增设支架固定电缆，中间支架之间的间距不宜大于 400mm，固定点应间距均匀。

3）预制分支电力电缆主干电缆为单芯和多芯电缆用支架安装，其电缆支架安装，如图 10-12 所示；预制分支电力电缆的主干电缆采用单芯电缆时，应考虑防止涡流效应，禁止使用导磁金属夹具和管卡安装固定。

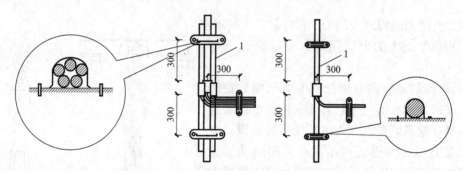

图 10-12　预制分支电力电缆支持夹具安装
1—主干电缆

4）电缆的弯曲：预制分支电力电缆固定后，分支电缆既需要进行弯曲，在分支电缆进入配电箱处也需要进行弯曲；单芯电缆的最小弯曲半径，不应小于电缆外径的 20 倍；多芯电缆的最小弯曲半径不应小于电缆外径的 15 倍；预制分支电力电缆在电气竖井内的安装，如图 10-13 所示。

（3）预制分支电力电缆在梯架、托盘和槽盒上安装应符合下列规定：

1）竖井内垂直安装，在需要分支处可以使用等宽或变宽，水平三通，在分支电缆的转角部分使用 90°下弯通；

2）梯架、托盘和槽盒可以使用门型支架或扁钢支架在竖井墙上固定，除端部固定外，距端部固定支架 400mm 处以及距楼板上、下侧 400mm 处均应用支架加以固定；

3）梯架、托盘和槽盒的中间固定支架的间距不应大于 1m，间距应均匀；

4）预制分支电力电缆在电缆梯架、托盘和槽盒上安装，使用固定在墙上的 12 号槽钢的吊钩横担悬吊安装；

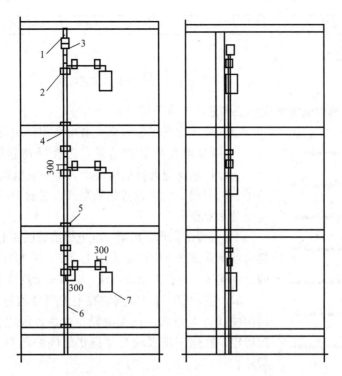

图 10-13　预制分支电缆在电气竖井内的安装

1—预埋吊钩；2—吊具；3—槽钢支架；4—防火封堵；5—支持夹具；6—主干电缆；7—配电箱

5）主干电缆在梯架、托盘和槽盒上的绑扎固定间距不应大于 1m；分支电缆应在每个梯架横挡上加以绑扎固定；

6）固定点间距应均匀，绑扎牢固无松动。电缆相互间应间距均匀、排列整齐；预制分支电力电缆的分支电缆弯曲处弯曲半径符合前述要求，多根电缆应弯曲一致，预制分支电力电缆敷设，不应有绞拧、压扁、护层断裂和表面严重划伤缺陷。

（4）防火封堵：预制分支电力电缆在竖井内敷设完毕应先做电气交接试验，合格后再按设计要求做防火封堵；单根预制分支电缆在通过楼板预留孔处应用 SDF-Ⅱ型防火封堵和矿棉或玻璃纤维进行封堵；多根预制分支电缆在通过楼板预留孔处应用 SDF-Ⅱ型防火封堵，封堵的厚度应与楼板相平，上下两侧再用 SDF-Ⅲ型防火封堵料封堵；预制分支电力电缆在竖井电缆梯架、托盘和槽盒上安装，电缆梯架、托盘和槽盒在通过楼板预留孔时，主干电缆垂直通过处周围也应进行防火封堵，防火封堵的材料和方法与多根电缆的封堵相同。

（5）电缆挂标志牌应符合下列规定：

1）标志牌规格应一致，并有防腐性能，挂装应牢固；

2）标志牌上应注明电缆编号、规格、型号、电压等级及起始位置；

3）沿电缆管道敷设的电缆在其两端、拐弯处、交叉处应挂标志牌，直线段应适当增设标志牌。

6. 超高层竖直电力电缆敷设

超高层竖直电力电缆敷设工艺流程应符合图 10-14 的规定。

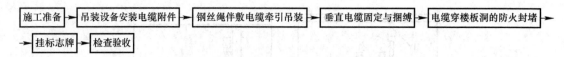

施工准备 → 吊装设备安装电缆附件 → 钢丝绳伴敷电缆牵引吊装 → 垂直电缆固定与捆缚 → 电缆穿楼板洞的防火封堵

→ 挂标志牌 → 检查验收

图 10-14　超高层竖直电力电缆敷设工艺流程

超高层竖直电力电缆敷设施工工艺应符合下列规定：

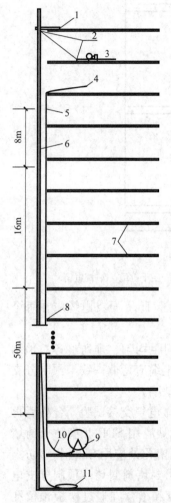

图 10-15　超高层竖直电缆
吊装示意图

1—承重横梁；2—滑轮；
3—电动卷扬机；4—电缆；
5—电缆钢丝绳卡子；
6—建筑墙体；7—楼板；
8—电缆竖井；9—电缆盘；
10—滚轮；11—钢丝绳

（1）使用电缆吊装设备安装电缆附件应符合下列规定：

1）根据电缆吊装的重量，选择慢速卷扬机（提升速度5m/min），钢丝绳选择抗拉能力大于吊装电缆重力1.8倍；电缆吊装的材料、设备设置吊装形式，见图10-15超高层竖直电缆吊装示意图。

2）设置吊点承重横梁，在电缆吊装层的上一层电缆竖井设置吊点承重横梁，横梁应采用工字钢，它与剪力墙和地板应有固定件连接（与预埋钢板焊接，或者安装膨胀螺栓固定）。

3）卷扬机安装，应安装在电缆竖井附近，并且其后应有结构柱或者剪力墙；设置滑轮，在吊点承重横梁上悬挂一个定滑轮，在这一定滑轮与卷扬机之间的地面上再设一个转向滑轮。

4）穿放钢丝绳，钢丝绳由卷扬机的容绳盘穿转向滑轮、吊点定滑轮，然后垂直引下在电缆盘附近，其长度应大于吊装电缆最大长度的2倍。

5）设置电缆导轮，首先在电缆盘电缆出线方向布置几个，其次电缆吊装的中间层设几个垂直导向电缆导轮，然后电缆横向出电缆竖井井口转向电缆导轮。

6）电缆固定支架安装，每两层设置一个电缆固定支架，预装固定电缆的电缆抱箍。

（2）钢丝绳伴敷电缆牵引吊装应符合下列规定：

1）放开电缆，电缆与钢丝绳用电缆钢丝绳夹子捆缚，启动卷扬机牵引电缆一定距离（第一次8～10m，第二次16～20m，第三次及以后各次50m），停止牵引。

2）再用电缆钢丝绳夹子捆缚电缆与钢丝绳，再启动卷扬机牵引电缆一段距离，重复这一过程，使电缆牵引到达敷设位置。

（3）垂直电缆固定与捆缚应符合下列规定：

1）由上至下拆除电缆钢丝绳夹子，拆除一个电缆钢丝绳夹子固定一段电缆，电缆在支架上用电缆抱箍固定，每两层设置一个电缆固定支架。

2）其余部分电缆捆缚在电缆桥架上的梯挡上，每米捆缚一次。

（4）电缆穿楼板的防火封堵应符合下列规定：

1）电气竖井、各楼层之间应做防火封堵隔离，即防火封堵。

2）电力电缆在竖井内敷设完毕，应先做电气交接试验，合格后再按设计要求做防火封堵。

3）电缆在通过楼板预留孔处应用 SDF-Ⅱ型防火堵料和矿棉或玻璃纤维进行封堵；单根电缆在通过楼板预留孔处应用矿棉或玻璃纤维填塞，填塞厚度应与楼板上下面低 1cm，上下两面再用 SDF-Ⅲ型防火堵料封堵。

4）电缆在竖井电缆梯架上安装，电缆桥架在通过楼板预留孔时，主干电缆垂直通过处周围也应进行防火封堵，首先在楼板桥架洞处用 3mm 防火板裁型固定于楼板底面，然后进行防火封堵。

（5）电缆挂标志牌应符合下列规定：

1）标志牌规格应一致，并有防腐性能，挂装应牢固；

2）标志牌上应注明电缆编号、规格、型号、电压等级及起始位置。

3）沿电缆管道敷设的电缆在其两端、拐弯处、交叉处应挂标志牌，直线段应适当增设标志牌。

7. 矿物绝缘电缆敷设

矿物绝缘电缆敷设工艺流程应符合图 10-16 的规定。

施工准备 → 电缆进场检查 → 电缆敷设 → 电缆固定 → 电缆进配电柜连接 → 防火封堵 → 挂标志牌 → 检查验收

图 10-16　矿物绝缘电缆敷设工艺流程

矿物绝缘电缆敷设施工工艺应符合下列规定：

（1）施工准备应符合下列规定：

1）根据施工现场情况确定电缆位置、走向，计算长度。

2）计算敷设电缆所需长度时，应考虑电缆敷设的附加长度以及留有 1% 的余量，尽可能避免使用中间接头。

（2）电缆进场检查应符合下列规定：

1）在敷设前，应对电缆的种类、型号、规格、电压等级等进行详细检查，电缆检查结果均应符合设计要求，外观无扭曲、破损等现象。

2）应用 1000V 兆欧表对电缆线芯之间、线芯与护套间进行绝缘电阻测定，绝缘电阻应符合标准要求，不应低于 $100M\Omega$。绝缘电阻测定不合格者，检查电缆线芯是否受潮；如受潮，应加热去潮或锯掉电缆头一段再测试，直到合格为止；电缆测试完毕，应立即用热缩型套管或环氧树脂进行临时密封，以防受潮。

3）核对电缆附件包括终端、接线端子、接地片、中间连接器等，应配套、齐全。

（3）矿物绝缘电缆敷设应符合下列规定：

1）支架直接裸敷、穿管明敷、防火桥架内裸敷、防火桥架内穿管敷设、穿管埋墙暗敷等。

2）矿物绝缘电缆敷设要利用放缆盘缓慢放缆，放缆时应一边转动缆盘一边扳直电缆，必要时可以使用弯曲扳手，将电缆调直或弯制成需要的弧度。

3）电缆埋地敷设，不宜有中间接头，如无法避免，则接头处需做好防水处理；对电缆在运行中可能遭受到机械损伤的部位，应采取适当的保护措施。

4）单芯电缆敷设时，应逐根敷设，待每组布齐并矫直后，再做排列绑扎，绑扎间距以 1~1.5m 为宜。

5）为防止电缆受潮，电缆锯断后应立即对其端部进行临时性密封；电缆应逐段施工，务必当天截断的当天施工完，否则将造成氧化镁吸潮，电缆绝缘下降；为控制好电缆绝缘，应每施工完毕一段，对其电缆绝缘进行测试。

6）电缆敷设在沟内、竖井内两端、中间接头处、过管处或连接电器，均应留有适当余量，在适当场合设置 S 形或 Ω 形缓冲弯，如图 10-17 所示，其弯曲半径 $R$ 不应小于各类型电缆允许弯曲半径。

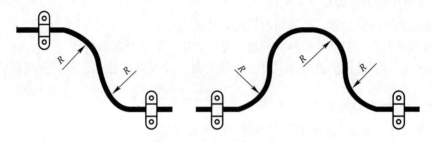

图 10-17　缓冲弯示意图

7）一般矿物绝缘电缆无需穿管敷设，特殊场合应穿管的可参见表 10-8、表 10-9（单芯交流电缆不允许单独穿金属管敷设）；

**单芯矿物绝缘电缆穿管规格**　　　　表 10-8

| 电缆规格（mm²） | | 10 | 16 | 25 | 35 | 50 | 70 | 95 | 120 |
|---|---|---|---|---|---|---|---|---|---|
| 单芯电缆根数（根） | 2 | SC25 | SC25 | SC32 | SC32 | SC40 | SC40 | SC50 | SC50 |
| | 3 | SC25 | SC25 | SC32 | SC32 | SC40 | SC50 | SC50 | SC65 |
| | 4 | SC40 | SC50 | SC50 | SC65 | SC65 | SC80 | SC80 | SC100 |

**多芯矿物绝缘电缆穿管规格**　　　　表 10-9

| 电缆规格（mm²） | 穿管规格（mm） | 电缆规格（mm²） | 穿管规格（mm） | 电缆规格（mm²） | 穿管规格（mm） |
|---|---|---|---|---|---|
| 2×1.0 | SC15 | 2×1.5 | SC15 | 4×1.5 | SC15 |
| 2×1.5 | SC15 | 2×2.5 | SC15 | 4×2.5 | SC20 |
| 2×2.5 | SC15 | 2×4.0 | SC20 | 4×4.0 | SC20 |
| 2×4.0 | SC15 | 2×6.0 | SC20 | 4×6.0 | SC20 |
| 3×1.0 | SC15 | 2×10 | SC20 | 4×10 | SC25 |
| 3×1.5 | SC15 | 2×16 | SC25 | 4×16 | SC32 |
| 3×2.5 | SC15 | 2×25 | SC32 | 4×25 | SC40 |
| 4×1.0 | SC15 | 3×1.5 | SC15 | 7×1.5 | SC20 |
| 4×1.5 | SC15 | 3×2.5 | SC15 | 7×2.5 | SC20 |
| 4×2.5 | SC15 | 3×4.0 | SC20 | 10×1.0 | SC25 |
| 7×1.0 | SC15 | 3×6.0 | SC20 | 12×1.5 | SC25 |
| 7×1.5 | SC15 | 3×10 | SC25 | 12×1.5 | SC25 |
| 7×2.5 | SC20 | 3×16 | SC25 | 12×2.5 | SC25 |
| — | — | 3×25 | SC32 | 19×1.5 | SC32 |

8）矿物绝缘电缆敷设时要注意电缆的弯曲半径应符合产品规定或设计要求，产品无规定或设计未要求时，电缆允许最小弯曲半径见表 10-10。

矿物绝缘电缆允许最小弯曲半径　　　　　　表 10-10

| 电缆外径 $D$ | $D<7$ | $7 \leqslant D<2$ | $12 \leqslant D<15$ | $D \geqslant 15$ |
|---|---|---|---|---|
| 电缆内侧最小弯曲半径 | 2D | 3D | 4D | 6D |

9）对于大截面单芯电缆，在交变电流作用下，铜护套上会形成横向涡流，造成能量损耗；当线路负荷特别大而需要用两组或两组以上的电缆时，应采取不同的排列方式来减少涡流的影响。每组之间要留有两倍电缆外径的距离，而且每组电缆接线位置应相同。

（4）矿物绝缘电缆固定应符合下列规定：

1）电缆敷设后要及时固定，其固定点之间的间距，除在转弯处、中间连接器两侧应加以固定外，其余电缆段可参见表 10-11 推荐的数据固定。

2）不同规格的电缆一起明敷时，从整齐美观考虑，可按最小规格电缆标准要求固定。

电缆固定点之间的最大距离　　　　　　表 10-11

| 电缆外径(mm) | | $D<9$ | $9 \leqslant D<15$ | $D \geqslant 15$ |
|---|---|---|---|---|
| 固定点之间的最大距离(mm) | 水平 | 600 | 900 | 1500 |
| | 垂直 | 800 | 1200 | 2000 |

（5）电缆进配电箱、柜连接：

1）在电缆进配电箱、柜时为防止电缆在进箱、柜的钢板面上产生涡流，在箱柜的面板上打孔，可参见图 10-18 中的（a）、（b）、（c）三种方式开孔，开口最窄处不应小于 3mm。

2）固定电缆需在箱、柜的面板上打孔，或加垫非磁性材料的隔板固定电缆，在箱、柜上应按图 10-19 中的（a）、（b）方式排列，支架固定，以防涡流产生；

3）支架一般采用铝母线或铜母线加工制作。

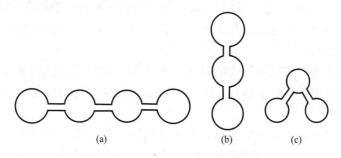

图 10-18　电气箱、柜进线孔示意图

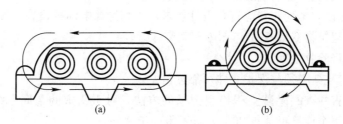

图 10-19　涡流的产生及其消除措施示意图

（6）防火封堵时，敷设电缆的电缆沟和竖井，按设计要求的位置，做好防火阻隔；

（7）电缆挂标志牌应符合下列规定：

1）标志牌规格应一致，并有防腐性能，挂装应牢固；

2）标志牌上应注明电缆编号、规格、型号、电压等级及起始位置；

3）沿电缆管道敷设的电缆在其两端、拐弯处、交叉处应挂标志牌，直线段应适当增设标志牌。

8. 架空敷设

当地下情况复杂不宜采用直埋敷设，且用户密度较高、用户的位置与数量变动较大、今后可能需要调整与扩充，总体上又无隐蔽要求时的低压电力电缆，可以采用架空敷设的方式。但在覆冰严重的地区，不应采用这种方式。

电缆架空敷设中，其电杆的埋设方法与要求和架空线路中有关电杆的埋设方法与要求基本相同。架空敷设的一般要求如下：

（1）电缆架空敷设时，每条吊线上宜架设一根电缆。杆上有两层吊线时，上下两吊线的垂直距离不应小于 0.6m。架空电缆在吊线上以吊钩敷设，吊钩的间距不应大于 750mm，吊线应采用不小于 7/3m 的镀锌钢绞线或具有同等强度的绞线。

（2）当架空电缆与架空线路同电杆敷设时，电缆应安置在架空线的下面，并且电缆与最下层的架空线的横担的垂直间距不应小于 0.6m。

（3）低压架空电力电缆与地面的最小净距，居民区为 5.5m；非居民区为 4.5m；交通困难地区为 3.5m。

### 10.1.3　电缆工程施工质量标准

1. 主控项目

（1）主控项目应符合下列规定：

1）金属电缆支架应与保护导体可靠连接；

2）电缆敷设不得存在绞拧、铠装压扁、护层断裂和表面严重划伤等缺陷；

3）当电缆敷设存在可能受到机械外力损伤、振动、浸水及腐蚀性或污染物质等损害时，应采取防护措施；

4）除设计要求外，并联使用的电力电缆的型号、规格、长度应相同；

5）交流单芯电缆或分相后的每相电缆不得单根独穿于钢导管内，固定用的夹具和支架不应形成闭合磁路；

6）当电缆穿过剩余电流互感器时，电缆金属护层和接地线应对地绝缘；对穿过剩余电流互感器后制作的电缆头，其电缆接地线应回穿互感器后接地；对尚未穿过剩余电流互感器的电缆接地线应在剩余电流互感器前直接接地；

7）电缆的敷设和排列布置应符合设计要求，矿物绝缘电缆敷设在温度变化大的场所、振动场所或穿越建筑物变形缝时应采取 S 弯或 Ω 弯。

（2）主控项目验收检查

1）金属电缆支架必须与保护导体可靠连接。

采用观察检查并查阅隐蔽工程检查记录的方法，对于明敷的金属电缆支架需全数检查，暗敷的可按每个检验批抽查 20%，且不得少于 2 处。

2）电缆敷设不得存在绞拧、铠装压扁、护层断裂和表面严重划伤等缺陷。

采用观察检查的方法，进行全数检查。

3）当电缆敷设存在可能受到机械外力损伤、振动、浸水及腐蚀性或污染物质等损害时，应采取防护措施。

采用观察检查的方法，进行全数检查。

4）除设计要求外，并联使用的电力电缆的型号、规格、长度应相同。

采用核对设计图观察检查的方法，进行全数检查。

5）交流单芯电缆或分相后的每相电缆不得单根独穿于钢导管内，固定用的夹具和支架不应形成闭合磁路。

采用核对设计图观察检查的方法，进行全数检查。

6）当电缆穿过零序电流互感器时，电缆金属护层和接地线应对地绝缘。对穿过零序电流互感器后制作的电缆头，其电缆接地线应回穿互感器后接地；对尚未穿过零序电流互感器的电缆接地线应在零序电流互感器前直接接地。

采用观察检查的方法，按电缆穿过零序电流互感器的总数抽查 5%，且不得少于 1 处。

7）电缆敷设和排列布置应符合设计要求，矿物绝缘电缆敷设在温度变化大的场所、振动场所或穿越建筑物变形缝时应采取 S 弯或 Ω 弯。

采用观察检查的方法，进行全数检查。

2. 一般项目

（1）一般项目应符合下列规定：

1）电缆敷设应符合下列规定：

① 电缆的敷设排列应顺直、整齐，并宜少交叉；

② 电缆转弯处的最小弯曲半径应符合表 10-2 的规定；

③ 在电缆沟或电气竖井内垂直敷设或大于 45°倾斜敷设的电缆应在每个支架上固定；

④ 在梯架、托盘或槽盒内大于 45°倾斜敷设的电缆应每隔 2m 定，水平敷设的电缆，首尾两端、转弯两侧及每隔 5～10m 处应设固定点；

⑤ 无挤塑外护层电缆金属护套与金属支（吊）架直接接触的部位应采取防电化腐蚀的措施；

⑥ 电缆出入电缆沟，电气竖井，建筑物，配电（控制）柜、台、箱处以及管子管口处等部位应采取防火或密封措施；

⑦ 电缆出入电缆梯架、托盘、槽盒及配电（控制）柜、台、箱、盘处应做固定；

⑧ 当电缆通过墙、楼板或室外敷设穿导管保护时，导管的内径不应小于电缆外径的 1.5 倍。

2）直埋电缆的上、下应有细沙或软土，回填土应无石块、砖头等尖锐硬物；

3）电缆的首端、末端和分支处应设标志牌，直埋电缆应设标示桩；

4）矿物绝缘电缆（BTTZ、BTLY）金属护套接地，应采用专用附件接出接地线与 PE 排连接。

（2）一般项目验收检查

1）电缆支架安装应符合下列规定：

① 除设计要求外，承力建筑钢结构构件上不得熔焊支架，且不得热加工开孔。

② 当设计无要求时，电缆支架层间最小距离不应小于表 10-12 的规定，层间净距不应

小于 2 倍电缆外径加 10mm，35kV 电缆不应小于 2 倍电缆外径加 50mm。

电缆支架层间最小距离（mm）　　　　表 10-12

| 电缆种类 | | 支架上敷设 | 梯架、托盘内敷设 |
|---|---|---|---|
| 控制电缆明敷 | | 120 | 200 |
| 电力电缆明敷 | 10kV 及以下电力电缆（除 6～10kV 交联聚乙烯绝缘电力电缆） | 150 | 250 |
| | 6～10kV 交联聚乙烯绝缘电力电缆 | 200 | 300 |
| | 35kV 单芯电力电缆 | 250 | 300 |
| | 35kV 多芯电力电缆 | 300 | 350 |
| 电缆敷设在槽盒内 | | $h+100$ | |

注：$h$ 为槽盒高度。

③ 最上层电缆支架距构筑物顶板或梁底的最小净距应满足电缆引接至上方配电柜、台、箱、盘时电缆弯曲半径的要求，且不宜小于表 10-13 所列数值再加 80～150mm；距其他设备的最小净距不应小于 300mm，当无法满足要求时应设置防护板。

④ 当设计无要求时，最下层电缆支架距沟底、地面的最小距离不应小于表 10-14 的规定。

最下层电缆支架距沟底、地面的最小净距（mm）　　　　表 10-13

| 电缆敷设场所及其特征 | | 垂直净距 |
|---|---|---|
| 电缆沟 | | 50 |
| 隧道 | | 100 |
| 电缆夹层 | 非通道处 | 200 |
| | 至少在一侧不小于 800mm 宽通道处 | 1400 |
| 公共廊道中电缆支架无围栏防护 | | 1500 |
| 室内机房或活动区间 | | 2000 |
| 室外 | 无车辆通过 | 2500 |
| | 有车辆通过 | 4500 |
| 屋面 | | 200 |

母线槽及电缆梯架、托盘和槽盒与管道的最小净距（mm）　　　　表 10-14

| 管道类别 | | 平行净距 | 交叉净距 |
|---|---|---|---|
| 一般工艺管道 | | 400 | 300 |
| 可燃或易燃易爆其他管道 | | 500 | 500 |
| 热力管道 | 有保温层 | 500 | 300 |
| | 无保温层 | 1000 | 500 |

⑤ 当支架与预埋件焊接固定时，焊缝应饱满；当采用膨胀螺栓固定时，螺栓应适配、连接紧固、防松零件齐全，支架安装应牢固、无明显扭曲。

⑥ 金属支架应进行防腐，位于室外及潮湿场所的应按设计要求做处理。

检查方法为观察检查，并用尺量检查。上述第①款全数检查，第②款～第⑥款按每个检验批的支架总数抽查 10%，且各不得少于 1 处。

2）电缆敷设应符合下列规定：

① 电缆的敷设排列应顺直、整齐，并宜少交叉；

② 电缆转弯处的最小弯曲半径应符合表 10-2 的规定。

③ 在电缆沟或电气竖井内垂直敷设或大于 45°倾斜敷设的电缆应在每个支架上固定。

④ 在梯架、托盘或槽盒内大于 45°倾斜敷设的电缆应每隔 2m 固定，水平敷设的电缆，首尾两端、转弯两侧及每隔 5～10m 处应设固定点。

⑤ 当设计无要求时，电缆支持点间距不应大于表 10-3 的规定。

⑥ 当设计无要求时，电缆与管道的最小净距应符合表 10-14 的规定。

⑦ 无挤塑外护层电缆金属护套与金属支（吊）架直接接触的部位应采取防电化腐蚀的措施。

⑧ 电缆出入电缆沟，电气竖井，建筑物，配电（控制）柜、台、箱处以及管子管口处等部位应采取防火或密封措施。

⑨ 电缆出入电缆梯架、托盘、槽盒及配电柜、台、箱盘处应做固定。

⑩ 当电缆通过墙、楼板或室外敷设穿导管保护时，导管的内径不应小于电缆外径的 1.5 倍。

电缆敷设的检查采用观察检查并用尺量检查方法，还需查阅电缆敷设记录。按每检验批电缆线路抽查 20％，且不得少于 1 条电缆线路并应覆盖上述不同的检查内容。

3）直埋电缆的上下应有细沙或软土，回填土应无石块、砖头等尖锐硬物。

直埋电缆的检查在施工中观察检查并查阅隐蔽工程的检查记录，且需进行全数检查。

4）电缆的首端、末端和分支处应设标志牌，直埋电缆应设标志桩。

采用观察检查的方法，按每检验批的电缆线路抽查 20％，且不得少于 1 条电缆线路。

### 10.1.4　电力电缆的连接

电力电缆的敷设是分段进行的，要组成一个完整的电力系统就必须把它们连接起来。电缆终端和接头的作用就是连通线路，密封电缆，并保证连接处的绝缘等级和机械强度。电缆终端和接头的种类和形式较多，结构、材料不同，要求的操作技术也各有特点。在此只简要地介绍电缆终端和接头制作的一般规定，以及 1kV 电压等级的塑料电缆终端头的制作程序。

1. 作业条件

（1）在土建结构施工、墙面、地面、抹灰作业完成，配合土建工程顶棚施工配管、槽盒安装完毕，配管穿线工程、槽盒布线工程完成，戴好护口。

（2）导线绝缘电阻测试应合格。

2. 施工工艺

（1）电力电缆连接的工艺流程应符合下列规定：

1）电缆套管端子压接工艺流程应符合图 10-20 的规定。

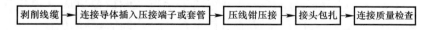

图 10-20　电缆套管端子压接工艺流程

2）电缆缠绕涮锡连接工艺流程应符合图 10-21 的规定。

图 10-21　电缆缠绕涮锡连接工艺流程

(2) 电力电缆终端和接头制作的准备工作和一般规定

1) 熟悉安装工艺资料；检查电缆是否符合：绝缘良好，不受潮，附件规格与电缆一致，零部件齐全无损伤，绝缘材料不受潮，密封材料不失效；施工用机具应齐全、完好；消耗材料应齐备。

2) 电缆终端和接头制作时的一般规定

① 应注意制作现场的环境条件（温度、湿度、尘埃等），它影响着绝缘处理的效果。在室外制作 6kV 及以上电缆终端与接头时，其空气相对湿度宜为 70% 及以下。对塑料绝缘电力电缆，应防止尘埃、杂物落入绝缘内。并应严禁在雾中、雨中施工。

② 电缆终端与接头应符合：形式、规格与电缆类型（如电压、芯数、截面、护层结构和环境要求等）一致；结构简单、紧凑，便于安装；材料、部件符合技术要求；主要性能符合现行国家标准的规定。

③ 采用的附加绝缘材料，除电气性能应满足要求外，还应与电缆本体的绝缘具有相容性。采用的线芯连接金属器具（连接管与接线端子）时，应采用符合标准的连接管和接线端子，其内径应与电缆线芯紧密配合，截面宜为线芯截面的 1.2～1.5 倍。压接时，压接钳和模具应符合规定的要求。

④ 电力电缆的接地线，应采用铜绞线或镀锡铜编织线，其截面积为：电缆截面为 120mm² 及以下时，不应小于 16mm²；电缆截面为 150mm² 及以上时，不应小于 25mm²。

⑤ 电缆终端与电气装置的连接，应符合中有关母线槽装置中的一些规定。

⑥ 电缆头应可靠固定，不应使电器元器件或设备端子承受额外应力。

⑦ 每个设备或器具的端子接线不多于两根导线或两个导线端子。

(3) 1kV 塑料电缆终端头制作的工艺程序

1kV 塑料电缆终端头的结构如图 10-22 所示。其制作的工艺程序如下：

1) 固定电缆末端

将电缆末端按实际需要留取一定余量的长度，并将其固定在设计图纸所规定的位置上。

2) 剥切电缆护套

在距护套切口 20mm 的铠装上用 $\phi 2.1$mm 的铜线做临时绑扎，然后沿绑扎线靠电缆末端一侧的钢带铠装处圆周环锯 1/2 铠装厚度，再剥除两层铠装。在铠装切口以上，留出 5～10mm 的塑料带内护层，将其余内护套及黄麻填充物切除。

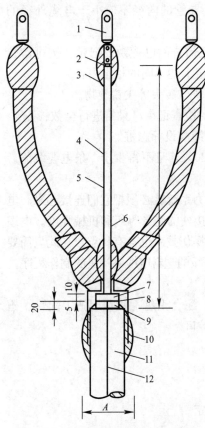

图 10-22  1kV 塑料电缆终端头结构图

1—接地端子；2—线芯；

3—防潮锥（中部壁厚 4mm）；

4—线芯绝缘；5—塑料胶粘带 2 层；

6—相色胶粘塑料带；7—塑料带内护层；

8—绑扎线；9—铠装；10—塑料手套；

11—电缆护套；12—接地软铜线；

A—手套根部防潮锥外径；

A＝手套外径＋8mm

3）焊接地线

拆除临时绑扎线，在钢带铠装焊接处除锈镀锡后，将接地线平贴在铠装上，然后用直径 $\phi2.1mm$ 的铜扎线将接地线箍扎 5 道，再用电烙铁将绑扎处用锡焊焊固。

4）套上塑料手套

根据电缆截面，选择相应的塑料手套（又称分支手套）。套塑料手套时，先在手套筒体与电缆套接的外护层部位和手套指端部位的线芯绝缘外，分别包缠塑料胶粘带用作填充，然后再套上塑料手套。在筒体根部和指端外部，分别用塑料胶粘带绕包成橄榄形的防潮锥体，在防潮锥体的最外层，再用塑料胶粘带自下而上地叠绕包，以使手套密封。最后，用汽油清洗干净线芯的绝缘表面。

5）安装接线端子

按照接线位置所需的长度，将电缆线芯末端切除，然后进行压（或焊）接线端子，再用塑料胶粘带绕包端部防潮锥。

6）保护线芯的绝缘

为了保护线芯的绝缘，可采用塑料胶粘带从接线端子至手套指部以半叠包的方式先自上而下，再自下而上来回绕包两层。

7）标注相位

用相包塑料胶粘带在手套指部防潮锥上端绕包一层，以示相位。其外层可绕一层透明的聚氯乙烯带，以保护防潮锥上端绕包层。

8）做好绝缘测定和相位核对

9）将绕包好的三相线芯固定到接线位置上。但应注意，各线芯带电引上部分相与相、相对地的距离，户外终端头必须不小于 200mm，户内终端头必须不小于 75mm。

10）将接地线妥善、可靠地接地。

3. 质量标准

（1）主控项目

1）电力电缆通电前应按现行国家标准《电气装置安装工程 电气设备交接试验标准》GB 50150—2016 的规定进行耐压试验，并应合格。

需对所有电力电缆进行检查，试验时需观察检查并查阅交接试验记录。

2）低压或特低压配电线路线间和线对地间的绝缘电阻值不应小于表 10-15 的规定，矿物绝缘电缆线间和线对地间的绝缘电阻应符合国家产品技术标准的规定。

**低压或特低压配电线路绝缘电阻测试电压及绝缘电阻最小值**　　　　表 10-15

| 标称回路电压(V) | 直流测试电压(V) | 绝缘电阻(MΩ) |
|---|---|---|
| SELV 和 PELV | 250 | 0.5 |
| 500V 及以下，包括 FELV | 500 | 0.5 |
| 500V 以上 | 1000 | 1.0 |

电力电缆的验收检查可用绝缘电阻测试仪测试并查阅绝缘电阻测试记录。按每检验批的线路数量抽查 20%，且不得少于 1 条线路，并应覆盖不同型号的电缆或电线。

3）电力电缆的铜屏蔽层和铠装护套及矿物绝缘电缆的金属护套和金属配件应采用铜绞线或镀锡铜编织线与保护导体做连接，其联结导体的截面积不应小于表 10-16 的规定。

当铜屏蔽层和铠装护套及矿物绝缘电缆的金属护套和金属配件做保护导体时,其联结导体的截面积应符合设计要求。

电缆终端保护联结导体的截面积(mm²)                           表 10-16

| 电缆相导体截面积 | 保护联结导体截面积 |
| --- | --- |
| ≤16 | 与电缆导体截面相同 |
| >16,且≤120 | 16 |
| ≥150 | 25 |

采用观察检查的方法,按每检验批的电缆线路数量抽查 20%,且不得少于 1 条电缆线路并覆盖不同型号的电缆。

4)电缆端子与设备或器具采用螺栓连接时,应符合下列规定:

① 连接螺栓两侧有平垫圈,相邻垫圈间有大于 3mm 的间隙,螺母侧装有弹簧垫圈或锁紧螺母;

② 螺栓受力均匀,不使电器或设备的接线端子受额外应力。

观察检查并用力矩测试仪测试紧固度。按照每检验批的电缆线路数量抽查 20%,且不得少于 1 条电缆线路。

5)涮锡接头涮锡应均匀饱满。

(2)一般项目

1)电缆头应可靠固定,不应使电器元器件或设备端子承受额外应力。

采用观察检查的方法,按每检验批的电缆线路数量抽查 20%,且不得少于 1 条电缆线路。

2)导线与电器或设备的连接应符合下列规定:

① 截面积在 10mm² 及以下的单芯铜芯线和单股铝、铝合金芯线可直接与设备或器具的端子连接;

② 截面积在 2.5mm² 及以下的多芯铜芯线应接续端子或拧紧搪锡后与设备或器具的端子连接;

③ 截面积大于 2.5mm² 的多芯铜芯线,除设备自带插接式端子外,接续端子后与设备或器具的端子连接;多芯铜芯线与插接式端子连接前,端部拧紧搪锡;

④ 多芯铝芯线应接续端子后与设备、器具的端子连接,多芯铝芯线接续端子前应去除氧化层并涂抗氧化剂,连接完成后应清洁干净;

⑤ 每个设备或器具的端子接线不多于 2 根导线或 2 个连接金具;

⑥ 绝缘导线、电缆的线芯连接金具(连接套管和端子),其规格应与线芯的规格适配,且不得采用开口端子,其性能应符合国家现行有关产品标准的规定;

⑦ 当接线端子规格与电气器具规格不配套时,不应采取降容的转接措施。

采用观察检查的方法,按每检验批的配线回路数量抽查 5%,且不得少于 1 条配线回路,并应覆盖不同型号和规格的导线。

# 10.2  架空电力线路施工

## 10.2.1  架空电力线路的结构

架空电力线路主要指架空明线,是用绝缘子将输电导线固定在直立于地面的电杆或构架上以传输电能的输电线路。架空电力线路主要由导线、架空地线、杆塔、绝缘子、横担、金具、拉线及基础等元件组成，其结构如图 10-23 所示。

（1）导线。架空导线因受环境和自然条件的影响，要求导线具有导电率高、机械强度大、质量轻、耐腐蚀和经济性高等特点。架空配电导线的材料有铜、铝、钢、铝合金。低压架空配电线路也可采用绝缘导线。

（2）架空地线及接地体。架空地线又称避雷线，主要作用是防雷。它悬挂于杆塔顶部，并在每基杆塔上通过接地导体与接地体相连接，能迅速将雷电流在大地范围内扩散泄导。接地电阻阻值越小，其耐雷水平越高。

（3）杆塔。杆塔用于支撑架空线路导线和架空地线，并使导线、架空地线、杆塔之间有足够的安全距离，同时也能保证导线对大地和交叉跨越物之间有足够的安全距离。一般根据杆塔在配电线路中的作用和所处位置的不同，可将其分为直线杆、耐张杆、转角杆、终端杆、分支杆和跨越杆等。

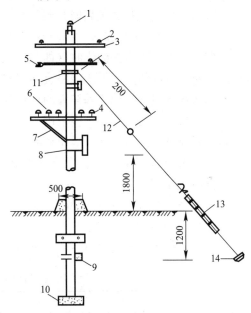

图 10-23　架空线路主要器件

1—高压杆头；2—高压针式绝缘子；3—高压横担；
4—低压横担；5—高压悬式绝缘子；6—低压针式绝缘子；
7—横担支撑；8—低压蝶式绝缘子；9—卡盘；
10—底盘；11—拉线包箍；12—拉线上把；
13—拉线底把；14—拉线盘

（4）绝缘子。绝缘子俗称瓷瓶，是用来支撑或悬挂固定导线，使之与杆塔绝缘的主要器件。绝缘子需具有足够的机械强度、绝缘水平和抗腐蚀能力。绝缘子按其使用电压等级可分为高压绝缘子和低压绝缘子。常用绝缘子按其外形可分为针式绝缘子、蝶式绝缘子、悬式绝缘子和拉线绝缘子。

（5）横担。横担是杆塔中的重要组成部分，用来安装绝缘子及金具，以支撑导线、架空地线，并使之按照规定保持一定的安全距离。架空配电线路的横担按使用条件或受力情况可分为直线横担、耐张横担和终端横担。架空配电线路普遍使用角钢横担。

（6）金具。金具是与导线和绝缘子配套的器材，是架空线路用于连接、固定、支撑的镀锌铁件的总称。

（7）基础。基础是对杆塔地下部分的总体称呼，由底盘、卡盘和拉线盘组成。其作用主要是防止杆塔因承受垂直荷重、水平荷重及事故荷重等所产生的上拔、下压甚至倾倒。

（8）拉线。拉线在架空线路中，是用来平衡电杆各方向拉力的，防止电杆弯曲或倾倒。

### 10.2.2　架空电力线路施工一般要求

架空线路是保证供电安全、供电质量和合理分配电能的重要设施。由于它通常处于室外、野外安装，施工难度大，对施工人员技术要求高，要求技术人员不仅要具备电气专业技术，还要精通运输、吊装、机械、测量等方面的专业知识。架空线路施工的一般要求如下：

（1）架空线路路径尽量沿道路平行敷设，尽量减少与其他设施交叉和跨越建筑物。如果不得已必须跨越时，配电线路与建筑物应保持安全距离如下：

1）导线最大弧垂时与建筑物的垂直距离不小于 3m。

2）1kV 及以下线路与建筑物的垂直距离不小于 2.5m。

3）10kV 边线最大偏斜时与建筑物的水平距离不小于 1.5m。

4）1kV 及以下线路最大偏斜时与建筑物的水平距离不小于 1.0m。

（2）架空线路为多棚线时（即多层架设），自上而下的顺序是：高压→动力→照明→路灯。同一电源的高、低压线路宜同杆架设。架设时，应该高压线路在上；同一电压等级的不同回路导线，应把弧垂较大的导线放置在下层；路灯照明回路放置在最下层。

（3）高压线路的导线，应采用三角排列或水平排列；双回路线路同杆架设时，宜采用三角排列或垂直三角排列。低压线路的导线，宜采用水平排列。

（4）面向负荷从左至右，高压线路中架空线路的相序排列为 A、B、C；低压线路导线的排列相序为 A、N、B、C。电杆上的中性线应靠近电杆；沿建筑物架设的线路，中性线应靠近建筑物。中性线的位置不应高于同一回路的相线。在同一地区内，中性线的排列应统一。

（5）架空线路导线的间距，不应小于表 10-17 所列的数值。

架空线路导线间的最小距离（m）　　　　　　　　表 10-17

| 电压 | 挡距 | | | | | | |
|---|---|---|---|---|---|---|---|
| | 40 及以下 | 50 | 60 | 70 | 80 | 90 | 100 |
| 高压 | 0.60 | 0.65 | 0.70 | 0.75 | 0.85 | 0.90 | 1.00 |
| 低压 | 0.30 | 0.40 | 0.45 | — | — | — | — |

（6）高、低压线回路杆或仅有高压线路时，可以在最下面架设通信电缆，通信电缆与高压线路的垂直间距不得小于 2.5m；仅有低压线路时，可以在最下面架设广播明线和通信电缆，其垂直间距不得小于 1.5m。

（7）向一级负荷供电的双电源线路，不可同杆架设。

（8）高、低压线路宜沿道路平行架设，电杆距路边可为 0.5～1m。

（9）高、低压线路架设在同一横担上的导线，其截面积差不宜大于三级。

（10）10kV 及以下架空电力线路，在同一挡距内，同一根导线上的接头，不应超过 1 个。导线接头位置与导线固定处的距离，应大于 0.5m，当有防震装置时，应在防震装置以外。不同金属、不同绞向、不同截面的导线，严禁在挡距内连接。

（11）1kV 以下的低压架空电力线路，当采用绝缘导线时，展放时，不应损伤导线的绝缘层，不应出现扭、弯等现象；导线固定应牢固可靠；导线在蝶式绝缘子上绑扎固定时，应符合前面所述的绑扎规定；接头应符合有关规定，且破口处应进行绝缘处理。

（12）高、低压线路的挡距，可采用表 10-18 所列数据。耐张段的长度不宜大于 2km。

架空线路挡距（m）　　　　　　　　表 10-18

| 地区 | 高压 | 低压 |
|---|---|---|
| 城区 | 40～50 | 30～45 |
| 居住区 | 35～50 | 30～40 |
| 郊区 | 50～100 | 40～60 |

（13）沿建、构筑物架设的低压线路，导线支持点之间的距离，不宜大于 15m。

（14）高压线路的过引线、引下线、接户线与邻相导线间的净空距离，不应小于 0.3m；低压线路不应小于 0.15m。高压线路的导线与拉线、电杆或构架间的净空距离，不应小于 0.2m；低压线路不应小于 0.1m。高压线路的引下线与低压线路的间距，不应小于 0.2m。

（15）架空线路在电杆上排列次序如图 10-24 所示。即当面向负荷时，左起依次为 L1、N、L2、L3、PE。

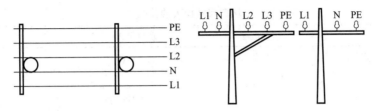

图 10-24　架空线在电杆上排列次序

（16）架空线路最低点与地面的最小允许距离如表 10-19 所示。

架空线路最低点与地面的最小允许距离（m）　　　　　　　表 10-19

| 地区条件 | 电压（kV） | | 地区条件 | 电压（kV） | |
|---|---|---|---|---|---|
| | 1.0 以下 | 1～10 | | 1.0 以下 | 1～10 |
| 交通要道居民区 | 6 | 7 | 非居民区 | 5 | 5.5 |
| | 6 | 6.5 | 铁轨（至轨顶） | 7.5 | 7.5 |

（17）架空线路所用的横担及所有金属配件一律采用镀锌产品，有些配件局部无法镀锌时要做防锈处理。

（18）钢筋混凝土电杆的拉线一般不装设拉紧绝缘子。但是如果拉线穿过导线时应安装拉紧绝缘子。安装位置距地 2.5m 以上。拉线在交通要道附近或在居民区人容易接触的地方应做涂有红白油漆的竹管等绝缘材料保护。

（19）在架空线路的断线处改变导线的截面应采用并沟线夹、绑管压接或绑扎。从线路向下 T 接时，应采用并沟线夹连接。

（20）架空线路的拉线和电杆的夹角不应小于 45°，如果受当地条件限制最少也不得小于 30°。

（21）混凝土电杆的埋设深度取杆高的 1/6。混凝土电杆卡盘的安装方向应沿线路方向左右交替。横担的方向应安装在靠负荷的一侧。凡是终点杆、转角杆、分支杆及导线张力不平衡地方的横担均应安装在张力的反方向。

### 10.2.3　架空线路施工工艺流程

1. 立杆施工工艺

架空线路的立杆工艺流程如图 10-25 所示。

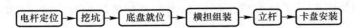

图 10-25　架空线路的立杆工艺流程

（1）电杆定位

根据设计图纸标定的位置，结合现场情况，逐一确定每一根电杆的位置，确定好标桩并进行编号。

（2）挖坑

基坑的土工作业可采用机械挖掘，在土质松软的情况下，一般采用人工挖掘。为了施工的方便，也是为了防止坑壁的塌方，坑口尺寸 $B$ 可参考表 10-20 所列不同土质情况下的计算公式进行计算后来决定。坑的深度 $h$，应按设计图纸的规定，若图纸未予注明，则可按表 10-21 进行确定，一般为杆长的 1/5～1/6。若电杆装设底盘时，则坑深应加上底盘的厚度。

**坑口尺寸加大的公式** 表 10-20

| 土质情况 | 坑壁坡度 | 坑口尺寸 | 备注说明 |
|---|---|---|---|
| 一般黏土、砂质黏土 | 10% | $B=b+0.4+0.1h\times2$ | 式中　$B$——坑口宽度（m）； |
| 砂砾、松土 | 30% | $B=b+0.4+0.31h\times2$ | $b$——杆底宽度（m）； |
| 需用挡土板的松土 | — | $B=b+0.4+0.6$ | $h$——坑的深度（m） |
| 松石 | 15% | $B=b+0.4+0.15h\times2$ | |
| 坚石 | — | $B=b+0.4$ | |

**电杆埋设深度表** 表 10-21

| 杆长 $L$（m） | 8 | 9 | 10 | 11 | 12 | 13 | 15 |
|---|---|---|---|---|---|---|---|
| 埋深 $h$（m） | 1.5 | 1.6 | 1.7 | 1.8 | 1.9 | 2.0 | 2.3 |

电杆基础坑深度的允许偏差为＋100mm、－50mm。同基基础坑在允许偏差范围内应按最深一坑抄平。双杆基础坑的根开的中心偏差不应超过±30mm，且两杆坑深应一致。当坑深超过 1.5m 时，坑内的工作人员必须戴好安全帽，严禁在坑内休息。当坑底超过 1.5m，而在坑内须要两人同时工作时，两人不可对面或靠得太近进行工作。在挖坑期间或坑已挖好但未立杆时，应在坑的四周设置围栏及标志，夜间应设置红色警戒灯，以防行人跌入坑内。

（3）底盘就位

将底盘通过滑板划入坑底后，将底盘放手、找正。底盘的圆槽面应与电杆中心线垂直，找正后应填土夯实至底盘表面。底盘安装允许偏差，应使电杆组立后满足电杆允许偏差的规定。

（4）横担组装

线杆横担，应装在负荷侧。直线杆多层横担，应装在同一侧（平面架设在一个垂直面上，和线路成直角）。终端杆、转角杆、分支杆以及导线张力不平衡处的横担，应装在张力的反向侧（拉线侧）。直线杆及 15°以下的转角杆，宜采用单横担；跨越主要道路时，应采用单横担双绝缘子；15°～45°的转角杆，宜采用双横担双绝缘子；45°以上的转角杆，宜采用十字横担。横担安装应平正，横担端部上下歪斜不应大于 20mm；横担端部左右扭斜不应大于 20mm；双杆的横担，横担与电杆连接处的高差，不应大于连接距离的 5/1000；左右扭斜，不应大于横担总长度的 1/100。

横担距杆顶的距离，一般为 200mm；导线作三角形排列时，横担距杆顶的距离，一般为 600mm。

横担间的间距是指在同一根电杆上架设多回路线路时，各层横担间的垂直距离，不应小于表 10-22 所列数据。

横担的间距（mm）　　　　　　　　　　　　　　　表 10-22

| 类别 | 直线杆 | 分支或转角杆 |
|---|---|---|
| 高压与高压 | 800 | 距上横担 450/距下横担 600 |
| 高压与低压 | 1200 | 1000 |
| 低压与低压 | 600 | 300 |
| 高压与通信线 | 2500 | 2500 |
| 低压与通信线 | 1500 | 1500 |

（5）立杆

立杆就是把已组装好的电杆，按照规定的位置与方向，将电杆立起并埋入杆坑。立杆的过程需要立杆、杆身校正、埋杆三个步骤。

立杆最常用的方法有三种：汽车起重机立杆、架杆立杆与固定式人字抱杆立杆。汽车起重机立杆安全高效，是目前采用最多的方法。

杆身校正时指挥者应站在相邻未立杆的杆坑线路方向上的辅助标桩处或其延长线上；面对线路向已立杆方向观测电杆，指挥调整，使它与已直立的电杆处在一条直线上。

单电杆立好后能正直，其位置偏差应符合下列规定：

1）直线杆和转角杆的横向位移都不应大于 50mm；

2）10kV 及以下架空电力线路的直线杆杆梢的倾斜不应大于杆梢直径的 1/2；

3）转角杆应向外角预偏，紧线后不应向内角倾斜，其向外角倾斜后的杆梢位移，不应大于杆梢直径。

终端杆立好后，应向拉线侧预偏，其预偏值不应大于杆梢直径。紧线后不应向受力侧倾斜。

双电杆立好后能正直，其位置偏差应符合下列规定：

1）直线杆的结构中心与中心桩间的横向位移，不应大于 50mm。

2）转角杆的结构中心与中心桩间的横向、顺向位移，不应大于 50mm。

3）迈步不应大于 30mm，根开不应超过±30mm。

立杆并经校正好后，即可进行回填土。回填土时，应将土块打碎，并清除土中的树根、杂草，必要时可在土中掺一些块石。回填土时，对于 10kV 及以下的架空电力线路的基坑，应每回填土 500mm 就夯实一次。

（6）卡盘安装

当回填土至坑深的 2/3 时，必要时安装卡盘，如图 10-26 所示。电杆基础采用卡盘时，

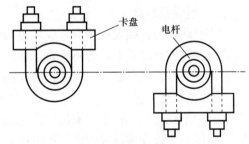

图 10-26　混凝土电杆装设的卡盘

安装前应将其下部土壤分层回填夯实；安装位置、方向、深度应符合设计要求；深度允许偏差为±50mm，当无设计要求时，上平面距地面不应小于 500mm；与电杆连接应紧密。

2. 拉线施工工艺

架空线路的拉线施工工艺流程如图 10-27 所示。

（1）拉线下料

拉线用镀锌铁丝或钢绞线制作，一般由上把、中把、下把和地锚把组成，其示意图如

图 10-27  架空线路的拉线工艺流程

图 10-28 所示。

在 10kV 及其以下线路，一般用直径为 4mm 的镀锌铁丝制成，每条拉线不少于 3 股；或用截面积不小于 25mm² 的钢绞线。当承载力较大，每条拉线须超过 9 股铁丝时，则应改用镀锌钢绞线；拉线底把超过 9 股时，应改用圆钢拉线棒。由于下部拉线或拉线棒埋设于土中，容易被腐蚀，所以下部拉线应比上部拉线多 2 股铁丝，或选用截面积高一挡的钢绞线。若用拉线棒，则其截面积不小于 16mm²，且必须镀锌，以防腐。拉线在地面上、下各 300mm 的部分，应涂防腐油，再用浸过防腐油的麻皮条缠卷，最后用铁丝绑牢。

（2）拉线组合制作

拉线的整体由拉线抱箍、楔形线夹、钢绞线、UT 型线夹、拉线棒和拉线盘组成，其组装图见图 10-29。

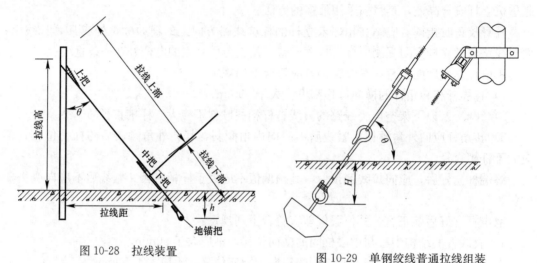

图 10-28  拉线装置

图 10-29  单钢绞线普通拉线组装

（3）拉线组装

1）埋设拉线盘

将拉线棒与拉线盘组装好，放入拉线坑内。将拉线棒方向对准已立好的电杆。此时拉线棒应与拉线盘成垂直，若不垂直，须向左或向右移正拉线盘，直至符合要求为止，再进行回填土夯实。埋设好后，应使拉线棒的拉环露出地面 500～700mm。

2）做拉线上把

拉线上把装在电杆上，需用拉线抱箍及螺栓固定（也可在横担上焊接拉线环）。组装时，先用一只螺栓将拉线抱箍抱在电杆上，然后把预制好的上把拉线环放在两块抱箍的螺孔间，穿入螺栓拧上螺母固定。或使用 UT 线夹代替拉线环，先将拉线穿入 UT 线夹固定，再用螺栓将 UT 线夹与拉线抱箍联结。

3）收紧拉线做中把

在下部拉线盘埋设好，拉线上把也做好后，便可收紧拉线做中把，使上部拉线和下部拉线棒连接起来，成为一个整体，以发挥拉线的作用。

收紧拉线时，一般使用紧线钳。将紧线钳下部钢丝绳系在拉线棒上，紧线钳的钳头夹住拉线高处，收紧钢丝绳将拉线收紧。将拉线的下端穿过 UT 线夹的楔形线夹内，将楔形线夹与已穿入拉线棒拉环的 U 形环联结，套上螺母，此时即可卸下紧线钳，利用可调 UT 型线夹调节拉线的松紧。拉线穿过楔形线夹折回尾线长度为 300~500mm，尾线回头与本线应扎牢。

（4）拉线装置安装应满足以下要求

1）拉线安装后，地平面夹角与设计值的允许偏差，在 10kV 及以下架空电力线路不应大于 3°。特殊地段应符合设计要求。

2）承力拉线应与线路方向的中心线对正；分角拉线应与线路分角线方向对正；防风拉线应与线路方向垂直。

3）水平拉线跨越汽车通道时，拉线对路面边缘的垂直距离不应小于 5m，对路面中心的垂直距离不小于 6m。跨越电车行车线时，对路面中心的垂直距离不应小于 9m。

4）拉线盘的埋设深度与方向，应符合设计要求。拉线棒与拉线盘应垂直，连接处应采用双螺母，其外露地面部分的长度应为 500~700mm。拉线坑应有斜坡，回填土时应将土块打碎后夯实，拉线坑也应设置防沉层。

5）当采用 UT 型线夹或楔形线夹固定安装时，应在安装前将丝扣上涂润滑剂；线夹舌板与拉线接触应紧密，受力后无滑动现象，线夹凸肚应在尾线侧，线股不得受损伤；拉线的弯曲部分不应有明显松股，拉线断头处与拉线主线应固定可靠，线夹处露出的尾线长度应为 300~500mm，尾线回头后应与本线扎牢；当同一组拉线使用双线夹及连板时，其尾线端的方向应统一；UT 型线夹或花篮螺栓的螺杆应露扣，并应有不小于 1/2 螺杆丝扣长度可供调紧，调整后，UT 型线夹的双螺母应并紧，花篮螺栓应封固。

6）当采用绑扎固定安装时，应在拉线两端设置心形环；钢绞线拉线，应采用直径不大于 3.2mm 的镀锌铁丝绑扎固定，绑扎应整齐、紧密，其最小缠绕长度应符合表 10-23 的规定。

**最小缠绕长度** 表 10-23

| 钢绞线截面 (mm²) | 最小缠绕长度(mm) | | | | |
|---|---|---|---|---|---|
| | 上段 | 中段有绝缘子的两端 | 与拉棒连接处 | | |
| | | | 下端 | 花缠 | 上端 |
| 25 | 200 | 200 | 150 | 250 | 80 |
| 35 | 250 | 250 | 200 | 250 | 80 |
| 50 | 300 | 300 | 250 | 250 | 80 |

7）采用拉线柱拉线时，其安装应符合下列规定：

① 拉线柱的埋设深度，应根据设计要求。若无设计要求时，则采用坠线的，其埋深不应小于拉线柱长的 1/6；采用无坠线的，则应按其受力情况确定。

② 拉线柱应向张力反方向倾斜 10°~20°。坠线与拉线柱夹角不应小于 30°。坠线上端固定点的位置距拉线柱顶端的距离应为 250mm。

③ 坠线采用镀锌铁丝绑扎固定时，最小缠绕长度应符合表 10-23 的规定。

8）当一根电杆上装设多条拉线时，各条拉线的受力应一致。

9）采用镀锌铁丝合股组成的拉线，其股数不应少于三股，镀锌铁丝的单股直径不应小于 4mm，绞合应均匀，受力相等，不应出现抽筋现象。

合股组成的拉线，可采用直径不小于 3.2mm 的镀锌铁丝绑扎固定，绑扎应整齐紧密。其缠绕长度为：5 股以下者，上端为 200mm；中端有绝缘子的两端为 200mm；下缠 150mm，花缠 250mm，上缠 100mm。

合股拉线采用自身缠绕固定时，缠绕应整齐紧密。其缠绕长度为：3 股线不应小于 80mm，5 股线不应小于 150mm。

10）混凝土电杆的拉线，宜不装拉线绝缘子。若拉线从导线之间穿过，则应装设拉线绝缘子。在断拉线的情况下，拉线绝缘子距地面不应小于 2.5mm。

3. 导线架设施工工艺

架空线路的导线，一般采用铝绞线。当 10kV 及以下的高压线路挡距或交叉挡距较长、杆位高差较大时，宜采用钢芯铝绞线。在沿海地区，由于盐雾或有化学腐蚀气体的存在，宜采用防腐铝绞线、铜绞线。在街道狭窄和建筑物稠密的地区，应采用绝缘导线。

架空线路的导线架设工艺流程如图 10-30 所示。

放线 → 架线 → 紧线 → 绑线 → 导线连接

图 10-30 架空线路的导线架设工艺流程

（1）放线

放线，就是将成卷的导线沿着电杆的两侧放开，为将导线架设到横担上作准备。

（2）架线

架线又称为挂线，就是将展放在靠近电杆两侧地面上的导线架设到横担上。

（3）紧线

紧线是在每个耐张段内进行的。紧线时，应先在线路一端耐张杆上把导线牢固地绑扎在绝缘子上，然后用人力或机械力在另一端牵引拉紧。当导线截面较大、耐张段较长时，可采用卷扬机紧线。

（4）绑线

紧线后，即可将导线绑扎在绝缘子上。绑扎完毕，即可松开紧线器。绑扎时应注意以下几点：

1）导线在绝缘子上应绑扎得很紧，使导线不会滑动。但是又不宜过分地将导线绑扎得出现弯曲状，因为这样会损伤导线，同时还会因导线张力过大而破坏绑线。

2）绝缘导线要使用带包皮的绑线，裸导线可用与导线材料相同的裸绑线，铝镁合金线应使用铝线作绑线。

3）用于低压绝缘子的铜导线的绑线，其直径不小于 1.2mm；用于高压绝缘子的绑线，其直径不小于 1.6mm。铜导线截面积为 35mm² 及其以下时，绑扎长度为 150mm；截面积为 50～70mm² 时，绑扎长度为 200mm。铝导线截面积为 50mm² 及其以下时，绑扎长度为 150mm；截面积为 70～120mm² 时，绑扎长度为 200mm。

4）绑扎时，应注意防止损伤导线与绑线。绑扎铝线时，不可使用钳子的钳口，只可使用钳子的尖部。

5）绑线在绝缘子颈槽内，应顺序排列，不得互相挤压在一起。铝带在包缠时，应紧密无空隙，但不可相互重叠。

（5）导线连接

在架空线路中，线路挡距内导线的连接常常是不可避免的。导线的连接质量，直接影响着导线的机械强度与电气性能。导线连接的方式，依导线的材质与规格的不同而有所区别，目前最常用的方法有两种：钳压法与绕接法。

1) 钳压接法

钳压接法适用于铝绞线、铜绞线与钢芯铝绞线。它是采用连接管将两根导线连接起来，其具体的操作方法与操作中注意事项如下：

① 检查钳压接法的工具：压接钳是否完好、可靠、灵活。

② 选择与准备连接的导线相应的压模与连接管。

③ 在压接钳上安装好压模。

④ 将导线的末端，用直径为 0.9～1.6mm 的金属线绑紧（以免松股）。然后用钢锯或大剪刀，将导线锯或剪齐。

⑤ 清洗导线与连接管内壁，去除油垢与氧化膜，以保证连接的电气性能良好。一般采用汽油清洗（导线的清洗长度，应取连接部分的 1.25 倍），然后在导线表面与连接管内壁涂上一层油膏。

⑥ 将欲连接的导线，分别从连接管两端插入；并使线端露出管外 25～30mm。

若是钢芯铝绞线，则应在插入一根导线后，中间插入一个铝垫片，然后再插入另一根导线，以使接触良好。

⑦ 将连接管放入压接钳的压模中，导线两侧保持平直，然后，按图 10-31 顺序（铜绞线、铝绞线从一端开始，依次向一端交错压接。钢芯铝绞线从中间开始，依次向两端交错压接）进行压接。导线钳压口尺寸 $D$ 和压口数目 $n$ 如表 10-24 所示。同时，连接管的最外边的压口，应位于导线的端部。

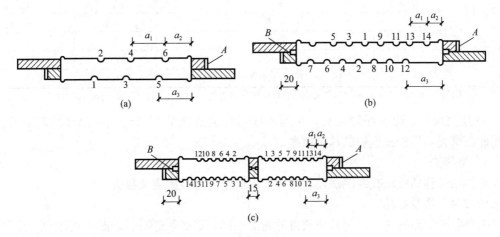

图 10-31　连接管的压接次序

(a) LJ-35 铝绞线；(b) LGJ-35 钢芯铝绞线；(c) LGJ-240 钢芯铝绞线

1、2、3……表示压接操作顺序；A—绑线；B—垫片

**导线钳压接压口数及压接深度**　　　　　　　　　　　　表 10-24

| 导线型号 | | 液压部位尺寸 | | | 压口尺寸 $D(\text{mm}^2)$ | 压口数 $n$ |
|---|---|---|---|---|---|---|
| | | $a_1(\text{mm}^2)$ | $a_2(\text{mm}^2)$ | $a_3(\text{mm}^2)$ | | |
| 钢芯铝绞线 | LGJ-16 | 28 | 14 | 28 | 12.5 | 12 |
| | LGJ-25 | 32 | 15 | 31 | 14.5 | 14 |
| | LGJ-35 | 34 | 42.5 | 93.5 | 17.5 | 14 |

续表

| 导线型号 | | 液压部位尺寸 | | | 压口尺寸 $D$(mm²) | 压口数 $n$ |
|---|---|---|---|---|---|---|
| | | $a_1$(mm²) | $a_2$(mm²) | $a_3$(mm²) | | |
| 钢芯铝绞线 | LGJ-50 | 38 | 48.5 | 105.5 | 20.5 | 16 |
| | LGJ-70 | 46 | 54.5 | 123.5 | 25.5 | 16 |
| | LGJ-95 | 54 | 61.5 | 142.5 | 29.5 | 20 |
| | LGJ-120 | 62 | 67.5 | 160.5 | 33.5 | 24 |
| | LGJ-150 | 64 | 70 | 166 | 36.5 | 24 |
| | LGJ-185 | 66 | 74.5 | 173.5 | 39.5 | 26 |
| 铝绞线 | LJ-16 | 28 | 20 | 34 | 10.5 | 6 |
| | LJ-25 | 32 | 20 | 35 | 12.5 | 6 |
| | LJ-35 | 36 | 25 | 43 | 14 | 6 |
| | LJ-50 | 40 | 25 | 45 | 16.5 | 8 |
| | LJ-70 | 44 | 28 | 50 | 19.5 | 8 |
| | LJ-95 | 48 | 32 | 56 | 23 | 10 |
| | LJ-120 | 52 | 33 | 59 | 26 | 10 |
| | LJ-150 | 56 | 34 | 62 | 30 | 10 |
| | LJ-185 | 60 | 35 | 65 | 33 | 10 |
| 钢绞线 | TJ-16 | 28 | 14 | 28 | 10.5 | 6 |
| | TJ-25 | 32 | 16 | 32 | 12 | 6 |
| | TJ-35 | 36 | 18 | 36 | 14.5 | 6 |
| | TJ-50 | 40 | 20 | 40 | 17.5 | 8 |
| | TJ-70 | 44 | 22 | 44 | 20.5 | 8 |
| | TJ-95 | 48 | 24 | 48 | 24 | 10 |
| | TJ-120 | 52 | 26 | 52 | 27.5 | 10 |
| | TJ-150 | 56 | 28 | 56 | 31.5 | 10 |

注：压接后尺寸的允许误差：铜钳压管和钢芯铝绞线钳压管为±0.5mm；铝钳接管±1.0mm。

⑧ 压完后，取出压好的接头，用细齿锉刀锉去连接管管口与压坑边缘翘起的棱角，再用砂皮磨光，用浸蘸汽油的抹布擦净。

2）绕接法

绕接法又称插接法或缠绕法，它适用于多股铜芯导线的直接接头。

### 10.2.4 质量标准

架空电力线路的施工，与其他项目的施工一样，都必须进行：隐蔽工程验收，中间验收与竣工验收三个阶段。

1. 隐蔽工程验收

对架空电力线路施工来讲，其隐蔽工程的内容大致有下列几项：

（1）基础施工

1）杆坑的规格与要求。

2）浇制的质量。

3）预制基础的埋设。如底盘、卡盘、拉线盘的规格与安装位置。

（2）各种连接管的规格、要求。

（3）接地装置的安装。

2. 中间验收

中间验收是指当施工班组完成一个（或数个）分项目（如基础、杆塔、接地等的每一根或架线的每一档）后进行的验收。对架空线施工来讲，大致有下列几项：

（1）电杆及拉线

检查内容包括：电杆的焊接质量；杆身高度及偏扭情况；横担的歪扭情况；各部分零件的规格；各部分连接的紧密程度；拉线的情况；回填土情况等。

（2）接地

检查内容是实测接地电阻值，看其是否符合设计的规定值。

（3）架线

检查内容包括：导线、绝缘子、金具的型号、规格是否符合设计图纸的规定；弧垂；跳线对各部分的电气距离；电杆在架线后的挠度；相位；导线连接的质量；线路与地面，建筑物等的距离等。

3. 竣工验收

竣工验收是工程全部或其中部分工程已全部结束后进行的验收。其检查项目，除中间验收所列项目外，尚需补充一些没有进行但必须进行检查的项目。对架空线路的施工工程来讲，尚需补充以下一些竣工验收的内容。

（1）应增加的检查内容

1）导线、避雷线、电杆、绝缘子、金具等的型号、规格，线路的路径以及线间距离等是否符合设计图纸的规定。

2）障碍物的拆迁情况。

3）跳线的连接情况。

4）更改或遗留的项目情况。

（2）竣工试验

工程在竣工验收合格后，应进行下列电气试验。

1）测定线路的绝缘电阻。

2）测定线路的相位。

3）冲击合闸三次。

若以上试验结果均合格、正常，则竣工检查基本结束。最后，应将与鉴定工程质量有关的原始施工记录以及有关文件移交给运行单位，这些记录与文件，应该作为竣工验收的一部分。

（3）验收记录与文件

这些记录与文件包括：

1）最后审定的施工图纸或原设计的施工图及设计修改通知单。

2）工程验收记录。

3）隐蔽工程检查记录。

4）原材料和器材出厂合格证明书或试验记录。

5）未按设计施工图进行施工的各项明细表及附图。

6）施工缺陷的处理情况表。

7）代用材料清单。

8）工程试验记录（调整试验记录，接地电阻实测值记录）。

9）交叉跨越距离记录及有关协议文件。

10）有关的批准文件。

# 习　　题

1. 阐述电力电缆的分类和选择电缆型号的一般原则。

2. 简述电缆线路敷设前应做哪些准备工作。

3. 电缆线路的敷设方法主要有哪几种？并分析它们的优缺点和使用场合。

4. 简述电缆直埋敷设的工艺。

5. 简述电缆在缆沟和隧道敷设的要求与做法。

6. 简述电缆终端和接头制作的一般规定和低压塑料绝缘电力电缆终端头的制作工艺。

7. 电缆工程交接验收包括哪些内容？

8. 架空电力线路工程施工包括哪些主要内容？

9. 简述架空配电线路的结构组成。

10. 简述架空线路施工的一般要求。

11. 简述立杆的施工工艺。

12. 架空线路工程验收包括哪些内容？

13. 电缆敷设施工时，监理人员应在哪些施工项目中进行旁站监理？

14. 安装完电缆托盘，金属槽盒或插接式配槽盒后，对其进行接地电阻的测试，发现其接地电阻值达不到要求。试分析可能产生的原因，并提出解决办法。

15. 在工程竣工一段时间后，用户反映一根电缆的绝缘被击穿了，要求施工方给予维修。请你分析一下，该事故可能是什么原因造成的，今后工作应注意哪些问题。

16. 简述架空线路及杆上电气设备安装时的施工流程和施工程序，并说明监理工程师巡视和旁站的工作内容。

17. 在架空线路施工过程中，监理人员发现电杆档距内导线弛度不一致。请分析可能产生的原因，并提出整改方法。

# 第11章　施工现场临时用电

由于建筑施工环境的复杂性，其外部环境条件相对于其他用电场所往往比较恶劣，长期的风吹日晒、雨淋等对电力设施设备不利的天气因素众多。且建筑工地大部分都是临时用电装置，供电设施简易，施工现场所处的现状大多是电线随意的拉、拖，胡乱混杂而不采取任何的保护措施。此外，在建筑施工工地中，流动人口占比较大，普遍存在素质不高的问题，因此会增加对施工现场的管理的难度。大部分施工现场的从业人员不具备电力有关的从业资格证书，对电力方面的知识认知有限，对电力情况基本知识的了解少之又少，这同时也为施工工地安全用电造成了一定程度的困难，导致安全事故高发。

因此，为了保证施工现场临时用电的安全和顺利进行，必须树牢安全发展的理念，防范化解重大安全风险，必须坚持底线思维，以"时时放心不下"的责任感抓好建筑工程质量安全工作。必须严格执行临时用电安全管理规范和相关技术标准，建立健全临时用电安全管理制度，加强用电安全培训，提高用电安全意识，规范用电安全操作，并采取必要的防护措施，确保用电安全和施工安全。

**【落实施工单位主体责任。施工单位应完善质量管理体系，建立岗位责任制度，设置质量管理机构，配备专职质量负责人，加强全面质量管理。推行工程质量安全手册制度，推进工程质量管理标准化，将质量管理要求落实到每个项目和员工。建立质量责任标识制度，对关键工序、关键部位隐蔽工程实施举牌验收，加强施工记录和验收资料管理，实现质量责任可追溯。施工单位对建筑工程的施工质量负责，不得转包、违法分包工程。】**

——住房城乡建设部《关于完善质量保障体系提升建筑工程品质的指导意见》

随着建筑施工机械化、智能化程度的不断提高，施工现场用电设备越来越多，配电系统更加复杂，触电和电气火灾事故也随即增多，因此，加强建筑安全生产管理成为一项重要工作。"安全第一、预防为主"是建筑工程安全生产管理必须坚持的基本方针。施工现场的临时用电涉及设计、安装、使用、维修、拆除和管理等方面的工作，它要求具有较高技术技能和文化知识水平的人员参与落实。施工现场的临时用电具有用电设备面广点多；临时供用电涉及的人员多，且层次不一；临时供用电具有一定的临时性和不稳定性；临时供用电环境大部分是露天，受环境、气候因素影响大。因此，对施工现场的临时用电进行标准化、规范化管理，可有效减少用电安全隐患，保障施工现场用电安全，防止触电和电气火灾事故发生，保证建筑工程的安全性能，保障职工及其相邻居民的人身和财产安全，具有非常重要的意义。

## 11.1　建筑施工临时用电的管理

### 11.1.1　建筑施工临时供电的施工组织设计

1. 临时用电的施工组织设计

为加强安全技术管理，实现安全用电的目的，需做好临时用电施工组织设计工作。根据《施工现场临时用电安全技术规范》JGJ 46—2005 的规定，临时用电设备在 5 台及以上或设备总容量在 50kW 及以上者，应编制临时用电施工组织设计。对于用电设备少、计算负荷小、配电线路简单的小型施工现场，可不做临时用电施工组织设计，只需制定安全技术措施和电气防火措施。

（1）统计、核实建筑工地的用电量，选择适当容量的电力变压器。

（2）绘制施工供电平面布置图，其中包括变压器的位置，供电干线的数目及路由，确定配电箱的位置。

（3）计算各条导线截面。

（4）临时用电工程必须经编制、审核、批准部门和使用单位共同验收，合格后方可投入使用。

（5）施工现场临时用电设备在 5 台以下和设备总容量在 50kW 以下者，应制定安全用电和电气防火措施，并应符合《施工现场临时用电安全技术规范》JGJ 46—2005 的规定。

2. 临时用电施工组织设计的内容和步骤

临时用电工程组织设计应在现场勘测和确定电源进线、变电所或配电室位置及线路走向后进行，并应包括下列主要内容：

（1）现场勘测。

（2）确定电源进线、变电所或配电室、配电装置、用电设备位置及线路走向。

（3）进行负荷计算。

（4）选择变压器。

（5）设计配电系统和装置：

1）设计配电线路，选择导线或电缆；

2）设计配电装置，选择电气；

3）设计接地装置；

4）绘制临时用电工程图纸，主要包括用电工程总平面图、配电装置布置图、配电系统接线图、接地装置设计图。临时用电工程图必须单独绘制，并作为临时用电施工的依据，临时用电工程应按图施工。变更用电工程组织设计时，应补充有关图纸资料。

（6）设计防雷装置。

（7）确定防护措施。

（8）制定安全用电措施和电气防火措施。

临时用电工程组织设计编制及变更时，应履行"编制、审核、批准"程序，由电气工程技术人员组织编制，经相关部门审核及具有法人资格企业的技术负责人批准后实施。临时用电工程必须经总承包单位和使用单位共同验收，合格后方可投入使用。

### 11.1.2 建筑施工临时用电现场的电工及用电人员

由于施工现场环境的多变及恶劣性，施工现场人员的复杂性，故必须对施工现场所有用电人员提出具体要求。

1. 电气专业技术人员的基本要求

（1）必须接受过系统的电气专业培训和技术交底，能够掌握相关的安全用电的基本知识，熟知电气设备的性能，了解相应的用电安全技术规范，熟知用电安全操作规程及技术、组织措施等。

（2）熟知电气事故的种类、危害，掌握事故的规律性和处理事故的方法，熟知事故报告规程。

（3）掌握触电急救方法。

（4）掌握调度管理要求和用电管理规定。

2. 电工的基本要求

（1）电工必须经过按国家现行标准考核合格后，持证上岗工作。电工等级应同工程的难易程度和技术复杂性相适应。对于必须由高级电工完成的工种不能指定低等级的电工去完成。

（2）应熟知电气事故的特点、种类和危害，能正确处理电气事故。

（3）应了解带电作业的理论知识，掌握相应的带电操作技术和安全要求。

（4）了解本岗位内电气线路的走向、设备分布情况、编号、运行方式、操作步骤和事故处理程序。

（5）应了解施工现场的用电管理制度和调度要求。

（6）安装、巡检、维修或拆除临时用电设备和线路，必须由电工完成，并应有人监护。

各类用电人员应做到除了要掌握安全用电基本知识和所用设备的性能外，在施工现场进行用电操作还要满足下列要求：

（1）使用电气设备前必须按规定穿戴和配备好相应的劳动防护用品，并应检查电气装置和保护设施，严禁设备带"缺陷"运转；

（2）保管和维护所用设备，发现问题及时报告解决；

（3）暂时停用设备的开关箱必须分断电源隔离开关，并应关门上锁；

（4）移动电气设备时，必须经电工切断电源并做妥善处理后进行。

### 11.1.3　建筑施工临时供电安全技术档案管理

为保证施工现场安全生产，根据《施工现场临时用电安全技术规范》JGJ 46—2005 的规定，施工临时用电必须建立安全技术档案。安全技术档案的建立，便于查出事故隐患，防患于未然，还有助于分析事故的原因，及时采取调整措施，确保工程质量和安全生产。安全技术档案的建立与管理主要是依靠主管该施工现场的电气技术人员，并且应在临时用电工程拆除后统一归档。其主要内容包括：

（1）《施工现场用电人员登记表》

（2）《施工现场电气、导线材料登记表》

（3）《现场临时用电安全教育记录》

（4）《现场临时用电施工组织设计变更表》

（5）《现场临时用电安全技术交底记录》

（6）《施工现场电工值班表》

（7）《现场电气设备维修记录》

（8）《现场临时用电设备调试记录》

（9）《现场漏电开关检测记录》

（10）《现场临时用电接地电阻测试表》

（11）《现场电气绝缘电阻测试记录》

(12)《现场临时用电工程检查验收表》

(13)《现场临时用电定期检查记录》

(14)《现场临时用电复查验收表》

(15)《现场临时用电检查、整改记录》

(16)《现场临时用电安装、巡检、维修、拆除工作记录》

(17)《现场临时用电漏电保护器测试记录》

(18)《现场临时用电安全检查评分记录》

## 11.2　临时用电的供电形式及变压器容量的选择

### 11.2.1　临时用电的供电形式

施工现场临时供电的形式有多种，具体采用哪一种形式要根据建设项目的供电要求、性质和规模确定。

对于一些电气设备容量小、施工工期短的建设项目，在征得有关部门审核批准后，可采用附近低压 220V/380V 直接供电或者就近借用电源的方法，解决施工现场的临时用电。

(1) 当借用电源的供电系统是 TN-S 方式供电系统时，照用即可。

(2) 当借用电源的供电系统是 TN-C 方式供电系统时，在现场总配电箱处做一组重复接地，从零线端子板分出一根保护线 PE，形成 TN-C-S 系统。

(3) 当借用的供电系统是 TT 方式供电系统时，在现场总配电箱处设一组保护接地，同时从总箱内引出一根专用保护线 PE 至各用电点，保护线 PE 可以用单芯电缆或用 40mm×4mm 扁钢。

对于一些规模比较大的项目，建筑施工现场的临时用电可以利用建设单位（甲方）配套的变配电所或者附近的高压电网，增设变压器等配电设备供电，为节约投资，在计算负荷不是特别大的情况下，一般采用户外式变电所。户外变电所一般由降压变压器、高低压开关、母线、避雷装置等组成。

### 11.2.2　变压器容量的选择

变压器可参考以下方法估算容量。

$$S_N = K_x \sum P_N / \cos\varphi \tag{11-1}$$

式中　$S_N$——动力设备需要的总容量，kVA；

　　$\sum P_N$——电动机铭牌机械功率的总和，kW；

　　$\cos\varphi$——各用电设备的平均功率因数；

　　$K_x$——需要系数，见表 11-1。

建筑施工用电设备的功率因数和需要系数 $K_x$　　表 11-1

| 用电设备名称 | 用电设备数量（台） | 需要系数 $K_x$ | 功率因数 | 用电设备名称 | 用电设备数量（台） | 需要系数 $K_x$ | 功率因数 |
|---|---|---|---|---|---|---|---|
| 混凝土搅拌机、砂浆搅拌机 | 10 以下 | 0.7 | 0.68 | 提升机、起重机、掘土机 | 10 以下 | 0.3 | 0.7 |
| | 10~30 | 0.6 | 0.65 | | 10 以上 | 0.2 | 0.65 |
| | 30 以上 | 0.5 | 0.5 | 电焊机 | 10 以下 | 0.45 | 0.45 |
| | | | | | 10 以上 | 0.35 | 0.4 |

| 用电设备名称 | 用电设备数量（台） | 需要系数 $K_x$ | 功率因数 | 用电设备名称 | 用电设备数量（台） | 需要系数 $K_x$ | 功率因数 |
|---|---|---|---|---|---|---|---|
| 破碎机、筛、洗石机、空气压缩机、输送机 | 10 以下 | 0.75 | 0.75 | 户外照明 | — | 1 | 1 |
| | 10～50 | 0.7 | 0.7 | 除仓库外的户内照明 | — | 0.8 | 1 |
| | 50 以上 | 0.65 | 0.65 | 仓库照明 | — | 0.35 | 1 |

## 11.3　施工现场配电线路

### 11.3.1　架空线配电线路

架空线配线具有投资费用较低，施工方便，分支容易的特点，在施工现场得到了广泛的应用，其主要由导线、电杆、横担、拉线、绝缘子等组成。

架空配线采用绝缘导线，其计算负荷电流不大于其长期连续负荷允许载流量；线路末端电压偏移不大于其额定电压的 ±5%；中性线（N）和保护接地线（PE）截面不应小于相线截面的 50%，单相线路的中性线（N）截面应与相线截面相同；按机械强度要求，绝缘铜线截面不应小于 10mm²，绝缘铝线截面积不应小于 16mm²；在跨越铁路、公路、河流、电力线路挡距内，绝缘铜线截面积不应小于 16mm²，绝缘铝线截面积不应小于 25mm²。且中间不得有接头。

架空线路相序排列应符合下列规定：

（1）当照明、动力线路在同一横担上架设时，导线相序排列按照面向负荷从左侧起依次为 L1、N、L2、L3、PE；

（2）当照明、动力线路在二层横担上分别架设时，导线相序排列按照上层横担面向负荷从左侧起依次为 L1、L2、L3；下层横担面向负荷从左侧起依次为 L1（L2、L3）、N、PE。

架空线必须架设在专用电杆上，如木杆、专用混凝土杆、绝缘材料杆。钢筋混凝土杆不得有露筋、宽度大于 0.4mm 的裂纹和扭曲；木杆不得腐蚀，其梢径不应小于 140mm。电杆埋设深度宜为杆长的 1/10 加 0.6m，回填土应分层夯实。在松软土质处宜加大埋入深度或采用卡盘等加固措施。架空线路的挡距不应大于 35m，线间距不应小于 0.3m，靠近电杆的两导线的间距不应小于 0.5m。在一个挡距内，每层导线的接头数不得超过该层导线条数的 50%，且一条导线应只有一个接头。

架空线路横担间的最小垂直距离不应小于表 11-2 所列数值；横担宜采用角钢或方木，低压铁横担角钢应按施工规范要求选用；方木横担截面应按 80mm×80mm 选用，横担长度应按表 11-3 选用。架空线路与邻近线路或固定物的距离应符合表 11-4 的规定。

**横担间的最小垂直距离**　　　　　　　　　　　　　　　表 11-2

| 排列方式 | 直线杆（m） | 分支或转角杆（m） |
|---|---|---|
| 高压与低压 | 1.2 | 1.0 |
| 低压与低压 | 0.6 | 0.3 |

横担长度（m）　　　　　　　　　　　　　　　　表 11-3

| 二线 | 三线、四线 | 五线 |
|---|---|---|
| 0.7 | 1.5 | 1.8 |

架空线路与邻近线路或固定物的距离　　　　　　表 11-4

| 项目 | 距离类别 | | | | | |
|---|---|---|---|---|---|---|
| 最小净空距离(m) | 架空线路的过引线、接下线与邻线 | | 架空线与架空线，电杆外缘 | | 架空线与摆动最大时树梢 | |
| | 0.13 | | 0.05 | | 0.50 | |
| 最小垂直距离(m) | 架空线同杆架设下方的通信、广播线路 | 架空线最大弧垂与地面 | | | 架空线最大弧垂与暂设工程顶端 | 架空线与邻近电力线路交叉 |
| | | 施工现场 | 机动车道 | 铁路轨道 | | 1kV以下 | 1～10kV |
| | 1.0 | 4.0 | 6.0 | 7.5 | 5.0 | 1.2 | 2.5 |
| 最小水平距离(m) | 架空线电杆与路基边缘 | | 架空线电杆与铁路轨道边缘 | | 架空线边线与建筑物凸出部分 | |
| | 1.0 | | 杆高（m）+3.0 | | 1.0 | |

架空线路绝缘子选取的原则是：第一，直线杆应采用针式绝缘子；第二，耐张杆应采用蝶式绝缘子。

电杆的拉线宜采用不少于 3 根直径 4.0mm 的镀锌钢丝。拉线与电杆的夹角应在 30°～45°之间。拉线埋设深度不应小于 1m。电杆拉线如从导线之间穿过，应在高于地面 2.5m 处装设拉线绝缘子。因受地形环境限制不能装设拉线时，可采用撑杆代替拉线，撑杆埋设深度不应小于 0.8m，其底部应垫底盘或石块，撑杆与电杆的夹角宜为 30°。

接户线在挡距内不得有接头，进线处离地高度不应小于 2.5m。接户线最小截面积应符合表 11-5 规定。接户线线间及与邻近线路间的距离应符合表 11-6 的规定。

接户线的最小截面积　　　　　　　　　　　　　表 11-5

| 接户线架设方式 | 接户线长度（m） | 接户线截面积(mm²) | |
|---|---|---|---|
| | | 铜线 | 铝线 |
| 架空或沿墙敷设 | 10～25 | 6 | 10 |
| | ≤10 | 4 | 6 |

接户线线间及与邻近线路间的距离　　　　　　　表 11-6

| 接户线架设方式 | 接户线挡距(m) | 接户线线间距离(mm) |
|---|---|---|
| 架空敷设 | ≤25 | 150 |
| | >25 | 200 |
| 沿墙敷设 | ≤6 | 100 |
| | >6 | 150 |
| 架空接户线与广播电话线交叉时的距离（mm） | | 接户线在上部，600 接户线在下部，300 |
| 架空或沿墙敷设的中性导体和相导体交叉时的距离(mm) | | 100 |

架空配电线路应设有短路保护，当采用熔断器做短路保护时，其熔体额定电流不应大于明敷绝缘导线长期连续负荷允许载流量的 1.5 倍；当采用断路器做短路保护时，其瞬动过流脱扣器脱扣电流整定值应小于线路末端单相短路电流。

架空配电线路应设有过负荷保护。当采用熔断器或断路器做过负荷保护时，绝缘导线长期连续负荷允许载流量，不应小于熔断器熔体额定电流或断路器长延时过流脱扣器脱扣电流整定值的 1.25 倍。

### 11.3.2　电缆配线

电缆配线可采用埋地敷设和在电缆沟内敷设两种方式，因其受气候、环境影响小，故供电可靠性高，但是电力电缆成本较高，分支困难，检修不方便，所以在临时用电选择时要多方面考虑。

电缆截面的选择同架空线路一样，要根据其长期连续负荷允许载流量和允许电压偏移确定。电缆中必须包含全部工作芯线和用作保护零线或保护线的芯线。需要三相四线制配电的电缆线路必须采用五芯电缆。五芯电缆必须包含淡蓝、绿/黄两种颜色绝缘芯线。淡蓝色芯线必须用作 N 线；绿/黄双色芯线必须用作 PE 线，严禁混用。

电缆干线应采用埋地或架空敷设，埋地电缆路径应设方位标志，严禁沿地面明敷，并应避免机械损伤和介质腐蚀。

电缆类型应根据敷设方式、环境条件选择。架空敷设宜选用无铠装电缆，埋地电缆宜采用铠装电缆。架空敷设电缆时，应沿墙壁或电杆设置，并用绝缘子固定，严禁使用金属裸线做绑线。固定点间距应保证电缆能承受自重所带来的荷重，电缆的最大弧垂距地面不得小于 2.0m。埋地电缆敷设的深度应不小于 0.7m，其接头应设在地面上的具有防水、防尘、防机械损伤功能的接线盒内，并且应在电缆上下各均匀铺设不小于 50mm 厚的细砂，然后覆盖混凝土板或砖等硬质保护层。埋地电缆穿越建筑物、构筑物、道路、易受机械损伤的场所及引出地面从 2m 高度至地下 0.2m 处，必须加设防护套管，防护套管内径不应小于电缆外径的 1.5 倍。

在建工程的电缆线路必须采用电缆埋入引入，严禁穿越脚手架引入。电缆垂直敷设时应充分利用在建工地的竖井、垂直孔洞等，并应靠近负荷中心，固定点每楼层不得少于 1处。电缆水平敷设宜沿墙或门口刚性固定，最大弧垂距地不得小于 2.0m。

装饰装修工程或其他施工的特殊阶段，应补充编制单项施工用电方案。电源线可沿墙角、地面敷设，但应采取防机械损伤和电火措施。

室内配线必须采用绝缘导线或电缆，室内非埋地明敷主干线距地面高度不得小于2.5m。室内配线所用导线或电缆的截面应根据用电设备或线路的计算负荷确定，但铜线截面积不应小于 $1.5mm^2$，铝线截面积不应小于 $2.5mm^2$。

电缆线路必须设置短路保护和过载保护，整定值要求和架空配线相同。

## 11.4　施工现场配电箱及开关箱的安装

在施工现场，根据实际用电负荷情况，必须装配临时用电配电箱和开关箱。按照相关标准和规范的要求，临时用电配电箱和开关箱应固定在施工现场设置的总配电房内。正确地安装和使用这些设备，减少电气伤害事故发生，这些具有重要意义。

配电系统 220V 或 380V 单相用电设备宜接入 220V/380V 三相四线系统；当单相照明线路电流大于 30A 时，宜采用 220V/380V 三相四线制供电，并实行三级配电，即配电柜或总配电箱、分配电箱、开关箱。总配电箱以下可设若干分配电箱；分配电箱以下可设若干开关箱。

### 1. 一级配电箱（柜）

一级配电箱就是指总配电箱，一般位于配电房。其应设在靠近电源的区域，总配电箱内的电器装置应具备可见断点的电源总隔离、分路隔离开关，正常接通与分断电路；总短路、过负荷、分段短路、过负荷、剩余电流保护功能。总配电箱内应装设电压表、总电流表、电度表及其他需要的仪表。装设电流互感器时，其二次回路应与保护接地导体（PE）有一个连接点，且不得断开电路。总配电箱内必须设置与金属电器安装板绝缘的 N 线端子排及与金属安装板作电气连接的 PE 线端子排和相应电器、仪表、指示灯及电气系统接线图等。

### 2. 二级分配电箱

二级配电箱就是指分配电箱，一般负责一个供电区域。分配电箱应设在用电设备或负荷相对集中的区域，分配电箱与开关箱的距离不应超过 30m。分配电箱应装设总隔离开关、分路隔离开关以及总断路器、分路断路器或总熔断器、分路熔断器。

### 3. 三级开关箱

三级配电箱就是开关箱，只能负责一台设备。"一机一闸一箱一漏"就是针对开关箱而言。为了避免发生误操作事故，施工现场每台用电设备应有各自专用的开关箱，箱内的开关和漏电保护器只能控制一台设备，不能控制 2 台及 2 台以上的设备。开关箱与其控制的固定式用电设备的水平距离不宜超 3m。开关箱应装设隔离开关，短路、过负荷保护电器，以及剩余电流动作保护器。当剩余电流动作保护器同时具有短路、过负荷、剩余电流保护功能时，可不装设短路、过负荷保护电器。隔离开关应采用具有可见分断点，同时断开电源所有极的隔离电器，并应设置于电源进线端。开关箱中的隔离开关只可直接控制照明电路和容量不大于 3.0kW 的动力电路，但不得频繁操作。容量大于 3.0kW 的动力电路应采用断路器控制，操作频繁时还应附设接触器或其他启动控制装置。开关箱中各种开关电器的额定值和动作整定值应与其控制用电设备的额定值和特性相适应。

配电箱、开关箱周围应有足够 2 人同时工作的空间和通道，不得堆放任何妨碍操作、维修的物品，配电箱、开关箱的箱体尺寸应与箱内电器的数量和尺寸相适应，箱内电器安装板板面电器安装尺寸可按照表 11-7 确定。

配电箱、开关箱内电器安装尺寸选择值　　　　　　　　表 11-7

| 间距名称 | 最小净距（mm） |
|---|---|
| 并列电气（含单极熔断器）间 | 30 |
| 电器进、出线瓷管（塑胶管）孔与电器边沿间 | 15A，30<br>20~30A，50<br>60A 以上、80 |
| 上、下排电器进出线瓷管（塑胶管）孔间 | 25 |
| 电器进、出线瓷管（塑胶管）孔至板边 | 40 |
| 电器至板边 | 40 |

配电箱、开关箱应有名称、用途、分路标记及系统接线图。箱门应上锁，并应有专人负责管理，应定期检查、维修，检查、维修人员应是专业电工；对配电箱、开关箱进行定期维修、检查时，应将其前一级相应的电源隔离开关分闸断电，并悬挂"禁止合闸、有人

工作"停电标识牌，不得带电作业。施工现场停止作业 1h 以上时，应将动力开关箱断电上锁。

配电箱、开关箱的送电操作顺序应为总配电箱→分配电箱→开关箱；停电操作顺序应为开关箱→分配电箱→总配电箱。

## 11.5　建筑施工现场照明

### 11.5.1　照明供电

建筑施工现场临时设施、办公室、宿舍、材料堆放场、通道和道路的照明电源电压一般不大于 250V，一般场所宜选用额定电压为 220V 的照明器；但当灯具离地面高度低于 2.5m 或是在高温、高湿等危险场所，照明电源电压应采用 36V 及以下安全电压。使用行灯和低压照明灯具，其电源电压不能大于 36V，并且要求灯体与手柄应坚固、绝缘良好并耐热耐潮湿；灯头与灯体结合牢固，灯头无开关；灯泡外部有金属保护网；金属网、反光罩、悬吊挂钩固定在灯具的绝缘部位上。每一单相回路连接的灯具和插座数量不宜超过 25 个，其中负荷电流不宜超过 15A。

照明变压器必须使用双绕组型安全隔离变压器，严禁使用自耦变压器。携带式变压器的一次侧电源线应采用橡皮护套或塑料护套铜芯软电缆，中间不得有接头，长度不宜超过 3m，其中绿/黄双色线只可作 PE 线使用，电源插销应有保护触头。

在照明供电线路中，工作零线的截面按照下列规定选择：

（1）单相二线及二相二线线路中，零线截面与相线截面相同；

（2）三相四线制线路中，当照明器为白炽灯时，零线截面不小于相线截面的 50%；当照明器为气体放电灯时，零线截面按最大负载相的电流选择；

（3）在逐相切断的三相照明电路中，零线截面与最大负载相相线截面相同。

### 11.5.2　照明装置

施工现场照明应有防雨措施。室外灯具距地面不得低于 3m，室内灯具距地面不得低于 2.5m。碘钨灯及钠、铊、铟等金属卤化物灯具的安装高度宜在 3m 以上，灯线应固定在接线柱上，不得靠近灯具表面。

照明开关箱内应装设隔离开关、短路与过载保护电器和剩余电流动作保护器，照明灯具的金属外壳应与 PE 线电器连接。路灯的每个灯具应单独装设熔断器保护，灯头线应做防水弯。螺口灯头的绝缘外壳必须保证无损伤、无漏电，其相线接在与中心触头相连的一端，零线接在与螺纹口相连的一端。

灯具安装时必须符合操作规范，相线必须经开关控制，灯内的接线必须牢固，灯具外的接线必须做可靠的防水绝缘包扎。荧光灯管应采用管座固定或用吊链悬挂，其镇流器不得安装在易燃的结构物上。投光灯的底座应安装牢固，应按需要的光轴方向将枢轴拧紧固定。暂设工程的照明灯具宜采用拉线开关控制。

普通灯具与易燃物距离不宜小于 300mm；聚光灯、碘钨灯等高热灯具与易燃物距离不宜小于 500mm，且不得直接照射易燃物，达不到规定安全距离时，应采取隔热措施。

对夜间影响飞机或车辆通行的在建工程及机械设备，必须设置醒目的红色信号灯，其电源应设在施工现场总电源开关的前侧，并应设置外电线路停止供电时的应急自备电源。

## 11.6 临时供电配电线路接地与防雷

### 11.6.1 保护接地与保护接零

工作接地：将电力变压器的中性点直接接地，接地电阻通常不大于 4Ω。单台容量不超过 100kVA 或使用同一接地装置并联运行且总容量不超过 100kVA 的变压器或发电机的工作接地电阻值不得大于 10Ω。

保护接地：所有电气设备外壳与大地连接，接地电阻通常不大于 4Ω。目的是设备漏电时，人员碰触到电气设备不至于发生触电。只允许做保护接地的系统中，因自然条件限制接地有困难时，应设置操作和维修电气装置的绝缘台，并必须使操作人员不致偶然触及外物。

保护接零：将电气设备外壳与电网零线连接。施工现场专用的中性点直接接地的电力线路中必须采用 TN-S 或 TN-C-S 接零保护系统，电气设备的金属外壳必须与专用的保护零线 PE 连接。保护零线应单独敷设，并与重复接地线相连接。保护零线的截面，应不小于工作零线的截面，同时必须满足机械强度要求。保护零线架空敷设的间距大于 12m 时，保护零线必须选择不小于 10mm$^2$ 的绝缘铜线或不小于 16mm$^2$ 的绝缘铝线。与电气设备相连接的保护零线应为截面不小于 2.5mm$^2$ 的绝缘多股铜线。保护零线统一标志为绿/黄双色线。任何情况下不准使用绿/黄双色线做负荷线。专用保护零线应由工作接地线、配电室的零线或第一级漏电保护器电源侧的零线引出。城防、人防、隧道等潮湿或条件特别恶劣施工现场的电气设备必须采取保护接零。当施工现场与外电线共用同一供电系统时，电气设备应根据当地的要求作保护接零或保护接地。严禁一部分设备保护接零，另一部分设备只做保护接地。

重复接地：在设备集中处和重要设备处（搅拌机棚、钢筋加工区、塔式起重机、外用电梯、物料提升机），中性点直接接地系统中，将零干线一处或多处用金属导线直接连接接地装置，接地电阻通常不大于 10Ω。施工现场线路的重复接地不能少于 3 处，即配电室或总配电箱处、配电线路的中间处及末端处。作防雷接地的电气设备，必须同时作重复接地。同一台电气设备的重复接地与防雷接地可使用同一个接地体，接地电阻通常不超过 4Ω。

一次侧由 50V 以上的接零保护系统供电，二次侧为 50V 及以下电压的降压变压器，如果采用双重绝缘或有接地金属屏蔽层的变压器，此时二次侧不得接地。如果采用普通变压器，则应将二次侧中性线或一个相线就近直接接地。或者通过专用接地线与附近变电所接地网相连。

施工现场的电气系统严禁利用大地作相线或零线。保护零线不得装设开关或熔断器。接地装置的设置应考虑土壤干燥或冻结等季节变化的影响，见表 11-8。防雷装置的冲击接地电阻值只考虑在雷雨季节中土壤干燥状态的影响。

接地装置的季节系数 表 11-8

| 埋深（m） | 水平接地体 | 垂直接地体 2～3m | 备注 |
| --- | --- | --- | --- |
| 0.5 | 1.4～1.8 | 1.2～1.4 | |
| 0.8～1.0 | 1.25～1.45 | 1.15～1.3 | 深埋接地体 |
| 2.5～3.0 | 1.0～1.1 | 1.0～1.1 | |

注：大地比较干燥时，则取表中较小的数值；比较潮湿时，则取表中较大的数值。

### 11.6.2　临时供电的防雷保护

在土壤电阻率低于 $200(\Omega \cdot m)$ 处的电杆可不另设防雷接地装置。配电室的进出线处应将绝缘子铁脚与配电室的接地装置连接。施工现场内的起重机、井字架及龙门架等机械设备，若在相邻建筑物的防雷装置的保护范围以外，如表 11-9 规定的范围内，则应安装防雷装置。

施工现场机械设备防雷规定　　　　　　　　　　　　　表 11-9

| 地区平均雷暴日（天） | 机械设备高度（m） | 地区平均雷暴日（天） | 机械设备高度（m） |
|---|---|---|---|
| ≤15 | ≥50 | 40～90 | ≥20 |
| 15～40 | ≥32 | ≥90 | ≥12 |

若最高机械设备上的避雷针，其保护范围按 $60°$ 计算能够保护其他设备，且最后退出现场，则其他设备可不设防雷装置。

施工现场内所有的防雷装置的冲击电阻不得大于 $30\Omega$。各机械设备防雷引下线可利用该设备的金属结构体，但应保证电气连接。机械设备上的避雷针长度应为 $1\sim 2m$。安装避雷针的机械设备所用动力、控制、照明、信号及通信等线路，应采用钢管敷设。并将钢管与该机械设备的金属结构体做电气连接。

习　　题

1. 临时供电的特点是什么？
2. 简述建筑施工临时供电的施工组织设计内容与步骤。
3. 施工现场对配电箱和开关箱有何要求？
4. 简述施工现场对配电线路的要求和施工做法。
5. 施工现场塔吊等机械设备防雷接地和重复接地使用同一接地体是否可以？为什么？

# 参 考 文 献

[1] 裴涛. 建筑电气施工组织管理 [M]. 北京：中国建筑工业出版社，2015.

[2] 北京建工培训中心. 建筑电气安装工程 [M]. 北京：中国建筑工业出版社，2012.

[3] 韩永学. 建筑电气施工技术 [M]. 北京：中国建筑工业出版社，2015.

[4] 中华人民共和国住房和城乡建设部. 建筑工程施工质量验收统一标准：GB 50300—2013 [S]. 北京：中国建筑工业出版社，2013.

[5] 中国建筑标准设计研究院. 柴油发电机组设计与安装：15D202-2 [S]. 北京：中国计划出版社，2015.

[6] 中华人民共和国住房和城乡建设部. 电气装置安装工程 盘、柜及二次回路接线施工及验收规范：GB 50171—2012 [S]. 北京：中国计划出版社，2012.

[7] 国家能源局. 配电系统电气装置安装工程施工及验收规范：DL/T 5759—2017 [S]. 北京：中国电力出版社，2017.

[8] 中华人民共和国住房和城乡建设部. 电气装置安装工程 低压电器施工及验收规范：GB 50254—2014 [S]. 北京：中国计划出版社，2014.

[9] 中华人民共和国住房和城乡建设部. 电气装置安装工程 电力变压器、油浸电抗器、互感器施工及验收规范：GB 50148—2010 [S]. 北京：中国计划出版社，2010.

[10] 中华人民共和国住房和城乡建设部. 建筑电气工程施工质量验收规范：GB 50303—2015 [S]. 北京：中国计划出版社，2015.

[11] 中华人民共和国住房和城乡建设部. 电气装置安装工程 旋转电机施工及验收标准：GB 50170—2018 [S]. 北京：中国计划出版社，2018.

[12] 中华人民共和国住房和城乡建设部. 电气装置安装工程 电气设备交接试验标准：GB 50150—2016 [S]. 北京：中国计划出版社，2016.

[13] 中华人民共和国住房和城乡建设部. 电气装置安装工程 高压电器施工及验收规范：GB 50147—2010 [S]. 北京：中国计划出版社，2018.

[14] 中国建筑标准设计研究院. UPS与EPS电源装置的设计与安装：15D202-3 [S]. 北京：中国计划出版社，2015.

[15] 葛新丽. 建筑工程施工常见问题及对策300例 [M]. 南京：江苏人民出版社，2011.

[16] 王娜，沈国民. 智能建筑概论. 2版 [M]. 北京：中国建筑工业出版社，2017.

[17] 杨国庆. 综合布线技术与网络工程 [M]. 北京：中国建材工业出版社，2015.

[18] 中华人民共和国住房和城乡建设部. 综合布线系统工程设计规范：GB 50311—2016 [S]. 北京：中国计划出版社，2017.

[19] 中华人民共和国住房和城乡建设部. 智能建筑工程质量验收规范：GB 50339—2013 [S]. 北京：中国建筑工业出版社，2014.

[20] 中华人民共和国住房和城乡建设部. 智能建筑工程施工规范：GB 50606—2010 [S]. 北京：中国计划出版社，2011.

[21] 黎连业，黎恒浩，王华. 建筑弱电工程设计施工手册 [M]. 北京：中国电力出版社，2010.

[22] 中华人民共和国住房和城乡建设部. 建筑设备监控系统工程技术规范：JGJ/T 334—2014 [S]. 北京：中国建筑工业出版社，2014.

[23] 中国建筑标准设计研究院. 建筑设备管理系统设计与安装：19X201 [S]. 北京：中国计划出版社，2019.

[24] 陈可. 建筑设备监控系统检查与测控 [M]. 北京：化学工业出版社，2015.

[25] 鞠然. 设备安装工程监理实施细则范例 100 篇 [M]. 北京：中国电力出版社，2012.

[26] 赵晓宇，王福林，吴悦明，等. 建筑设备监控系统工程技术指南 [M]. 北京：中国建筑工业出版社，2016.

[27] 文娟，刘向勇. 楼宇设备监控组件安装与维护 [M]. 北京：机械工业出版社，2018.

[28] 朱燕，伍锦群. 楼宇智能化系统设计与施工 [M]. 北京：北京理工大学出版社，2016.

[29] 吉林省建设标准化管理办公室. 建筑设备智能一体化监控系统设计标准：DB22/JT 162—2016 [S]. 吉林：吉林人民出版社，2016.

[30] 中华人民共和国住房和城乡建设部. 火灾自动报警系统设计规范：GB 50116—2013 [S]. 北京：中国计划出版社，2014.

[31] 白永生. 建筑电气弱电系统设计指导与实例 [M]. 北京：中国建筑工业出版社，2015.

[32] 中华人民共和国建设部. 入侵报警系统工程设计规范：GB 50394—2007 [S]. 北京：中国计划出版社，2007.

[33] 中华人民共和国建设部. 视频安防监控系统工程设计规范：GB 50395—2007 [S]. 北京：中国计划出版社，2007.

[34] 中华人民共和国住房和城乡建设部. 安全防范工程技术标准：GB 50348—2018 [S]. 北京：中国计划出版社，2007.

[35] 中华人民共和国建设部. 出入口控制系统工程设计规范：GB 50396—2007 [S]. 北京：中国计划出版社，2007.

[36] 中华人民共和国住房和城乡建设部. 消防应急照明和疏散指示系统技术标准：GB 51309—2018 [S]. 北京：中国计划出版社，2019.

[37] 中华人民共和国住房和城乡建设部. 建设工程项目管理规范：GB/T 50326—2017 [S]. 北京：中国建筑工业出版社，2017.

[38] 中华人民共和国建设部. 施工现场临时用电安全技术规范：JGJ 46—2005 [S]. 北京：中国建筑工业出版社，2005.

[39] 中华人民共和国住房和城乡建设部. 110kV 及以下电缆敷设：12D101-5 [S]. 北京：中国计划出版社，2012.

[40] 中华人民共和国住房和城乡建设部. 电气装置安装工程 电缆线路施工及验收标准：GB 50168—2018 [S]. 北京：中国计划出版社，2018.